2판

Power System
Protection & Control

전력계통 보호·제어

백영기, 김일동, 이재규 공저

D.B.Info

머리말

전력설비의 설계 제작 기술들이 그 동안 많은 발전을 거듭하여 왔지만 아직도 운전 중인 전력설비가 결함이나 경년변화로 인하여 뜻하지 않은 사고가 발생하여 설비피해는 물론 정전을 일으키고, 때에 따라서는 대규모 정전사태로 확대되는 사례가 종종 발생되고 있다. 그러나 전기 에너지에 대한 생활 의존도는 날이 갈수록 증대되고, 필요로 하는 전기품질 수준도 상승되어 전력설비나 전력계통은 항상 높은 신뢰성과 건전성이 유지되어야 한다. 따라서 이들 전력설비나 계통에 사고가 발생하였을 때 이를 신속 정확하게 검출하고 차단 또는 제어하여 설비 피해와 파급 영향을 최소화하는 기술이 중요하다.

대형 정전 사고가 발생할 때 마다 보호계전기가 적절하게 임무를 다하지 못하는 경우가 많아 일생을 계통보호인으로 살아온 한 사람으로서 책임감을 느끼면서 한편으로는 전력인이나 전력 사용자들이 모두 보호제어분야에 대한 관심이 부족하고 투자가 미약하다고 느껴왔다.

본 저자들은 수십 년 동안 전력계통보호 기술 개발 및 실용화 업무에 종사하면서 배우고 익힌 내용을 기술하여 후배들에게 전수하고자 하는 마음으로 본 도서를 저술하였다. 대학교재나 기술세미나에서 사용하기에 적합하도록 기술하였으며 이를 통하여 많은 능력 있는 전기 엔지니어 후보생들에게 유익한 교재요 참고도서가 되기를 바란다.

이에 본 도서에서는 "전력계통 보호 · 제어"라는 주제로 보호기술의 필요성과 보호를 위해 기본적으로 알아야 하는 사항들에 대하여 기술하였으며, 특별히 사고현상을 이해하는데 필요한 고장계산과 전압불안정 현상에 대하여 다루었다. 그리고 전력계통을 이루는 주요설비인 발전기, 변압기, 송전선, 모선, 전력용 콘덴서, 전력 케이블, 전력반도체(정류기), 전동기, 저압회로 등에 대하여 폭넓은 보호계전기술을 다루었다. 특별히 최근에 관심이 많은 신재생에너지 발전에 의한 분산전원 연계계통의 제 현상과 보호방식에 대하여 기술하였다.

사실 전력계통이나 전력설비 기술 중에 보호계전기술은 의미가 깊고 실용성이 있는 기술이라고 본다. 보호하기 위해서는 그 대상 설비의 특성에 대하여 잘 알아야 한다. 보호계전기술은 계전기 자체에 대한 하드웨어 기술만이 아니라 보호대상 설비에 대한 전기적인 현상을 꿰뚫어 이해해야 하는 분야이기 때문이다. 따라서 전력설비나 전력계통을 설계하거나 운영, 유지 보수하는 모든 엔지니어들도 Best Engineer가 되기 위해 보호제어기술에 대하여 폭넓은 이해를 하도록 추천하고 싶다. 처음에는 잘 이해가 안 되지만 한가지 씩 관심을 두고 노력하면 곧 터득하게 되는데 이 때 본 교재가 많은 도움이 될 것으로 기대한다.

한편으로는 저자 자신들도 점점 구시대 사람으로 되어가고 있는바 새로운 인물들이 나와서 이보다 더 새롭고 좋은 기술을 개발하고 도서도 발간하여 대한민국이 전력계통 보호·제어 분야에서도 선진국으로 앞서가는 날이 다가오기를 기대해 본다.

〈감사〉

이 내용들이 책으로 만들어지기까지 여러 가지 큰 도움을 주신 복두출판사 임직원 여러분께 특별한 감사를 드립니다.

"예수 그리스도 안에는 지혜와 지식의 모든 보화가 감추어져 있느니라." (골 2:3)

CONTENTS

전기공학 개론가

(한국을 빛낸 100명의 위인들 노래에 붙인 곡)

작사 : 두원공대 김 일 동

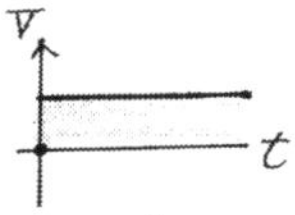

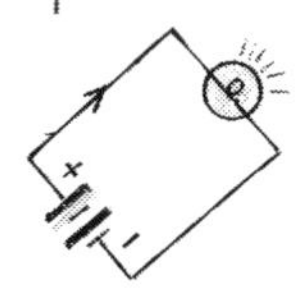

< 전기종류/직류전기>

1. 전기에는 직류와 교류가 있어
직-류는언제나 한방향으로-
건전지나축전지 직류발전기-
전-류야흘러라 꼬마전등에-
편 --리한 핸드폰에 ——
교류를직류로 만드는정류기

직류는소형기에 교류는대형-
(+) 에서 (-) 로 일정이흘러-
직류전기 만 드 네——
전 등 발 명 에 디 슨——
각 --종전자회로 에——
직- 류 는 흐 른 다——

< 교류전기 >

2. 교-류는 순간순간 크기가 변해
방향도한번은이쪽 다음은저쪽
발전소의발전기 교류발전기-
전--류야흘러라 송전선타고-
잘 --도 도는 전동기 ——
변압기는전압을 낮췄다높였다

전압이 반복하여 컸다 적었다
수학으로표현하면 Sinωt(싸인오메가티)
교류전기 만 드 네——
공 장 이 나 가 정 에——
각 --종가전제품 에——
교- 류 는 흐 른 다——

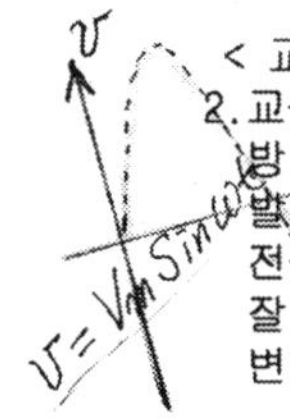

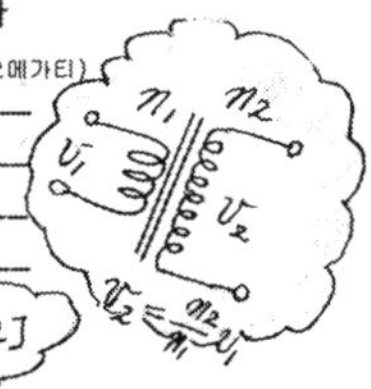

< 도체와 저항 >

3. 전-류는 흐른다 도체를 통해-
도체에는 고유한 저항이있어-
저항이 작은구리선 전류잘 통해-
저항이 큰 니크롬선 열이 많이나-
단면(S) 크면 저항-적고 —
온도가 높으면 저항도 증가해-

전압에비례하고 저항에반비례-
재질마다 그-값이 천차만별야—
전기회로 필 수 품——
전기히터 만 들 고——
길이(ℓ)길면 저항 커——
전--류가 줄 어 든다——

$R = \rho\frac{l}{S}[\Omega]$

$R_{t_2} = R_{t_1}\{1 + \alpha_{t_1}(t_2 - t_1)\}[\Omega]$

< 인덕턴스와 특성 >

4. 이밖에도 회로엔 요소가 많아--
인덕턴스 정전용량 바로 그거야
인덕턴스는 전류의 자기장효과-
자속(Φ)이 잘통하고 코일이 많음-
회--로 전류 변화에 ———
L dt분의 di 역 기 전 력-

전-류의 흐름에 영향을 주네--
전기회로 정말로 복잡해지네--
나타내는 정 수 로——
인덕턴스 커 지 고——
역-- 기전력 발생 해——
전-- 류변화 억제한다——

$L = \frac{N\phi}{I}$

$L = \frac{\mu_0 N^2 S}{2\pi r}$

$L\frac{di}{dt}$

< 정전용량과 특성 >

5. 회-로의 정전용량 무엇이던가--
그릇에도 주어진 용량이 있듯이
정전용량은 전압의 전기장효과-
전속(D)이 잘통하고 면적이 크면-
인--가 전압 변화에 ———
C dt분의 dv 충 방 전 하는-

인덕턴스 반대되는 성질가졌네-
도체간에도 주어진 용량이 있네
나타내는 정 수 로——
정전용량 커 지 고——
비-- 례하는 전류 로——
전-- 류가 흐 른 다——

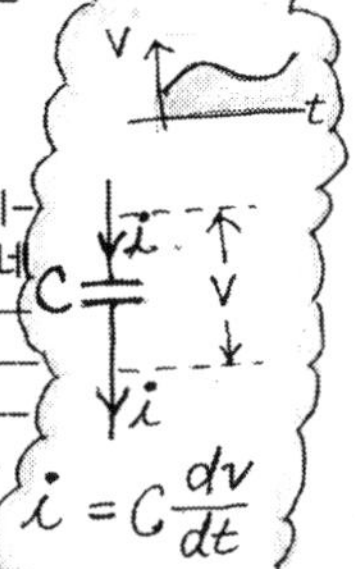

$i = C\frac{dv}{dt}$

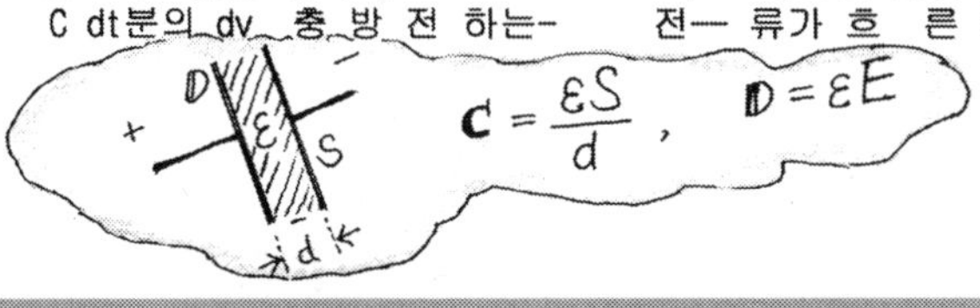

$C = \frac{\varepsilon S}{d}$, $D = \varepsilon E$

* 이 노래는 저자 김일동 교수가 학생들에게 전기기초이론을 강의할 때 함께 부르며 교수 · 학습하던 노래이다.

제 1 장 전력계통은 어떻게 보호되나? (How to protect the power system?)

1.1 개요

1.1.1 전력계통 보호와 보호계전기

오랫동안의 꾸준한 전력기술의 발달은 전력 에너지의 막대한 수요 증가에도 불구하고 경제적이고 신뢰성 있는 전력계통을 구성할 수 있는 밑받침이 되어 왔다. 이러한 발달 중에서 보호계전기 및 자동 제어분야의 기술발전은 매우 큰 역할을 담당하였으며, 규모가 큰 전력기기가 도입되고 복잡한 구조의 전력계통이 구성됨에 발맞추어 진보를 거듭하여 오늘날의 전력설비들과 전력계통이 안정적으로 운용되게 하는 신경계통을 이루고 있다. 여기서 "보호"라는 말은 전력기기나 전력계통의 입장에서 볼 때 안전을 확보하기 위한 총체적인 의미로 사용되며 "보호계전기"라 함은 원칙적으로 예방적인 기능을 갖는 것은 아니며 일단 고장상태로 된 이후에 그 상태를 신속히 판단하는 장치로서 사실상 긴박한 순간에 기능을 발휘해야 하는 장치로서 일명 "무언의 초병(Silent Sentinel)"이라고 불리기도 한다. 보호계전기, 전압전류 변성기, 차단기를 합하여 보호계전 시스템이라 하고 이들이 팀을 이루어 보호기능을 발휘한다.

보호계전 시스템은 보호대상 기기의 각종 사고에 대비하여 항상 대기상태로 사용되고 일순간의 불연속도 없이 상태를 감시하고 있다가 사고상태로 돌입되면 사고기기 또는 고장 부위를 계통으로부터 차단하여 계통 전체의 안전운전과 사고기기의 손상을 억제하는 역할을 해야 한다. 마치 도마뱀이 자기꼬리가 밟혔을 때 그 부분을 속히 끊어버리고 도망하여 생명을 유지하는 것과 매우 유사하다.

이와 같이 보호계전기의 사용목적은

- 기기손상의 억제 및 방지
- 전력계통의 안전운전
- 전력공급 신뢰도 확보

무언의 초병

로 집약될 수 있지만 최근에는 전력계통 및 설비의 규모가 증대되고 복잡화됨에 따라서 사고가 미치는 영향이 커져 보호계전 시스템은 전력계통 전반에 관한 안정유지 및 공급 신뢰도 확보라는 면에 중점을 두게 되었으며 전력계통의 일정지역이나 일정 전압계통을 감시하여 사고유무 및 파급방지를 판단하는 특별 보호계전시스템(SPS : Special Protection System)을 구성하여 사고가 전력계통 전체에 파급되는 일이 없도록 하기 위하여 적용되는 경우가 많아졌다. 이런 의미에서 볼 때 보호계전 시스템은 사고시 대규모 계통을 제어하는 성격도 갖게 되었다. 표 1.1은 보호계전기 발달을 요약한 것이다.

1.1.2 구비해야 할 성능

보호계전기가 역할을 담당하기 위하여 기본적으로 갖추어야 할 성능으로는 다음과 같은 것들이 있다.

- 신뢰성(Reliability)
- 신속성(Speed)
- 선택성(Selectivity)
- 경제성 및 단순성(Economics and Simplicity)

1) 신뢰성(Reliability)

보호계전 시스템에서 신뢰성은 의존성(Dependability) 과 안전성(Security)으로 나누어 생각하는 것이 편리하며 의존성은 "마땅히 동작해야 할 사고에 대하여 얼마나 정확히 동작할 수 있느냐?"하는 것을 나타내며, 안전성은 사고 또는 이상상태가 아닌 경우 즉 "동작해서는 안 될 때에 동작하지 않는 성능"을 나타내는 것이다.

그러나 실제로 이 두 가지 사항들은 서로 상반되어 나타나서 안전성을 높이려면 의존성이 저하되고 의존성을 높이려면 안전성이 떨어지게 되어 보호 시스템이나 보호방식을 설계할 때에 두 가지를 서로 잘 절충하여 고려해야 한다.

2) 신속성(Speed)

사고를 미리 예측할 수 있는 계전기가 있다면 매우 이상적일 것이다. 그러나 그것이 가능하다 하여도 실제로 차단기를 동작시킬 것인지 아니면 그대로 둘 것인지 또 차단기를 언제 동작시켜야 좋을지 하는 점들이 의문으로 남게 된다. 그것은 사고가 어떠한 성격의 것이냐 하는 점에 따라 계전기의 동작시간을 결정하여야 한다. 피해를 억제시키려면 가능한 한 빠른 속도의 계전기를 사용해야 되겠지만 만약 사고가 아니고 유사현상에 지나지 않는 과도기적 상태라면 오히려 오동작으로 인한 계통 안전성 및 공급신뢰도 저하를 초래하므로 이러한 때에는 동작속도가 느린 계전기를 선택하는 것이 유리한 결과가 될 것이다. 그리하여 신속한 계전기를 필요로 할 경우에는 안전성 보장이 있는 것을 선택하여야 한다.

일반적으로 고속도 계전기라 하면 동작시간이 동작개시 값의 200% 입력에서 40 ms 이내인 것을, 순시동작계전기라 하면 동작기구 상에 의도적으로 시간 지연 요소를 부가하지 않은 것을 말하며 실제로는 이 두 가지가 같은 의미로 사용될 때가 많다. 최근에는 반도체 및 디지털 소자의 응용기술의 발달로 신뢰성이 높고 동작속도도 수 ms 정도의 초고속 계전기가 등장하고 있어 계전기 자체만의 속도는 거의 문제가 없는 편이지만 차단기의 동작(고장제거) 시간이 수십 ms에 이르러 차단기의 성능 개선도 요구되는 실정이다.

3) 선택성(Selectivity)

전력계통 또는 연결된 전력기기들을 전체로 생각할 때 어떤 위치에 어떠한 계전기를 사용하여 사고시 전력공급의 지장을 최소화하고 계통 안정 위협을 방지할 수 있는가 하는 점을 결정짓는 능력이라 할 수 있다. 선택성이 좋은 계전기는 담당하는 보호범위가 주어질 때 그 내부사고와 외부사고를 뚜렷하게 구분할 수 있게 되며, 시스템 화된 보호장치에서는 그 때 마다의 상태에 따라서 차단해야할 최적구간을 선택하는 능력까지도 갖게 된다. 계전기 개체의 선택성을 말할 때 선택성이 있는 것은 보통 선택성 계전기 또는 방향성 계전기라 하며 사용 시에는 그 계전기에 적합하도록 입력회로를 결선해 주어야 한다. 한편 보호계전 시스템들은 거의 다 선택성을 갖도록 구성되며 예를 들면 송전선로에 사용되는 파일롯 계전 및 단계 한시 거리계전 시스템이 그러한 것들이다.

4) 경제성 및 단순성(Economics and Simplicity)

어떤 분야에서나 마찬가지로 저렴한 비용으로 최고의 효과를 기대하는 것은 보호계전기 분야에서도 예외일 수는 없다. 그러나 실제는 어떤 계전기를 사용하였을 때 얻을 수 있는 효과를 사전에 수치적으로 평가한다는 것은 매우 어렵다. 따라서 보호하고자 하는 기기의 중요도, 용량 및 가격 등을 고려하는 동시에 계전기 측으로는 고신뢰도, 고속도 및 다 기능의 것을 우선하여 선택하고 비슷한 조건인 경우에는 가격이 낮은 것을 택하는 것이 일반적이다. 그리고 계전기나 시스템을 구성할 때 많은 요소들을 사용하거나 회로 구성이 복잡해지면 그 자체에 결함이나 오차가 발생되기 쉬워 결국 계전기의 수명기간 중 신뢰도 저하요인이 많게 되며 유지 보수 면에서도 불리하게 된다. 따라서 동일한 성능을 갖는 것이라면 단순한 구조, 단순한 방식을 채용하는 것이 유리하다.

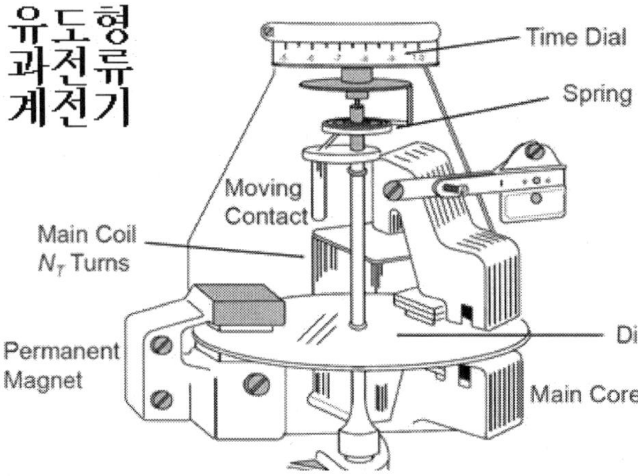

그림 1.1 유도형 보호계전기 구조(과전류계전기)

1.1.3 보호계전 시스템의 구성요소

보호 시스템은 피 보호기기의 상태를 감지하기 위하여 전류 또는 전압 기타 필요한 정보를 취하고 이를 비교 또는 분석하여 사고인지 아닌지 또는 차단시킬 것인지(1) 아니면 그대로 둘 것인지(0)의 판정에 따라 해당`차단기를 동작시킨다. 이와 같은 기능을 발휘하기 위하여 입력 장치로서 전류변성기(CT : Current Transformer) 및 전압변성기(PT 또는 P.D : Potential Transformer)가 있어야 하며 사고를 판별하는 기구인 계전기(Replay)가 필요하고 또 최종적으로는 계전기의 판별 결과에 따라 해당 전력기기 또는 일부계통을 전체 계통으로부터 차단시켜 주는 구동자(Actuator)인 차단기가 있어야 한다.

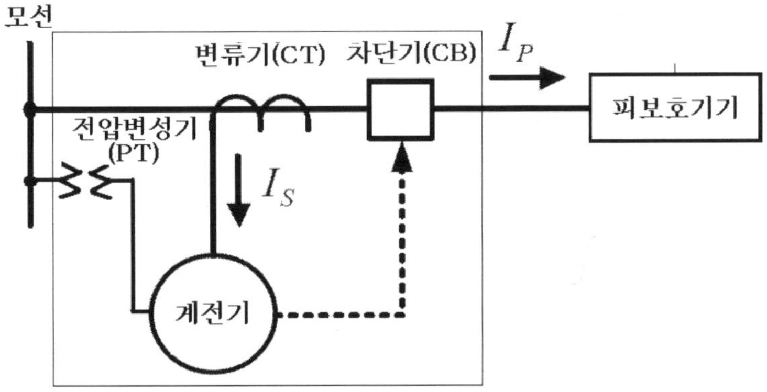

그림 1.2 보호계전시스템

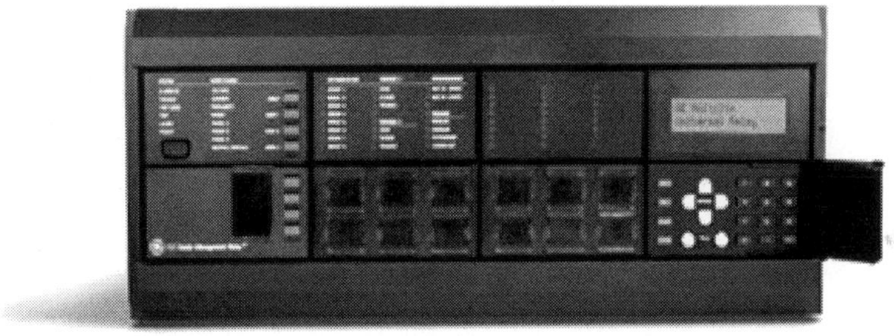

그림 1.3 종합화된 디지털형 보호계전기

표 1.1 주변기술 및 보호계전기의 발달

년도	발달 사항	주변 기술/조건	비고
1900년전	■ 차단기에 직렬트립(Trip), 코일사용	■ 저압배전시대	
1901	■ Plunger형과전류계전기개발(W.H)		
1914	■ 유도 원판형 과전류계전기개발(G.E,W.H사)	■ 고압배전시대	
1917		■ 대칭좌표법에 의한 전력회로해석	
1921	■ 유도형 전력방향계전기개발(G.E)	■ 특고압송전시대	
1922	■ Blance Beam형 임피던스 계전기개발(G.E)	■ 직류계산반 출현	
1931	■ 비율차동계전기개발(G.E)	■ 교류계산반 출현	
1933	■ 방향비교 파이롯 계전 시스템 개발		
1937	■ 유도원통형 고속도 전력 방향계전기 개발		
1941	■ 고속도 파이롯 계전장치개발(미)		
1945	■ MHO형 고속도 방향거리계전기 ■ 개발(G.E)		
1948	■ 진공관식 MHO형 거리계전기 개발(G.E)		
1949		■ 거리계전기 동작의 도식적 해법 소개	
1950	■ 마이크로 반송계전 장치 개발(G.E)		
1951	■ F.S식 반송파 전송차단장치개발(G.E)		
1960	■ 트랜지스터 계전기 출현 (Solid — Static Relay)		
1970	■ 전정지형(Full Solid — Static)계전기 출현		
1972	■ 디지털(Digital)계전기 출현(미)		
1974	■ 국산 유도형 계전기 개발		
1980	■ PCM차동계전기 개발(일본)		
1985	■ 국산 트랜지스터식 과전류전기 개발		
1995	■ 국산 디지털계전기 개발사용		
1996	■ 변전소 종합보호계전시스템 개발		
2005		■ 변전소 자동화용 IEC61850출현	
2010	■ Full디지털 변전소 IED개발		

이와 같이 변성기, 계전기 및 차단기가 하나의 팀을 이루어 전력기기를 보호하게 되며, 어떤 경우에는 이렇게 구조상으로 3부분이 뚜렷이 구별되지 않는 경우도 있으며 주로 저압선로나 간단한 기기를 보호하는데 사용하는 퓨즈류(Fuse)나 배전용차단기인 NFB (No Fuse Breaker)나 MCCB(Molded Case Circuit Breaker), ACB(Air Circuit Breaker) 등이 있다.

한편 송전선로와 같이 길이가 긴 전력설비에서는 선택성 있는 보호를 위하여 양단의 정보를 교환하게 되는데 이때 필요한 통신수단이 보호계전 시스템의 중요한 구성요소가 되기도 하며 이러한 통신로를 보통 파일럿 채널(Pilot Channel)이라고 하며 최근에는 보호계전기가 디지털화 되어 일반 데이터 통신 채널을 사용하기도 한다.

실제로 보호계전 시스템을 설계하기 위하여 도면을 그리거나 현장에서 결선작업을 할 때 변성기로부터 시작된 AC 신호가 흐르는 부분을 그린 것을 AC Schematic 또는 AC Sequence 도면이라 하고 계전기의 동작접점이나 출력신호로 부터 연결되어 차단기 동작회로에 이르는 제어회로를 DC신호가 흐르므로 DC Schematic 또는 DC Sequence 도면이라 한다.(그림 1.4 참조)

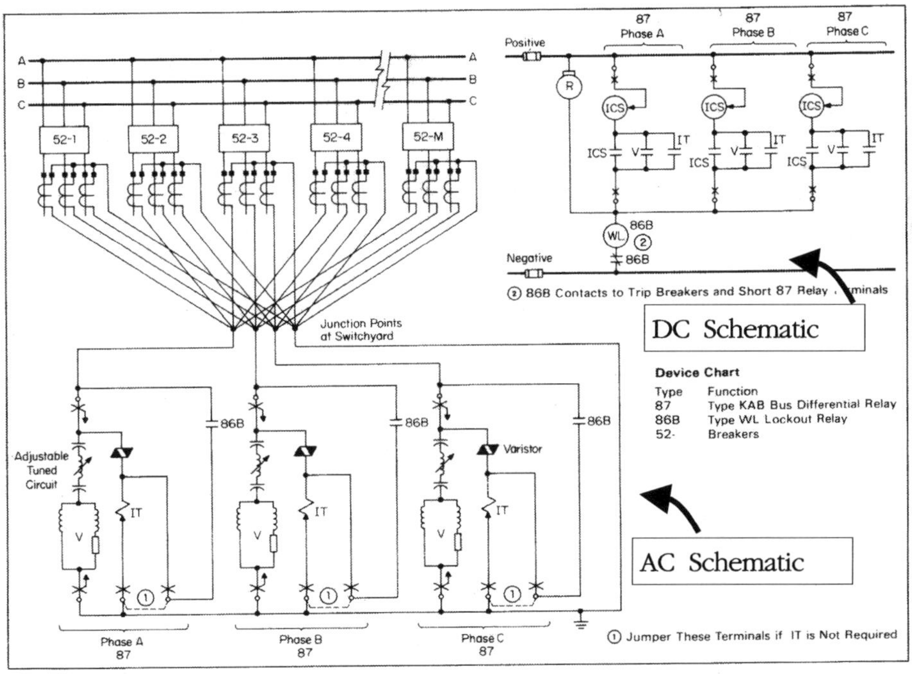

그림 1.4 보호계전시스템에 사용되는 도면(보기)

따라서 구성하고자 하는 보호계전 시스템을 얻기 위해서는 변성기의 극성에 맞추어 정확히 결선되어야 하며 자칫 잘못하면 오 결선되어 전혀 예기치 못한 동작특성을 나타내는 경우가 종종 있어 실무자들에게 주의를 요하는 부분이라 하겠다.

1.2 관련 용어

1.2.1 계통보호에 관한 일반용어

○ 주보호(Main Protection 또는 Primary Protection) : 주어진 전력기기(또는 보호범위)의 사고에 대하여 1차적인 보호 의무를 갖는 것으로 선택성과 신속성이 높은 보호계전방식을 채용하게 된다.

○ 후비보호(Back-up Protection) : 주보호 실패시 또는 운휴시 보호역할을 담당하는 것을 말하며 신뢰성이 높은 보호계전방식을 채용하게 된다.

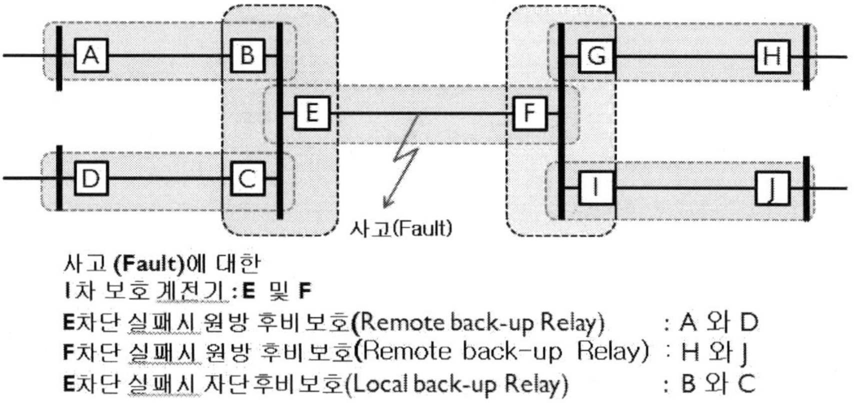

그림 1.5 보호 구간과 후비보호

○ 원방 후비보호(Remote Back-up Protection) : 사고가 발생되었으나 계전기나 차단기의 부동작으로 보호실패한 경우에는 사고의 지속을 억제하고 계통으로의 파급을 방지하기 위하여 사고 점과 반대방향에 있는 다음 단의 보호계전 시스템(주로 다음 단 변전소)에서 사고를 검출하여 차단하는 보호방식을 말한다. 예로서 그림 1.5와 같은 전력계통에서 계전기 E와 계전기 F 간의 송전선에 사고가 발생할 시 계전기 E가 차단 실패한

경우 원방 변전소 계전기 A 및 또 다른 원방 변전소 계전기 D가 동작하여 CB를 동작시켜야 하며 이때의 역할을 원방 후비보호라 한다. 실제로 거의가 다 이러한 후비보호가 이루어지도록 고려되어야 한다.

○ 자단 후비보호(Local Back-up Protection) : 원방 후비보호에서와 같이 보호계전기 E가 보호 실패한 경우 원방의 보호계전기가 동작되어 후비 보호하는 것을 기대하지 않고 보호 실패한 변전소에 있는 다른 차단기를 직접 동작시켜 사고구간을 계통으로부터 분리시키는 방식을 말하며 원방 후비보다는 신속하게 사고구간을 분리시킬 수 있다. 그림 1.5에서 계전기 E가 차단 실패한 경우 동일 변전소에 있는 차단기 B 및 C가 모두 차단되도록 하는 후비 보호방식을 말한다.

○ 보호계전방식(Protective Relaying Scheme) : 전력설비를 보호함에 있어 검출하고자 하는 사고종류에 따른 사용 계전기의 종류, 기능 및 연결방법 등에 따라 구성되는 보호 시스템의 형식을 나타내는 명칭이다. 보호시스템의 성격이나 종류를 개념적으로 일컫는 말로서 "○○보호 계전방식"이라 한다. 예로서 "과전류계전방식"이라 하면 전류가 과다하게 흐르는 현상을 사고로 검출하기 위하여 과전류계전기를 주된 보호계전기로 사용한 방식이며, "변압기 보호계전방식"이라하면 변압기의 제반 사고현상을 검출하여 변압기를 보호하고자 사용되는 보호계전 시스템의 한 종류를 말한다.

○ 단락보호(Short Circuit Protection, Phase-to-Phase Fault Protection) : 전기회로의 극과 극 또는 상과 상(중성선은 제외) 간에 정상적인 회로보다는 저항이 매우 낮은 회로가 구성되는 현상을 "단락"이라 하고 이러한 현상을 검출하여 기기를 보호하는 것을 말한다. 단락사고는 거의 다 과전류현상을 일으킨다.

○ 지락보호(Ground Fault Protection) : 전기회로의 상과 대지(또는 중선선) 간에 정상적인 회로보다는 저항이 매우 낮은 회로가 구성되는 현상을 "지락"이라 하고 이러한 현상을 검출하여 기기를 보호하는 것을 말하며 계통의 중성점접지 방식에 따라서 어떤 경우에는 지락사고 전류가 그다지 크지 않는 경우도 있다.

○ 정정(Setting ; 整定) : 계전기의 동작 기준값(전류, 전압, 주파수 또는 임피던스 등)을 정하는 것을 말하며 피보호기기에 대한 고장전류 크기, 임피던스 값 및 운전특성 등을 고려하여 기준값을 정하며 계전기의 조정장치로 그 원하는 값에 맞추어 사용한다.

○ 부담(Burden) : 계전기 입력회로의 임피던스를 말하며 보통 소비 VA로 표시한다. 변성기의 정격용량[VA]은 연결할 계전기들의 총합계 부담보다 커야한다. 만약 작은 경우에는 입력장치의 오차가 증가되어 계전기가 정확히 사고판정을 할 수 없게 된다.

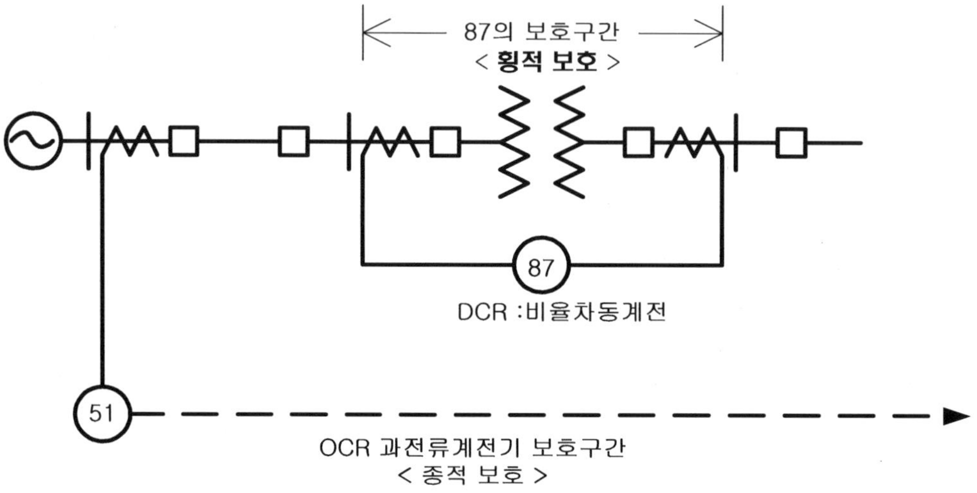

그림 1.6 횡적보호와 종적 보호

○ 횡적 보호계전(Latitudinal Protective Relaying) : 보호구역이 위치적으로 뚜렷하게 구분되는 보호계전방식을 말한다. 예로서 ○○차동계전방식, 파일럿 계전방식 등이 이에 속하며 선택성이 명확하여 주보호방식으로 많이 쓰인다. 이때 보호범위는 입력용 변류기의 설치위치에 따라 정해진다.

○ 종적 보호계전(Longitudinal Protective Relaying) : 보호구역이 위치적으로 뚜렷하지 않으며 전력계통의 운전조건, 계전기의 정정치, 전력기기의 위치 등에 따라 유동적으로 변할 수 있는 보호계전 방식이다. 특성상 원방, 후비 보호기능을 갖게 되며, 과전류계전, 과전압계전 및 거리계전 등이 이에 속하며 그림 1.6에 표시된 바와 같이 횡적보호와 대조를 이룬다.

○ 보호협조(Coordination of Protection) : 어떤 사고에 대하여 주보호 목적을 가지는 계전기는 빨리 또는 고 감도로 동작해야하고, 후비보호 목적을 가지는 계전기는 좀 더 느린 동작속도를 가져야 한다. 이렇게 계전기간의 협조로 사고시 불필요하게 동작하여 정전되는 구역이 확대되지 않도록 하는 것을 말한다.

○ 한시동작(Time Delayed Operation) : 계전기가 소정의 입력에 대하여 동작 시간이 적당한 시간지연을 가지고 동작하는 것을 말한다. 보호협조가 잘 이루어지고 불필요한 동작이 발생하지 않도록 하기 위함이다.

○ 동작시간특성(Time Characteristic) : 계전기의 입력이 동작시간에 미치는 영향을 말하며 계전기에 가해지는 입력의 대소에 관계없이 일정시간에 동작하는 정한시특성, 입력이 크면 클수록 동작시간이 짧아지는 반한시특성 등이 있다. 보통 이러한 특성을 표시하는 방법으로는 계전기의 입력전류(또는 전압)와 동작시간과의 관계를 종축에는 시간, 횡축에는 전류를 기준으로 하여 곡선으로 표시하며 시간 전류특성곡선(T−C Curve)이라 부른다.

○ 배전반(Switchboard) : 전력기기 및 전력계통을 감시, 보호 및 제어하기 위한 계기류, 계전기류, 데이터 처리장치 및 조작용 스위치류들이 장착되어 있는 보드(Board)또는 함(Box)을 총칭하여 배전반이라 한다. 배전반은 전기설비와 운전감시자 간의 중계적 역할을 담당하는 설비로서 기기 운전의 중추적인 장치이며 내부에 장착된 각종 요소들을 수용, 보호하여 기능 발휘를 효과적으로 할 수 있도록 배치 및 결선상태를 유지시켜 준다.

배전반의 형태에는 용도에 따라 수직 벽지지형(Vertical Type), 수직 자립형(Duplex Type : 계측기, 제어용 스위치 장착, Dual Type : 보호계전기류만 장착), 벤치형(Bench Type), 데스크형(Desk Type) 및 그래픽형(Graphic Type)등 다양한 종류가 있다 (그림 1.7 참조)

○ 동작표시기(Target ; Operation Indicator) : 보호계전기에 있는 보조요소로서 계전기의 동작 여부를 잘 알아볼 수 있도록 시각적으로 표시해 주는 장치이다. 표시기의 동작은 주요소가 동작할 때 연동되어 동작하거나 차단기의 차단동작 시 흐르는 전류에 의해 동작된다. 그러나 주요소나 차단기가 원상태로 되어도 동작표시기는 복귀되지 않으며 운전원의 확인 조작에 의하여 복귀되는 것이 일반이다.

그림 1.7 배전반 외형(각종 보호계전기가 설치된 배전반)

1.2.2 보호계전기 종류에 관한 용어

계전기에는 많은 종류들이 있으나 그 중에서 전력기기의 보호계전 시스템을 구성하는데 자주 사용되는 계전기들에 대한 유형별로 용어를 알아본다.

1) 기능별 분류

○ 보호계전기(Protection Relay) : 사고 또는 이상상태를 검출하여 차단기를 동작시켜 회로를 개방하거나 경보를 발생시키기 위한 계전기로서 과○○계전기, 부족○○계전기, 거리계전기, 차동○○계전기 등이 이에 속하고 보호계전 시스템의 핵심을 이룬다.

○ 감시계전기(Monitoring Relay) : 전력계통, 전력기기 또는 보호계전 시스템 자체의 상태를 감시하기 위하여 사용하는 계전기로서, 사고검출기, 경보기구, 동기 검정기, 위상검출기 및 채널(Channel) 감시계전기 등이 이에 속하며 보호계전기와 다른 점은 차단기 동작을 일으키지 않는 점이다.

○ 순서계전기(Sequence Replay) : 일정한 동작순서를 발생시키거나, 진행되는 어떤 순서를 검출하는 계전기로서 송배전선로의 자동재폐로 또는 자동동기 투입용 계전기가 이에 속한다.

○ 조정용 계전기(Regulating Relay) : 어떤 장치 또는 기기의 운전상태가 주어진 제한 값에서 벗어났을 때 동작되는 계전기로서 운전 상태를 제한 값 이내로 복귀시키기 위하여 사용한다.

○ 보조계전기(Auxiliary Relay) : 어떤 계전기나 장치의 기능을 돕기 위하여 보조적으로 사용되는 계전기이며 주된 장치와 연관되어 동작한다. 타이머, 다접촉 계전기, 실린 유닛(Seal－in Unit), 록－아웃(Lock－out) 계전기, 차단용 출력계전기(Tripping Replay) 등이 이에 속한다.

2) 동작기구에 따른 분류

보호 계전기를 동작기구를 중심으로 분류하면 표 1.2와 같다.

표 1.2 동작기구 유형별 보호계전기 종류와 동작원리

형 별		동작기구(원리)	보기
전자형 (Electro magnetic Type)	가동철심형 (Moving Iron Type)	·철심에 작용하는 자기(磁氣) 흡인, 반발력	·힌지(Hinge)형, 플런저(plunger)형, 유극(polar)형
	유 도 형 (Induction Type)	·전자유도 된 와전류와 다른 교번자계 사이에 발생한 구동력, 회전자계력	·유도원판형, 유도원통형, 유도원환형
	전류력계형	·자계와 전류간의 전자 작용에 의한 구동력	
	가동코일형 (Moving Coil Type)	·영구자석에 의한 자계와 가동코일에 흐르는 전류 간의 구동력	·직류회로 보호/감시 계전기
기 계 형 (Mechanical Type)		·물리적인현상(온도, 압력, 진동 등)에서 발생된 기계적인 구동력 (기체형/액체형/고체형)	·온도 계전기, 가스압력 계전기, 흐름 계전기
정 지 형 (Solid－Static Type)		·레벨검출, 위상비교 및 논리결합에 의함(가동부가 없음)	·전자관형, 자기증폭기형 트랜지스터형, 디지털형, Hall소자형....
디지털형 또는 수치연산형 (Digital or Numerical Type)		·입력을 디지털－수치화하여 연산처리함으로 동작	·마이크로 프로세서형, 수치연산형, IED형

3) 입력형태에 따른 분류

○ 단일입력 계전기 : 하나의 물리적인 양에 대한 과. 부족을 검출하는 것으로서 전압, 전류, 주파수, 온도 및 압력 등을 대상으로 하고 보통 과○○계전기, 부족○○계전기 등으로 불리고 있다.

○ 복수입력 계전기 :

㉠ 이종(異種) 입력 : 어떤 지점을 중심으로 사고 점의 방향을 판별하거나 전력의 과. 부족을 판별하는 능력을 갖는 계전기로서 주로 전압(V)과 전류(I)를 입력으로 한다. 방향○○○계전기, ○○전력계전기 등이 있다.

㉡ 동종(同種) 입력 : 서로 다른 위치에서 샘플(Sample)된 같은 종류의 입력들을 받아 비교하므로 그 위치들 사이에 있는 전력기기의 사고를 검출하는 계전기이다. 차동○○계전기, 비율차동○○계전기 등이 이에 속한다.

4) 기구번호에 의한 표시

보호계전기 및 자동제어기구를 도면이나 설명서에서 그 기능을 명확히 나타내고 서로 이해하는데 편리를 도모하기 위하여 기구번호(Device Number)를 사용한다. 이 번호는 국제적으로 비슷한 체계를 갖지만 나라에 따라 약간씩 다르게 규정하여 사용되기도 한다. 부록 표 1은 기구번호와 이에 해당되는 기능을 간추린 것으로서 실무자들에게는 자주 사용되고 보호제어 분야에서는 기술언어의 성격을 가지므로 알아두어야 한다. (부록 표 2 는 보조기호)

※기구번호의 활용(보기)

부록 표에 있는 기구번호(Device No.)는 기본 번호에 해당되며 필요에 따라 보조기호나 보조번호를 사용하여 보다 상세히 표기 할 수 있다.

기구번호 - 기본번호 + 보조기호 + 보조번호

※ 보조기호(Suffix Letters)

기구의 기능을 구체적으로 나타내기 위하여 사용되는 기호로서 해당기능을 상징하는 영어문자의 머리글자를 사용한다.

예) 단락보호용 거리 계전기(A-B상용) : 21S-1 (S: Short Circuit를 의미)
단락보호용 거리 계전기(B-C상용) : 21S-2

1.3 보호방식 적용시 기본 고려사항

어떤 전력기기의 공사계획을 수립할 때에는 미리 검토하여 이에 적합한 보호계전방식을 선정하여 이에 알맞은 계전기와 함께 team을 이루는 변성기 및 차단장치의 사용계획을 종합적으로 수립하여야 한다. 그러나 보통은 전력기기의 용량이나 규격, 기기들의 배치위치 등을 모두 정한 다음 기존의 보호계전방식을 답습하는 경우가 많으나 규모가 큰 공장시설이나 특수한 기기 또는 동일한 기기라도 특수한 조건에서 사용되는 전력기기를 설치하는 경우에는 공사 완공 후나 운전 중에 비로소 보호계전방식이 적합하지 못한 것을 알게 되어 난처하게 되는 경우가 흔히 있다. 따라서 전력기기 설치계획을 수립할 경우에는 다음과 같은 몇 가지의 기본적 사항들을 고려하며 보호계전방식 및 이에 따른 보호계전기기들을 선정하는 것이 바람직하다.

1.3.1 전력계통의 구조와 전력기기의 위치

전력기기를 설치하고자 할 때 그 기기가 연결되는 주위 전력계통의 구조 및 조건을 살펴보아야 하며, 배전방식(3상3선식, 3상4선식, 또는 단상3선식 등), 중성점의 접지방식, 발전전원의 위치, 기존 계통 및 기기들의 보호계전방식, 자동 재폐로방식, 변압기의 결선방식, 계통의 운전방식 등 그리고 장래의 계통변경들을 고려하여 상호협조가 원활하고 무 보호 구간이 발생하지 않도록 보호구역을 명확히 하여 관련 장치 설치계획을 하여야 한다.

보호구역은 보통 전력기기(발전기, 변압기, 모선, 송전선, 배전선 또는 부하 등)를 단위 보호 구역으로 나누어 보호계전 시스템을 구성한다. 그림 1.8은 본보기로서 한 전력계통의 보호구역을 나타낸 것으로 이 때 보호구역은 차단기와 변류기(CT)의 위치에 따라 확정된다.

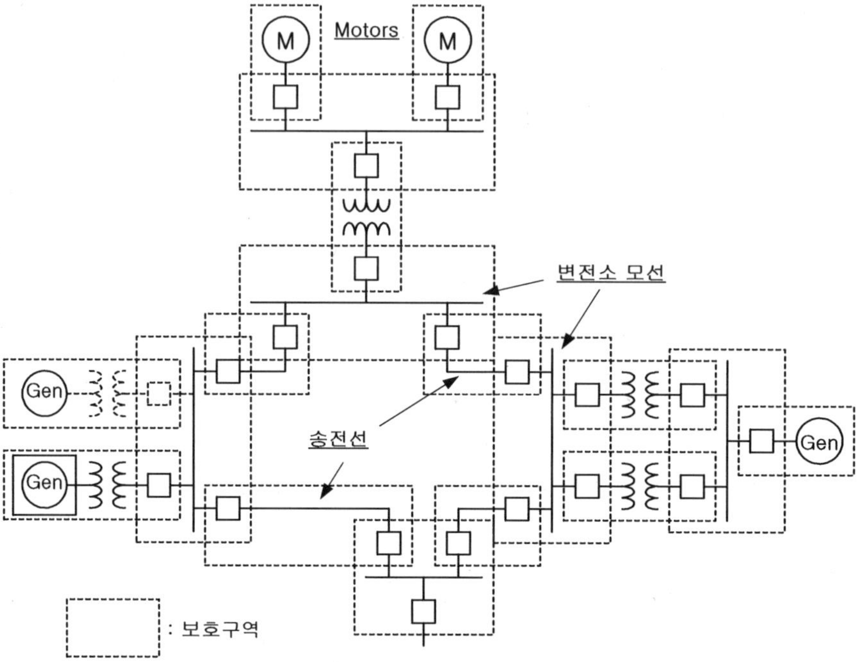

그림 (a) 대표적인 전력계통의 보호구역 중첩

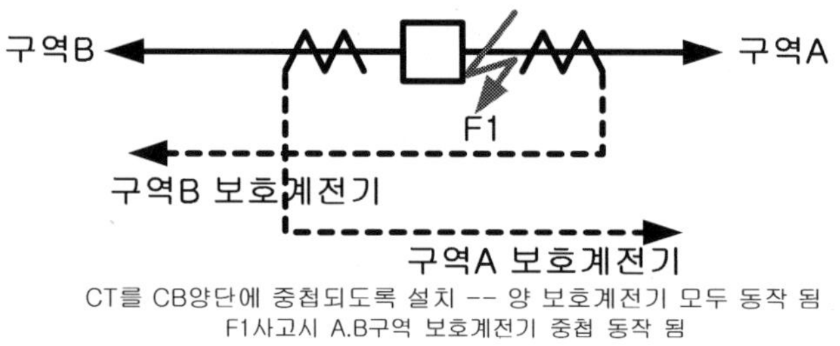

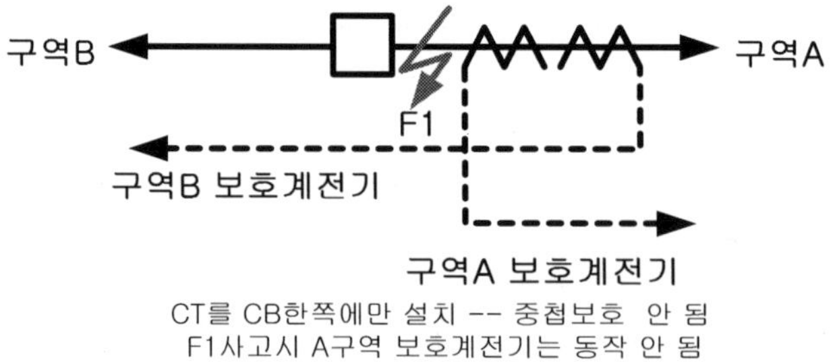

그림 (b) 보호구역 중첩의 구현

그림 1.8 대표적인 보호구역과 보호구역 중첩의 구현

1.3.2 사고종류와 현상의 명확화

보호계전방식을 결정하는데 있어서 중대한 영향을 미치는 사항으로서 피보호 대상기기에 발생할 수 있는 사고 또는 이상 상태에는 어떤 것들이 있는가? 즉, 검출대상사고들의 항목과 어떤 현상들이 나타나는지를 명확화 하여야 한다. 예로서 유도전동기(Induction Motor)의 보호계전 시스템을 설계하고자 할 때 예상되는 사고종류와 나타나는 현상을 본다면 표 1.3와 같다.

표 1.3 사고종류와 현상 보기(유동 전동기의 경우)

사고 종류	현 상
1. 과부하에 의한 과열 사고	·정격전류의 130~150% 이상의 전류가 장시간 흐름. ·고정자 및 회전자의 온도상승 현상
2. 1선 단선 또는 접촉 불량에 의한 단상운전	·역상분 전류가 흐름, 역상분 전압이 발생됨. ·2개상의 전류가 너머지 1개상의 전류보다 큼
3. 단락사고	·정격전류의 7~8배 이상의 전류가 흐름
4. 지락사고	·영상분 전류 또는 영상전압이 급증됨

따라서 사고종류와 사고의 현상이 잘 파악 되었을 때 보다 더 적절한 보호계전 시스템을 구성할 수 있게 된다.

1.3.3 고장계산(사고해석)

앞서 나타난 각종 사고에 대한 전기적인 상태를 모의하여 사고시 흐르는 사고전류, 전압의 크기를 실제로 연결한 전력계통에 연관하여 해석해보는 것이다. 사고시 나타나는 전류 및 전압의 최대/최소 값으로부터 변성기인 CT, PT 및 기타 입력장치의 규격을 결정하여야 하고, 사용할 차단기(CB)는 이러한 사고전류를 충분히 차단할 수 있는 성능이 있는 것을 선택하여야 한다. 보통 쉽게 모의할 수 있는 사고는 3상 단락사고와 1선 지락사고이며, 사고발생 위치는 최근단사고로서 계전기 설치점의 사고와 최원단 사고로서 최말단의 사고를 모의하여 해석한다. 또한 계통의 운전조건이 변동됨에 따라 사고전류 및 전압이 다르게 분포될 것이므로 병렬기기가 운휴중일 때, 일부 발전기가 정지중일 때 및 사고시 어느 계전기가 먼저 동작되었을 때 등을 종합 해석하여 최대 고장 전류상태에서는 물론 최소 고장상태에서도 원활하게 보호가 이루어지도록 하여야 한다.

1.3.4 기기의 규격 및 특성

보호하고자 하는 전력기기의 정격, 과부하 내력, 열적인 허용값, 중성점의 접지방식, 권선의 결선방식, 기기의 운전방식 등을 알아야 하며 과부하 내력 및 열적인 운전허용 특성 등에 대한 기술데이터를 상세히 파악하여 적합한 보호계전기와 관련 장치를 선정할 수 있어야 하고 동작치 및 동작시한 결정시에도 활용할 수 있어야 한다.

1.3.5 보호의 정도 결정

어느 정도의 성능을 갖는 보호계전 시스템을 구성할 것인가를 결정하기 위한 것으로서, 전력기기의 용량, 전압의 높이, 설비의 중요도, 계통 중에 설치되는 위치 및 사고시 전체 계통에 미치는 영향 등을 고려하여야 한다. 특별히 중요한 위치에 있거나 설비규모가 큰 것은 2중화 또는 3중화하고 어느 2종류가 동작 시 차단시키는 방식(Two out of Three)과 같은 다중적인 보호 시스템을 사용하는 것이 바람직하다.

1.3.6 유사현상 및 전자 잡음의 영향

사고가 발생하거나 비정상적인 상태 이외에도 계전기 측에서 보았을 때에 마치 사고와 동일한 것처럼 잘못 판단 할 수 있는 유사 현상들이 있는지 여부를 검토하여야 하고 이에 대한 대책이 마련된 보호방식을 선택하여야 한다.

이와 같은 유사현상은 주로 전력회로 개폐(Switching) 동작에 의한 과도현상에 기인하며 변압기 가압 시 발생되는 여자돌입전류 및 유도전동기의 기동시 돌입전류 등이 좋은 본보기가 된다. 한편 서지(Surge), 고조파 및 기타 형태의 잡음(Noise) 신호가 계전기 입력에 포함되어 계전기로 하여금 잘못된 판단을 내려 오동작 또는 부동작의 원인이 되지는 않는지 여부를 검토하여야 하며 특히 입력 레벨(Level)이 낮고 동작속도가 빠른 정지형 계전기나 디지털형 계전기를 적용하고자 할 때에는 이러한 사항들을 면밀히 검토하여야 한다.

따라서 이러한 영향들을 배제할 수 있는 하드웨어(Hardware)를 구성하고 또 이미 입력신호에 포함된 잡음성분에 대하여는 여과(Filtering)시킬 수 있도록 조치되어야 한다. 이때 가능한 방법으로는

㉠ 차폐(Shielding)
㉡ 무유도성 회로(Interference Free Circuit)의 사용
㉢ 접지(Grounding)
㉣ 여파(Filtering)
㉤ 흡수장치(Suppressor) 사용

등이 있다.

1.4 보호협조(Protective Relay Coordination)

1.4.1 보호협조 방법

한계통내에 있는 Relay 들은 Graph 나 Table을 사용하여 상호 협조검토를 할 수 있다. 방사상 계통이라면 Graph를 이용하는 것이 편리하고, 일반적으로 Semi-log (전류값 : LOG, 동작시간 : Linear) 또는 Log-log Scale이 사용된다. 종류가 다양한 보호장치들이 적용된 계통일수록 Log-log Graph를 사용하는 편이 일목요연하게 검토될 수 있다.

검토 시에는 각 Relay와 연결된 변류기(CT) Ratio와 설치위치에서의 계통사고를 고려하여야 하고 실제 Relay에 흐르는 전류값을 계산하여야 한다.

Coordination 진행과정은 그림 1.9에 도시된 바와 같다. 먼저 요구되는 또는 검토대상이 되는 Relay의 Tap 범위, 동작시간 특성(T-C Curve) 및 연결된 변류기(및 전압변성기)의 변류비를 정확히 파악한 후에 다음과정을 밟는다.

① Critical 한 사고위치와 이때 사고전류(전압)값 계산
② 위의 값을 시간-전류 Graph에 그린다.(각 전류값에서 수직선을 그림)
③ 최대 및 최소전류에 대한 전위(Overreached)Relay(계통연결에 따라 결정됨)의 동작시간을 결정한다.

예로써 그림 1.10 같은 계통에서 Relay G의 경우 동작시간은 Relay H의 Max. Fault (예 : F3에서의 3상 단락고장)와 Min.Fault(예 : F2에서 2상 단락고장) 중의 어느 하나(그림 1.9에서 각각 X와 Y로 표시됨)가 된다.

여기서 전제조건은 Relay H가 이미 전위 Relay인 Relay R과 협조되어 Setting되어 있다는 것을 가정한 경우이다.

④ X 및 Y 점에 각각 보호협조시간(CTI : Coordination Time Interval)을 더하여 전류값 수직축 위에 점을 찍는다. 본 단계에서는 Relay G가 동작해야 할 동작시간 특성의 2개 Set Point를 예시해준다.

⑤ Min. Fault (2)에 동작되도록 Relay G의 동작전류 Tap을 정한다.
(단락보호 계전기인 경우는 Max. Load 전류에 150 % 이상으로 되어야 한다. ; 200 % 이상 Pick-up필요)

⑥ 계전기 G의 동작시간-전류 Curve가 Step ④에서 정해진 Set Points의 1개를 통과하거나 그 위의 지점을 통과하도록 Time-Lever를 정한다.
본 Step에서는 Time-Lever Setting은 물론 동작전류 Tap의 조정이 필요하게 되는 경우도 있다. 통상 가장 긴박한(Critical) 협조점은 최대고장전류점이다.

⑦ 전원 쪽으로 향하여 다음 후위에 있는 Relay에 대하여 위 Step을 반복해 간다.

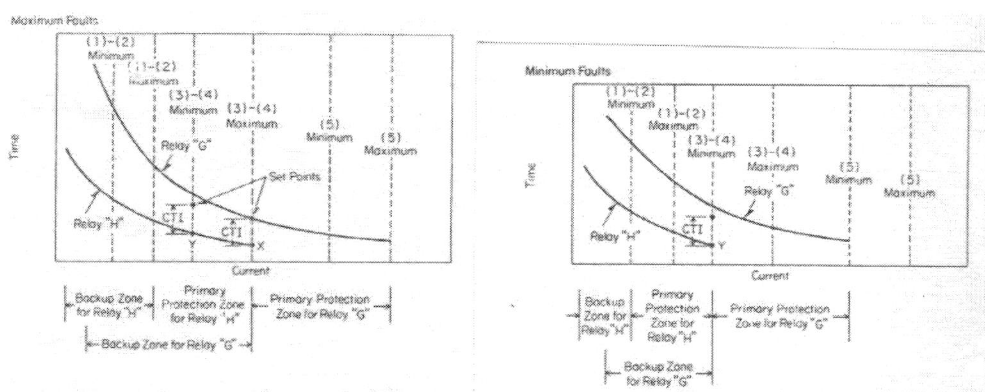

그림 1.9 Relay Coordination Setting 과정

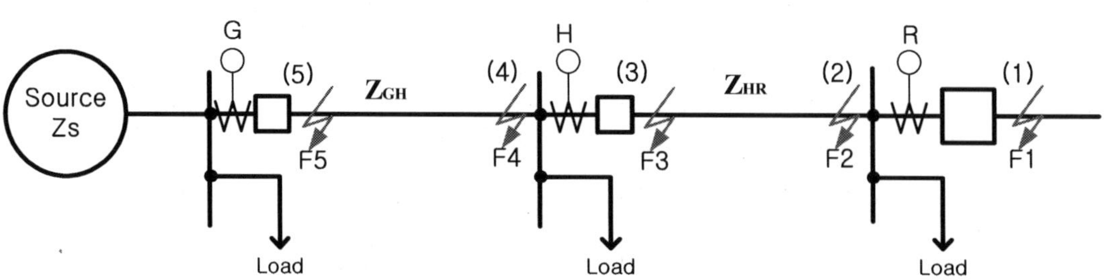

그림 1.10 방사상 송전계통의 보호협조

1.4.2 고장해석 Data의 이용

보호계전장치는 고장시에 동작되어야 하므로 동작협조를 이루기 위하여 동작치 결정이나 계전장치 간 동작협조 조정을 위해서는 고장계산에서 얻어진 많은 Data를 활용하여야 한다.

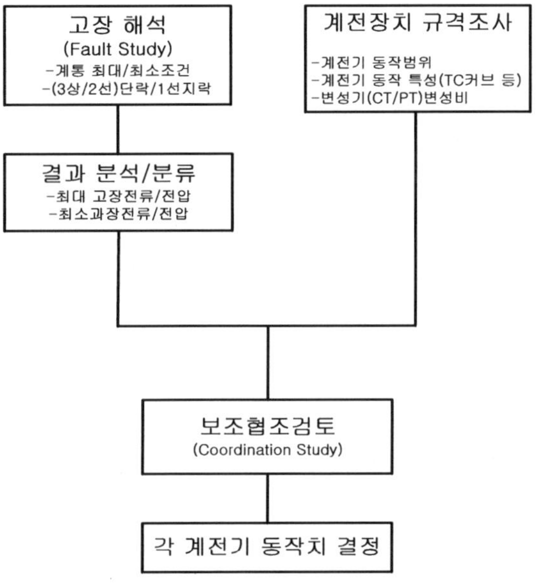

- 보호계전장치 동작치 결정 과정

앞의 그림과 같이 고려하는 보호계전기 설치점에 영향을 주는 인근 및 주변 계통에 대한 고장계산(Fault Study)을 하여 이 때 보호계전기에 나타나는 전압, 전류값을 계산하는 단계가 필요하고, 협조를 이루어야 하는 계전기와 협조를 이루어야 하는 최대, 최소 고장 조건을 분류하는 작업과 동시에 보호계전기의 특성 자료와 변성기 특성자료를 수집 검토하는 단계가 필요하다. 이후로는 협조검토를 위한 세밀한 단계를 통하여 계전기의 동작치와 시한특성 값을 선정하는 과정으로 이루어진다.

- 고장해석 결과의 적용

일반적으로 보호계전장치 적용을 위하여 중요하게 활용되는 고장계산 Data는 다음 9가지 종류가 있다.(계통구조 및 운용상태 변동 고려한 고장계산으로부터)

표 1.4 계통보호협조용 Data 종류

1. 근단 최대사고 (Max. Closed－in Fault) 보호계전장치가 설치된 피보호 설비의 자단 끝 사고시 해당보호계전장치를 통하여 흐를 수 있는 최대 고장전류.
2. 원단 최대사고 (Max. Far Bus Fault) 상대단 모선사고시 해당보호계전장치를 통하여 흐르는 최대고장전류
3. 상대모선 최소사고 (Min. Far Bus Fault) 상대단 모선 사고시 최소고장전류 (다단자 선로의 경우는 상대단 모선이 여러 개이므로, 상대모선 최대사고와 상대모선 최소사고가 동일 모선에서 발생되지 않는 경우가 있다.)
4. 최대사고 (Max. Fault) 고장해석 결과 해당보호 계전장치를 통해 가장 많은 전류가 흐르게 하는 사고 (대개 Max. Closed － in Fault 와 같음)
5. 최소사고 (Min. Fault) － 단락보호 : 다음 중 큰 것 • 보호방향으로 다음 단 Bus (2 Bus away) 사고의 50% (전류값) • 최대부하전류 － 지락보호 : • 보호방향으로 다음 단 Bus (2 Bus away) 사고의 25% (전류값) • 최대 잔류전류 (Max. Residual Current)
6. 최소 후비 선로말단사고 (Min. Backup Line－End Fault) 후비로 보호해야할 다음 단 선로의 말단 사고 중 (사고－모선사이 Breaker는 Open) 보호계전장치에 최소전류를 흐르게 하는 사고.
7. 최대 근단 Bus 사고 (Near Bus Fault) 자단 Bus 사고시 보호계전장치에 최대전류발생 사고
8. 최소 선로말단 사고 (Min. Line－End Fault) 상대단 Breaker Open시 선로 말단 사고 중 최소고장전류 발생사고.
9. 부하전류 (Load Out of the Bus) 보호계전장치를 통해 흐르는 최대 부하전류 (입력자료)

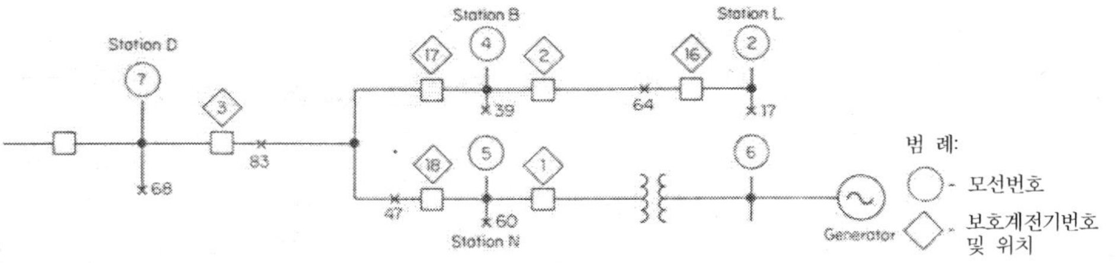

계전기 3은 모선 정격전압이 34.5kV인 변전소(Station) D에 있으며 다음 사고전류 전압은 이 계전기에 나타나는 값들을 나타낸다.

고장 항목	고장 번호 (Fault No.)	전류(A) Current[A]	전압 Volt[kV]	1차 임피던스 1ry Imp.[Ω]	임피던스 각 Imp.Ang[Deg]
1. 최근단 최대사고	83	10292.1	0.0		
2. 최대 상대모선 사고	39	1958.7	25.7	7.57	75.24
3. 최소 상대모선 사고	60	1256.7	26.9	12.35	65.76
4. 최대 사고	83	10292.1	0.0		
5. 최소 사고	17	103.7	19.0	106.88	85.16
6. 최소 후비 말단사고	64	286.2	33.4	67.35	77.00
7. 최대 근단모선 사고	68	−1817.1	0.0		
8. 최소 말단 사고	47	1421.6	29.1	11.81	66.22
9. 모선공급최대부하전류		100.0			

그림 1.11 보호협조 검토를 위한 대표적인 고장계산

1.4.3 보호계전장치 협조검토

앞서 마련된 고장계산 Data로부터 제1차 주보호 구간 사고에 대하여 계전기가 신속히 동작토록 Setting 할 수 있다. 그러나 그 Setting이 주보호 구간을 벗어난 후비보호구간사고에 대하여는 후비보호기능을 발휘할 수 있도록 조정이 필요하다. 이러한 과정을 보호협조 검토라 한다.

보호협조는 계통의 Topology에 따라 후위(Overreaching) Relay와 전위(Overreached) Relay Pair 간에 검토되어야 한다. 아래 그림 1.12와 같은 계통이라면 D 변전소의 5 Relay는 3개의 협조 쌍(CP : Coordination Pair)이 있게 된다. 즉, Relay 5에 대하여 Relay 7, 20 및 16이 Pair를 이룬다.

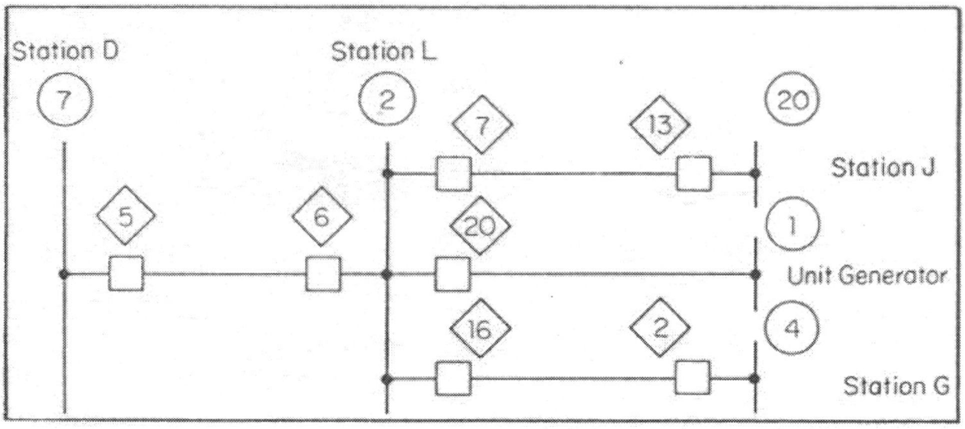

그림 1.12 보호협조를 위한 Relay Pair

각 Pair들 간의 협조를 위해서는 고장계산으로부터 6개 Set의 전압, 전류 Pair가 마련되어야 한다. Data Pair는 특정한 사고시 전위 및 후위를 통과하는 전류나 또는 측정되는 Impedance 값들이다. 표 1.5 및 표 1.6에는 각각 단락 및 지락사고에 대한 6개 Set의 Data Pairs를 설명한 것이다.

이 6개 Set Data Pair로부터 각 Relay의 동작시간이 결정되어진다. Relay의 동작시간은 통과되는 전류 또는 측정되는 Impedance 값에 따라 정해진다. 그림 1.12는 2개의 과전류 Relay 및 거리계전기에 대한 협조상태를 도시한 것이다.

표 1.5 단락 보호장치 협조검토용 Data Pair

협조전류쌍 1 (CP#1)	전위보호장치(Overreached Device)로부터 1 Bus 구간 이격된 Bus 사고 중 후위보호장치(Overreaching Device)에 가장 큰 전류가 흐를 때 전류값(선로 말단 사고 포함). Impedance Relay인 경우는 이 상태에서 각 위치에 나타나는 Impedance 값.
협조전류쌍 2 (CP#2)	협조를 이루어야 하는 전위－후위 관계가 성립하는 모든 지점 사고 중 전위보호장치를 통과하는 사고전류가 최소인 때 후위전류 및 전위전류 50%, 이때 Impedance는 각 위치에서의 전압을 최소전류 50% 값으로 나눈 값을 적용.
협조전류쌍 3 (CP#3)	전위보호장치의 근단사고(Close－in Fault)에 대하여 후위보호장치를 통하여 사고전류가 최대일 때의 전류값(여기서 크기가 같은 2 전류가 위 조건을 만족할 수 있을 때는 후위/전위 전류 Ratio가 더 큰 것을 사용한다.) Impedance Pair는 위 상태에서의 Impedance 값.
협조전류쌍 4 (CP#4)	전위보호장치 전류는 순시 Setting 값보다 1A 낮은 전류값 후위보호장치전류는 (전위보호장치 전류) × (CP#6의 후위/전위 Ratio) Impedance Pair는 전위보호 Relay의 전류값은 Far Bus 사고시 Max 전압을 사용하고 Zone－1의 Impedance Setting치로 나누어 구한다.
협조전류쌍 5 (CP#5)	CP#2와 CP#4의 평균 If CP#4 = 0 then CP#2 와 CP#3의 평균 If CP#3 = 0 then CP#2 와 CP#1의 평균 Impedance Pair는 전위보호 Relay : (전위보호 Relay 전류) × (CP#6의 후위/전위 Ratio)
협조전류쌍 6 (CP#6)	최대후위/전위 전류 Ratio에서의 후위보호장치의 전류가 최대일 때 전류값 Impedance Pair는 상기조건에서 Impedance Relay가 측정하는 Impedance 값.

표 1.6 지락 보호장치 협조검토용 Data Pair

협조전류쌍 1 (CP#1)	전위 보호장치로부터 1 Bus구간 이격된 지점의 사고 중 (Line−end Faults 포함)후위보호 장치에 가장 많은 전류가 흐르는 경우의 전류
협조전류쌍 2 (CP#2)	협조를 이루어야 하는 전위−후위 관계가 성립하는 어느 사고 중 전위보호장치에 흐르는 최소전류. 두 입력의 Product로 동작하는 Relay인 경우는 최소사고의 1/16 (이때 Product값은 2차 Relay회로에서의 Amperes 또는 Volt−amperes로 한다.)
협조전류쌍 3 (CP#3)	전위보호장치의 Close−in Fault에 대하여 후위 보호장치에 흐르는 최대사고 전류. 동일크기의 2개 전류가 위 조건을 만족할 때는 후위/전압전류Ratio가 큰 쪽을 적용한다.
협조전류쌍 4 (CP#4)	전위보호창지 전류는 순시 Setting 값보다 1A 적은 전위장치 전류, 후위장치전류는 (전위장치 전류) × (후위/전위전류 Ratio : CP#6에서 결정됨) Product pair #4는 (전위장치 순시동작전류값 보다 1 A 적은 전류) × (상대 Bus 사고시 최대영상전압) 후위장치 Product 값은 (Product Pair #1의 전위/후위 Product Ratio) × 위의 Product 값
협조전류쌍 5 (CP#5)	CP#2와 CP#4의 평균 If CP#2 와 CP#4 의 평균치 = 0 then CP#2 와 CP#3의 평균치 사용 If CP#3 = 0 then CP#2 와 CP#1의 평균치 사용
협조전류쌍 6 (CP#6)	후위/전위 전류 Ratio가 최대가 되는 후위장치 전류의 최대치

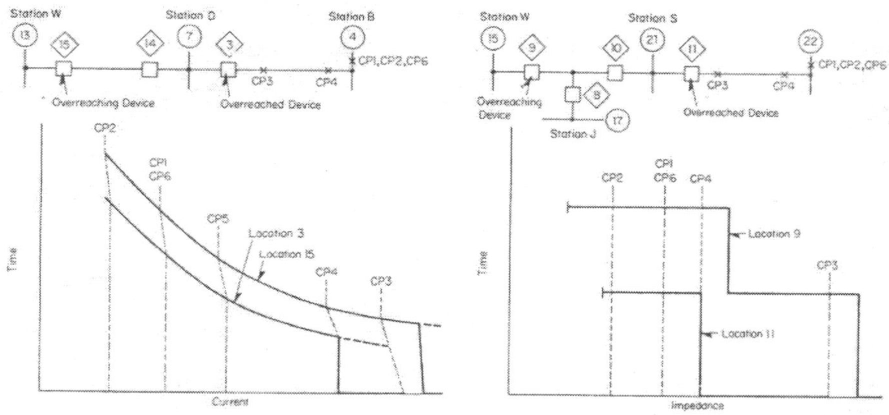

a) 과전류계전기의 보호협조　　　b) 거리계전기의 보호협조

그림 1.13 일반적인 경우의 보호계전장치 협조조정

Coordin-ation Pairs	변전소 W의 후위 보호 계전기 15 (그림 a) (Overreaching Location 15 Station W)						변전소 D의 전위보호 계전기 3 (그림 a) (Overreached Location 3 Station D)						비 고
	Relay전류(A)	사용 과전류 형식 IRV-7					Relay 전류(A)	사용 과전류 형식 IRV-7					
1	1,239	(FN 43)	PU배수	1.72	OT	4.14	1,527	(FBN 4)	PU배수	8.48	OT	1.13	
2	442	(FN 59)	PU배수	61	OT	999.99	633	(FBN 5)	PU배수	3.51	OT	1.81	
3	4,356	(FN 80)	PU배수	6.05	OT	0.00	7,933	(FBN 7)	PU배수	44.07	OT	0.00	*{Not Coordinated*
4	2,065	(FN —)	PU배수	2.87	OT	2.14	2,545	(FBN 4)	PU배수	14.14	OT	.93	
5	1,254	(FN —)	PU배수	1.74	OT	4.05	1,545	(FBN —)	PU배수	8.58	OT	1.12	
6	1,239	(FN 43)	PU배수	1.72	OT	4.14	1,527	(FBN 4)	PU배수	8.48	OT	1.13	
Coordin-ation Pairs	변전소 W의 후위 보호 계전기 9 (그림 b) (Overreaching Location 9 Station W)						변전소 S의 전위 보호 계전기 11 (그림 b) (Overreaching Location 11 Station S)						
	Relay전류(A)	사용 거리계전기 KD-10					Relay 전류(A)	사용거리계전기 KD-10					
1	756	(FN 168)	Z	1.37	OT	1.00	1,324	(FBN 22)	Z	.51	OT	.40	
2	378	(FN 168)	Z	2.73	OT	1.00	662	(FBN 22)	Z	1.02	OT	.40	
3	953	(FN 167)	Z	.78	OT	.40	953	(FBN 21)	Z	0.00	OT	0.00	
4	833	(FN 0)	Z	1.27	OT	1.00	1,458	(FBN 22)	Z	.47	OT	.40	
5	605	(FN 0)	Z	99.99	OT	999.99	1,060	(FBN 0)	Z	99.99	OT	999.99	
6	756	(FN 168)	Z	1.37	OT	1.00	1,324	(FBN 22)	Z	.51	OT	.40	

Legend:

2. FN	— 고장번호(Fault Number)	5.OT	— 동작시간(Operating Time) 999.99 : 동작하지 않음, 777.77 : PU배수가 1-1.3(계전기인 경우), 1.0-2.5(Fuse 인 경우)로서 동작은 하나 시간이 비교적 길고 동작시간 오차가 심함
3.PU배수	— 계전기 동작전류에 대한 입력되는 고장전류의 배수 (Pick-Up Value)		
4. FBN	— 고장전류 쌍을 발생시키는 고장모선 번호 (Fault Bus Number)	6.Z	— 계전기가 보는 임피던스 값. 999.99 : 무한대 임피던스

그림 1.14 대표적인 Relay Coordination Printout

제 2 장 계전기와 변성기 (Protective Relay & Instrument Transformer)

2.1 개 요

본장에서는 계통보호를 이루는 과정에서 가장 주체가 되는 장치인 계전기와 계전기에 전압 전류값을 제공하는 변성기에 대하여 설명하기로 한다. 보호 계전기의 종류는 다종 다양하며 그 분류 방법도 동작기구, 동작 한시 특성, 용도(기능) 등에 따라 여러 가지가 있다.

최근에는 컴퓨터 이용기술과 정보처리 및 통신 수단이 발달하여 거의 대부분의 보호계전기가 디지털화 되고 또 통신기능이 부가되어 보호계전기라는 이름보다 지능형 전자장치라는 의미의 IED(Intelligent Electronic Device)라고 불리고 있다. 기능면에서도 한 장치에서 여러 기능을 복합 처리하고 있어 그 동안 여러 배전반에 수납하던 수십 대의 계전기가 한 Box 즉 한대의 컴퓨터 장치에서 수행되는 시대가 되고 있다. 또 수많은 신호를 주고받던 케이블이 필요 없어지고 고속 정보네트워크가 변전소에 설치되어 광케이블 연결 단자 하나만 꼽으면 기능을 발휘 할 수 있게 발전하였다.

그러나 보호원리나 기능면에서의 IED의 특성은 여전히 아날로그시대의 것이 그대로 적용하고 있다고 할 수 있다. 마치 예전에 우체국에 가서 서서 기다렸다가 시외전화를 하던 것이 요즈음에는 길을 가면서도 맘대로 누구에게나 전화하고 화상으로 얼굴을 보면서 대화할 수 있게 된 것과 같이 전화하는 것 자체는 그대로인 것이다. 즉, 대화의 필요가 있는 사람이 생각을 말하고 상대는 듣고 반응하는 것이다. 말하고 듣는 것의 주체는 여전히 사람들끼리 하는 것이다.

변성기도 변화는 하였지만 계전기만큼은 아니다. 재래식 변성기는 고전압, 대전류 전기신호−자계신호−저전압, 소전류 전기신호로 변환하는 것인데 변환과정에서의 오차발생 문제와 외부 신호에 영향을 받는 정도의 문제점이 있는 편이다. 그러나 어떤 대안도 획기적으로 이를 개선할 수 있는 방안이 아직 개발되지 않았다고 할 수 있으며 단지 광이용 기술의 발달로 전기신호를 광신호로 변환하여 이용하는 장치들이 개발 및 사용되고 있는 실정이다.

2.2 보호계전기 종류

2.2.1 보호계전기의 분류

1) 동작 기구상의 종류

계전기를 동작기구형식으로 크게 분류하면 다음과 같은 3종류가 있다.

- 전자기계형(Electro–mechanical Type)
  - 가동철심형(Moving Iron Type)
  - 유도형(Induction Type)
  - 전류력계형
  - 가동코일형(Moving Coil Type)
- 정지형(Solid–Static Type)
  - 전자형(Electronic Type)
  - 디지털형(Digital/Numerical Type)
  - IED형(Intelligent Electronic Device Type)
- 기계형(Mechanical Type)

① 전자기계형(Electro–mechanical Type)

ⓐ 가동 철심형 계전기

가동 철심형 계전기는 전류 코일의 전자력만으로 철심을 운동시키는 전자형과 전자 코일에 흘리는 전류의 극성에 따라서 철편의 흡인력의 방향을 변화시키는 유극형의 두 가지가 있다. 구조는 간단하지만 정밀성이 약간 떨어지기 때문에 보조 계전기로서 사용되고 있다.

ⓑ 유도형 계전기

유도형 계전기는 이동 자계 또는 회전 자계에 의한 유도 작용에 의해서 원판 또는 원통에 생기는 토크(Torque)를 사용해서 접점을 개폐하는 구조의 것으로서 전자기계형의 한 종류이다.

ⓒ 전류력계형 계전기

고정 코일과 가동 코일에 전류를 흘려서 양자 사이에 작용하는 토크를 이용하는 구조의 것으로서 고속도 동작이 가능하며 역시 전자기계형의 한 종류이다.

ⓓ 가동 코일형 계전기

가동 코일형 계전기는 가동 코일형 계기와 같은 원리로서 영구 자석의 자계 중에 가동 코일을 회전하도록 한 것이다. 소비 전력은 작지만 토크도 작아서 주로 직류 계전기로서 많이 쓰이고 있다.

② **정지형 (Solid－Static Type)**

앞의 전자기계형은 기계적으로 움직이는 부분이 있으나 본 정지형은 외형상 움직이는 부분이 없으며 반도체회로로 구성된 것이 특징이다.

ⓐ 전자형(Electronic Type) 계전기

일찍부터 진공관, 트랜지스터를 사용한 여러 가지 종류의 계전기가 개발 이용되어 왔다. 그리고 근래까지 마이크로 일렉트로닉스의 진보로 소형 경량이면서 성능이 좋은 IC 등의 회로 소자가 개발됨에 따라 각종 논리 회로 및 전자 부품을 이용한 고성능의 전자형 계전기가 실용화 되고 있었으나 디지털형이 개발되면서 더 이상 발전은 없는 실정이다. 전자형 계전기에는 정류형, 위상 비교형 등이 있다.

ⓑ 디지털(Digital) 계전기

계기용 변성기(CT, PT)를 통해 측정한 아날로그값을 일정한 시간 간격으로 샘플링(Sampling)하여 디지털 양으로 변환하고 이 데이터를 마이크로프로세서로 구성된 연산처리부에서 미리 구현된 프로그램(알고리즘)에 의해 연산처리하여 계전기 특성을 실현시키는 계전기이다. 최근에는 대부분의 계전기가 이 형식의 것으로 개발되어 실용화되고 있으며 앞으로도 더욱 다양하고 성능이 우수한 계전기들이 등장할 것으로 기대된다.

Ⓒ IED형계전기

이 형식은 원리적으로는 위의 디지털형에 속하는 것이지만 특별히 구별되는 사항은 양방향 통신이 가능하여 통신 규약이 맞는 어떤 네트워크에 연결만 하면 입·출력을 주고받으며 활용할 수 있는 형태의 기능이 탑재되어 있는 장치를 특별히 IED (Intelligent Electronic Device) 또는 IED형 계전기라 부른다.

최근 자동화용 국제 표준 네트워크들이 등장하면서 이러한 명칭과 분류가 확대 사용되고 있다. 변전소 자동화용 국제 프로토콜인 IEC 61850이 실현되면서 계전기라는 명칭이 IED라는 호칭으로 많이 이용되고 있다.

③ 기계형(Mechanical Type)

전기기기의 과부하나 고장시에 나타나는 온도, 압력, 유체의 흐름 등을 감지하는 계전기들로서 비교적 단순한 원리이지만 기기보호에 중요한 요소들에 속한다. 동작 매체의 형태에 따라 기체형, 액체형, 고체형이 있다.

2) 동작 시간에 의한 분류

보호계전기는 송배전 계통에 고장이 일어났을 경우 신속하게 이것을 검출 하는 것이 그 임무이다. 계전기에 정해진 최소 동작값 이상의 전압 또는 전류가 인가되었을 때부터 그 접점을 닫아 차단기에게 신호를 줄때까지에 요하는 시간, 즉 동작 시간을 한시 또는 시한(Tme Limit)이라고 한다. 여기서 계전기를 동작시키는 최소 전류를 최소 동작 전류라고 한다. 계전기를 한시 특성으로 분류하면 다음과 같다.

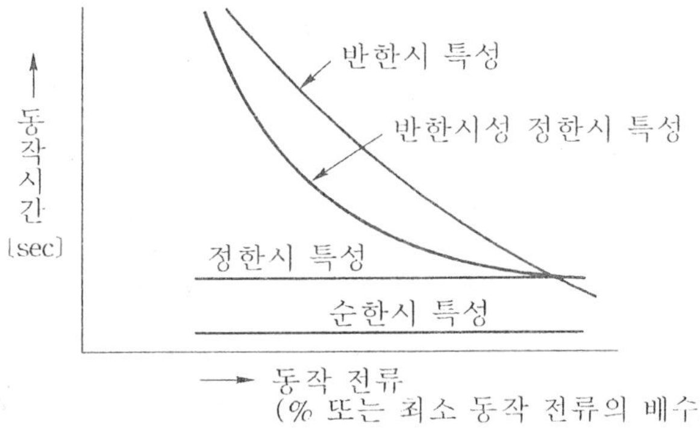

그림 2.1 계전기의 동작시간 특성

① 순시 계전기

정정(set)된 최소 동작 전류 이상의 전류가 흐르면 즉시 동작하는 것으로서 한도를 넘은 양의 크기와 동작시간과는 아무 관계가 없다. 보통 0.3초 이내에 동작하도록 하고 있으나 특히 그 중에서도 0.5~2.0 cycles 정도의 짧은 시간에서 동작하는 것을 고속도 계전기라고 부른다. 동작기구상 분류에서 소개한 가동철심형은 그 자체만으로 순시계전기에 속한다.

② 정한시 계전기

정정된 값 이상의 전류가 흘렀을 때 동작 전류의 크기와는 관계없이 항상 정해진 시간이 경과한 후에 동작하는 것으로 가동철심형에 타이머를 추가하여 구현할 수 있다.

③ 반한시 계전기

동작시간이 입력값에 반비례하는 성질을 가진 동작특성의 계전기를 말한다. 고장이 크거나 피해가 많을 경우 신속히 검출 차단해야 하는 보호임무에 잘 부합하는 시한특성중 하나이며 예로서 고장전류값이 클수록 빨리 동작하고 반대로 전류값이 작으면 작은 것만큼 느리게 동작하는 특성으로서 전기기기의 과부하 및 단락 사고보호에 적합한 계전기 종류이다.

④ 반한시성 정한시 계전기

위에서 설명한 ②와 ③의 특성을 조합한 것으로서 어느 전류값 까지는 반한시성이지만 그 이상이 되면 정한시로 되는 것으로 실용상 가장 적절한 한시 특성이라고 할 수 있다. 예로서 고장 전류가 큰 단락 사고 등에는 신속한 동작을 위해 고속도 순시 또는 정한시 특성을 그리고 과부하나 전방사고에 대한 후비보호 등에는 반한시성 지연 특성으로 동작한다.

3) 용도(기능)상의 분류

보호 대상 및 용도, 기능면에서 분류하면 다음과 같이 크게 전력설비 보호용과 일정범위의 전력계통을 보호하는 특별보호용이 있다.

① 전력설비 보호용(Equipment Protection Relays)

ⓐ 과전류계전기(Over Current Relay : OCR) : 일정 값 이상의 전류가 흘렀을 때 동작하며 일명 과부하 계전기 또는 단락계전기라고 불려진다. 송전선로에서는 각종 기기(발전기, 변압기) 라든지 선로뿐만 아니라 배전선로, 배전반 등에 많이 사용되는 극히 일반성이 있는 계전기이다.

ⓑ 지락 과전류계전기(Over Current Ground Relay : OCGR) : 일정값 이상의 지락전류

(영상전류)가 흐를 때 동작하는 것으로서 OCR보다는 소전류에 동작하고 변류기와의 결선이 다르다.

ⓒ 부족전압 계전기(Under Voltage Relay : UVR) : 전압이 일정값 이하로 떨어졌을 경우, 예를 들면 대형 유도 전동기 등에서 갑자기 공급전압이 내려갔을 때 과전류가 흐를 수 있는데 전동기 소손에 이르지 않도록 동작하는 것이다. 대부분의 사고는 전압이 낮아지므로 고장 검출용으로도 널리 사용되고 있다.

ⓓ 과전압 계전기(Over Voltage Relay : OVR) : 일정 값 이상의 전압이 걸렸을 때 동작한다. 일반적으로 과전압이 지속되면 절연열화 및 절연파괴 등에 대한 보호용으로 많이 쓰인다.

ⓔ 방향성 과전류계전기(Directional Over Current Relay : DOCR) : 일정 방향으로 일정 값 이상의 과전류가 흘렀을 때 동작하는 계전기이며, 과전류계전기에 방향검출 요소를 두어 구현한다.

ⓕ 방향성 지락 과전류 계전기(Directional Over Current Ground Relay : DOCGR) : 지락 과전류 계전기에 방향성을 가진 것.

ⓖ 단락 거리계전기(Short Circuit Distance Relay : SDZ) : 계전기가 설치된 위치로부터 고장점까지의 전기적 거리에 비례한 임피던스 크기에 동작하는 것으로서 특고압 이상의 송전선 단락 보호에 쓰인다. 고장점으로부터 일정한 거리 이내일 경우에 순간적으로 동작할 수 있게 한 것으로서 기본적인 속도는 고속도이며 필요에 따라 타이머를 붙여 한시동작을 시켜 단계한시 거리계전방식을 이룬다.

ⓗ 지락 거리계전기(Ground Distance Relay : GDZ) : 지락사고시 나타나는 임피던스가 설정한 위치까지의 임피던스 이하일 때 동작하는 거리계전기이다. 정확한 거리측정을 위해서는 영상전류로 적절한 보상을 필요로 한다.

② 특별보호용 (SPS : Special Protection System)

앞의 것들은 개개 전력설비 또는 기기에 대한 보호를 목적으로 하지만 본 특별 보호용은 일정범위 또는 전체계통의 안정 운전을 위하여 사용되는 계전기 또는 보호 시스템을 말한다. 영어로 Special Protection System이라고 하며 전력계통분야에서는 고장파급 장치라고도 널리 사용하고 있으며 계통적인 불안정, 일정지역 계통의 전압불안정 및 연쇄차단 과부하 파급사고들을 미연에 방지하는 것으로서 일정한 형태가 주어지지를 않고 해당 계통의 형편에 맞추어 디자인해서 사용한다.

ⓐ 동기탈조보호 계전기(Out－of－Step Protection Relay : OS) : 송전계통에서 발생한 고장, 대용량 발전기군의 탈락 또는 대단위 부하급증 등의 원인으로 일부 계통의 각속도가 동기를 벗어나려고 할 경우 이것을 검출하고 그 계통을 분리하기 위해서 차단하지 않으면 안 될 경우에 사용한다.

ⓑ 과/저주파수 계전기(Over/Under Frequency Relay : O/UFR) : 계통의 주파수가 허용폭 이상으로 높아지거나 낮아졌을 때 동작하는 계전기이다. 계통 주파수는 발전력과 부하량의 과부족에 의하여 발생되는데 실제로 계통 주파수를 규정치보다 낮은 저주파수에서 운전을 계속하면 전력품질이 낮아져 수용가에 피해가 발생될 수 있고 특별히 화력발전이나 원자력 발전 등에서 증기터빈에 악영향을 끼칠 수 있어 방치 할 수 없으며 심한 경우 전계통 Black Out될 수도 있다. 이러한 경우에 대비해서 전력회사에서는 일정한 부하들에 저주파수계전기들을 설치하여 주파수저하에 따라 계통부하를 단계적으로 자동차단 시켜줌으로써 주파수를 회복시키는 보호방식(저주파수 계전기에 의한 자동부하차단 방식)을 적용한다. 과주파수 계전기는 회전기의 과속방지에도 쓰인다.

ⓒ 연쇄차단 방지 보호장치(Cascade Trip Protection) : 평소 중부하 선로가 갑자기 차단되는 경우 인근의 다른 선로가 곧 과부하로 차단될 수 있어 이런 연쇄현상에 대한 대책으로 사용되는 특수목적 보호장치를 말한다. 실제로 적용되는 장치들은 그 계통의 구조 및 특성에 맞추어야 하며 대개는 연쇄 과부하를 초래하는 전력유입을 방지하기 위하여 전력유입측 계통의 발전기의 출력을 감소시키거나 자동차단하는 방식을 사용한다.

ⓓ 계통안정화 보호장치(System Stability Monitoring & Protection) : 어떤 원인으로 계통이 불안정하여졌을 때 이를 감지하여 안정화시키기 위한 자동 또는 수동적 방법을 총 동원할 필요가 있다. 최근에는 GPS를 이용한 동시측정 기술이 발달하여 전력계통 요소요소에 전압의 크기와 위상각을 측정비교할 수 있는 PMU (Phasor Measurement Units)를 설치하여 계통을 감시 보호하고 있다.

2.3 보호계전기 동작원리

2.3.1 개요

보호계전기는 형태상으로 아날로그(Analog)형과 디지털(Digital)형으로 대별할 수 있으며 아날로그형은 다시 전자기계형(Electro−mechanical Type)과 정지형(Static Type)으로 분류된다. 전자기계형은 유도원판형이나 가동철심형과 같이 변성기 2차회로에 유기되는 전기량에 의해 직접 응동하는 계전기를 말하며 정지형계전기는 변성기 2차회로에 유기되는 전기량을 소세력화하여 논리회로, Level검출회로, 적분회로, 시간지연회로, Switching 회로 등을 이용 비교, 판단하는 계전기를 말한다. 또한, 디지털형은 변성기 2차회로의 전기량을 디지털신호로 변환시켜 정해진 프로그램에 따라 동작하는 계전기를 말한다.

전자기계형 계전기는 서지 전압이나 노이즈에 강한 반면 기능이 한정되어 있고 신뢰성이 낮으며, 정지형 계전기는 기능이 다양한 반면 서지 전압이나 노이즈에 약하고 소자의 경년변화 등 신뢰성이 약해 점차 기능이 다양하고 소형화가 가능하며 저부담, 신뢰성, 융통성, 경제성이 뛰어난 디지털형 계전기로 교체되고 있다.

디지털형 보호계전기의 경우는 자기진단 기능이 있어, 계전기 불량 발생 시 사용자에게 경보신호를 출력하여 점검할 수 있게 함으로써 정상운전시간(MTTF, Mean Time To Failure)시간을 향상시킬 수 있으며, 전력계통 고장발생시 고장기록 기능(Black Box기능)을 이용한 고장전류·전압파형, 보호계전기 내부요소 동작상황(Event), 입·출력 정보신호 사항 들을 그대로 기억했다가 다시 볼 수 있어 보호장치의 문제점 분석 및 대책 수립을 할 수 있게 되었다.

본 절의 보호계전기 동작 원리에서는 대표적인 형식에 대한 원리를 중점적으로 설명하였고 나머지 부분들은 각 장에서 보호방식을 설명할 때 동작원리도 함께 설명하도록 한다.

2.3.2 동작원리

1) 가동철심형 계전기

가장 오래된 계전기 형식으로서 기본적인 원리는 그림 2.2에서 보는 바와 같이 철심 위에 코일을 감고 여기에 입력(전압계전기면 코일이 가늘고 권수가 많고, 전류계전기 이면 코일이 굵고 권수가 적음)을 인가해주면 입력의 자승에 비례하는 흡인력이 발생하여 가동철심을 잡아당김으로 접점을 동작시켜 동작 한다. 동작레벨을 조정하기 위해서는 코일에 알맞도록 단자를 내어서 필요한 입력에 사용할 수 있게 한다.

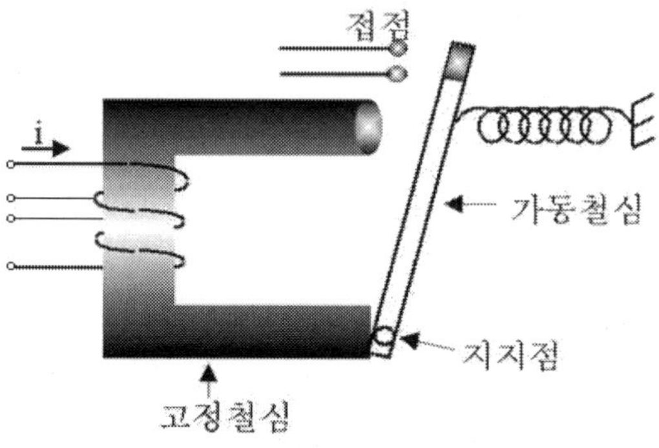

그림 2.2 가동철심형 계전기 동작원리

발생되는 흡인력(F)는 다음과 같다.

$$F = \frac{1}{2}(NI)^2 \cdot \frac{A}{d^2}[N]$$

여기서 NI : 코일의 암페어 턴
A : 자로의 단면적[m2]
d : 자극과 철심 간의 갭 간격[m]

이 형식의 보호계전기로는 순시형 전류 또는 전압 계전기가 제작되고 있으며 자동제어 회로나 전화기 회로에 많이 사용되던(디지털 장치 도입으로 사용이 급감되었음) 전자식 다접촉 보조계전기는 대부분이 이런 형식이다. 가격이 저렴하나 정밀도가 낮은 편이다. 기계적인 구조에 따라서 프런저(Plunger)형과 힌지(Hinged)형이 있으나 동작 원리는 동일하다.

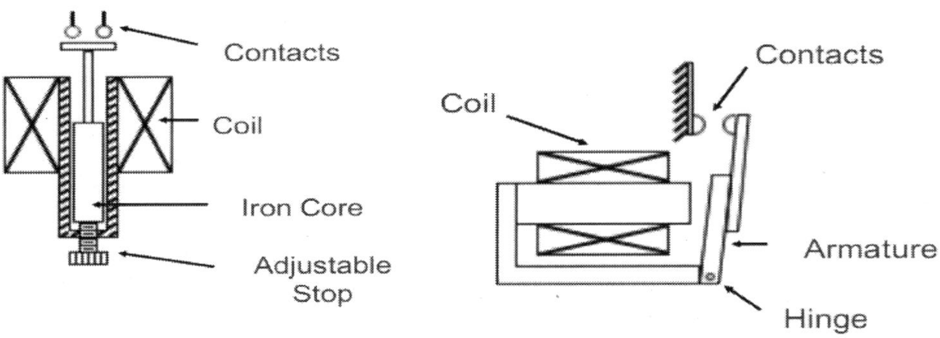

a) 프런져(Plunger)형 구조　　　b) 힌지(Hinged)형

그림 2.3-1 프런저형과 힌지형의 기본 구조(보기)

2) 유도형 계전기

유도형 계전기는 회전용 알루미늄 원판이나 원통에 위상이 다른 두 교류 자속을 통과시키면 그림 2.4에서 나타낸 바와 같이 유도작용에 의하여 와전류가 발생되는데 이 와전류와 서로 다른 교류자속과 쇄교하여 프레밍의 왼손법칙에 따라 해당하는 회전력이 발생하여 회전한다.

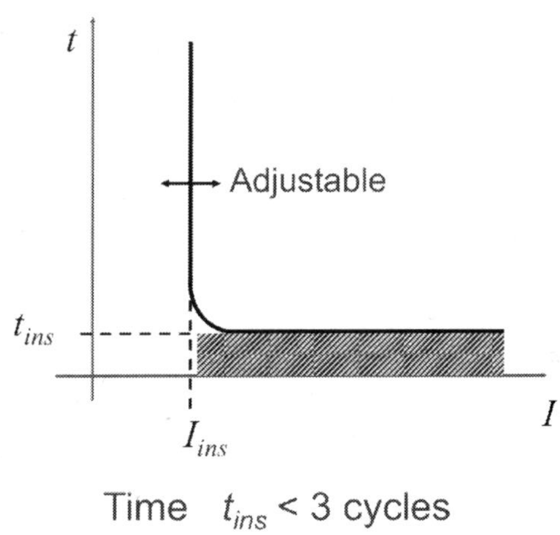

그림 2.3-2 전자기계형 동작시간특성

좀더 자세히 설명하면 자속 φ1에 의하여 원판에 유도 와전류 iφ1이 발생되고 같은 원리로 자속 φ2에 의하여 유도전류 iφ2가 발생되며 동시에 자속 φ1와 전류 iφ2가 작용하여 F1의 힘이 발생하고, 자속 φ2 와 전류 iφ1가 작용하여 F2의 힘이 발생된다. 그런데 두 자속 간에 크기가 같고 위상이 동일하면 그림에서 보는 바와 같이 F1 = F2 가되어 움직이지 않으나 φ1 위상이 φ2 위상보다 빠르고 크기도 크다면 매 순간의 힘은 F1 〈 F2로 되어 원판은 그림의 회전 방향으로 회전하게 된다.

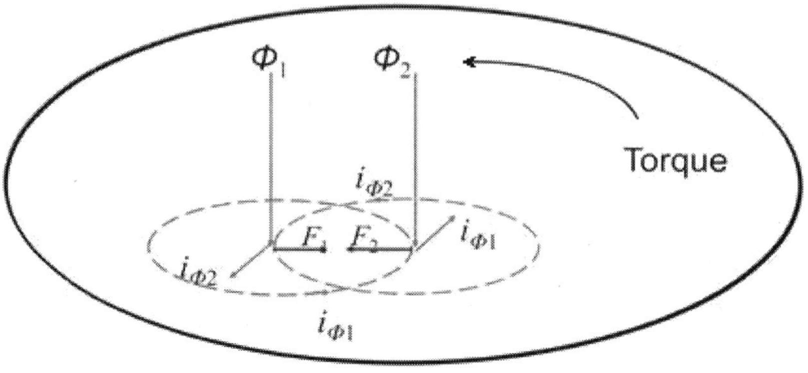

그림 2.4 유도형 원판에 위상이 다른 자속을 주었을 회전력 발생

이것을 수식으로 전개하면 입력인 자속이 정현파인 것으로 보고 θ만큼 위상차가 있으므로 다음식과 같다,

$$\Phi_1 = \Phi_{1m}\sin wt$$

$$\Phi_2 = \Phi_{2m}\sin(wt-\theta)$$

이로부터 유도된 전류 iφ1, iφ2는 파라데이 전자유도법칙에 따라 각각

$$i\Phi_1 = k_1\frac{d\Phi_1}{dt} = k_1'\Phi_{1m}\cos wt$$

$$i\Phi_2 = k_2\frac{d\Phi_2}{dt} = k_2'\Phi_{2m}\cos(wt-\theta)$$

과 같이 발생된다.

이어서 한쪽의 자속과 다른 쪽의 유도전류 간에 상호작용에 따라 플레밍의 왼손법칙에 의해 각각 힘 F1과 F2가 발생하며 결국 구동력(τ)은 다음과 같이 일정한 크기를 가지며 위상각차 θ의 정현값에 비례하게 된다.

$$\tau = F_1 - F_2 = k_\tau[\Phi_1\, i\Phi_2 - \Phi_2\, i\Phi_1]$$

$$= k_\tau\Phi_1\Phi_2\,[\sin\omega t\cos(\omega t-\theta) - \sin(\omega t-\theta)\,\cos\omega t]$$

$$= k_\tau\Phi_1\Phi_2\sin\theta$$

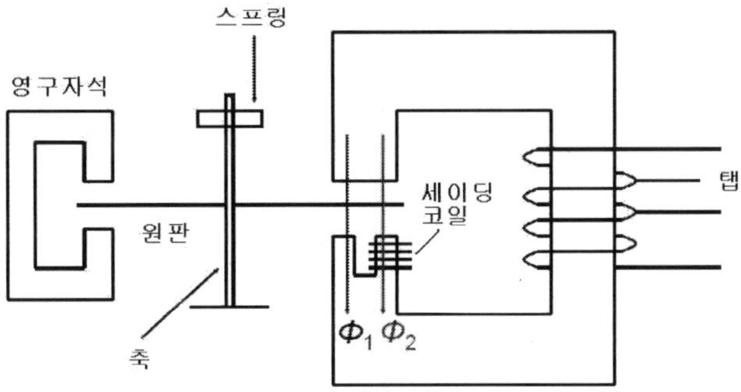

그림 2.5 세이딩 코일형 계전기 구조도

실제로 위상이 다른 자속을 만들어주는 구조는 세이딩 코일(Shading Coil)형, 전력계형 및 분상형 등이 있으며 이들의 차이는 단일 입력에서 어떻게 위상이 다른 자속 $\varphi 1$,$\varphi 2$ 를 만들어 주느냐에 있다. 그림 2.5는 세이딩 코일형의 보기를 나타낸 것이다.

3) 전력계전기 및 방향계전기

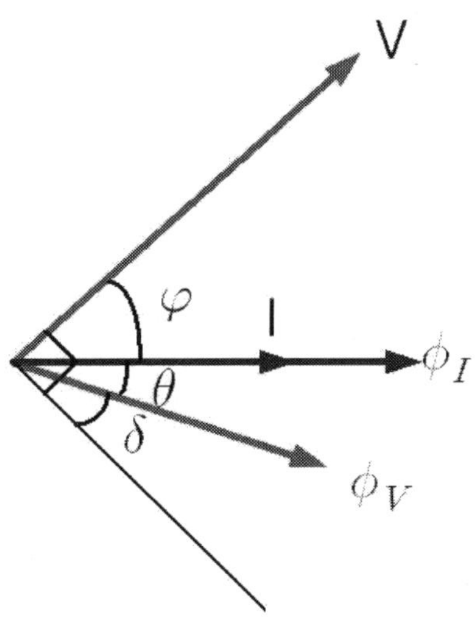

그림 2.6 전력계전기의 입력과 발생자속 간의 벡터도

앞서 설명한 유도형계전기 동작원리에서 위상이 다른 2종류의 자속(ϕ_1, ϕ_2)에서 하나의 자속은 전압(V)에 의한 자속으로 하고 다른 하나의 자속은 전류(I)에 의한 자속를 원판이나 원통에 통과시켰다고 하면 이들 간의 벡터도는 그림 2.7과 같으며 발생하는 토크(τ_P)는 다음식과 같다.

$$\tau_P = k_p \phi_V \phi_I \sin\theta$$
$$= k_p \phi_V \phi_I \cos(90-\theta)$$
$$= k_p' VI \cos(90-\theta)$$

여기서 그림 2.5를 참조하면

$\theta = (90 - \delta - \varphi)$: 전압, 전류의 자속 간의 상차각

δ : 전압 자속과 (전압위상각−90°)와의 상차각

φ : 역률각

이므로 이 관계들을 위 식에 대입하여 정리하면

$$\tau_P = k_p' VI \cos\left\{\frac{\pi}{2} - \left(\frac{\pi}{2} + \delta + \varphi\right)\right\}$$
$$= k_p' VI \cos(\delta + \varphi)$$

로 되며, 여기서 전압회로 임피던스를 조정하여 위상각 $\delta = 0$이 되도록 하면 이 계전기에 발생하는 토크(τ_P)는

$$\tau_P = k_p' VI \cos\varphi$$

로 되어 바로 유효전력에 비례하는 토크를 발생하는 전력계전기가 된다.

또한, 이것은 전압을 기준으로 볼 때 전류가 반대방향으로 흐르면 토크가 (−)값으로 되어 계전기가 반대방향으로 움직이게 되어 방향계전기로서도 사용될 수 있다.

방향계전기는 보통 반대방향 토크가 발생시에는 기계적으로 가동접점이 움직이지 못하도록 그쪽 방향에 정지장치를 두어 사용하나 필요시에는 반대방향에도 접점을 설치하여 방향을 지시하게 할 수 있다. 그림 2.7은 전력 및 방향계전기 구성과 동작을 나타낸 것이다.

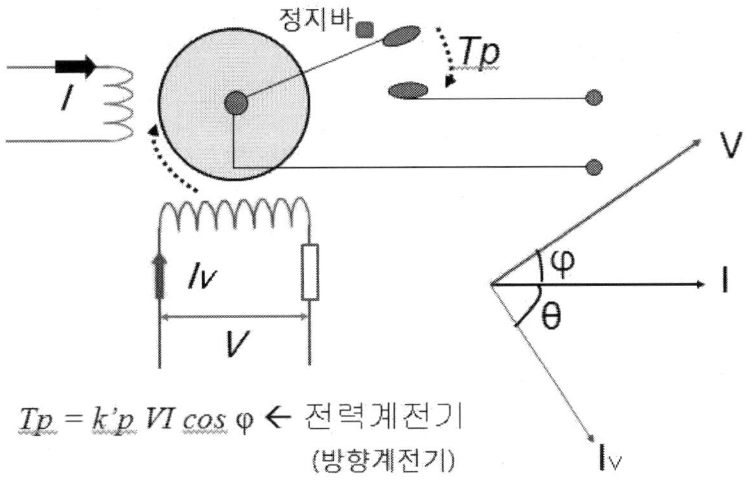

그림 2.7 전력계전기(방향계전기)구성과 동작

3) 디지털계전기(Digital Type Relay)

그림 2.8은 대표적인 디지털 계전기의 구성을 나타낸 것이다. 전력계통의 CT, PT로부터 공급되어온 전류와 전압을 받아들여 입력조절장치를 통하여 반도체 소자에서 취급할 수 있는 ±10[V] 이하 레벨로 조정한 후 고조파 및 노이즈를 제거하기 위한 필터회로를 거친다. 그 다음에는 신호를 샘플&홀더 회로를 통하여 주어진 주기마다 신호를 캡쳐하고 이를 멀티플렉서회로를 통하여 순서적으로 아날로그 디지털 컨버터(A/D변환기)에 보내게 된다.

이렇게 해서 이진수(Binary)로 표현된 정보가 버퍼를 거쳐 중앙처리부에 있는 RAM 메모리에 저장되어 ROM에 탑재된 계전기 알고리즘을 수행하는 프로그램 순서와 절차를 따라서 처리에 이용된다.

이와 같이 아날로그 신호로 직접 보호계전기의 역할을 수행하는 것을 아날로그형(Analog Type) 보호계전기라 하고 아날로그 신호를 디지털 신호로 변환하여 마이크로프로세서에서 연산 프로그램으로 보호계전기능을 수행하는 장치를 디지털(Digital)형 보호계전기라고 하며 수치해석 계전기(Numerical Relay)라고도 한다.

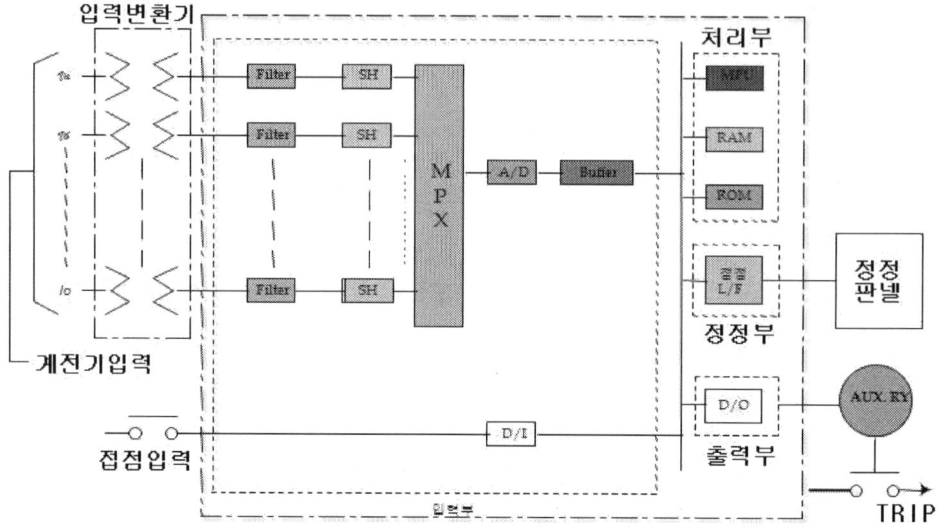

그림 2.8 디지털 계전기의 기본 구성도

보호계전기를 디지털화 하는 목적은 크게 보면 다음과 같다,

○ 전력계통이 대형 복잡화됨에 따라 직류분, 저차고조파 발생 등에 대한 기존 아날로그 (전자기계식 포함)형 보호계전기의 한계성 극복

○ 자기진단기능 등 다기능화 함으로써 유지보수 편의 및 신뢰성 향상

○ 반도체 및 정도통신기술의 적극 이용가능

디지털계전기 동작원리를 좀 더 이해할 수 있도록 대표적인 몇 가지 기본적인 기법에 대한 내용을 설명한다.

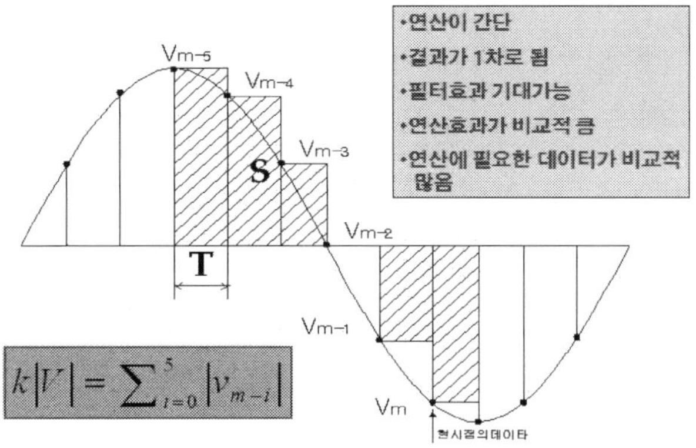

그림 2.9 면적법에 의한 절대치 연산 방법

① 진폭 계산형(면적법)

그림 2.9와 같이 정현파 전압을 샘플링하여 각 샘플의 크기(Vm－i 순시값)와 샘플간격(T)을 곱하여 면적을 내면 그 면적의 크기가 파형의 최대치와 비례하는 것을 이용한 방법이다.

$$\text{빗금친 면적} = \sum_{0}^{n} V_{m-i} T \ = k_0 \,|\,V|$$

$$k|\,V| = \sum_{0}^{n} V_{m-i}$$

파형이 정현파이고 구하는 전압값이 최대치인지 실효치인지에 따라 해당되는 비례상수를 적용하면 그 값들을 구할 수 있게 된다. 주기 당 샘플링을 많이 할수록 더 정확해지는 것은 당연하며 1주기중 반주기만을 샘플링해도 무방하나 역시 비례상수가 약간 다르다. 좀 원시적인 방법이어서 정확도가 그다지 높진 않지만 의미 있는 방법의 하나이다.

② 페이저(Phasor) 연산에 기초한 방식

디지털계전기에서는 어떤 전기적인 량을 계량하는 데는 전압, 전류의 크기와 위상각을 정확히 알면 그 이하는 수식연산으로 모든 값들을 쉽게 얻어 계전기 역할을 할 수 있다. 어떤 물리량의 크기와 위상을 가진 값을 페이저라 하는데 페이저 값은 표현방식에 따라 극좌표형식, 직교좌표형식 및 지수함수 형식 등이 있으며 이들을 구하는 방법에도 최소자승법 등 여러 가지가 있는 여기서는 가장 실용적인 퓨리에 함수를 이용한 직교변환법에 대하여 소개하기로 한다.

예로서 전압 V에 대한 직교좌표형식의 페이저값은 실수부와 허수성분으로 $V = V_r + jV_i$ 와 같이 표시되며 전력계통에서 취급하는 전압, 전류는 주기함수로서 이것은 퓨리에 함수로 표현하면

$$f(t) = a_0 + \sum_{n=1}^{\infty}(a_n \cos nwt + b_n \sin nwt)$$

여기서, $f(t)$: 계전기에 입력된 전압 또는 전류신호를 말함.

a_0 : 직류성분 크기, a_n : n조파 실수 성분, b_0 : n조파 허수 성분

와 같이 되며 "모든 주기함수는 하나 또는 다수의 각기 다른 주기함수의 합으로 표현할 수 있다." 퓨리에 시리즈 전개 원리이다.

여기서 직교좌표의 실수 성분인 a_n과 허수성분인 b_n을 구하면

$$a_n = \frac{2}{T}\int_0^T f(t)\cos nwt\, dt$$

$$b_n = \frac{2}{T}\int_0^T f(t)\sin nwt\, dt$$

이 되며 이것을 퓨리에 변환이라 하며 이것을 디지털 형식에 맞게 표현하면 다음과 같은 이산형 퓨리에 변환식이 되며 이로부터 페이저 값을 구하여 필요한 계전기능을 구현 할 수 있다.

$$a_k \approx \frac{2}{N}\sum_{i=0}^{N-1} f_i \cos\left(\frac{2\pi ki}{N}\right)$$

$$b_k \approx \frac{2}{N}\sum_{i=0}^{N-1} f_i \sin\left(\frac{2\pi ki}{N}\right)$$

여기서 k : 제 k 조파 신호를 의미(기본파인 경우 $k = 1$, 제2고조파 $k = 2$)

N : 주기 당 샘플수

f_i : i번째 샘플 된 신호의 크기

여기서 추가로 언급해야 할 사항은 앞에서 소개한 수식 중 마지막 수식은 파형 중에 직류 옵셋 성분이 없을 경우에 정확한 값을 얻을 수 있으므로 아날로그 상에서나 알고리즘 면에서 직류성분을 필터링하는 수단이 필요하다.

③ **모델(Model)에 기초한 계전기**

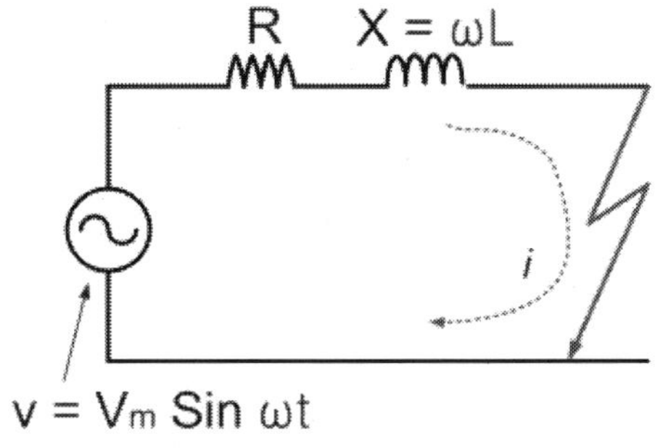

그림 2.10 계통고장 등가회로

송배전 선로나 전기기기에 단락 사고가 발생하였을 때 이에 대한 등가회로 모델은 그림 2.10과 같이 나타낼 수 있다. 그리고 이 회로의 키르히호프 제2법칙을 적용하여 방정식으로 표현하면

$$v = Ri + L\frac{di}{dt}$$

이 되고 이것을 디지털 형식으로 표현하면

$$v_{(i)} = Ri_{(i)} + L\frac{di}{dt_{(i)}}$$

가 되고 이것을 해석하기 위하여 양변을 적분하고, 얻고자하는 값인 두가지 미지수 R, L을 해석해내기 위해서는 2개의 방정식이 필요하므로 연속 샘플된 값들에 적용하면 다음과 같은 2개의 적분식이 얻어진다.

$$\int_{t_0}^{t_1} v_{t_0}dt = R\int_{t_0}^{t_1} i_{t_0}dt + L(i_{t1} - i_{t_0})$$

$$\int_{t_1}^{t_2} v_{t_1}dt = R\int_{t_1}^{t_2} i_{t_1}dt + L(i_{t2} - i_{t_1})$$

위 두식에서 적분항은 사다리꼴 공식에 의한 사변형의 넓이에 해당하므로

$$\int_{t_1}^{t_2} v_t\,dt \;=\frac{1}{2}(\,v_{t_2} + v_{t_1}\,)dt$$

와 같이 표현할 수 있으며, 이런 식으로 각항을 변환하고 두 식을 정리하여 R, L을 구하면 아래와 같이 되어 전압, 전류를 각각 3번 샘플링해서 연산하면 된다.

$$R = \frac{(v_{m+1}+v_m)(i_{m+2}-i_{m+1})-(v_{m+2}+v_{m+1})(i_{m+1}-i_m)}{(i_{m+1}+i_m)(i_{m+2}-i_{m+1})-(i_{m+2}+i_{m+1})(i_{m+1}-i_m)}$$

$$L = \frac{dt}{2}\frac{(i_{m+1}+i_m)(v_{m+2}+v_{m+1})-(i_{m+2}+i_{m+1})(v_{m+1}+v_m)}{(i_{m+1}+i_m)(i_{m+2}-i_{m+1})-(i_{m+2}+i_{m+1})(i_{m+1}-i_m)}$$

거리계전기에서는 이렇게 구한 R, L로부터 임피던스를 구하고 그 값이 설정한 범위 이내 인지 여부를 판정하여 동작하게 된다.

2.4 계기용 변성기

2.4.1 개요

통상 교류 보호계전기는 변류기(CT : Current Transformer) 및 계기용변압기(PT : Potential Transformer)에서 공급되는 전류 및 전압에 의하여 동작하게 된다. 이러한 계기용변성기는 전력회로의 고전압으로부터 절연을 시키며, 계전기에 전력회로의 전류 또는 전압에 비례하는 전기량을 공급한다. 또 그 2차 측 전기량의 크기는 계전기를 비교적 적게 하고 값싸게 제작할 수 있는 크기로 변환한다.

계기용변성기를 올바르게 사용하려면 기계적 구조, 절연의 종류, 변류비, 변압비, 연속 정격과 단시간 정격, 절연계급, 오차계급, 접속 등을 고려하지 않으면 안 된다. 여기서는 보호계전방식과 밀접한 관계를 갖는 오차계급과 접속방법을 중심으로 하여 계기용변성기에 대하여 학습하도록 한다.

계기용변성기에 요구되는 오차계급은 조합하는 계진기의 종류, 보호하는 전력계통의 조건에 따라서 결정하게 된다. 기술적으로는 매우 정확한 계기용변성기를 사용하는 것이 제일 안전한 방법이지만 그것이 언제나 경제적이라고는 할 수 없다. 따라서 어떠한 계기용변성기를 사용하여야 계전기가 올바르게 동작 할 것인가를 검토 결정하는 것이 필요하다. 그렇기 때문에 계기용 변성이의 오차가 계전장치의 응동에 미치는 영향을 알아야 한다.

계기용변성기는 그 접속방식을 바꿈으로써 때때로 다른 전기량이 얻어진다. 필요한 전기량을 얻을 수 있도록 접속하는 것이나 적절한 규격의 계기용변성기를 선택하는 것은 계전 장치를 올바르게 적용하기 위하여 먼저 알아야 할 사항이다.

2.4.2 변류기(Current Transformer)

1) 전력계통 보호와 변류기

보호 계전기 용으로는 권선형(Winding Type), 관통형(Penetration Type), 붓싱형(Bushing Type) 등의 변류기가 사용되고 있다. 권선형은 철심에 일차 및 2차권선을 감은 것으로써 필요에 따라서 일차권선의 권수를 2회 이상 할 수 있어 저 전류 특성을 좋게 할 수 있다. 관통형, 붓싱형은 모두 일차도체를 변류기의 일차권선으로 사용하는 것이며 일차권수는 하나이다. 관통형의 경우에는 2차권선이 감겨진 환상철심을 중심부를 일차 도체가 통과한다. 붓싱형은 2차권선이 감겨진 환상철심을 변압기 또는 차단기 등 전력기기의 붓싱에 설치한다.

붓싱형 변류기의 철심 내경은 크게 되므로 자로장이 다른 변류기보다 크게 된다. 이것을 보상하기 위하여 철심의 단면적을 크게 한다. 따라서 포화특성이 좋아 붓싱형 변류기는 일차전류가 큰 경우에도 오차가 적은 경향이 있다. 그러나 저전류 영역에서는 여자전류가 커서 일반적으로 오차가 크다.

① 영상변류기(Zero Current CT)

변류기의 특수한 형으로 영상 변류기가 있다. 이것은 보통의 변류기가 하나의 전류를 변환하는데 비하여 그림 2.11과 같이 일차측이 A, B, C상 3개의 도체로 구성되어 3상전류의 벡터 합, 즉 3배의 영상전류에 대응하는 2차전류를 출력으로 얻도록 된 것이다.

영상변류기를 이용하여 영상전류를 얻는 방법은 변류기 3개를 이용한 잔류회로에 의한 방법에 비하여 철심 한 개에서 얻어지므로 철심의 특성 차에 의한 2차 영상출력 오차가 적어 고감도의 지락보호용에 많이 쓰인다.

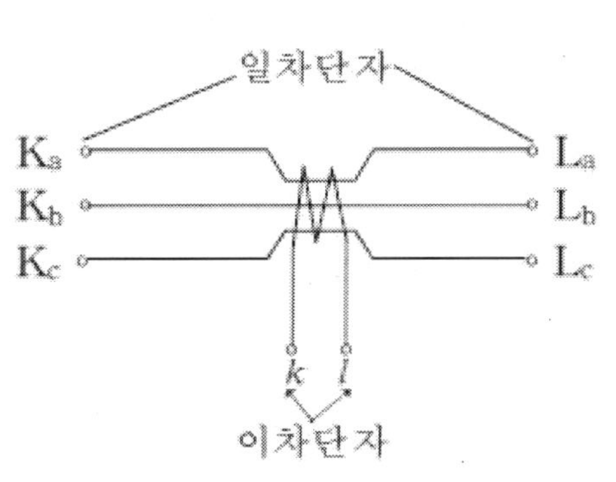

그림 2.11 영상 변류기

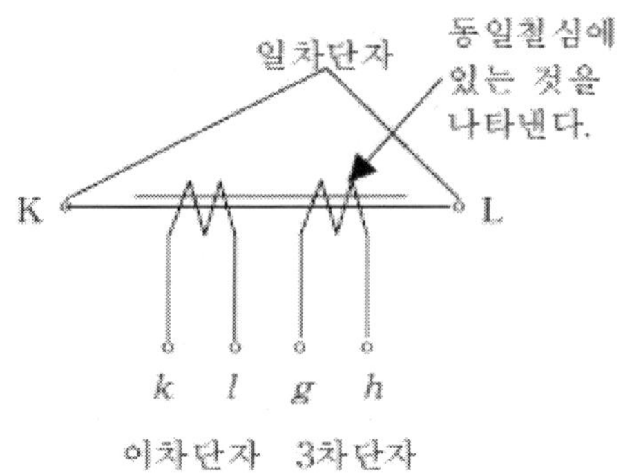

그림 2.12 3차 권선부 변류기

② 3차 권선부 변류기

그림 2.12에서와 같이 같은 철심위에 2차 권선 외에 3차 권선을 설치한 변류기도 자주 사용된다. 3차 권선은 뒤에 설명하는 3차 영상분로(零相分路)를 구성하는 데에 쓰인다.

③ 다중 철심형 변류기

두 개 이상의 변류기가 하나의 몸체 안에 들어있는 것으로써 사용 목적별로 변류기를 나누어 사용하는 것으로 경제적인 면에서 이점이 있다. 그러나 보호범위의 중첩을 얻지 못하는 경우가 있어 맹점이 생기게 된다.

2) 극성(Polarity)

변류기의 일차 및 2차단자의 극성표시는 극성기호로 표시하거나 일차단자를 K, L 2차단자는 k, *l* 의 기호로 나타낸다. 접속도 상에서는 극성기호에 의하여 나타내는 경우가 많고 통상 그림 2.13에서와 같이 검정색 점을 찍어 표시한다.

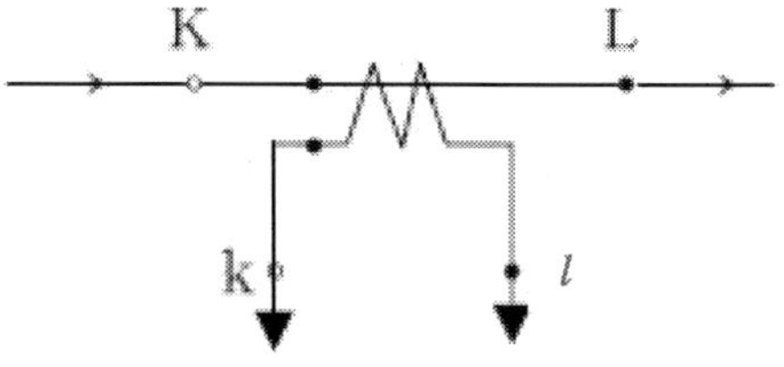

그림 2.13 변류기의 극성

극성의 규약은 일차전류가 K단자(또는 극성기호를 붙인 단자)로 그림 2.12에 표시한 화살표방향으로 유입될 때, 2차전류는 k 단자(또는 극성기호를 붙인 단자)에서 화살표방향으로 유출된다. 역으로 일차전류가 L단자로 흐르게 되면 전류는 *l* 단자로 유출된다. 3차권선의 극성은 2차권선의 k단자에 해당되는 것을 g단자로, *l* 단자에 해당하는 것은 h단자로 표시한다.

3) 변류기의 부담(Burden)

변류기의 오차를 계산하기 위해서는 반드시 변류기의 부담을 알아야 한다. 변류기의 2차측 혹은 3차 측에 가해지는 외부 부하 임피던스를 부담(Burden)이라 한다. 영상 변류기를 제외하고 이 부담은 변류기의 2차 정격전류를 흘릴 때 부하 임피던스에서 소비되는 볼트·암페어(VA), 즉 정격 2차전류의 제곱과 부하 임피던스의 곱으로 표시된다. 영상 변류기의 경우에는 부하 임피던스를 옴(Ohm)치로 표시한다.

계전기의 정격전류가 변류기의 2차 정격 전류와 같으면 계전기의 정격치 소비 VA는 변류기가 허용하는 부담이내인가 아닌가를 검토하여 그대로 사용할 수 있다. 만약 정격전류가 서로 다르면 한 쪽의 정격전류를 기준으로 하여 부담을 표현하여 검토하여야 한다.

계전기 자기회로 등의 포화현상은 전류가 커짐에 따라 부담 임피던스를 감소시키는 역할을 한다. 따라서 부담을 표현할 때에는 측정조건을 명시하는 것이 필요하다. 일반적으로 변류기의 전 부담을 구하는 방법은 직렬로 접속된 부담의 임피던스를 산술적으로 더하는 것이 보통이다. 여기서 구해진 전체 부담은 실제보다는 크다. 따라서 이것을 가지고 산출한 변류기 오차도 실제보다 크게 나타난다. 만약 임피던스를 벡터 합으로 계산해 보지 않으면 변류기가 적당한지 않은지를 알 수 없는 경우와 같은 한계에 있다면 그 변류기를 사용하지 않는 편이 좋다.

전류 계전기의 코일이 탭(Tap)을 갖고 있는 경우 그 동작치에서 본 임피던스가 어떤 탭에서의 값인지 알고 있으면 다른 어떤 탭에 있어서도 동작치 전류에서 본 임피던스를 추정할 수 있다. 코일의 리액턴스는 권수(Turn 수)의 제곱에 비례하기 때문이다. 코일의 권회수는 동작 전류치에 반비례하므로 임피던스는 동작치의 제곱에 거의 역비례 한다. 즉 동작치 소비 VA는 일정한 관계가 있다.

계전기의 입력부에 보조 변류기를 설치하는 경우도 있다. 이 경우 보조 변류기의 2차 단락 임피던스가 적으면 탭이 있는 전류계전기의 경우와 같고 동작치가 변하여도 동작치 소비 VA는 일정하다.

두 개 또는 그 이상의 변류기가 2차회로에 함께 연결되어 합의 전류 또는 차의 전류가 되도록 연결되어 있을 때에는 직렬의 부담 임피던스를 합하여 전체 부담을 구하는 것은 정확하지 않다. 변류기 2차회로의 각 지로에 흐르고 있는 2차전류의 값을 고려하여 변류기 2차 단자 간에 나타나는 각 지로의 전압 강하 혹은 전압상승의 합을 구하지 않으면 안 된다. 계산에서 구한 변류기의 단자접압을 변류기의 2차전류로 나누면 그 전류에 있어서 실제의 변류기 부담이 구하여 진다. 이 값은 다른 변류기가 회로에 전류를 공급하지 않는 경우의 임피던스보다도 클지도 모르고 반대로 적을지도 모른다.

4) 변류기의 등가회로와 오차율의 계산

보호계전기와 조합된 변류기의 위상오차는 실제 사용상 큰 문제가 되지 않으므로 여기에서는 주로 변류비 오차에 대하여 검토한다. 위상오차가 문제되지 않는 이유의 하나는 변류기 2차부담이 통상 지(lagging)역률 부하이므로 2차전류와 여자전류와는 동상에 가깝게 되어 위상오차의 원인이 되는 여자전류의 영향을 무시할 수 있는 것이다.

오차 계산은 3상단락, 일선지락에 대하여 검토하면 대부분의 경우 충분하다. 그림 2.14는 변류기의 등가회로이다. 이상변류기는 위상오차, 비오차가 0으로서 일차전류를

$\frac{I_p}{N}$로 변성한다. 이 $\frac{I_p}{N}$는 2차로 환산한 일차전류로 불린다. 이 전류의 일부분은 2차여자전류 I_E로써 철심을 여자 하는데 소비되고 나머지 전류 I_S가 실제의 2차전류가 된다. 2차여자전류는 2차유기 전압과 관계가 있는 것으로 양자의 관계는 2차여자곡선(Secondary Excitation Curve) 이라고 불린다. 그림 2.15는 2차여자곡선의 한 예이다.

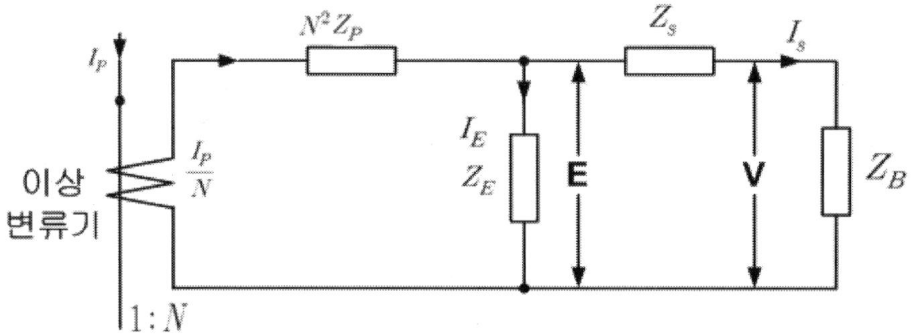

I_p	: 일차전류	N	: 권수비(1차권수/2차권수)
Z_p	: 1차권선 임피던스	Z_E	: 2차여자 임피던스
I_E	: 2차여자전류	I_S	: 2차 전류
Z_S	: 2차권선 임피던스	Z_B	: 부하임피던스
E	: 2차유기전압	V	: 2차단자전압

그림 2.14 변류기 등가회로 보기

그림 2.14의 일차권선 임피던스는 비오차에는 영향을 주지 않는다. 이 임피던스는 전력계통이 특히 저압회로의 경우에는 일차 전류를 흘릴 때 영향을 줄 뿐이다. 2차전류는 2차 유기전압과 2차회로 임피던스의 관계로써 주어진다. 2차회로 임피던스는 2차 권선의 실효저항과 누설리액턴스 및 도체를 포함한 부담 임피던스로 이루어진다.

그림 2.15는 ANSI규격에 의한 C형 다중 변류비 CT의 대표적인 여자곡선이다. 여기서 E에 대응하는 2차여자전류 I_E를 2차 여자곡선에서 구하고 이것과 I_S와의 합을 N배하면 I_S를 생기게 하는데 필요한 일차전류 I_P가 되며, 변류비 오차는 $\frac{I_P - N \cdot I_S}{N \cdot I_S}$로 주어진다. I_S를 여러 가지 값으로 하면 거기에 대응하는 오차가 얻어진다.

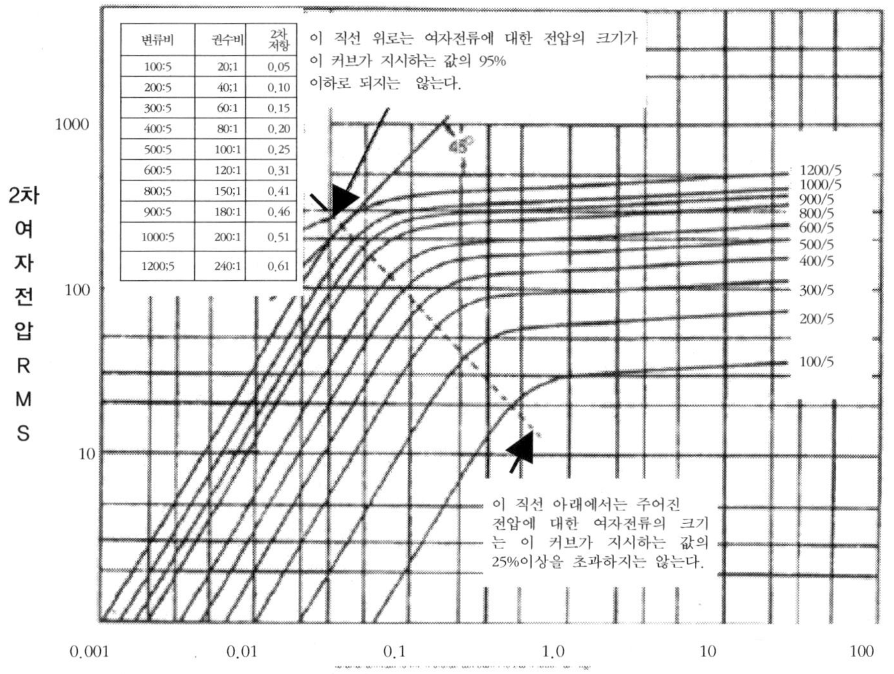

그림 2.15 대표적인 변류기의 2차 여자곡선

이 방법은 변류비 오차가 10% 정도까지에서 사용되고 그 이상에서는 2차 여자 전류 파형이 변류기 철심의 포화 때문에 일그러짐으로 2차 전류도 일그러진다. 이 때문에 파형을 정현파로 가정하여 계산한 결과는 신뢰할 수 없는 것이 되고, 그 오차크기는 전류가 증가함에 따라 증대된다. 만약 파형 일그러짐을 고려하여 계산한다 하여도 그와 같은 전류에 대해서 계전기가 어떻게 응동하는가를 구하기는 어렵다. 이와 같은 경우에는 실제로 시험을 해 보는 것이 가장 좋은 방법이다.

변류기의 2차 여자특성을 얻으려면 일차권선을 개방하고 2차권선에 정격주파수의 교류 전압을 인가하여 거기에 흐르는 2차 전류를 측정하며 얻는 방법이 사용된다.

5) 변류기의 규격

보호계전기용 변류기의 규격 중 오차계급에 관계되는 오차와 과전류 정수에 대하여 JEC, ANSI 및 BS규격별로 종합하면 다음과 같다.

① JEC규격(일본)

2차 권선회로의 오차계급에는 1.0급, 3.0급의 두 종류가 있는데, 이것은 정격부담에서

25% 부담(역율 0.8지전류)까지의 허용오차가 표 2.1과 같으며, 일반적으로 1.0급이 쓰인다.

표 2.1 변류기 · 2차전류의 허용차[1]

[보기] In : 정격 1차 전류

허용차 계급 일차전류	비 오 차 (%)			위 상 각 (분)		
	0.1In	0.2In	1.0In	0.1In	0.2In	1.0In
1.0급	±2.0	±1.5	±1.0	±120	±90	±60
3.0급	0.5In～1.0In = ±3.0			0.5In～1.0In= ±180[2]		

[주] (1) 3차권선 있을 때는 이것을 개방한 경우
(2) 붓싱형 변류기 제외

정격일차전류의 1배에서 과전류 정수배까지의 변류기 오차를 과전류 정수로 규정하는데 이때의 비오차는 -10%가 되는 때이다. 일반적으로 계전기에 사용되는 변류기의 과전류정수는 표 2.2와 같다.

표 2.2 대표적 계전방식에 적용하는 과전류 정수

보 호 대 상	계 전 방 식	과 전 류 정 수	
		표 준	특수
발 전 기	차 동	10	20
이권선 변압기		10	20
3권선 변압기		20	40
모 선		특별히 표준 없음	
송 전 선	차 동	10	20
	거 리	20	40
	과 전 류	10	20
전 동 기	과 전 류	10	20
배 전 기		5	10

3차권선회로의 오차계급은 3G, 5G, 10G로 3계급이 있는데 표 2.3과 같으며 부담조건은 2차 권선에서와 같이 정격부담에서 25% 부담까지이다.

표 2.3 변류기의 3차 전류의 허용차(1)

[보기] Ino : 정격 영상일차 전류

허용차 / 일차전류 / 계급	비 오 차 (%)		위 상 각 (분)	
	0.1Ino	1.0Ino	0.1Ino	1.0Ino
3G 급	± 6.0	± 3.0	± 300	± 180
5G 급	±10.0	± 5.0	± 600	± 300
10G 급	±20.0	±10.0	±1200	± 600

[주] (1) 2차권선을 개방한 경우,

② ANSI규격(미국)

변류비 오차를 다음 식과 같은 비보정계수(RCF: Ratio Correction Factor)로 표현하는데 표 2.4와 같다

$$RCF = \frac{True\ Ratio(\text{실제 변류비})}{Marked\ Ratio(\text{명판의 변류비})}$$

표 2.4 변류기 2차 전류의 허용차(Meter용)

허용차 / 일차전류 / 계급	비 보 정 계 수 (RCF)				
	1.0 In		0.1 In		위상각(Pf)
	최 소	최 대	최 소	최 대	
1.2	0.988	1.012	0.976	1.024	0.6~1.0
0.6	0.994	1.006	0.988	1.012	0.6~1.0
0.3	0.997	1.003	0.994	1.006	0.6~1.0

보호계전기용 변류기에 대한 오차계급(Accuracy Class)은 변류기의 능력을 규정하는 다음 두 개의 기호(글자명칭 및 전압정격)로 표시된다.

C : 변류비를 계산할 수 있는 것(전에는 10L로 표시)
T : 변류비를 시험에 의하여만 결정 되는 것(전의 10H와 같음)

C형은 권선이 철심에 고르게 배분된 변류기로서 대표적인 것으로는 붓싱형 변류기가

있으며 철심 누설자속이 규정치 이내에서 변류비에 영향을 무시할 수 있는 변류기들이 이에 속한다.

2차 단자 전압은 변류기가 10%의 비오차 없이 정격부담에서 20배의 2차정격전류를 흘릴 수 있는 전압을 말한다. (그림 2.16 참조)

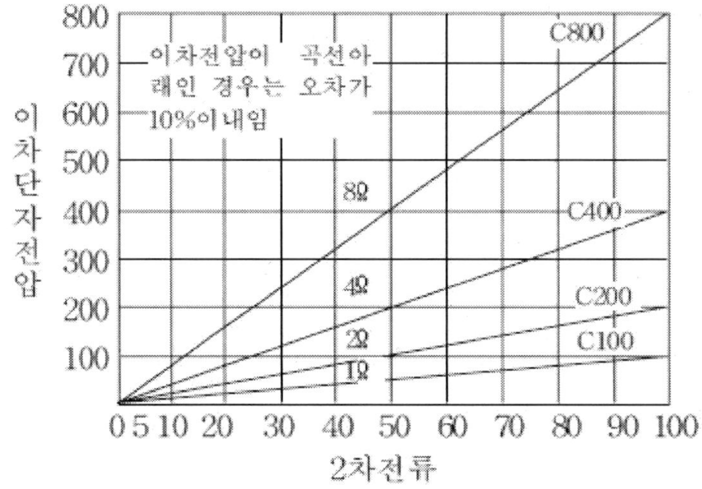

그림 2.16 C형 CT의 오차계급 표준도표

그림 2.16에서 C100계급의 변류기에 대하여 예를 들면, 만약 부담이 1O[Ω](10[Ω]×5[A]×20배 = 100[V])을 초과하지 않으면 정격전류 In의 (1~20)배 이내에서는 비오차가 10% 미만이 되는 것이다.

T 형은 대부분의 권선형(Wound Type)변류기와 철심누설자속이 변류비에 현저하게 영향을 주는 변류기가 이에 속한다.

표 2.5 변류기 2차 전류의 허용차

계급	1.0In에서 비 오 차	1.0In에서 위 상 차	정격 오차범위 전류에서의 종합오차 (과전류 정수에서 오차)
5P	±1.0%	±60분	5%
10P	±3.0%	±60분	10%

[주] : (1) 종합오차(Composit error): 전류위상오차와 여자전류 중 고주파 분까지 포함한 종합오차

(2) 표준 오차한계 계수는 종합오차(Composit error) 한계치에 이르는 전류와 정격전류와의 비로써 5, 10, 15, 20, 30의 5가지로 규정되어 있음. (JEC의 규격과 유사)

③ B.S규격(영국)

보호계전기용 변류기의 오차계급표시는 P자를 붙여 쓰는데 5P, 10P 두 종류가 있으며 허용차는 표 2.5와 같으며 주요국가의 오차계급을 비교한 것은 표2.6과 같다.

표 2.6 CT의 오차계급 비교표

구분	계 전 기 용			계 기 용		
국별	계 급	부 담	허용차	계 급	부 담	허용차
한 국	C 100 C 200 C 400 C 800	B−1 B−2 B−4 B−8	10% (n) 〃 〃	1.2 1.2 1.2	B−0.5 B−0.9 B−1.8	±1.2% 〃 〃
미 국	C 10 C 20 C 50 C 90 C 180 C 100 C 200 C 400 C 800	B−0.1 B−0.2 B−0.5 B−0.9 B−1.8 B−1 B−2 B−4 B−8	−10% (n)″ 〃 〃 〃 〃 〃 〃 〃	1.2 0.6 0.3	− − −	±1.2% ±0.6% ±0.3%
영 국	5P 10P ×	− Bus DCR용	5% (n) 10% −	0.1 0.2 0.5 1 3 5	− − − − − −	0.1% 0.2% 0.5% 1 % 3 % 5 %
일 본	2 차 용			3 차 용		
	계 급	부 담	허용차	계 급	부 담	허용차
	1.0 3.0	− −	−10% (n) 〃	3G 5G 10G	− − −	± 3% ± 5% ±10%

6) 보조변류기를 사용할 때의 오차

계전기에 공급하는 전류의 크기를 변경시키기 위하여 보조 변류기를 사용하는 경우가 있다. 이 경우 보조변류기가 소비하는 여자전류로 오차가 증가하는 외에 외견상 변류기 부담도 변화하여 오차의 증가를 가져오기 때문에 보조 변류기를 적용 할 때는 주의 하여 검토할 필요가 있다.

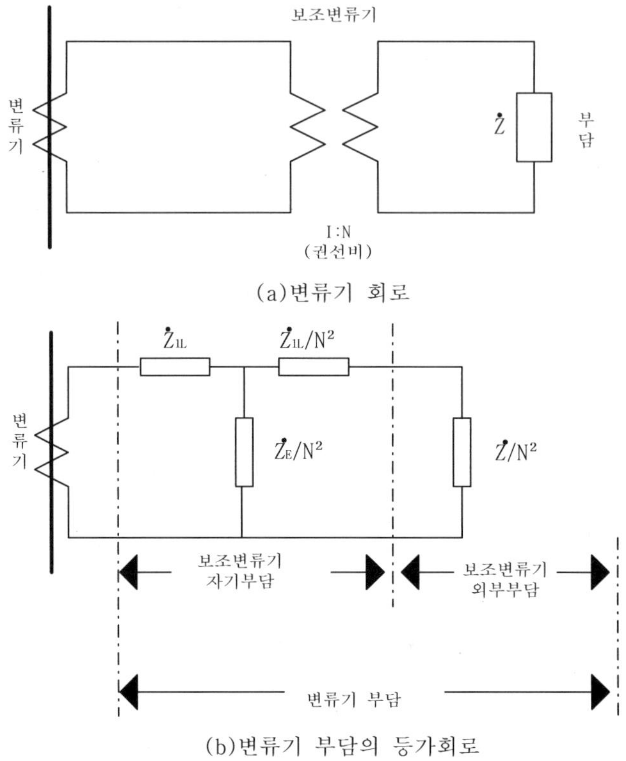

그림 2.17 보조 변류기 사용 시 부담 고려

그림 2.17은 보조 변류기를 사용할 때 변류기의 부담이 어떻게 변하는가를 나타내고 있다. 보조변류기의 일차권선 임피던스, 2차권선 임피던스가 모두 부담에 관련 있는 것 외에 부담 임피던스도 보조 변류기의 권선비 제곱에 역비례 되어 변류기에 부담으로 가해진다. 따라서 보조변류기로 전류를 더 크게 하기 위하여 N<1로써 사용하고 있으면 변류기 부담이 증가하는 결과가 되어 오차가 증가한다.

보조변류기의 2차 권선을 될 수 있는 한 많은 상태로 사용하고 또한 전류를 증가시키기 위한 방법으로 사용하는 것을 피하는 것이 좋다.

7) 결선

① 사용 CT의 선정

ⓐ **보호구간** : 보호용으로 사용되는 CT 선정 시 무보호 구간이 없고 보호구간이 중첩되도록 선정 사용한다.

ⓑ **상일치** : 차단기용 BCT 사용 시에 BCT 에 상표시가 되어 있는 경우가 있다. 이때 가능하면 모선측상과 차단기의 상표시를 일치시키는 것이 좋다. 부득이 일치시키

지 못할 때는 상 확인을 한 후 사용한다.

ⓒ **특성일치** : 앞에서 설명한 특성과 계측기 또는 계전기의 요구특성이 일치하도록 한다. 즉 계전기용 CT와 계기용 CT를 구분 사용해야 한다.

② **극성**

ⓐ **단독 CT 사용 시** : 1차권선의 "+"(K 또는 H1)측은 차단기 측에 연결하는 것이 일반적이다. 중성점에 설치할 때는 접지(대지)측에 "+" 측이 가도록 결선한다.

ⓑ **보호협조** : 보호협조 상 필요시는 보호방식에 적합하도록 극성을 일치시킨다.

ⓒ **2차회로** : CT 의 2차권선을 Y결선할 때는 감극성임을 고려하여 "−"(l 또는 X2) 측을 Common하는 것이 일반적이다. 이때도 보호협조 상 필요시는 보호방식에 따라 극성을 일치시킨다.

③ 권선별 결선일반

ⓐ **1차권선** : CT의 1차권선은 측정하고자 하는 선로에 직렬로 결선한다.

ⓑ **2차권선** : CT의 2차권선에는 계전기 또는 계측장치의 전류 Coil을 극성에 따라 직렬로 결선한다. 이때 정격부담을 확인하여 그 이내로 되게 한다.

ⓒ **다중비 권선** : 명판에 표시된 변류비를 확인하여 보증된 두선만을 사용하고 나머지 선은 개방한다.

ⓓ **잔류회로** : 2차회로의 잔류회로는 항상 폐로 되어야 한다. 단, 3차권선을 영상회로에 사용 시는 2차회로의 잔류회로는 개방해야 한다.

ⓔ **Cable 선정** : 2차회로에 연결된 Cable은 외부로부터의 유도방지를 위해서 차폐층 양단을 접지망에 접지한다.

ⓕ **Cable 포설** : 포설 방법으로는 1차 계통과는 직각방향으로, 600 V이상 전력선과는 이격시키고 가능한 단거리로 접지망 도체와 평행에 가깝게 설치하는 것이 좋다.

ⓖ **차폐관** : 기기단자함에서 Cable 닥트까지는 Steel pipe 또는 Flexible Steel Pipe를 사용하여 유도 작용을 방지해야 한다.

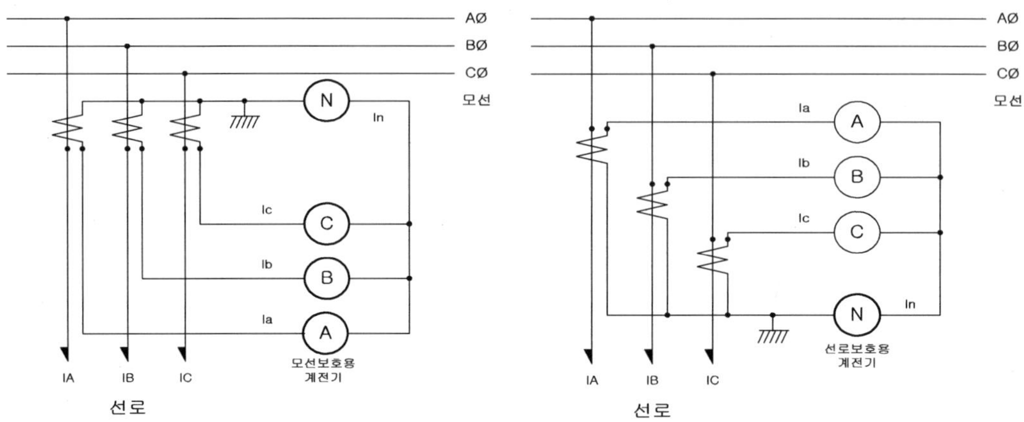

그림 2.18 CT Y결선

④ 결선법

ⓐ Y결선 : Y결선은 CT회로의 기본 결선이다. 그림 2.18에서와 같이 각상마다 CT를 설치하여 한쪽 측은 Common하고 다른 한 측에서 정상전류를 얻어 사용한 후 다시 Common하여 잔류회로를 만들어 영상전류까지 얻을 수 있다.

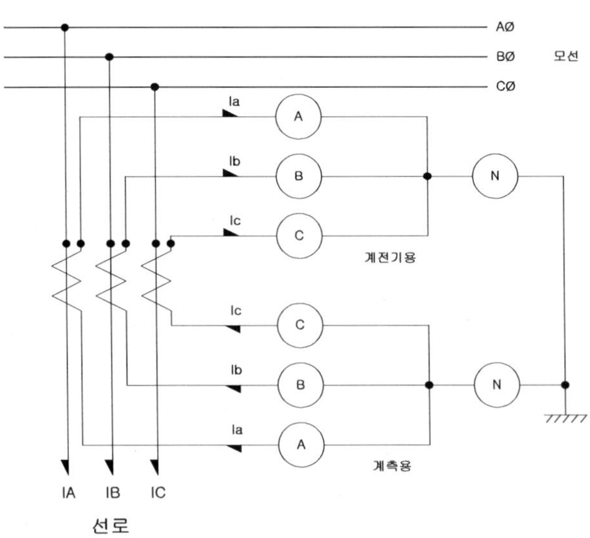

그림 2.19 변형된 Y결선

그림 2.19는 변형된 Y결선으로 양측에서 정상전류를 각각 사용 후 잔류 회로를 만든 경우이다. 이때 정격부담에 주의 하고 계측용은 극성이 반대이므로 보정해야 한다. 권장할 결선은 아니므로 사용하지 않는 것이 좋다.

ⓑ △결선 : 선전류가 상전류의 $\sqrt{3}$ 배가 되고 위상차가 30° 발생하여 특별한 목적 외에는 별로 사용하지 않는다.
그림 2.20은 △결선을 보여주는데 30° 지전류법과 30° 진전류법을 각각 표시한다.

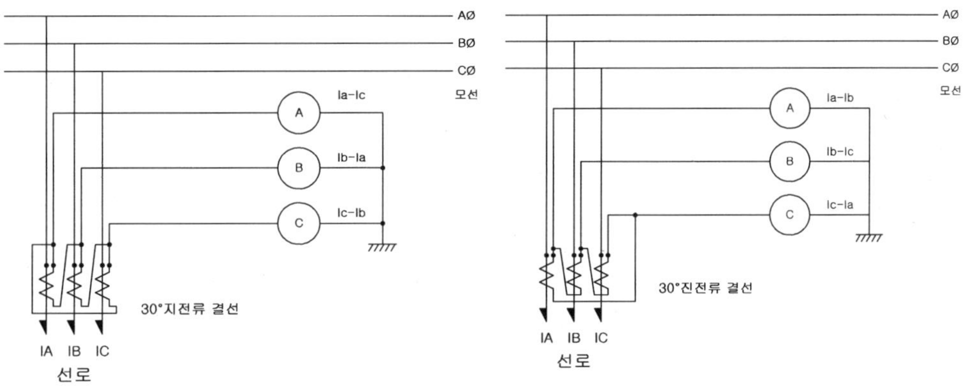

그림 2.20 △ 결선

ⓒ V결선 : 평형 3상 3선식 회로에서는 2대의 CT로 3상전류를 얻을 수 있다. 그 방법은 그림 2.21에서와 같이 V결선 법이다. 극성에 따라 0° 결선과 180° 결선법 2가지가 있다.

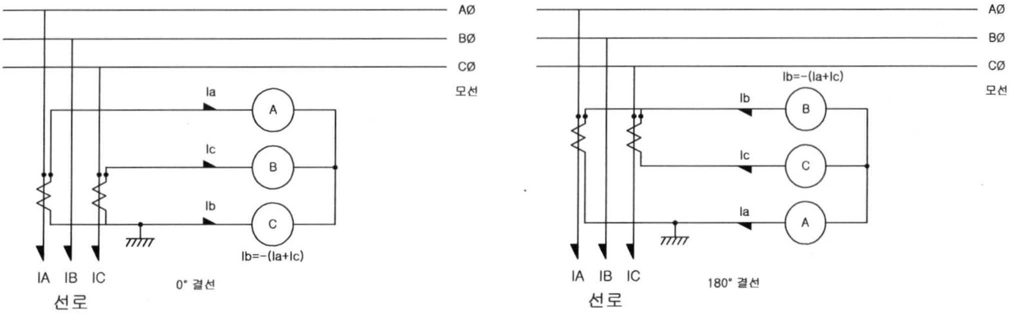

그림 2.21 V결선

ⓓ **교차결선** : 그림 2.22는 전압보상에 이용되는 L.D.C 회로용 교차결선이다. A 상과 C 상에 CT를 설치하고 2차극성을 교차하여 합전류 I_R을 얻도록 된 결선이다. 이때 I_R은 I_a에서 I_c를 뺀 전류로 역률이 100%이면 Vac와 동상이 된다.

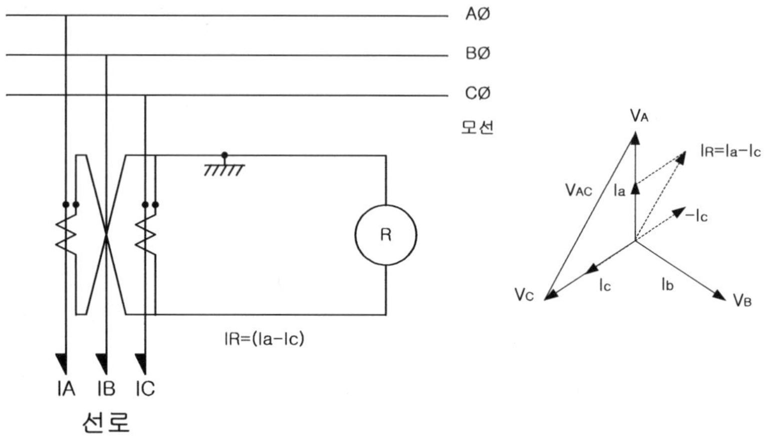

그림 2.22 교차결선

ⓔ **화동결선** : 그림 2.23은 전압차동방식 모선보호용 CT 화동결선이다. 모선에 연결된 병행선로의 총합전류를 얻기 위해서 각 CT의 2차측을 극성에 따라 병렬 결선 한 것이다. 이때 각 CT의 변류비와 포화특성 등이 일치해야 한다. 삼상 중 한상만 표시한 것이다.

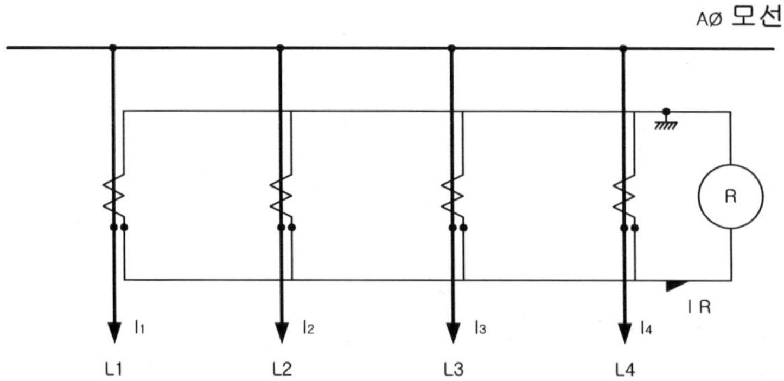

그림 2.23 화동 결선(1상분만 나타냄)

그림 2.24는 변형된 화동결선의 예이다. 그림에서 L3와 L4 선로의 CT 변류비는 4000/5A이고 L1과 L2는 2000/5A일 때 최대 변류비에서 포화특성이 보장되기 때문에 변류비와 포화특성을 만족시키기 위해서는 변형된 화동결선이 필요하다.

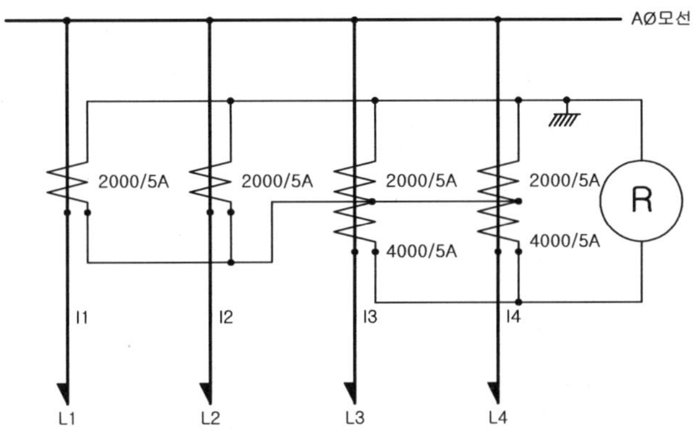

그림 2.24 변경된 화동결선

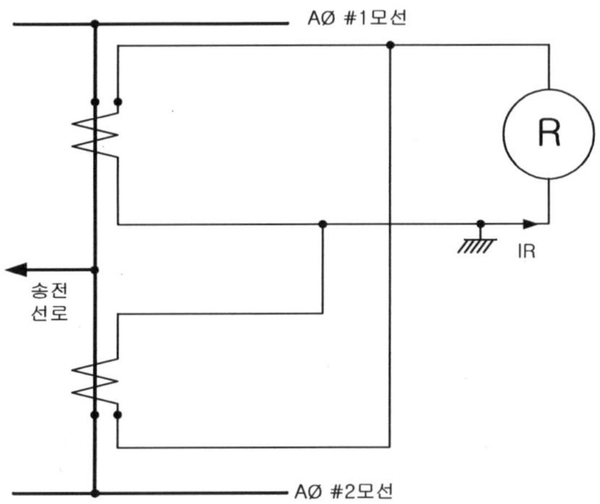

그림 2.25 $1\frac{1}{2}$CB모선용 화동결선

그림 2.25는 초고압 전력계통에서 사용되고 있는 $1\frac{1}{2}$CB방식에서 선로전류를 얻기 위한 화동결선이다. 그림에서 #1모선과 #2모선 사이를 흐르는 전류를 CT를 통하여 환류하고 송전선로로 유출되는 전류만 계전기 회로에 IR로 나타난다. 3상 중 A상 한 상만 표시한 것이다.

ⓕ **차동결선** : 그림 2.26은 병행 2회선의 차동결선이다. 그림에서와 같이 A상의 CT 2차회로를 차동결선하면 IR은 L1과 L2의 차전류를 얻을 수 있다. 즉 평상시 부하상태에서는 CT 2차권선을 환류하는 전류만 있고 계전기 전류 IR은 없다. 그러나 한 선로에서 사고가 발생하면 불평형 차전류 IR이 발생하여 계전기는 감지할 수 있다. 이때도 두 CT의 특성이 일치해야 한다.

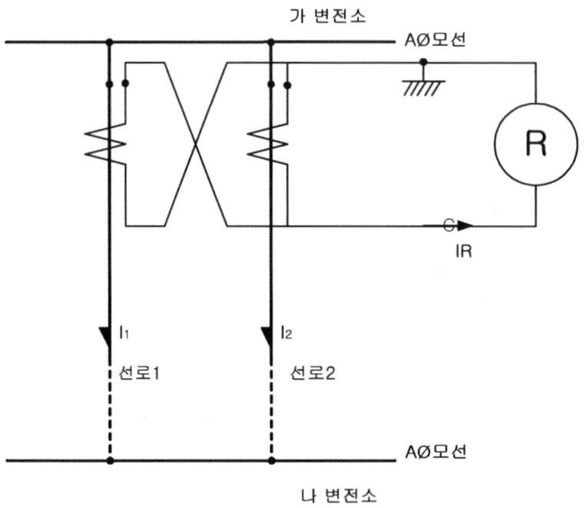

그림 2.26 병행 2회선 차동결선

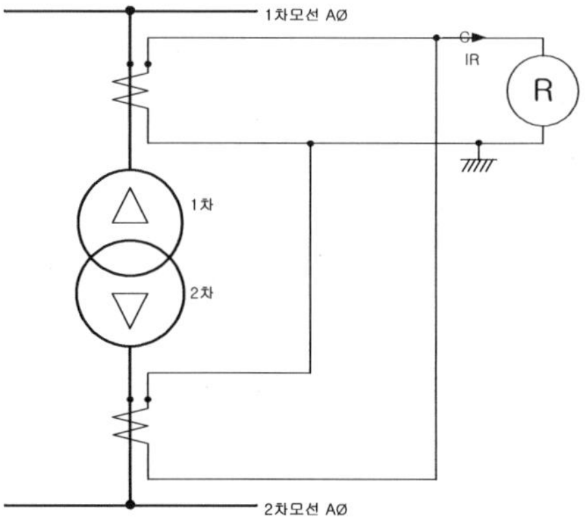

그림 2.27 변압기 보호방식 차동결선(1상분)

그림 2.26은 변압기 보호방식의 차동결선 중 A 상 한상만 표시한 것이다. 상시 부하전류는 CT 2차를 환류하여 IR은 없게 되나 내부사고시에는 변압기로 흘러 들어오는 전류만 있어 차전류로 IR이 발생하여 계전기를 동작시킨다.

ⓖ **영상전류** : 그림 2.28(a)는 3상 CT의 잔류회로에서 얻는 경우로 3Io가 검출된다. 그림 2.28(b)는 3차 권선부 CT에서 얻는 경우이며 Io가 검출되고, 그림 2.29는 영상 CT로부터 얻는 경우이며 3Io가 검출된다.

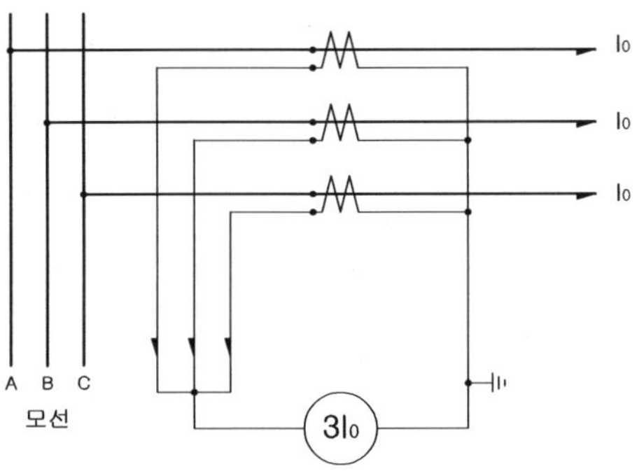

a) 잔류회로에서 얻는 경우

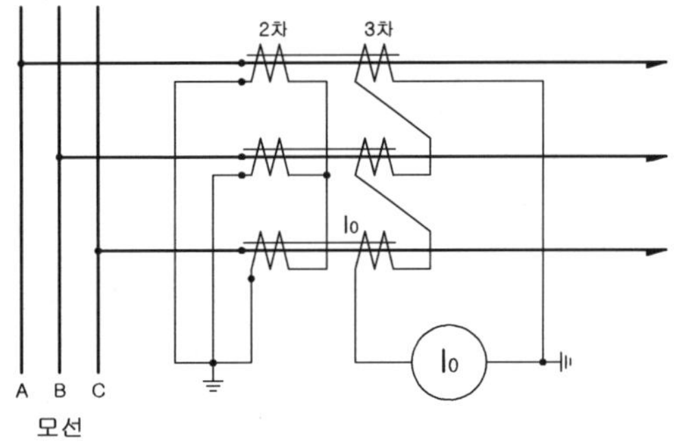

b) 3차권선에서 얻는 경우

그림 2.28 3상CT에서 영상전류를 얻는 방법

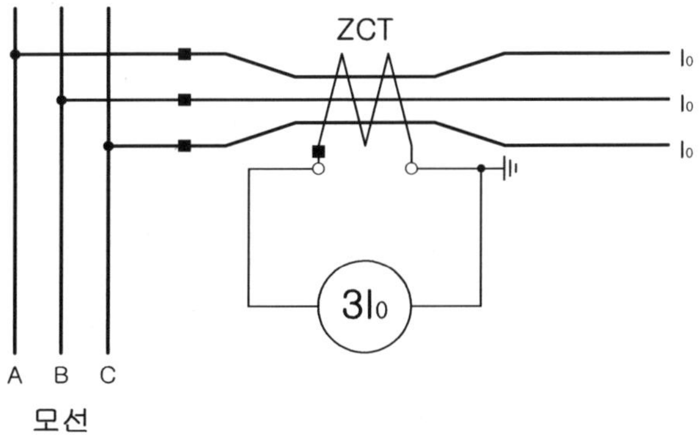

그림 2.29 영상 CT에 의한 영상전류 얻는 방법

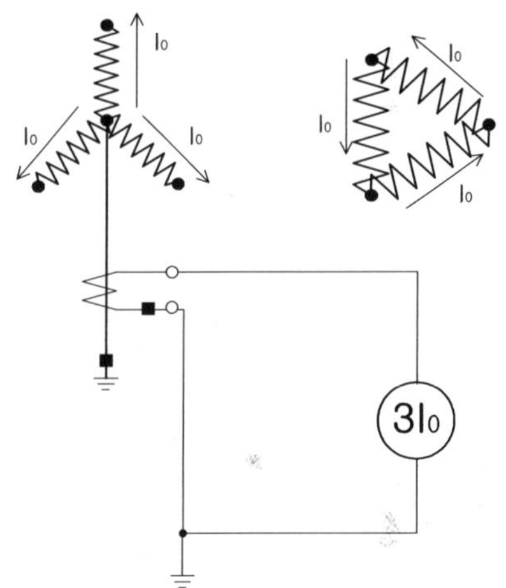

그림 2.30 중성선 CT이용 방법

그림 2.30은 중성점 접지개소에 단상 CT 1대를 사용하여 얻는 경우이며 3Io가 검출된다.

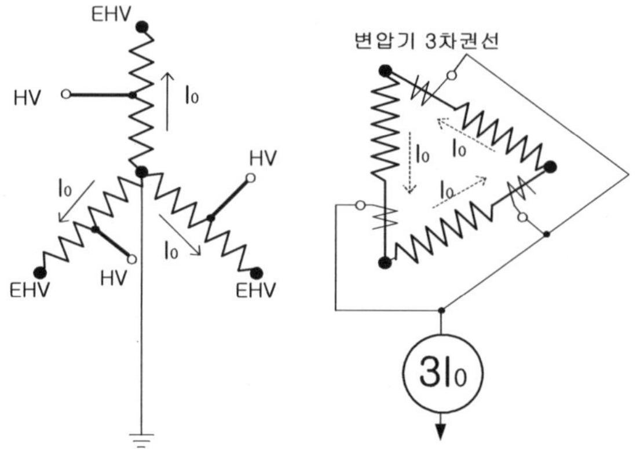

그림 2.31 Auto Tr. △권선 내부 CT이용 방법

그림 2.31은 Auto Trans의 △권선 내부 CT를 이용하는 방법이다. Y결선 Auto Trans나 Y－Y결선 변압기에서는 사고의 위치에 따라 중성점영상전류 방향은 변할 수가 있다. 따라서 이 경우는 중성점영상전류보다는 △권선 내부 CT를 병렬 결선하여 방향계전기의 전류극성용 영상전류로 사용해야 한다.

2.4.2 계기용 변압기(Potential Transformer)

보호계전기에 사용하는 계기용변압기에는 전자형 계기용변압기(PT : Potential Transformer)와 콘덴서형 계기용변압기(CPD : Capacitance Potential Device)가 있다. PT는 일차권선과 2차권선을 갖는 변압기로써 일차권선은 전력회로에 직접 접속한다. 그 접속방법은 변압기의 정격 및 적용상의 요구에 따라 선간 또는 상－중성점(또는 대지)간에 연결하는 두 가지가 있다. CPD는 콘덴서 분압기를 이용한 전압변성장치로써 일차단자는 반드시 상－대지 간에 접속한다.

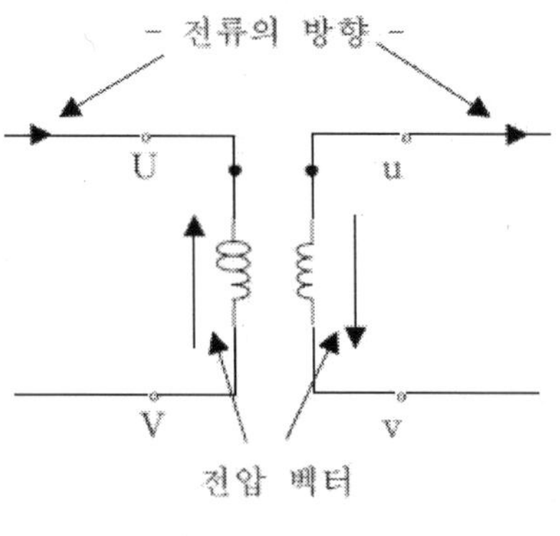

그림 2.32 극성

1) 전자형 계기용변압기

① 극성 및 접속

계기용변압기의 단자에는 일차권선과 2차권선의 극성관계를 표시하는 기호가 있는데 그림 2.32와 같이 일차단자의 U와 2차단자의 u가 대응된다. 극성기호의 의미는 변류기의 경우와 같이 전류가 U단자로 들어가면 u단자로 나온다. 3차권선이 있는 경우에는 그 기호를 a, b로 표시하는데 a단자가 u단자에 해당된다.

계기용변압기 접속방법은 Y접속(그림 2.33), △접속(그림 2.34), V접속(그림 2.35) 및 후술하는 오-픈 델타(Open Delta) 접속 등이 있다. 상전압 및 선간 전압을 만들기 위하여서는 Y접속하며 상세한 것은 다음에 기술한다.

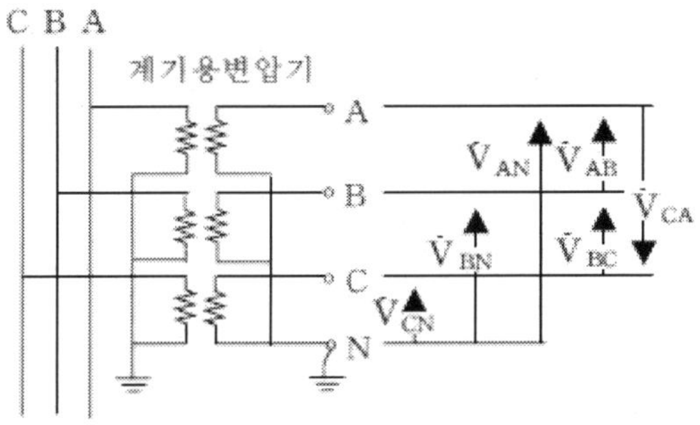

그림 2.33 Y접속

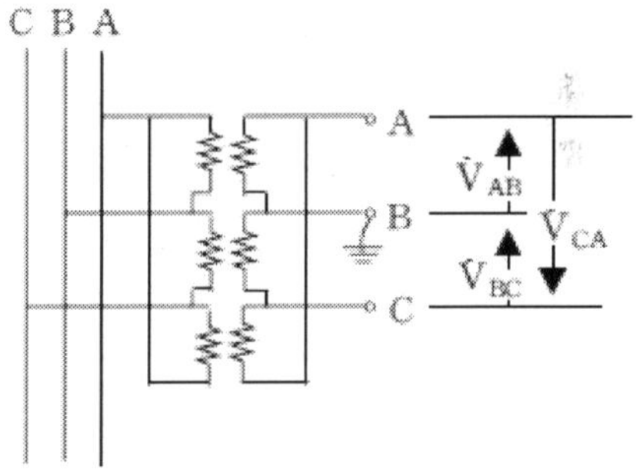

그림 2.34 △접속

계기용변압기의 2차회로는 변류기의 경우와 같이 접지는 계전기 또는 계측기 측에서 잡는다. Y접속인 경우에는 그림 2.33과 같이 N상을 접지하는 것이 원칙이지만 B상을 접지하는 경우도 있다. B상 접지는 △접속 혹은 V접속한 PT와의 사이에 동기검정기 등을 접속하는 경우에 채용된다. △접속과 V접속에서는 그림에서와 같이 한 점에서만 접지를 아여야 하며 다중접지가 되지 않도록 주의하여야 한다.

② 지락방향 계전기의 극성전압을 얻는 접속

지락방향계전기의 극성전압은 그림 2.35과 같이 오-픈 델타접속으로 얻는다. 단자 a-b 간의 전압 V는

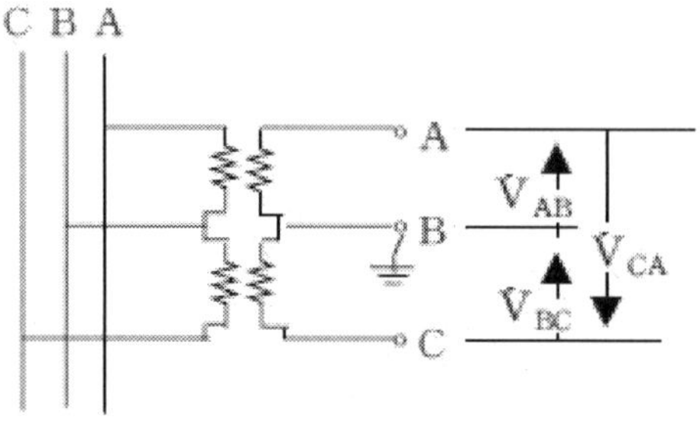

그림 2.35 V접속

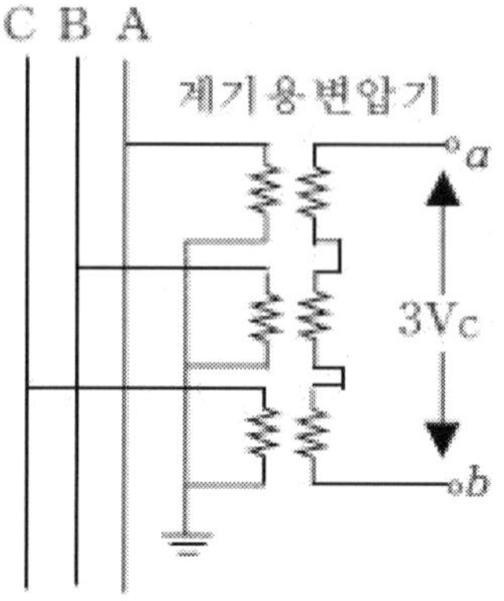

그림 2.36 오-픈 델타 접속

$$\dot{V} = \dot{V}_A + \dot{V}_B + \dot{V}_C$$

$$= \dot{V}_{A0} + \dot{V}_{B0} + \dot{V}_{C0}$$

$$= 3\dot{V}_{A0} = 3\dot{V}_{B0} = 3\dot{V}_{C0} = 3\dot{V}_0$$

로 되어 3배의 영상전압이 극성전압으로 된다. 여기서 주의하여야 할 점은 일반으로 지락방향 계전기의 극성 전압용으로는 -3V0을 사용하는 점이다.

이 때문에 단자 b를 계전기의 극성기준단자에 접속한다. 이때 접지는 a단자 측이나 b단자 측이나 간에 관계가 없다.

실제로 오-픈 델타 접속은 만약 계기용 압기가 3차권선이 있는 것이라면 그림 2.37(a)와 같이 일차권선은 Y접속하고 3차권선은 오-픈 델타 접속하면 된다. 2차권선은 Y접속 또는 △접속으로 하여 계전기용 또는 계기용에 사용된다. 계기용변압기가 2차권선만 있다면 그림 2.37(b)와 같이 일차권선 및 2차권선을 모두 Y접속하여 2차권선에 단락계전기를 연결하고 또한 오-픈 델타 접속의 보조 변압기를 추가 결선한다. 이 보조 변압기의 출력을 지락방향계전기의 극성 전압으로 사용한다.

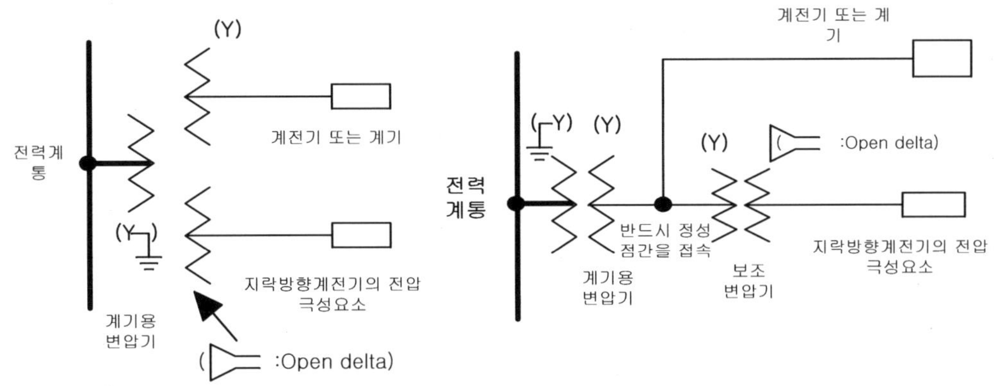

(a) 3차권선부 계기용 변압기의 경우

(b) 2차권선 계기용변압기의 경우

그림 2.37 계기용 보조변압기 결선

③ 계기용변압기의 부담

부담이란 계기용변압기의 2차 단자 간에 연결된 외부 부하임피던스를 말하는 것으로 일반적으로 정격 2차 전압으로 하여 부하에 소비되는 볼트 · 암페어(VA)로 표시한다. 몇 개의 부하를 병렬로 연결하여 사용하는 경우에는 개개의 VA를 산술적으로 합산한 값을 전 부담 VA로 보아도 좋다.

계기용변압기에서는 전 부담 VA가 정격부담이내에 있으면 비오차, 위상오차가 적어서 보호계전기의 적용에는 실제상 지장이 없다.

계기용변압기에 보조변압기를 연결하여 변압비를 변경하여 사용하는 경우에는 부담변화가 커서 총합오차를 크게 하는 요인이 되므로 주의하여야 할 필요가 있다. 즉 그림 2.38에서 알 수 있는 바와 같이 부담임피던스는 변압비의 제곱에 반비례한다. 따라서 전압을 2배로 승압한다면 VA로 표시되어 있는 계기용변압기의 부담은 4배로 된다.

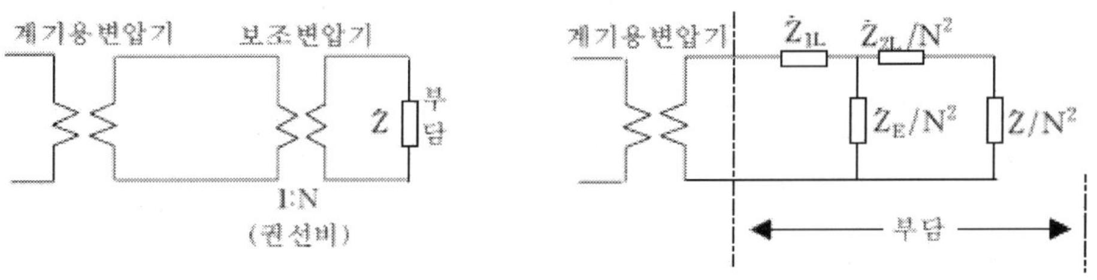

그림 2.38 보조변압기

④ 오-픈 델타(△)접속의 부담

오-픈 델타접속의 계기용변압기에는 방향성 지락과전류 계전기의 전압코일(전압극성요소)이 연결된다. 이러한 계전기의 VA부담은 일반적으로 계전기의 정격전압에서의 값으로 되어있다. 한편 계기용변압기는 정격 3차 전압에서 부하에 소비되는 권선만의 볼트·암페어를 정격부담으로 표시된다.

이 때문에 계기용변압기의 정격 영상 3차 전압이 계전기의 정격전압과 같게 되어있어도 계기용변압기의 부담과 계전기 부담과는 반드시 일치하지 않는다. 정격영상전압이 계기용변압기의 정격 3차 전압과 같이 되는 유효접지계통의 계기용변압기에서는 계기용변압기 3차 정격부담과 같은 계전기 부담을 연결할 수 있고 정격영상 3차 전압이 정격 3차 전압의 3배가 되는 비접지 계통의 계기용변압기에서는 계기용변압기 3차 정격부담의 $3 \cdot \sqrt{3}$ 배의 계전기 부담을 연결할 수 있다. 만일 정격 전압치가 다른 경우에는 계전기 부담을 계기용변압기의 정격영상 3차 전압에서의 부담으로 환산하여야 한다.

⑤ 계기용변성기의 규격

ⓐ JEC규격

계기용변압기의 정격 2차전압은 접지형 단상용에서는 $\frac{110}{\sqrt{3}}$V 또는 110V로 되어있고 정격부담의 100%~25%(역율 0.8지전류)부담에서의 오차범위는 표 2.7과 같다. 일반적으로 1.0급이 사용된다.

표 2.7 계기용변압기 2차 전압의 허용치(1)

2차전압[V](2) / 계급	비 오 차 (%)		위 상 각 (분)	
	5~10	80~120	5~10	80~120
	$\frac{5}{\sqrt{3}} \sim \frac{10}{\sqrt{3}}$	$\frac{80}{\sqrt{3}} \sim \frac{120}{\sqrt{3}}$	$\frac{5}{\sqrt{3}} \sim \frac{10}{\sqrt{3}}$	$\frac{80}{\sqrt{3}} \sim \frac{120}{\sqrt{3}}$
1.0급	±2.0	±1.0	±120	± 40
3.0급	±6.0	±3.0	±360	±120

[주] : (1) 3차권선이 있을 때는 이것을 개방한 경우

(2) 정격 2차전압이 110[V]인 것을 상단, $\frac{110}{\sqrt{3}}$[V]인 것은 하단의 값을 적용한다.

3차권선에 대하여서는 권선의 정격 3차전압 허용오차를 표 2.8과 같이 규정하고 있

다. 이 경우 부담조건은 2차권선에 정격2차부담의 100~25%(역율 0.8지전류)를 연결하고 3차권선에는 무부담으로 하는 경우와 2차권선을 개방하고 3차권선에 정격 3차 부담(역율 0.8지전류)을 연결하는 경우의 두 조건이 주어진다.

표 2.8 계기용변압기 3차 전압의 허용차

정격영상 3차전압	110 또는 190[(1)] (V)		110(V)	
용 도	비유효 접지계통용		유효접지계통용	
정격 3차 전압	110/3 또는 190/3(V)		110(V)	
3차전압[(2)](V) / 계 급	비오차(%)	위상각(분)	비오차(%)	위상각(분)
	$110/3 \sim 110/\sqrt{3}$ $190/3 \sim 190/\sqrt{3}$	$110/3 \sim 110/\sqrt{3}$ $190/3 \sim 190/\sqrt{3}$	95~140	95~140
3G급 5G급	±3 ±5	±120 ±200	±3.0 ±5.0	±120 ±200

[주] : (1) 정격 영상3차 전압 190V, 정격3차 전압 190/3V의 계기용변압기는 특수품이고 또한 PT에 한한다.
(2) 정격 3차 전압 110/3V의 것은 상단치를 190/3V의 것은 하단치를 적용한다.

또 권선의 정격 3차전압이 110/3V, 190/3V의 계기용변압기는 모두 비유효접지계에 사용되며 각각의 정격영상 3차전압은 110V, 190V가 된다. 권선의 정격 3차 전압이 110V인 것은 유효접지계에 사용되는 것으로 정격영상 3차전압도 110V이다. 계기용변압기의 3차 권선은 통상 오픈 델타로 결선되는데 3개의 계기용변압기 오차 등에 의하여 계통에 영상전압이 없어도 잔류 전압이라고 하는 영상전압이 생긴다. 이 값은 경험적으로 3G급에서 1%이하 이다.

ⓑ ANSI 규격

계기용변압기의 정격 2차전압은 115V, 120V이고 이에 대응하는 상-대지간 전압은 $115/\sqrt{3}$ V, $120/\sqrt{3}$ 이고 CPD의 2차 정격전압은 115V 및 66.4V이다. 부담은 표 2.9와 같으며, 오차범위는 변류기의 경우와 같이 비보정계수(RCF)로써 표시하는데 표 2.10과 같다.

표 2.9 PT의 ANSI표준부담

부 담	VA(120V에서)	역 율
W	12.5	0.10
X	25.0	0.70
Y	75.0	0.85
Z	200.0	0.85
ZZ	400.0	0.85

표 2.10 PT의 허용차(ANSI)

계급	비보정계수(RCF)	역율(lagging)
1.2	1.012~0.988	0.6~1.0
0.6	1.006~0.994	0.6~1.0
0.3	1.003~0.997	0.6~1.0

[주] : 2차 전압은 정격전압 ±10%

ⓒ B.S규격

보호계전기용 계기용변압기의 오차범위는 표 2.11과 같다.

표 2.11 계기용 변압기 오차법위

구분 일차전압 계급	비 오 차 (%)		위 상 각 (분)	
	(0.05~0.9)×Vn	(1.1~Vf)×Vn	(0.05~0.9)×Vn	(1.1~Vf)×Vn
E	±3	±3	±120	±120
F	±5	±10	±250	±300

[주] : (1) 부담은 0.25~1.0배의 부담(Pf = 1)

(2) Vf는 Voltage Factor로써 (1.1~1.9)

(3) Vn은 정격일차전압

2) 콘덴서형 계기용 변압기

콘덴서형 계기용변압기에는 결합 콘덴서형 계기용변압기(CCPD : Coupling Capacitance Potential Device) 및 붓싱 콘덴서형 PD(BCPD: Bushing Capacitance PT)가 있다. BCPD는 경제적이지만 2차부담이 너무 적다. 콘덴서형 PT는 그림 2.39와 같이 고전압을 일단 콘덴서를 사용하여 분압한 후 분압된 전압을 한 번 더 변압기로 강압하여 2차출력전압을 얻도록 되어있다. 일반적으로 사용하고 있는 공진형에서는 부담과 직렬로 들어 있는 공진 리액터가 내장되어 있다. 이 공진리액터의 리액턴스 XL은 등가회로에 표시된 콘덴서 리액턴스 XC1, XC2의 병렬 값이 $X_L = (X_{C1} \cdot X_{C2})/(X_{C1}+X_{C2})$로 되도록 조정되어 있다. 따라서 u－v단자에서 본 CCPD내부 임피던스는 거의 영에 가깝다.

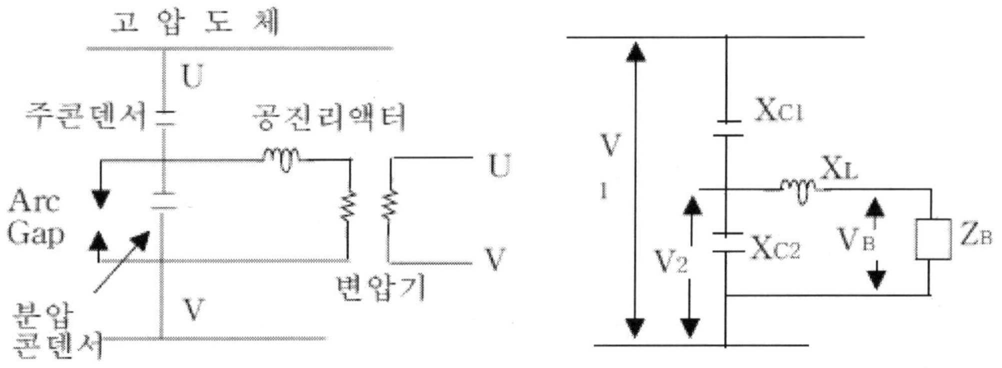

그림 2.39 콘덴서형 계기용변압기(원리도 및 등가회로)

실제에는 XC2는 XC1에 비하여 매우 적은 것으로써 XL과 XC2와 같다고 보아도 좋다. 그러므로 만일 부담 임피던스 ZB가 영이면 XL과 XC2는 실제상 병렬공진 회로를 구성한다.

3) 결선

① 사용 PT의 선정

ⓐ **보호구간** : 보호용으로 사용되는 PT 선정 시는 CT와 같은 보호구간은 고려하지 않아도 된다. 일반적으로 154 kV이하 계통에서는 자동재폐로방식 운전에 따른 동기검정계전기용으로 선로 측에 단상 PT 한 대를 설치한다. 345 kV계통에서는 모선종합 PT를 사용하지 않고 각 선로마다 설치 사용한다.

ⓑ 상일치 : 발전소 또는 변전소의 구내 상배치를 확인하고 PT의 1차 측과 2차 측의 상을 일치시켜야 한다. 일치가 불가능할 때는 상을 확인 후 실제 계통에 맞도록 사용한다.

ⓒ 특성일치 : 오차계급 부담등과 같이 PT의 특성과 계측기 및 계전기가 요구하는 특성이 일치하도록 한다.

② **권선별 결선 일반**

ⓐ 1차권선 : PT의 1차 권선은 측정하고자 하는 선로 간에 병렬로 결선한다.

ⓑ 2차권선 : PT의 2차 권선은 계전기 또는 계측장치의 전압 Coil을 극성에 맞도록 병렬로 결선한다.

ⓒ Cable 선정 : CT경우와 같이 차폐 Cable을 사용한다.

ⓓ Cable 포설 : 포설방법은 CT경우와 같이 포설한다.

ⓔ 차폐관 : 유도전압 발생을 방지하기 위하여 기기단자함에서부터 Cable 닥트까지는 차폐관을 사용한다.

③ 결선법

ⓐ Y결선 : Y결선은 PT회로의 기본결선이다. 그림 2.40에서와 같이 각상마다 PT를 각각 설치하고 권선의 한 측(−측)을 Common하고 다른 한 측(+측)에서 건전상을 얻어내는 결선법이다. 이때 선간전압은 상전압의 $\sqrt{3}$ 배가 된다. 위상은 1차와 2차가 동위상이 된다.

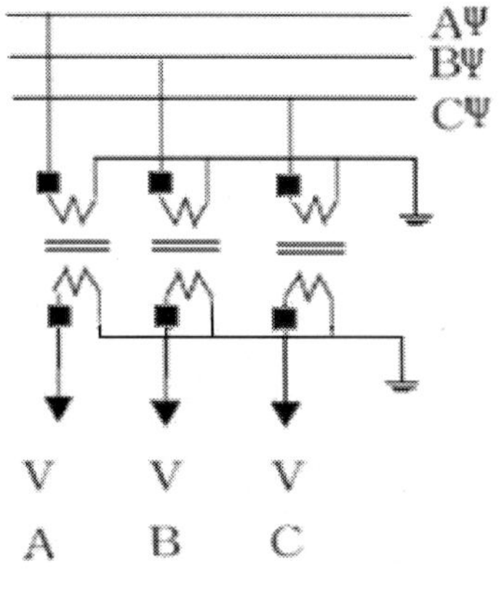

그림 2.40 Y결선

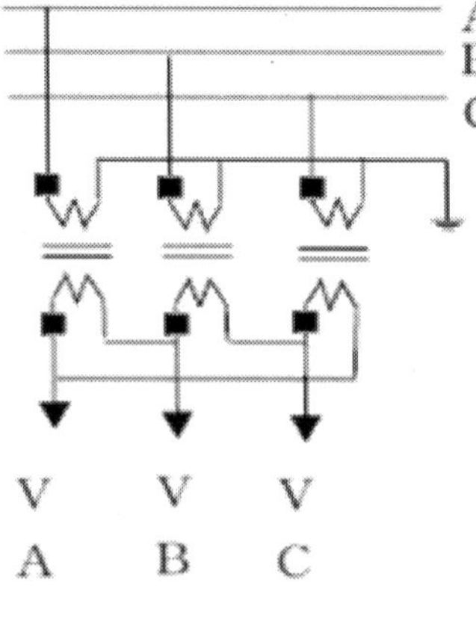

그림 2. 41 △결선

ⓑ △결선 : PT의 1차 측은 Y결선된 것이 일반적 이므로 2차회로를 △결선 사용은 거의 없다. 그 이유는 1차와 2차간에 30° 위상차가 발생하기 때문이다. 참고로 결선도를 보면 그림 2.41과 같다.

ⓒ V결선 : 평형 삼상삼선식 회로에서는 두 대의 PT를 그림2.42와 같이 V결선 하면 삼상전압을 얻을 수 있다. 경제적인 방법이다. 이때 1차회로의 B상에 Fuse를 두지 않도록 한다. 만약 B상이 결상되면 AC상 단상전압이 두 대의 PT에 공급되어 반값의 전압이 걸리고 2차 측의 위상도 VAB대신 VAC가, VBC 대신 VAC가 나타나 60° 위상차가 발생되기 때문이다.

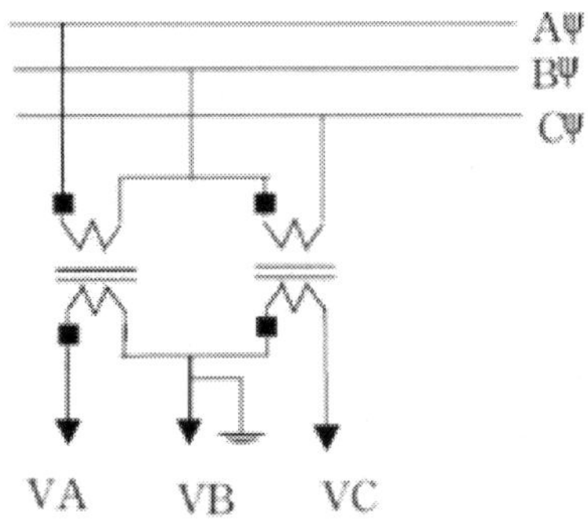

그림 2.42 V결선

ⓓ 영상전압 : 영상전압을 얻기 위해서는 크게 나누어 두 가지 방법이 있다. 정상전압에서 개방 △결선을 이용하는 법과 접지장치를 이용하는 방법이 있다. 그림 2.43은 삼상 GPT를 이용한 개방 △결선 법이다. 즉 △결선에서 A상+측과 C상−측을 개방하고 이 단자에서 영상전압을 얻는다. 지락사고가 없는 평형계통에서는 영상전압은 발생하지 않는다.

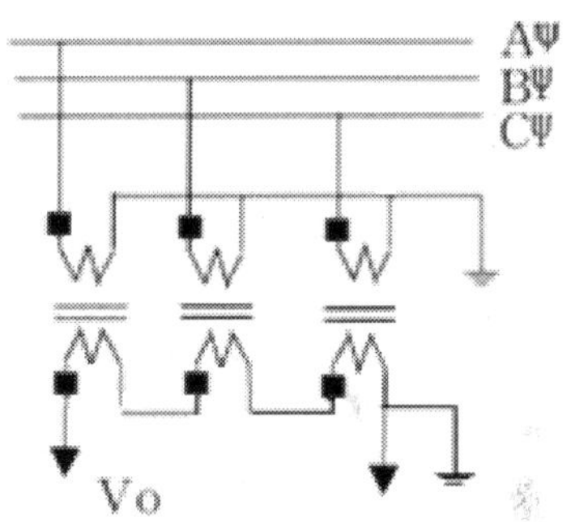

그림 2.43 개방 △결선

영상전압의 크기는 계통 중성점 접지방식에 따라 다르다. 1선 완전지락사고시의 경우에 비접지 방식이면 계통중성점이 접지점으로 이동하여 건전상 전압은 $\sqrt{3}$배 증가하고 위상각도 120° 에서 60° 로 변하여 합성시 $\sqrt{3}$배가 증가하여 결국 상전압의 3배에 해당되는 영상전압이 발생하게 된다. 그러나 직접접지방식에서는 중성점 이동이 없어 건전상 전압 및 위상각은 변하지 않으므로 상전압 그대로가 된다. 영상전압의 극성은 C상−측이 영상전압의 + 측이 된다.

3차 권선부 PT에서는 2차는 Y결선하여 정상회로로 사용하고 3차권선을 개방 △결선하여 영상전압을 얻는다. 주 PT가 2차권선만 있을 때는 보조 PT를 사용하여 보조 PT의 2차측을 개방 △결선하여 영상전압을 얻을 수 있다. 그림 2.44는 중성점 접지계통에 단상 PT한대를 사용하여 영상전압을 얻는 방법을 각각 보여 준다.

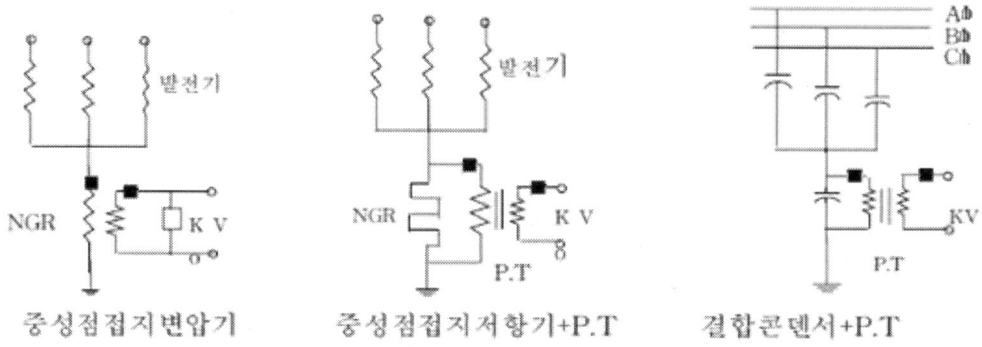

그림 2.44 중성점 접지 장치 이용법

2.4.3 변성기 접지

접지의 목적은 보안을 확보하기 위하여 평상시 충전되어 있는 전로 또는 평상시 비충전부이지만 만일 누전이 될 경우 충전부가 되는 금속부 등을 대지에 적극적으로 접속하는 것을 말한다. 변성기 관련 접지공사는 크게 나누면 다음의 3가지가 있다.

- 변성기의 외함 접지
- 변성기 2차 회로접지
- Cable의 차폐층 접지

(1) 변성기의 외함 접지

① **근거** : 전기설비기술기준에 고압 또는 특별고압 변성기의 회함은 접지하도록 규정하고 있다. 변성기 외함은 평상시 비충전부 이지만 고장상태에서는 충전부로 될 우려가 있어 규정된 접지를 시행하여 일정한 전위이하로 유지하기 위한 것이다.

② **시행방법** : 고장시 충분한 접지전류가 통전 할 수 있는 굵기의 접지선을 두 가닥으로 나누어 접지망까지 최단거리가 되도록 시공한다. 외함과 접지선 접속은 압착단자로 견고하게 취부하며 접지선과 접지망간은 동 슬리브(Sleeve)로 압축 접속한다.

(2) 변성기 2차회로 접지

① **근거** : 전기설비기술기준에 변성기의 2차회로 한곳을 접지하도록 정하고 있다.고전압인 1차권선과 저전압인 2차권선이 서로 혼촉 되었을 때 저압 측인 2차권선의 대지 간

전위를 낮추기 위하여 중성선 또는 잔류회로 한곳을 접지한다.

② **시행방법** : 배전반측 계전기의 보호를 위하여 배전반 첫 번째 단자에서 한곳만 접지한다.

(3) Cable 차폐층 접지

① **근거** : 154kV 및 345kV 계통의 CCPD, CT 2차회로는 유도성 Surge침입이 크므로 차폐선 Cable을 사용하여야 한다.

② **시행방법** : 차폐 Cable의 차폐층은 양단에서 접지망에 각각 접지하여 유도성 Surge전압을 감소시킨다. 차폐 Cable이 아닌 일반 Cable도 유휴심선을 양단에서 접지망에 접지해주면 차폐효과를 얻을 수 있다. 그림 2.45는 영상변류기(ZCT)를 사용할 때 차폐선의 접지는 ① 또는 ②번 그림과 같이 시공하여야 한다.

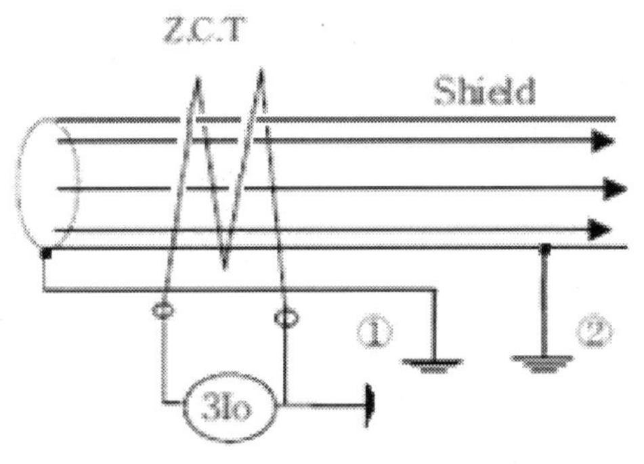

그림 2.45 Cable의 Shield접지

> ● 심령이 가난한 자는 복이 있나니 천국이 그들의 것임이요

제 3 장 전력계통 고장계산 (Fault Study)

3.1 고장계산

3.1.1 고장계산의 필요성

전기계통의 고장으로서는 1선지락, 2선지락, 3선단락, 단선 등을 들 수 있으나 그 중 발생빈도가 가장 많은 것은 1선지락이다. 전기회로에 고장이 생기면 기기를 손상시키고 계통에 큰 동요를 일으켜서 전력유통을 불가능하게 하거나 이상전압을 일으키고 때에 따라서는 통신선에 유도장해를 야기하므로 고장에 대한 보호장치를 시설하여야 하는데 이렇게 하기 위해서는 전기제량의 고장계산이 필요하게 된다.

3.1.2 교류발전기의 단락 특성

무부하운전 중인 교류발전기의 단자를 갑자기 3상단락 시키면 대단히 큰 단락전류가 흐르나, 이 과도단락전류는 시간의 경과와 더불어 전기자 반작용의 발생으로 크기가 점점 감쇄하고 결국에는 정태치 즉, 지속단락 전류가 된다.

단락 순간에 있어서 기본파 교류분의 단락전류를 제한하는 것은 제동권선이 없는 발전기에서는 근사적으로 전기자 및 계자누설 Reactance의 합인 과도 Reactance X_d'이며 과도단락전류는 회로의 시정수로 표시되는 지수함수 곡선에 따라 서서히 감쇄한다.

또 제동권선을 가진 발전기에서는 전기자 및 제동권선의 누설 Reactance의 합인 초기 과도 Reactance X_d''에 의하여 제한되나 이것은 수~이내에 급속히 감쇄하며, 그 후는 과도 Reactance X_d'에 의하여 제한된다. 지속단락 전류를 제한하는 것은 동기 Reactance X_d이다. 또 이 과도단락전류에는 단락순간의 기전력과의 위상각에 따라 전기자의 자속쇄교수를 일정하게 유지하려고(자속불변의 법칙) 직류분을 포함하게 된다.

만일 기전력이 Zero인 순간에 단락이 발생하면 최대의 직류분을 포함하게 되고 기전력 최대인 순간에는 직류분이 없고 교류분 뿐이다. 그러나 이것은 극단적인 경우이고, 실제로는 그 중간의 경우가 많으며, 포함된 직류분은 비교적 급속히 감쇄한다.

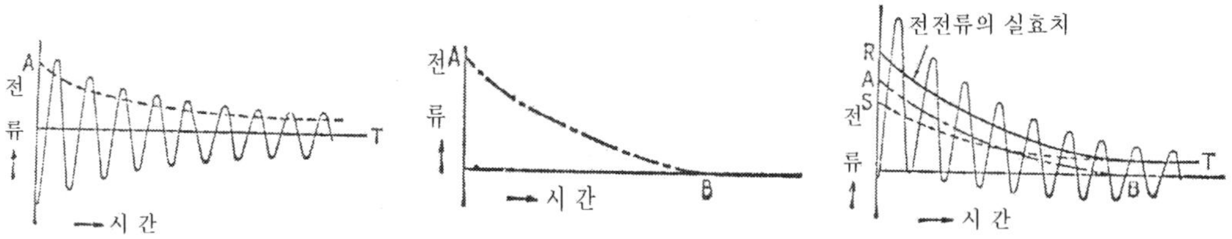

(a) 교류분 (b) 직류분 (c) 합성전류

그림 3.1 단락전류 곡선

그림 3.1은 단락사고 발생초기의 과도 기간 중의 단락전류(과도단락전류)의 상태를 표시한 것이고 (a)는 교류분, (b)는 직류분 (c)는 양자의 합성을 표시한 것이다.

그림 3.1(c)에서 곡선 ST는 교류분의 실효치, 곡선 AB는 직류분의 변화를 표시하므로 교류분의 실효치를 I_Ae, 직류분을 I_D라면 합성한 단락전류의 실효치 I_Se는

$$I_Se = \sqrt{I_Ae^2 + I_D^2}$$

가 된다. 지금 기전력이 Zero인 순시에 단락이 일어나는 것으로 하고 그 순간의 단락전류를 생각하면 직류분은 교류분의 최대치와 같은 값이 될 수 있으므로 $I_{Amax} = \sqrt{2}\, I_Ae = I_{Dmax}$가 되고,

$$I_Se = \sqrt{I_Ae^2 + I_D^2} = \sqrt{I_Ae^2 + (\sqrt{2}\, I_Ae)^2} = \sqrt{3}\, I_Ae$$

즉 교류실효치의 $\sqrt{3}$ 배가 된다.

또 이 경우의 파고치 I_{Smax}는 교류분과 직류분 각각의 순시치의 합이므로

$$I_{Smax} = I_{Amax} + I_{Dmax} = \sqrt{2}\, I_Ae + \sqrt{2}\, I_Ae = 2\sqrt{2}\, I_Ae$$

가 되고, 교류분 최대치의 2배가 될 수 있다.

또 발전기가 부하운전상태에 있을 때 갑자기 3상 단락이 발생하면 이미 부하전류가 흐르고 있다는 점과 단자전압과 계자 유기기전력과의 사이에 위상차가 있다는 것 등의 초기조건이 다르기 때문에 단락전류는 전술과는 다소의 차이가 생긴다.

3.2 3상 단락전류의 계산법

송배전선로에서 3상 단락은 대단히 드문 일이나 단락전류가 1선 지락이나 상간단락에 비하여 크므로 차단기의 용량결정, 계전기의 정정, 전자력에 의한 기계적 충격의 크기 추정 등의 목적으로 3상 단락전류를 계산한다.

3상 단락은 회로가 단락된 후에도 계속 평형 3상회로의 상태를 유지하고 있으므로 그 계산은 비교적 용이하다.

계산법에 옴법(Ohm 법), 백분율법(Percentage 법), 단위법(Per Unit 법) 등이 있으나 여기서는 백분율법에 대하여만 설명한다.

※ 백분율법

이것은 기기선로 등의 Impedance를 %로 표시한 %Z를 사용하여 계산하는 방법이다.

Ω으로 표시한 Impedance Z와 %Z 간에는 정격전류(전부하 전류)를 I, 정격전압(성형 전압)을 E라 하면 다음과 같은 관계가 있다.

$$\%Z = \frac{Z(\Omega) \times I(A)}{E(V)} \times 100[\%] \tag{3.1}$$

$$= \frac{Z(\Omega) \times \text{정격용량}(KVA)}{10 \times [E(kV)]^2}[\%] \tag{3.2}$$

지금 (3.1)식의 분자 분모에 I를 곱하면

$$\%Z = \frac{ZI^2}{EI} \times 100[\%] \tag{3.3}$$

가 되고 분자는 정격전류가 흐를 때 Z에 의한 피상전력, 분모는 정격용량을 제시하므로 %Z의 값은 정격전류가 흘렀을 때의 Impedance 중의 피상전력이 정격용량에 대한 정도를 %로 표시하는 것이다.

식 (3.1)으로부터 3상 단락전류 I_S는

$$I_S = \frac{E}{Z} = \frac{E}{\frac{\%ZE}{100I}} = \frac{100}{\%Z}I \tag{3.4}$$

식 (3.4)의 관계로부터 %Z의 값을 알면 정격전압 정격전류를 모르더라도 정격전류의 몇 배의 단락전류가 흐르는가를 알 수 있다.

식 (3.2)에서 %Z는 용량에 비례하므로 다음 식이 성립한다.

$$\%Z' = \%Z \times \frac{[KVA]'}{[KVA]}[\%] \tag{3.5}$$

단, %Z : [KVA]에 대한 % Impedance

%Z' : [KVA]'에 대한 % Impedance

식 (3.5)에서 상이한 용량을 기준으로 산출한 %Z등을 동일기준용량의 %Z로 환산할 수 가 있다.

예제 1

그림 3.2에 표시하는 무부하 송전선의 S점에 있어서 3상 단락전류를 계산하라.

단, G_1 : 15,000 KVA 11 kV, %Z = 30%

G_2 : 15,000 KVA 11 kV, %Z = 30%

T : 30,000 KVA 11/154 kV %Z = 8%

송전선 : TS 간 50 km, Z = 0.5 Ω/km

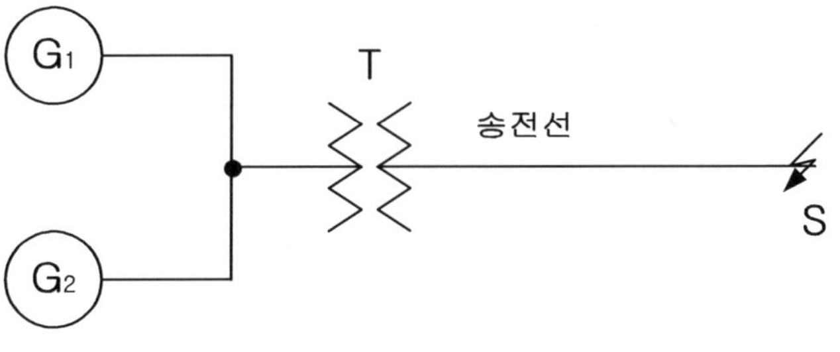

그림 3.2 고장이 있는 송전계통

풀이

30,000 KVA를 기준용량으로 한다. 이때 송전선의 전부하 전류 I_n은

$$I_n = \frac{30,000 \times 1,000}{\sqrt{3} \times 154,000} = 112.5[A]$$

송전선의 단락점까지의 %Z(엄밀하게 % Reactance)는

$$\frac{0.5\times50\times112.5}{\frac{154,000}{\sqrt{3}}}\times100=6.35[\%]$$

용량 15,000 KVA의 발전기가 2대 병렬이므로 기준용량을 30,000 KVA로 하였을 때의 합성 Impedance는 역시 30% 이다. 고로 구하는 3상 단락전류는 I_S는

$$I_S=\frac{100}{\%Z}I_n=\frac{100}{30+8+6.35}\times112.5=254\,[A]$$

예제 2 그림에서 표시하는 계통에 있어서 B발전소의 송전선의 인출구에서 3상 단락이 생겼다고 가정하고 3상 단락전류를 계산하라.

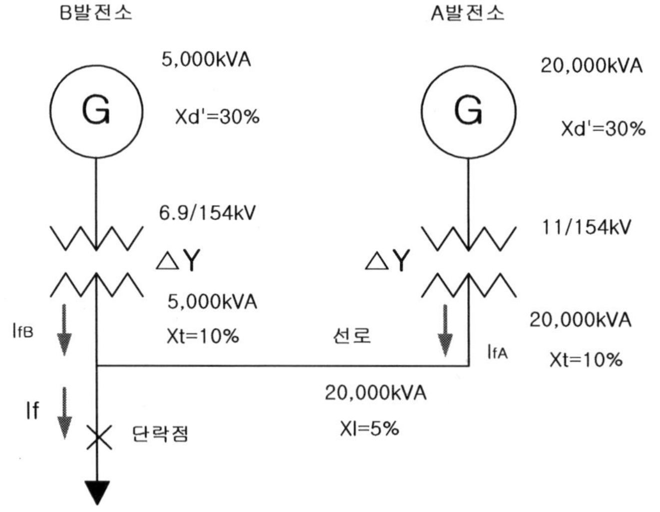

그림 3.3 예제 2의 고장 계통도

풀이

① 등가 임피던스(Z_{eq}) 구하기 (기준용량을 10,000 kVA로 함)

– A발전소로부터 단락점까지 등가 임피던스를 구하면

기준용량에서 A 발전기의 임피던스 : $X_d' = 30 \times \frac{10,000}{20,000} = 15[\%]$

기준용량에서 A 발전소 변압기 임피던스 : $X_t = 10 \times \frac{10,000}{20,000} = 5[\%]$

기준용량에서 송전선의 임피던스 : $X_l = 5 \times \frac{10,000}{20,000} = 2.5[\%]$

A발전소로부터 단락점까지 등가 임피던스는?

$$Z_A = X_d' + X_t + X_l = 15 + 5 + 2.5 = 22.5[\%]$$

– B발전소로부터 단락점 까지 등가 임피던스를 구하면

기준용량에서 B 발전기의 임피던스 : $X_d' = 30 \times \frac{10,000}{5,000} = 60[\%]$

기준용량에서 송전선의 임피던스 : $X_t = 10 \times \frac{10,000}{5,000} = 20[\%]$

B발전소로부터 단락점까지 등가 임피던스는?

$$Z_B = X_d' + X_t = 60 + 20 = 80[\%]$$

– 총 등가임피던스 $Z_{eq} = \frac{Z_A \cdot Z_B}{Z_A + Z_B} = \frac{22.5 \times 80}{22.5 + 80} = 17.56[\%]$

② 고장점 전류(I_f)는?

– 기준전류 $I_{기준} = \frac{10,000}{\sqrt{3} \times 154} = 37.5[A]$ 이므로

– 고장점 전류 $I_f = \frac{100}{Z_{eq}} \times I_{기준} = \frac{100}{17.56} \times 37.5 = 213.5[A]$

③ 각 발전소로 흐르는 고장전류(I_{fA} 및 I_{fB})는?

$$I_{fA} = 213.5 \times \frac{80}{(22.5 + 80)} = 166.6[A]$$

$$I_{fB} = 213.5 \times \frac{22.5}{(22.5 + 80)} = 47[A]$$

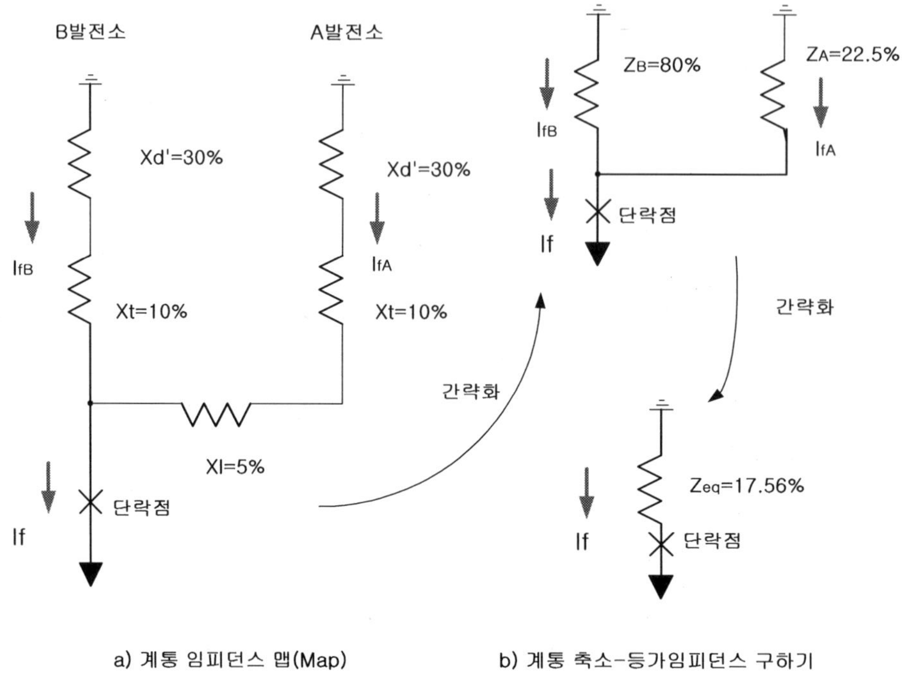

그림 3.4 고장계산 과정의 임피던스 맵(Map)그리기와 등가 임피던스

3.3 대칭 좌표법

3.3.1 개요

3상 단락전류의 계산에서 전원부하가 3상에 대하여 평형하고 있을 때는 단상회로로 귀착시켜 계산할 수 있으므로 비교적 간단하다. 그러나 3상이 불평형인 경우 즉 단상부하나 1상 및 2상접지, 단락, 단선 등의 불평형고장에 대해서는 1918년에 Fortescus가 제창한 대칭좌표 법이 잘 사용되고 있다.

대칭좌표법은 정상현상 뿐만 아니라 과도현상에 대하여도 적용이 가능하다.

정상상태에서 그림 3.5와 같이 각상이 대지에 대하여 전압 V_a, V_b, V_c [V], 전류 I_a, I_b, I_c [A]인 상성분을 가지고 있는 것으로 한다.

대칭좌표법은 a, b, c 각 상성분을 다음과 같은 대표적 관계에 의하여 V_1, V_2, V_3 [V], I_1, I_2, I_3 [A] 인 대칭분으로 변환하는 것을 말한다.

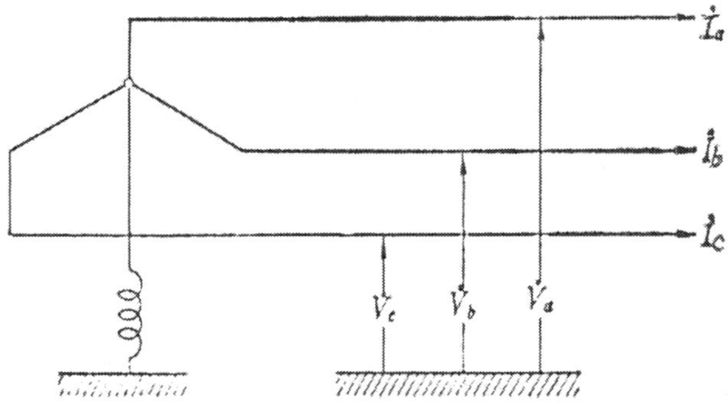

그림 3.5 3상 전압 전류

$$\left.\begin{aligned} V_1 &= \frac{1}{3}(V_a + aV_b + a^2 V_c) \\ V_2 &= \frac{1}{3}(V_a + a^2 V_b + aV_c) \\ V_3 &= \frac{1}{3}(V_a + V_b + V_c) \end{aligned}\right] \qquad (3.6)$$

$$\left.\begin{aligned} I_1 &= \frac{1}{3}(I_a + aI_b + a^2 I_c) \\ I_2 &= \frac{1}{3}(I_a + a^2 I_b + aI_c) \\ I_3 &= \frac{1}{3}(I_a + I_b + I_c) \end{aligned}\right] \qquad (3.7)$$

여기서 $a = \epsilon^{j120} = -\frac{1}{2} + j\frac{\sqrt{3}}{2}$

$a^2 = \epsilon^{j240} = -\frac{1}{2} - j\frac{\sqrt{3}}{2}$

$a^3 = 1,\ 1 + a + a^2 = 0$

a는 허수에 있어서의 j를 사용하는 것처럼 크기는 1로 그대로 두고 위상을 120° 앞서게 하는 연산자이다.

식 (3.6) 또는 (3.7)을 상성분에 대하여 풀면 다음 식을 얻는다.

$$\left.\begin{aligned} V_a &= V_0 + V_1 + V_2 \\ V_b &= V_0 + a^2 V_1 + a V_2 \\ V_c &= V_0 + a V_1 + a^2 V_2 \end{aligned}\right] \tag{3.8}$$

식 (3.7)을 Matrix로 표시하면

$$\begin{vmatrix} V_a \\ V_b \\ V_c \end{vmatrix} = \begin{vmatrix} 1 & 1 & 1 \\ 1 & a^2 & a \\ 1 & a & a^2 \end{vmatrix} \begin{vmatrix} V_0 \\ V_1 \\ V_2 \end{vmatrix} \tag{3.9}$$

이와 같이 3상 전류에 대하여도 적용하면

$$\left.\begin{aligned} I_a &= I_0 + I_1 + I_2 \\ I_b &= I_0 + a^2 I_1 + a I_2 \\ I_c &= I_0 + a I_1 + a^2 I_2 \end{aligned}\right] \tag{3.10}$$

$$\begin{vmatrix} I_a \\ I_b \\ I_c \end{vmatrix} = \begin{vmatrix} 1 & 1 & 1 \\ 1 & a^2 & a \\ 1 & a & a^2 \end{vmatrix} \begin{vmatrix} I_0 \\ I_1 \\ I_2 \end{vmatrix} \tag{3.11}$$

와 같은 관계가 됨을 알 수 있다.

이와 같이 불평형 3상의 상성분 a, b, c는 첨자 1(정상분)과 첨자 2(역상분) 및 첨자 0(영상분)의 3개의 대칭분으로 변환되는 것이고, 이것은 단순한 대수적 변환에 불과하다. 이러한 변환은 무한개 존재하나 대칭좌표법에 의한 변환의 큰 특징은 다음과 같은 점이다.

고장전의 기기 또는 선로는 3상이 평형이며 고장이 비교적 간단할 때 그 고장계산의 방법이 용이하고 신속하며, 물리적 의의도 파악하기가 쉽다.

만일 처음부터 복잡한 불평형 3상회로를 취급할 경우는 대칭좌표법은 아무런 이점이 없고, 계산은 복잡하다.

대칭좌표법에 의한 해석 예

지금 그림 3.6와 같이 3상전원의 b, c상 간에 단상 부하를 걸 때를 생각하면

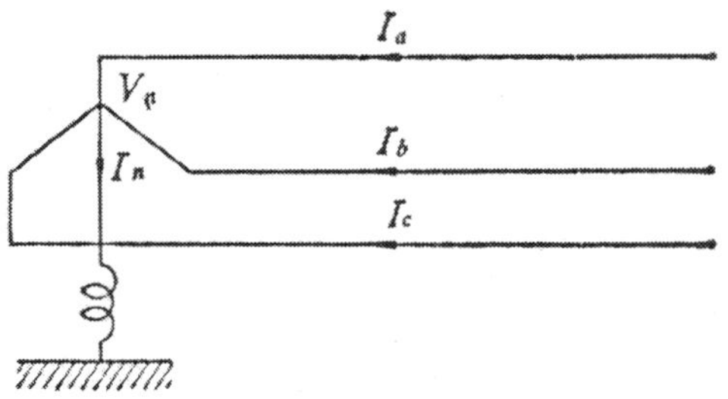

그림 3.6 중성점 전류

$$I_a = 0$$
$$I_b + I_c = 0$$

식 (3.7)으로부터 대칭분 전류는 다음과 같이 된다.

$$\left.\begin{aligned} I_1 &= \frac{1}{3}(a - a^2)\ I_b = j\frac{1}{\sqrt{3}} I_b \\ I_2 &= -I_1 \\ I_0 &= 0 \end{aligned}\right]$$

즉, 단상전류를 흘릴 때는 정상분과 역상분은 동일크기이며 불평형도 가장 심한 경우이다. 다음에 그림 3.6과 같은 3상부하의 중성점 접지점을 흐르는 전류 I_n을 생각하면

$$I_n = I_a + I_b + I_c = 3I_0 \tag{3.12}$$

이며 영상전류는 중성점 전류의 1/3인 단상전류임을 알 수가 있다.

3.3.2 발전기의 기본식

보통의 3상교류 발전기에서 E_a, E_b, E_c는 대칭 3상 전압이며, 유기기전력은 회전자계에 의한 정상분 유기전압만 가지고 있으므로

$$E_0 = 0,\ E_1 = E_a,\ E_2 = 0$$

가 되고

$$\left.\begin{aligned} V_0 &= -I_0 Z_0 \\ V_1 &= E_1 - I_1 Z_1 = E_a - I_1 Z_1 \\ V_2 &= -I_2 Z_2 \end{aligned}\right] \qquad (3.13)$$

식 (3.13)은 3상교류 발전기의 기본식이라고 하며, 고장계산을 하는 데 있어서 중요한 식이다.

3.3.3 발전기 단자에서의 고장계산

(1) 1선 지락고장

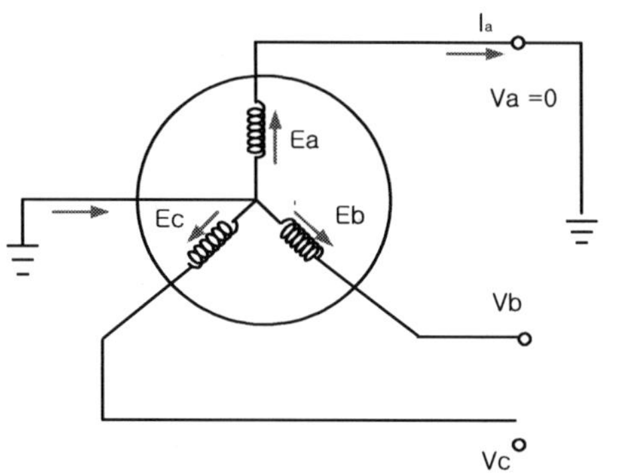

그림 3.7 1선 지락고장 회로도

그림 3.7과 같이 중성점을 접지한 3상교류 발전기의 a단자에 지락을 일으켰을 경우 지락전류 I_a와 b, c 단자의 전위 V_b, V_c를 구하여 본다. 단자의 조건으로부터

$$\left.\begin{aligned} I_b &= I_C = 0 \\ V_a &= 0 \end{aligned}\right] \qquad (3.14)$$

전류의 대칭분을 구하면

$$I_0 = \frac{1}{3}(I_a + I_b + I_c) = \frac{1}{3}I_a$$

$$I_1 = \frac{1}{3}(I_a + aI_b + a^2I_c) = \frac{1}{3}I_a$$

$$I_2 = \frac{1}{3}(I_a + a^2I_b + aI_c) = \frac{1}{3}I_a$$

$$\therefore I_0 = I_1 = I_2 = \frac{1}{3}I_a \tag{3.15}$$

즉, 1선지락 시에 대칭분전류는 어느 것이나 같다.

V_a를 대칭분으로 표시하고, 이것을 발전기의 기본식과 관련시키면

$$\begin{aligned} V_a &= V_0 + V_1 + V_2 = -Z_0I_0 + E_a - Z_1I_1 - Z_2I_2 \\ &= E_a - (Z_0 + Z_1 + Z_2)I_0 = 0 \end{aligned}$$

$$I_0 = I_1 = I_2 = \frac{E_a}{Z_0 + Z_1 + Z_2} \tag{3.16}$$

$$I_a = I_0 + I_1 + I_2 = \frac{3E_a}{Z_0 + Z_1 + Z_2} \tag{3.17}$$

즉, 1선지락 전류는 발전기 1상의 유기기전력 E_a를 3배한 것을 발전기의 3개의 대칭분 Impedance의 합으로 나누면 구하여진다.

다음 발전기 기본식에 식 (3.16)의 관계를 대입하면

$$\left.\begin{aligned} V_0 &= -Z_0I_0 = -\frac{Z_0}{Z_0 + Z_1 + Z_2}E_a \\ V_1 &= E_a - Z_1I_1 = E_a - \frac{Z_1}{Z_0 + Z_1 + Z_2}E_a \\ &= -\frac{Z_0 + Z_2}{Z_0 + Z_1 + Z_2}E_a \\ V_2 &= -Z_2I_2 = -\frac{Z_2}{Z_0 + Z_1 + Z_2}E_a \end{aligned}\right] \tag{3.18}$$

식 (3.17)과 같이 되며, 단자 b, c의 전위 V_b, V_c는 다음의 식 (3.19)과 같이 된다.

$$
\begin{aligned}
\therefore V_b &= V_0 + a^2 V_1 + a V_2 \\
&= \frac{E_a}{Z_0 + Z_1 + Z_2} \quad (-Z_0 + a^2(Z_0 + Z_2) - aZ_2) \\
&= \frac{(a^2-1)Z_0 + (a^2-a)Z_2}{Z_0 + Z_1 + Z_2} E_a \\
\therefore V_b &= V_0 + a^2 V_1 + a V_2 \\
&= \frac{E_a}{Z_0 + Z_1 + Z_2} \quad (-Z_0 + a(Z_0 + Z_2) - a^2 Z_2) \\
&= \frac{(a-1)Z_0 + (a-a^2)Z_2}{Z_0 + Z_1 + Z_2} E_a
\end{aligned}
\qquad (3.19)
$$

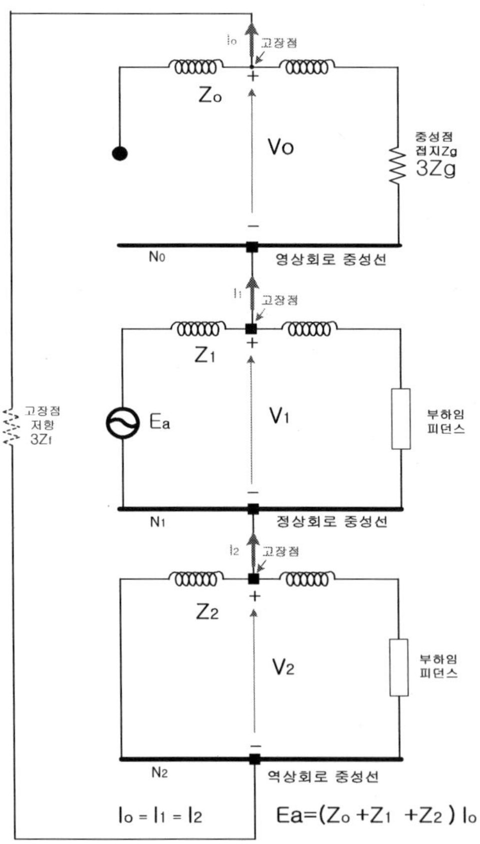

그림 3.8 1선 지락고장 대칭분 등가회로

그림 3.8은 1선 지락고장에 대한 대칭분 등가회로이며 영상, 정상, 역상분 회로망이 직렬로 연결된 것과 같다.

(2) 2선 지락 고장

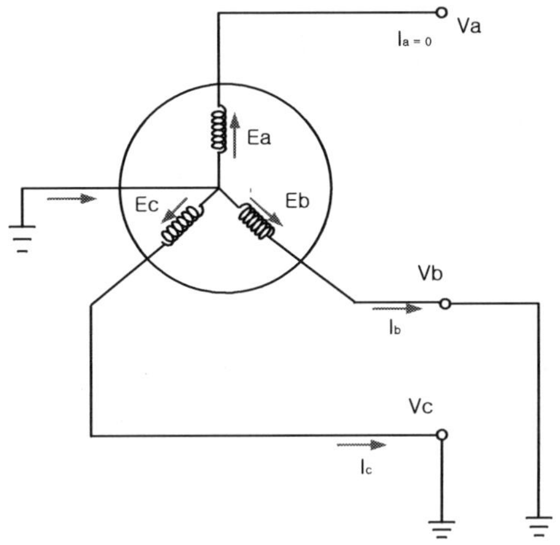

그림 3.9 2선 지락고장 회로도

그림 3.9와 같이 b, c 상 2단자가 지락되었을 때 b상 및 c상의 지락 전류 $\dot{I}_b$, $\dot{I}_c$를 구하기위해서는 우선 주어진 고장조건

$$I_a = 0, \; V_b = V_c = 0 \tag{3.20}$$

으로부터 V_b, V_c를 대칭분으로 나타내면

$$\begin{aligned} V_b &= V_0 + a^2 V_1 + a V_2 = 0 \\ V_c &= V_0 + a V_1 + a^2 V_2 = 0 \end{aligned} \tag{3.21}$$

로 된다. 여기서

$$V_b - V_c (a^2 - a)(V_1 - V_2) = 0$$

관계로부터

$$\therefore V_1 = V_2$$

를 얻는다. 이 관계를 식 (3.21)의 V_b에 대입하면

$$V_b = V_0 + (a^2 + a)V_1 = V_0 - V_2 = 0$$

로 되고 결국

$$\therefore V_0 = V_1 = V_2 \tag{3.22}$$

로 된다.

다음에 이 식에 발전기의 기본식을 대입하면

$$-Z_0 I_0 = E_0 - Z_1 I_1 = -Z_2 I_2 \tag{3.23}$$

또, 식 (3.20)으로부터

$$I_a = I_0 + I_1 + I_2 = 0 \tag{3.24}$$

이므로 식 (3.23)과 식 (3.24)를 이용하여 각 대칭분 전류에 대하여 풀면

$$I_0 = \frac{-Z_2 E_a}{Z_0(Z_1 + Z_2)Z_1 Z_2} \tag{3.25}$$

$$I_1 = \frac{(Z_0 + Z_2)E_a}{Z_0(Z_1 + Z_2)Z_1 Z_2}$$

$$\dot{I}_2 = \frac{-Z_0 E_a}{Z_0(Z_1 + Z_2)Z_1 Z_2}$$

로 되고 이것으로부터 실제의 지략 전류 $\dot{I}_b$, $\dot{I}_c$ 를 산출할 수 있으며 다음과 같이 주어진다.

$$I_b = I_0 + a^2 I_1 + a I_2 = \frac{(a^2 - a)Z_0 + (a^2 - 1)Z_2}{Z_0(Z_1 + Z_2) + Z_1 Z_2} E_a \tag{3.26}$$

$$I_c = I_0 + a I_1 + a^2 I_1 = \frac{(a - a^2)Z_0 + (a - 1)Z_2}{Z(Z_1 + Z_2) + Z_1 Z_2} E_a \tag{3.27}$$

$$V_a = V_0 + V_1 + V_2 = -3I_0 Z_0 = \frac{3Z_0 Z_2}{Z_0(Z_1 + Z_2) + Z_1 Z_2} E_a \tag{3.28}$$

즉, 2선 지락사고는 마치 그림 3.10과 같이 영상, 정상, 역상분 회로가 병렬로 결선된 것과 같음을 알 수 있다.

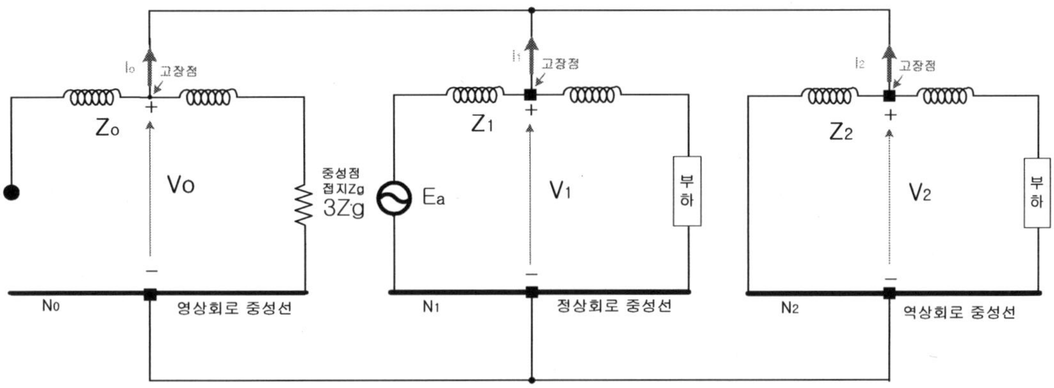

그림 3.10 2선 지락고장 대칭분 등가회로

(3) 2선 단락 고장

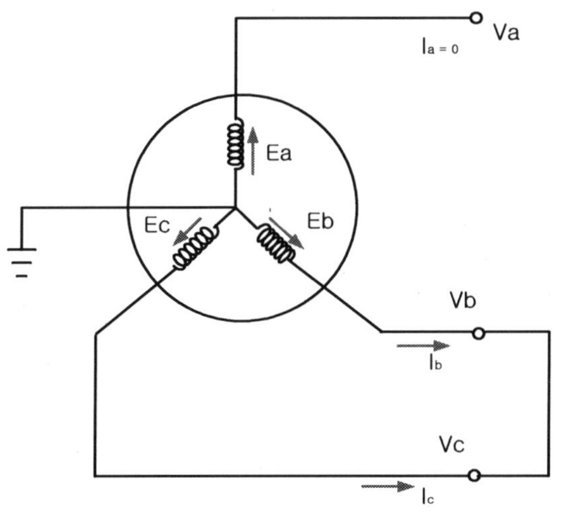

그림 3.11 2선 단락고장 회로

그림 3.11과 같이 3상 교류 발전기의 2상이 단락되었을 경우를 고려한다. 우선 주어진 고장 조건은 다음과 같다.

$$I_a = 0,\ I_b = -I_c\ ,\ V_b = V_c$$

여기서 먼저 전류 조건으로부터

$$I_a + I_b + I_c = 0, \quad \frac{1}{3}(I_a + I_b + I_c) = I_0 = 0$$

이 된다. 그럼으로 결국,

$$I_b = a^2 I_1 + a I_2$$
$$I_c = a I_1 + a^2 I_2 \qquad (3.29)$$

를 얻을 수 있다. 이로부터

$$I_b + I_c = (a^2 + a)(I_1 + I_2) = 0$$
$$\therefore I_1 = -I_2$$

또, $I_0 = 0$ 이므로, $V_0 = -Z_0 I_0 = 0$ (3.30)

따라서

$$V_b = a^2 V_1 + a V$$
$$V_c = a V_1 + a V_2$$

이므로 $V_b - V_c = (a^2 - a)(V_1 - V_2) = 0$

$$\therefore V_1 = V_2 \qquad (3.31)$$

이다. 이것을 발전기의 기본식에 대입하면

$$E_a - Z_1 I_1 = -Z_2 I_2 = Z_2 I_2 = Z_2 I_1 \qquad (3.32)$$
$$\therefore I_1 = \frac{E_a}{Z_1 + Z_2} = -I_2$$

를 얻게 된다. 따라서 단락 전류 $\dot{I}_b$는

$$I_b = a^2 I_1 + a I_2 = (a^2 - a)\, I_1$$

$$= \frac{(a^2 - a)E_a}{Z_1 + Z_2} = \frac{E_{bc}}{Z_1 + Z_2} \tag{3.33}$$

단, $a^2 E_a - aE_b = E_b - E_c = E_{bc} =$ 무부하 선간 전압

다음에 a상 전압은 식 (3.30), (3.31), (3.32)을 사용하여 풀면

$$V_a = V_1 + V_2 = 2V_2 = \frac{2Z_2 E_a}{Z_1 + Z_2}$$

$$V_b = V_c = (a^2 + a)\,V_1 = -\,V_1 = -\,V_2 = -\frac{Z_2 E_a}{Z_1 + Z_2} \tag{3.34}$$

와 같은 결과를 얻는다.

즉, 단락 단자 (b, c상)의 전압은 개방 단자 (a상) 전압의 1/2로 되며 2선단락 사고에 대한 대칭분 등가회로는 그림 3.12와 같이 정상분과 역상분이 연결되고 영상분은 연결되지 않은 것과 같음을 알 수 있다.

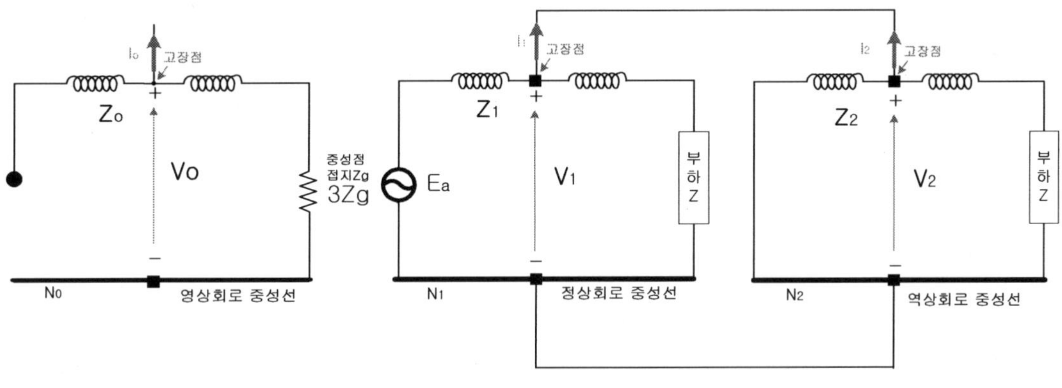

그림 3.12 2선 단락사고의 대칭분 등가회로

(4) 3상 단락 고장

3상 단락 고장은 평형 고장이기 때문에 앞에서 밝힌 Ω법이나 %법으로 계산할 수 있지만 대칭 좌표법을 써서 다음과 같이 쉽게 계산할 수도 있다.

그림 3.13에 나타낸 바와 같이 3상 단락되었을 경우는 각 상이 다 같이 평형되고 있기 때문에 대칭분 중 정상분 만으로 계산하여도 된다.

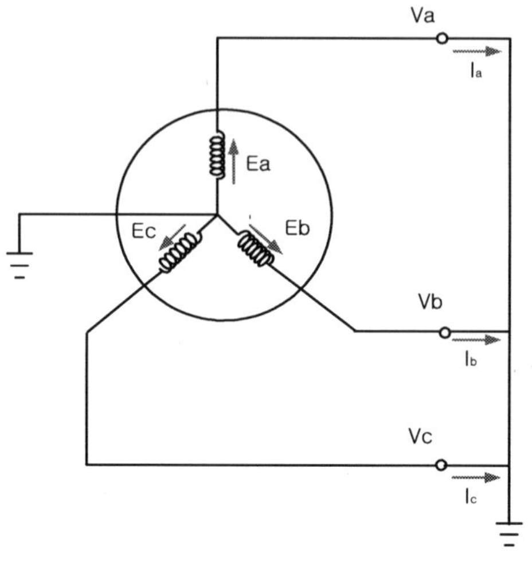

그림 3.13 3상 단락 고장회로

먼저 선간 전압이 모두 영이므로

$$V_a = V_b = V_c = 0$$

따라서

$$V_0 = V_1 = V_2 = 0 \text{이다.}$$

우선 $V_1 = 0$ 관계로부터

$$E_a - I_1 Z_1 = 0$$

$$\therefore I_1 = \frac{E_a}{Z_1}$$

를 얻을 수 있다. 한편, $V_0 = 0$, $V_2 = 0$이므로

$$I_0 = 0, \quad I_2 = 0$$

이기 때문에 결국 $I_1 = I_a$로 된다. 따라서

$$I_a = I_1 = \frac{E_a}{Z_1} \tag{3.35}$$

$\dot{Z}_1$은 정상 임피던스이지만 이것은 또한 동기 임피던스와 같은 것이다. 결국 식 (3.35)은 일반 3상 단락전류계산법에서의 식 (3.4)와 같게 됨을 알 수 있다. 그림 3.14는 3상 단락고장의 대칭분 등가회로도이며 정상분만 유효함을 알 수 있다.

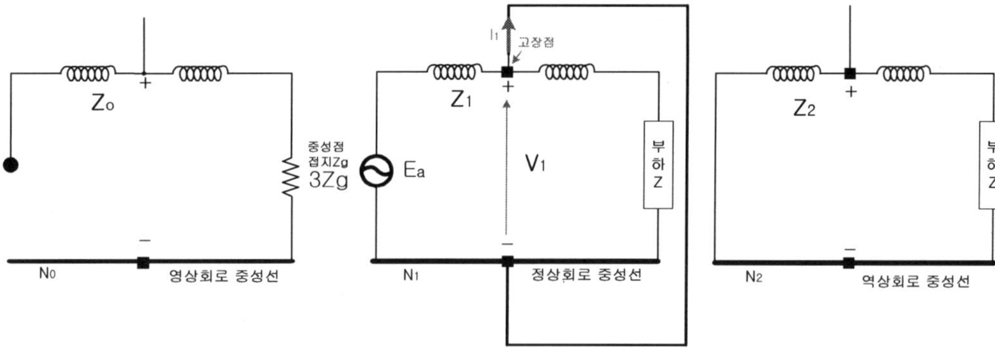

그림 3.14 3상 단락고장의 대칭분 등가회로

3.4 고장계산을 위한 발전기의 세부 특성

3.4.1 동기기의 Reactance 및 전류

(1) 동기 발전기 Reactance의 분류

발전기를 외부에서 바라보면 내부기전력과 등가 임피던스로 된 등가회로로 표현 할 수 있다. 통상등가 임피던스의 저항분을 생략하고 Reactance분 만을 사용목적에 따라 다음과 같이 분류한다.

대칭좌표법에 의한 분류	2반작용법에 의한 분류	전기자전류의 시간적 변화에 의한 분류
정상 Reactance X_1	직축 Reactance(d)	직축동기 Reactance Xd 직축과도 〃 Xd' 직축초기과도 〃 Xd''
역상 Reactance X_2 영상 Reactance X_0	횡축 Reactance(q)	횡축동기 Reactance Xq 횡축과도 〃 Xq' 횡축초기과도 〃 Xq''

① 대칭좌표법에 의한 분류

ⓐ 정상 Reactance X_1

정격속도에서 전기자권선에 정격주파수의 정상전류가 흐를 때, 이 전류에 의해 각 상에 나타나는 전압강하를 각상전류로 나눈 값.

ⓑ 역상 Reactance X_2

정격속도에서 전기자권선에 정격주파수의 역상전류를 흘릴 때, 각상에 나타나는 역상전압 강하를 각상전류로 나눈 값.

ⓒ 영상 Reactance X_0

정격속도에서 전기자권선에 정격주파수의 영상전류를 흘릴 때 각상에 나타나는 영상전압 강하를 각상전류로 나눈 값.

② 2반작용법에 의한 분류

정상 Reactance는 전기자 반작용 기자력의 중심축방향에 따라 다음과 같이 분류한다.

ⓐ 직축 Reactance

직축분 전기자전류를 흘릴 때, 이에 의해 발생되는 전압강하를 각상전류로 나눈 값 (첨자 d를 붙여 X_d, X_d', X_d'')

ⓑ 횡축 Reactance

횡축분 전기자전류를 흘릴 때, 이에 의해 발생되는 전압강하를 각상전류로 나눈 값 (첨자 q를 붙여 X_q, X_q', X_q'')

③ 전기자 전류의 시간적 변화에 의한 분류

ⓐ 동기 Reactance

지속적 전기자 전류에 대한 Reactance로서, 직축 동기 Reactance X_d와 횡축동기 Reactance X_q가 있다. X_d를 단순히 동기 Reactance라 부르기도 한다.

ⓑ 과도 Reactance

무부하운전중 발전기에 돌발, 3상 단락대칭전류를 흘리고, 바로직후 수 Cycles 간의 급격한 감쇄전류를 제외한 전기자전류가 흐름에 의한 전압강하에 대응하는 Reactance로 직축분을 X_d', 횡축분을 X_q'라 하고 보통 X_d'를 과도 Reactance라 부르기도 한다.(기간 : 3－30 Cycles)

ⓒ 초기과도 Reactance

무부하운전중 발전기에 돌발 3상 대칭전류를 흘릴 때, 바로 직후 전류에 의해 발생되는 전압강하에 대응하는 Reactance로서 직축분을 X_d'', 횡축분을 X_q''라 하고, X_d''를 보통 초기과도 Reactance라 한다.(기간 : 3－4 Cycles)

그리고 상기 Reactance는 자기포화 정도에 따라 다음과 같이 분류한다.

㉠ **포화치** : 무부하 정격전압에서 3상 단락이 발생되었을 때 전압강하에 자기포화의 영향이 포함된 Reactance 값

㉡ **불포화치** : 무부하 포화곡선에서 포화가 일어나지 않는 정도의 낮은 전압에서 3상 단락이 발생되었을 때, 전압강하에 자기포화 영향이 고려되지 않는 Reactance치

포화치와 불포화치의 비를 Reactance의 포화계수라 부르며 X_d의 포화계수＝1/K로 된다. Reactance는 특별히 언급하지 않는 한 포화치를 사용한다.

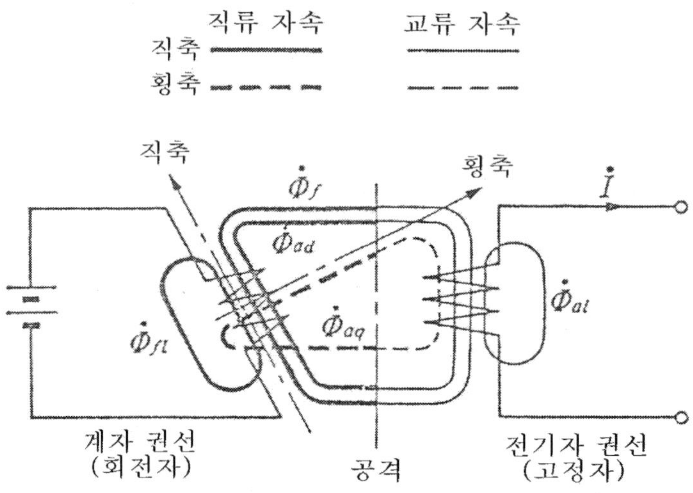

그림 3.15 동기기 자속의 모형

3.4.2 직축 Reactance와 시정수

그림 3.16과 같이 무부하, 정격속도운전 중 발전기 계자회로 SW를 Close하면, 계자회로가 돌발 단락되어 계자회로 전류 i_f(A)는 다음과 같은 미분방정식에 따라 변화한다.

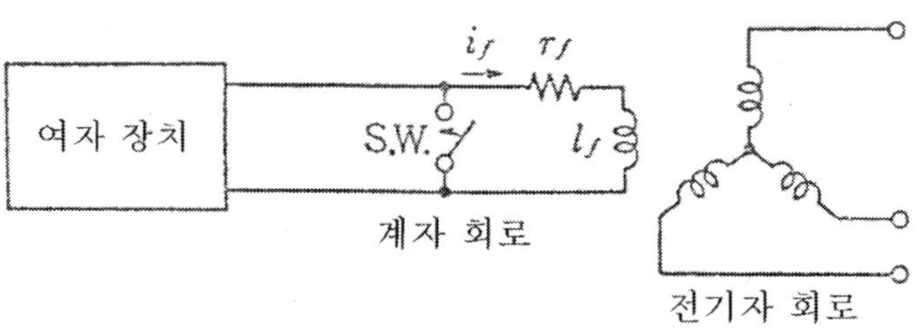

그림 3.16 $T_{do}{}'$의 설명회로

$$l_f \frac{di_f}{dt} + r_f i_f = 0$$

여기서 l_f, r_f : 계자회로의 인덕턴스 [H], 저항 [Ω]

이 식의 해는 다음과 같이 표현된다.

$$i_f = i_{fo}\ \epsilon - \frac{t}{T_{do}{'}} \tag{3.36}$$

여기서, i_{f0} : 계자회로 단락직후 $(t=0)$에서 계자전류[A]

$T_{do}{'}$: 과도시정수$=\dfrac{i_f}{r_f}$[S]

즉, 계자전류는 그림 3.17과 같이 감쇄되고, 발전기 단자전압 V는 포화를 무시하면, i_f에 비례하여 그림 3.18처럼 시정수 $T_{do}{'}$로서 감쇄된다.

실제로는 잔류자기가 있어서, 계자회로 단락 후 충분한 시간이 경과한 후에도 잔류단자전압이 남아있어 그 전압과의 차전압이 시정수 $T_{do}{'}$로서 감쇄하게 된다.

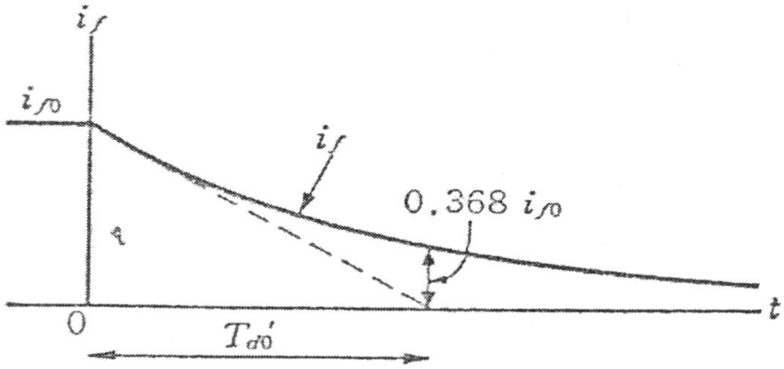

그림 3.17 계자전류 감쇄

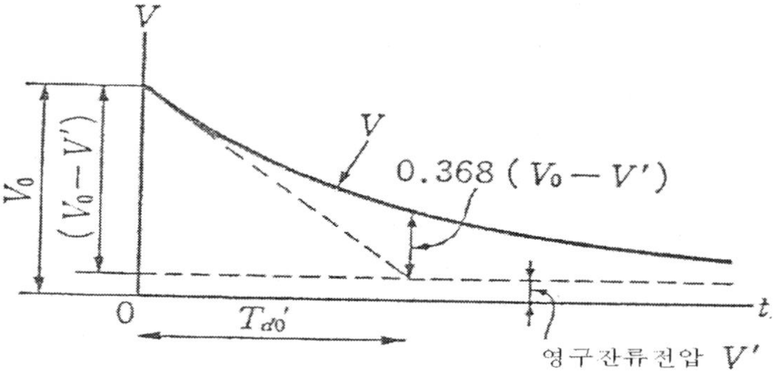

그림 3.18 발전기 전압의 감쇄

3.4.3 직축과도 Reactance

(1) 회전자 회로에서 본 등가회로

발전기 3상 단락전류는 내부 유기전압보다 위상이 90° Lagging하는 직축성분으로 되어, 이 전류에 의한 전기자 반작용자속은 계자자속과 동위상으로 회전자와 동방향, 동일속도로 회전한다. 평상시에 계자권선과 쇄교하는 전기자반작용 자속은 시간적인 변화가 없는 직류분 자속으로 된다.

따라서 계자권선 측에서 볼 때는 교류직축전류가 흐르는 전기자 권선 그림 3.19에 표시된 바와 같이 계자권선과 동일축 상에 있어 회전자와 일체로 회전하는 직류 2차 권선과 같이 취급할 수 있으며, 그림 3.20과 같이 계자회로와 등가 직축전기자 회로로 구성된 직류회로로 표시된다.

보통 상호 Inductance를 가지는 직류 2차회로는 상호자속쇄교수가 변화하는 때에만 전자유도전압이 발생되는데, 그림 3.20에서 평상시에도 회전자가 회전하므로 계자전류에 따라서 2차 측의 전기자회로에 전자유도전압을 발생하는 특수 직류회로인 것이다.

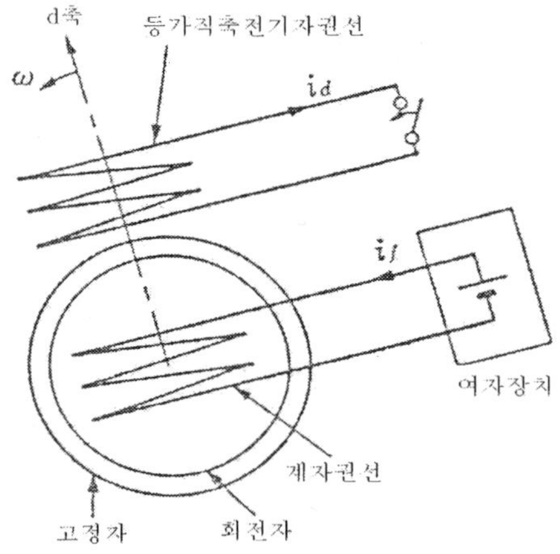

그림 3.19 회전자 회로에서 본 직축 등가회로 개념도

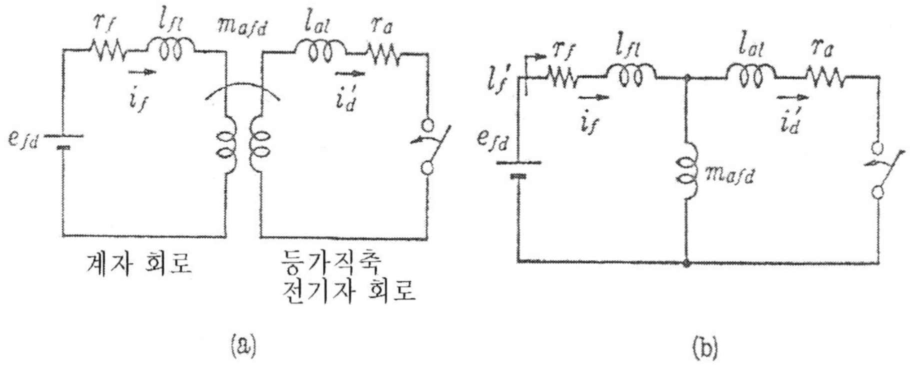

그림 3.20 계자회로에서 본 직축 등가회로

3상 단락직전 무부하시에 있어서 계자쇄교자속 ϕ_{fd0}^- 는 계자전류를 i_f라 하면

$$\phi_{fd0}^- = i_f \tag{3.37}$$

3상단락 직후의 계자 쇄교자속 ϕ_{fd0}^+ 는 계자전류를 $i_{fo}+\Delta i_{fo}$, 계자회로에서 본 전기자 직축과도 전류를 $i_d{}'$ (지상전류를 +, 이하 같음)라 하면

$$\phi_{fd0}^+ = i_f\ (i_{fo}+\Delta i_{fo}) - m_{afd} \cdot i_d{}' \tag{3.38}$$

여기서, m_{afd} : 계자회로와 등가 직축 전기자 회로와의 상호 Inductance.

정쇄교자속수 정리에 따라 3상단락 직전과 직후 간의 계자 쇄교자속수는 불변이므로 식 (3.37) 및 식 (3.38)은 서로 같다.

따라서

$$i_d{}' = \frac{lf}{mafd} \quad \Delta i_{fo} \tag{3.39}$$

즉 $i_d{}'$에 의한 쇄교자속의 변화를 막기 위하여 Δi_{fo}가 흐르며 결과적으로 계자쇄교자속수를 일정하게 유지하려고, $i_d{}'$는 계자과도 감쇄전류 Δi_{fo}에 대응하여 흐르는 전류로 볼 수 있다.

그림 3.20(b)에서 계자회로에서 본 Inductance $l_f{}'$는 전기자저항을 생략하면

$$l_f{}' = l_{fl} + \frac{m_{afd} \cdot l_{al}}{m_{afd}+l_{al}} \tag{3.40}$$

여기서 l_{fl}, l_{al} : 계자회로 및 전기자회로 누설 Inductance ($l_f = l_{fl} + m_{afd}$)

전기자회로 단락 시 계자회로의 시정수, 즉 단락과도 시정수 Td'는

$$Td' = \frac{lf'}{rf} \tag{3.41}$$

정상단락 상태에서의 계자전류는 i_{fo}, 전기자전류는 i_d로 된다.

이상에 의하여 돌발 3상단락사고시 전류는 그림 3.21과 같이 변화한다.

전기자 과도감쇄전류 $\Delta i_{do}' = i_d' - i_d$는 계자과도 감쇄전류 Δi_{fo}와 같이 시정수 Td'에 의하여 감쇄한다.

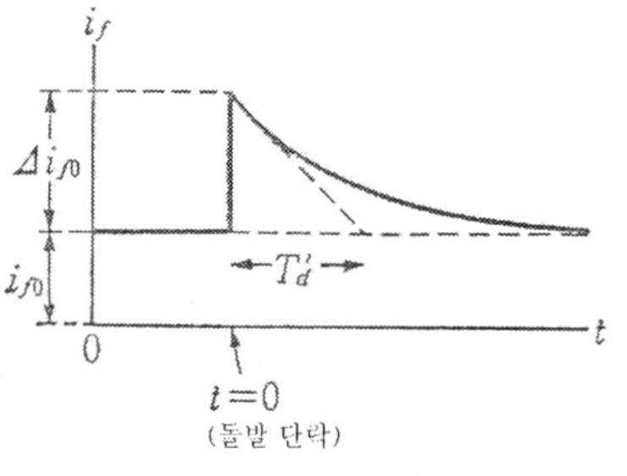

a) 계자전류

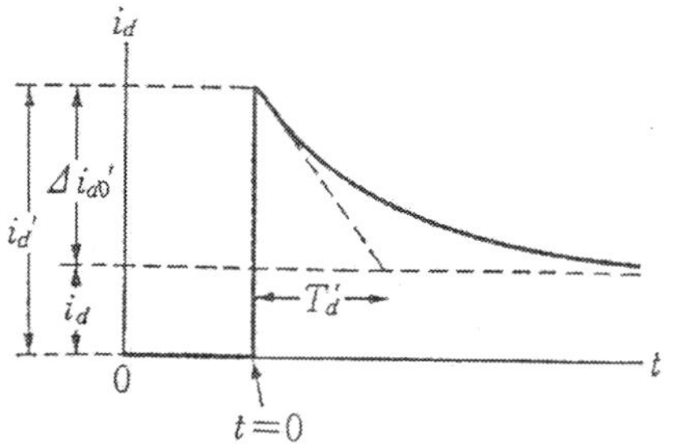

b) 등가직축전기자 전류

그림 3.21 단락시 전류변화

(2) 전기자회로에서 본 등가회로

그림 3.20을 전기자회로에서 바라보면 그림 3.20처럼 변압기 등가회로와 같이 표현된다. 이 경우 계자권선은 변압기의 1차권선, 전기자권선은 변압기의 2차권선에 해당되며 누설 Impedance $R_f + jX_{fl}$, $R_a + jX_{al}$ 과 상호 Reactance jX_{afd}는 각각 변압기 1차, 2차 누설 Reactance와 여자 Reactance에 해당된다. X_{fl}, X_{al}, X_{afd}는 그림 3.18(b)의 l_{fl}, l_{al}, m_{afd}에 비례한다.

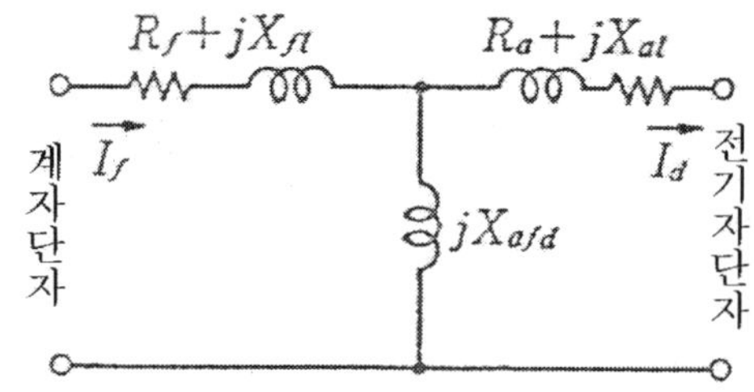

그림 3.22 전기자회로에서 바라본 직축 등가회로

이하, 계자회로와 전기자회로의 저항분은 단락직후에는 근사적으로 무시하며 그 후 과도전류의 감쇄시정수에 포함시켜 고려한다.

단락 전 무부하시에 있어서 전기자 단자전압 V는, 계자전류의 전기자측으로 환산치를 I_{fo}라 하면 그림 3.219(a)~(i) 에 따라

$$V = X_{afd} \cdot I_{fo} \tag{3.42}$$

로 된다.

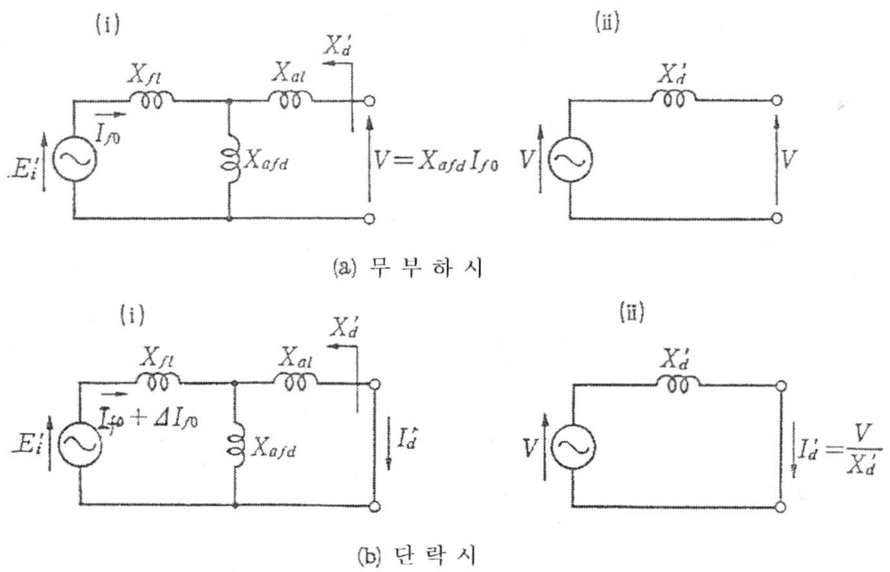

그림 3.23 과도시 등가회로 (정전압원)

3상 단락직후에는 그림 3.23(b)~(i)과 같이 I_d'에 의한 전기자 반작용 공격 자속을 상

쇄하기 위한 ΔI_{fo}가 흐르게 된다. 계자전류의 변화분 ΔI_{fo}는 I_d'가 X_{fl} 과 X_{afd}로 분류하는 것으로 보아

$$\Delta I_{fo} = \frac{X_{afd}}{X_{afd} + X_{fe}} I_d' \tag{3.43}$$

로 된다.

또한 I_d'는 $(I_{fo} + \Delta I_{fo})$가 X_{al}과 X_{afd}에 분류하므로

$$I_d' = \frac{X_{afd}}{X_{afd} + X_{al}} (I_{fo} + \Delta I_{fo}) \tag{3.44}$$

$$= \frac{V}{X_{al} + (X_{afd} \cdot X_{fl})/(X_{afd} + X_{fl})} \tag{3.45}$$

여기서 $X_d' = X_{al} + (X_{afd} \cdot X_{fl})/(X_{afd} + X_{fl}) = X_{al} + 1/(1/X_{afd} + 1/X_{fl})$ 관계가 성립됨을 알 수 있다.

X_d'는 3상 단락 시 전기자단자에서 본 데브난의 Reactance로서 식 (3.44)의 제1항은

$$\frac{X_{afd}}{X_{afd} + X_{al}} I_{fo} = \frac{V}{X_{afd} + X_{al}} = \frac{V}{X_d} = I_d$$

제2항은

$$\frac{X_{afd}}{X_{afd} + X_{al}} \Delta I_{fo} = \left(\frac{1}{X_d'} - \frac{1}{X_d}\right) V \tag{3.46}$$

로 변형되어 다음과 같이 표현 할 수 있다.

$$I_d' = I_d + \Delta I_{do}'$$

여기서 $I_d = \dfrac{V}{X_d}$: 영구단락전류

$$\Delta I_{do}' = \left(\frac{1}{X_d'} - \frac{1}{X_d}\right) V = X_{afd} \cdot \Delta I_{fo} (X_{afd} + X_{al})$$

= 전기자 과도감쇄전류의 초기치

$\Delta I_{do}'$는 계자전류의 변화분 ΔI_{fo}에 비례하며, ΔI_f와 함께 계자회로의 단락과도시정수

T_d'로 감쇄한다.

$$T_d' = \frac{X_d'}{X_d} T_{do'} \tag{3.47}$$

발전기 외부에 Reactance X_e를 통하여 3상 단락된 경우의 시정수 T_{de}'는

$$T_{de}' = \frac{(X_d' + X_e)}{(X_d + X_e)} T_{do}' \tag{3.48}$$

로 된다.

(3) 등가회로의 간략화

돌발 3상 단락 시의 과도기에는 계자쇄교자속수가 일정하게 유지되기 때문에, 전기자 회로로부터 본 그림 3.24 (b)~(i)과 같은 계자누설 Reactance X_{fl}의 배후전압 E_i' (이것은 계자쇄교자속수 $\phi f_{do} = (m_{afd} + l_{fl})\ i_{fo}$ 에 대응함)가 일정한 정전압원으로 표현된다.

따라서 동 그림 (ii)와 같은 전기자 단자에서 본 내부 Reactance X_d'와 무부하시 단자전압 V의 직렬회로로도 표현할 수 있다.

동 그림 (a)~(i)에서

$$E_i' = (X_{afd} + X_{fl}) \cdot V / X_{afd} \tag{3.49}$$

그림 (b)~(i) 에서는

$$I_d' = \frac{E_i'}{X_{fl} + (X_{afd} \cdot X_{al})/(X_{afd} + X_{al})} \cdot \frac{X_{afd}}{(X_{afd} + X_{al})} = \frac{V}{X_d'} \tag{3.50}$$

의 관계가 있다.

또한 무부하시 및 단락 후의 정상상태에 있어서는 계자전류는 계자전압과 계자회로의 저항에 따라 정해지는 직류 일정치로 되어 전기자 회로에서 본 계자회로는 그림 3.24(i)와 같은 정전류원으로 볼 수 있다.

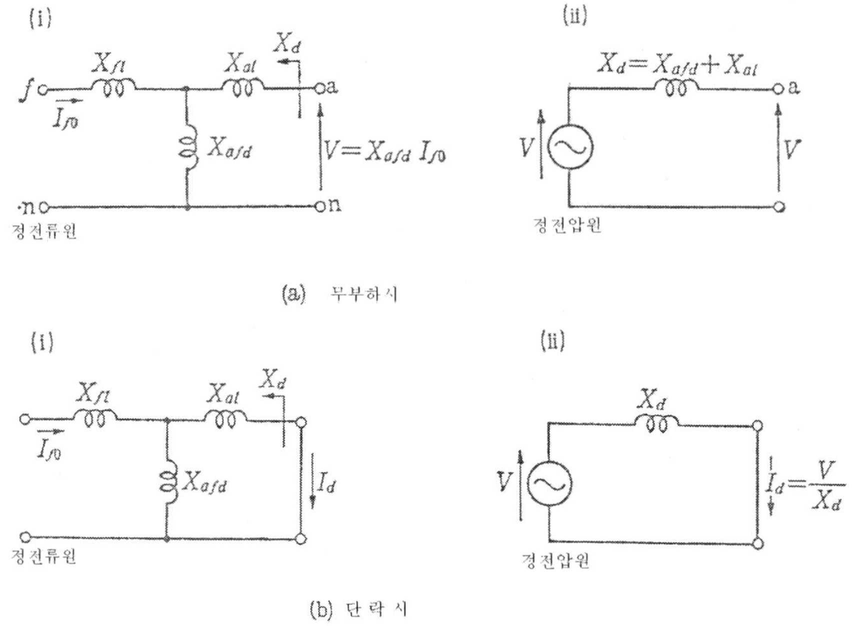

그림 3.24 과도시 등가회로 (정전류원)

그리고 동 그림 (ii)와 같이 전기자 단자에서 본 내부 Reactance $X_d = X_{afd} + X_{al}$ (정전류단자 f−n의 내부 Impedance는 무한대)로서, 무부하시의 단자전압 V와 직렬회로로 표현된다.

3.4.4 직축 초기과도 Reactance

(1) 회전자 회로에서 본 등가회로

돌극기(Salient Pole Machine)의 회전자 자극표면 부근에는 그림 3.25와 같은 제동권선(Damper Winding)이 취부 되어 있는 경우가 많다.

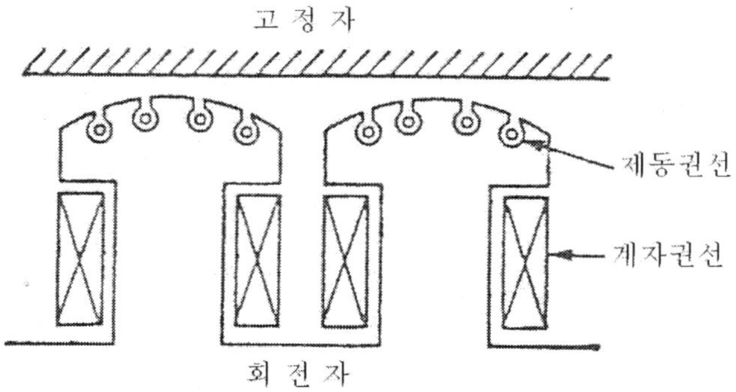

그림 3.25 제동권선

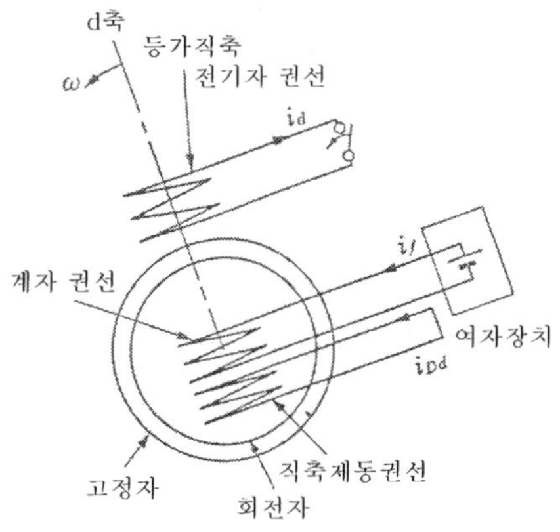

그림 3.26 회전자회로에서 본 직축 등가회로 개념도(제동권선 있는 경우)

원통기(Round Rotor Machine)에도 회전자 표면을 통하여 와전류가 흐를 수 있는 폐회로가 형성될 수 있다.

이와 같이 계자권선 이외의 회전자 회로에는 정상상태에서 전류가 흐르지 않지만 돌발단락 등 회로조건이 급변하게 변화되면 과도적인 유도전류가 흐르게 된다. 이 전류의 통로는 정하여지진 않았지만 회전자상의 복잡한 통로로 분포되어 흐르게 되며 직축회로에서 볼 때 그림 3.26과 같은 하나의 등가 직축 제동권선 회로로 표현할 수가 있다.

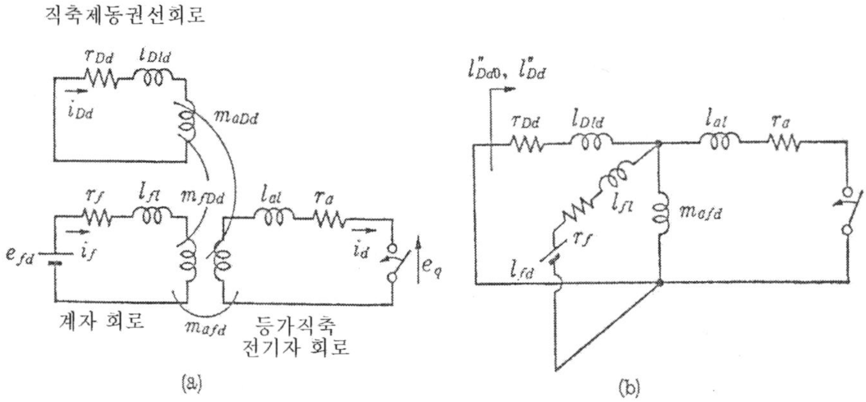

그림 3.27 회전자회로에서 본 직축 등가회로 (제동권선 있음)

이것은 그림 3.27(a)의 등가회로로 표시될 수 있고, 직축제동권선 회로, 계자회로 및 직축전기자 회로 간의 상호 Inductance m_{fDd}, m_{afd}, m_{aDd}는 거의 같으므로 직축회전자 회로에서 보면 동 그림 (b)와 같이 표현된다.

전기자 회로 Open시 제동권선에서 본 Inductance l_{Ddo}''는 r_f를 생략하면

$$l_{Ddo}'' = l_{Dld} + \frac{1}{1/m_{afd} + 1/l_{fl}} \tag{3.51}$$

여기서 전기자를 Open할 때 직축권선회로의 시정수 T_{do}''(Open시 초기과도시정수)는

$$T_{do}'' = \frac{l_{Ddo}''}{r_{Dd}} \tag{3.52}$$

전기자 회로를 Close 할 때 제동권선에서 본 Inductance l_{Dd}''는 (r_f, r_a를 생략한다.)

$$l_{Dd}'' = l_{Dld} + \frac{1}{(1/m_{afd}) + (1/l_{fl}) + (1/l_{al})} \tag{3.53}$$

전기자 회로를 Close시 직축 제동권선회로의 시정수 또는 단락초기과도시정수 T_d''는

$$T_d'' = \frac{l_{Dd}''}{r_{Dd}} \tag{3.54}$$

T_d''는 r_{Dd}가 크기 때문에 0.01~0.2 Sec 정도로 짧다.

전기자 단자의 돌발단락직전, 직후의 계자쇄교자속수 $\phi^{-}f_{do}$, $\phi^{+}f_{do}$는

$$\phi^{-}f_{do} = l_f i_{fo}$$
$$\phi^{+}f_{do} = l_f(i_{fo} + \Delta i_{fo})\ m_{fDd} \cdot i_{Ddo} - m_{afd} \cdot i_d'' \tag{3.55}$$

여기서 i_{Ddo}, i_d''는 각각 단락직후의 직축제동 권선전류, 직축전기자 전류이다.

정쇄교자속수 정리에 따라 $\phi f_{do} - = \phi f_{do} +$로 되므로

$$i_d'' = \frac{l_f}{m_{afd}} \Delta i_{fo} + \frac{m_{fDd}}{m_{afd}} i_{Ddo} \tag{3.56}$$

이 된다.

즉, i_d''에 의한 자속변화를 상쇄하기 위하여 Δi_{fo}와 i_{Ddo}가 흐르며 결과적으로 단락직전, 직후의 계자자속수가 일정하게 된다. i_d''는 Δi_{fo}와 i_{Ddo}에 대응하여 흐르는 것으로 고려된다.

식 (3.53)의 우변은 식 (3.39)에 비하여 제동권선전류를 나타내는 제2항이 추가된 형태이다.

(2) 전기자회로에서 본 등가회로

그림 3.27(b) 등가회로를 전기자회로에서 보면 그림 3.28과 같이 된다.

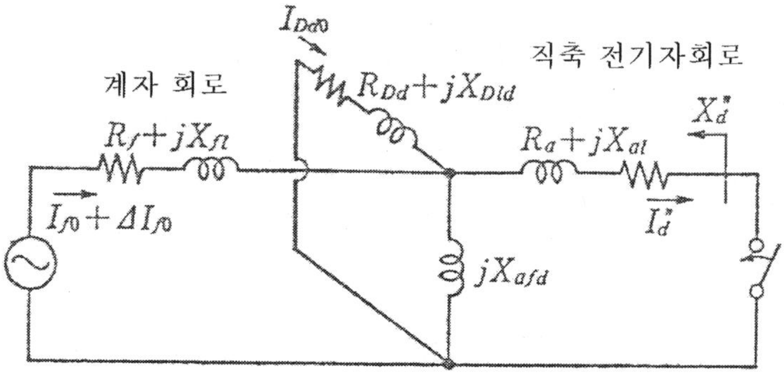

그림 3.28 전기자 회로에서 본 직축등가회로(제동권선 있음)

발전기의 등가회로에서 저항분을 무시하면 돌발단락직후 등가회로는 그림 3.29와 같이 변화한다. 동 그림 (a)의 단락직전 등가회로에서 계자쇄교자속수에 대응하는 내부전압 E_i''는

$$E_i'' = \{X_{fl} + 1/(1/X_{afd} + 1/X_{Dld})\}(1/X_{afd} + 1/X_{Dld})V$$
$$= \{X_{fld}(1/X_{afd} + 1/X_{Dld}) + 1\}V \tag{3.57}$$

동 그림 (b)(i)는 단락직후 초기과도기 등가회로로서 초기과도전류 I_d''는

$$I_d'' = \frac{E_i''}{X_{al}X_{fl}(1/X_{afd} + 1/X_{Dld} + 1/X_{al}) + x_{al}} \tag{3.58}$$

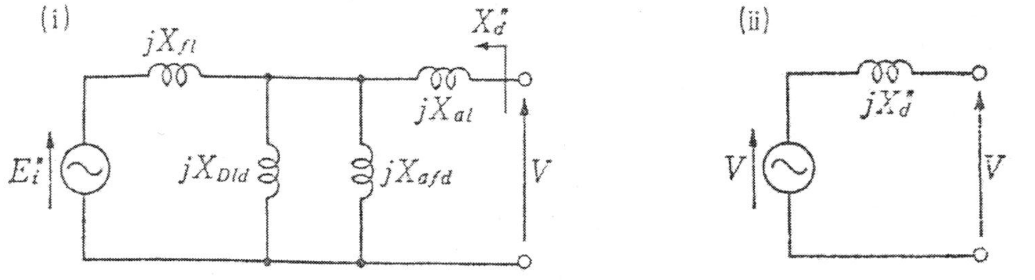

(a) 단락 직전

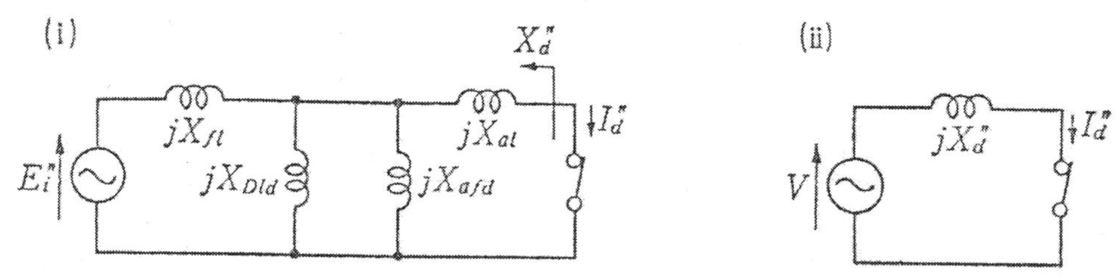

(b) 단락 직후(초기과도기)

그림 3.29 돌발 단락 후 직축등가회로의 변화(계속)

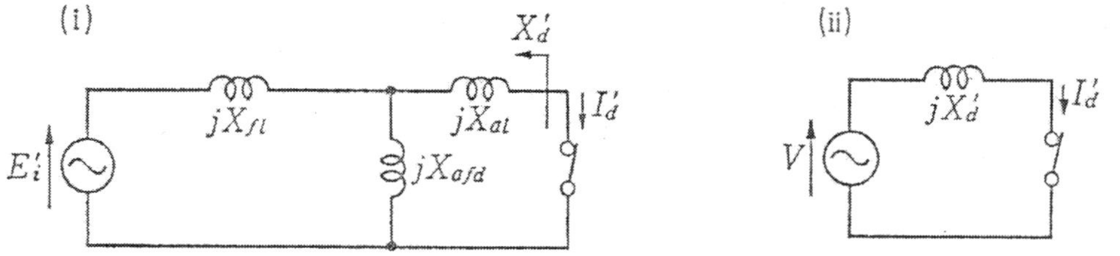

(c) 단락 직후(과도기)

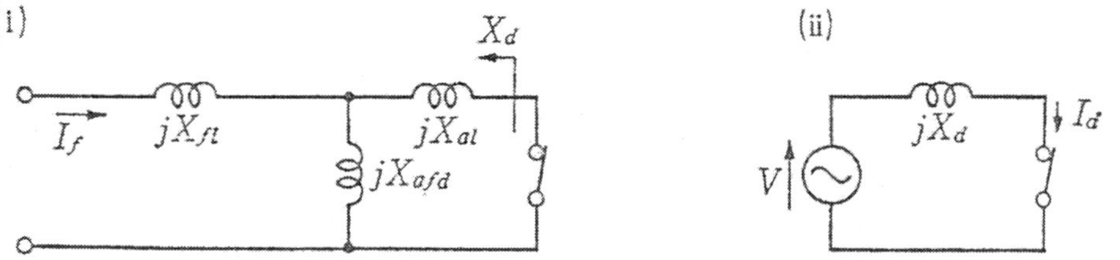

(d) 정상 단락시

그림 3.29 돌발 단락 후 직축등가회로의 변화

여기서 식 (3.57)을 대입하면

$$
\begin{aligned}
I_d'' &= \frac{V}{X_{al} + X_{fl}/X_{fl}(1/X_{afd} + 1/X_{Dld}) + 1} \\
&= \frac{V}{X_{al} + 1/(1/X_{afd} + 1/X_{Dld} + 1/X_{fl})} \\
&= \frac{V}{X_d''}
\end{aligned} \tag{3.59}
$$

로 되어 동 그림 (a)~(ii)의 간이등가 회로로 표현된다.

X_d''는 전기자에서 본 초기과도 Reactance이다.

$$X_d'' = X_{al} + 1/(1/X_{afd} + 1/X_{Dld} + 1/X_{fl}) \tag{3.60}$$

단락직후의 제동권선전류 I_{Ddo}는 I_d''의 X_{Dld} 분류성분이고 직축제동권선회로의 시정수 T_d''에 따라 감쇄한다.

$$\frac{T_{do}''}{T_d''} = \frac{l_{Ddo''}}{l_{Dd}''} = \frac{X_d'}{X_d''}$$

$$\therefore T_d'' = \frac{X_d''}{X_d'} T_{do}'' \tag{3.61}$$

3.4.5 횡축 Reactance

발전기의 횡축방향으로 자속을 발생하는 횡축회로에는 그림 3.30과 같이 횡축전류가 흐르는 등가횡축전기자 권선과 제동권선 또는 회전자 와전류회로로 구성되는 등가 횡축 제동 권선회로가 있다.

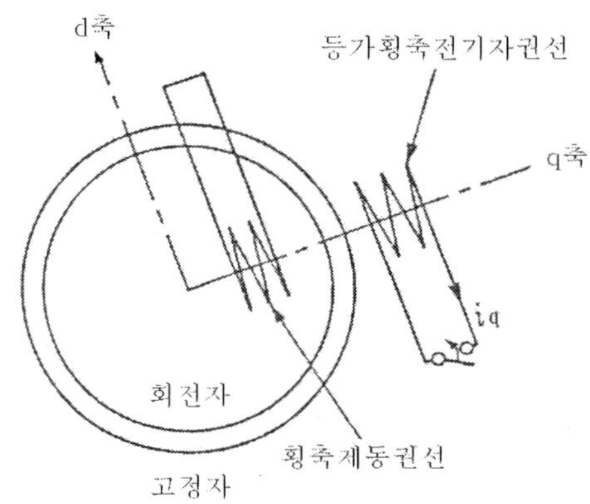

그림 3.30 회전자 축에서 본 횡축등가회로

따라서 회전자 측에서 본 등가회로는 그림 3.31로, 그리고 전기자 측에서 본 등가회로는 그림 3.32와 같이 표현된다.

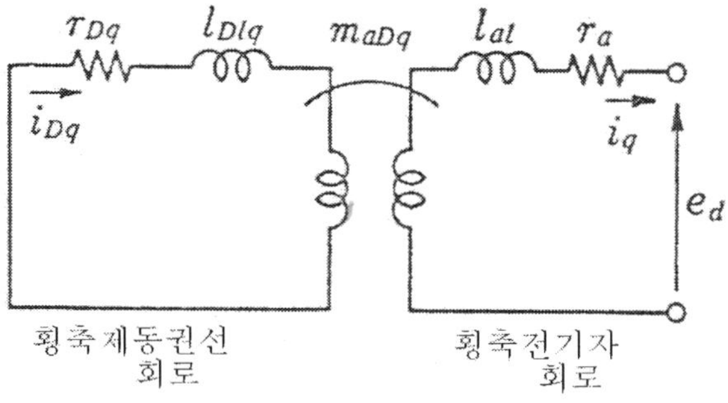

그림 3.31 제동권선에서 본 횡축등가회로

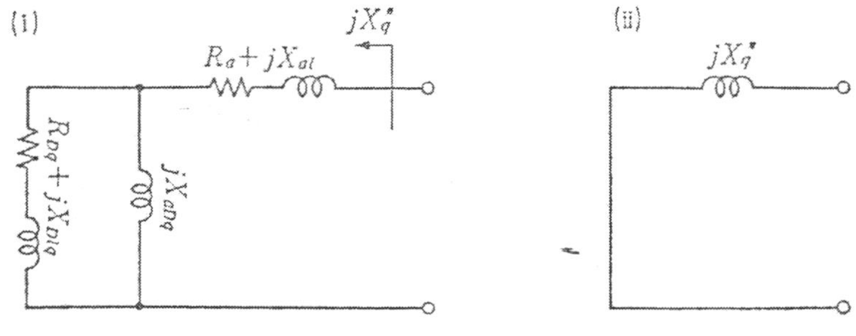

(a) 초기 과도기

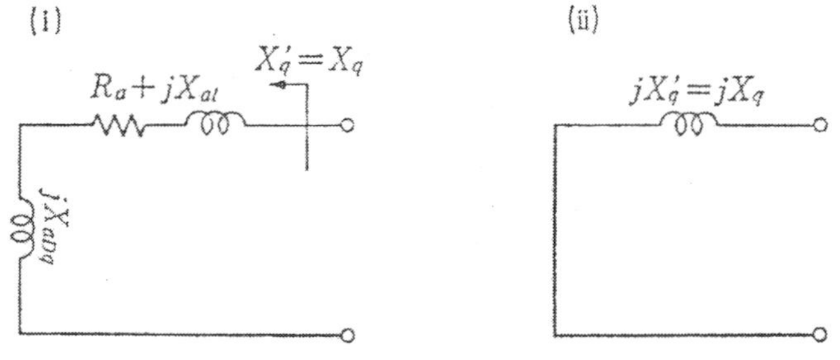

(b) 과도기 및 정상시

그림 3.32 전기자회로에서 본 횡축등가회로의 변화

횡축초기과도 Reactance X_q'' 는

$$X_q''=X_{al}+(X_{aDq}\cdot X_{Dlq})/(X_{aDq}+X_{Dlq}) \tag{3.62}$$

여기서 X_{aDq} : 횡축에 관한 전기자권선과 제동권선간 상호 Reactance
X_{Dlq} : 횡축제동권선의 누설 Reactance

횡축회로에는 계자권선이 없기 때문에 횡축과도 Reactance X_q'는 횡축동기 Reactance X_q와 같다.

$$X_q' = X_q = X_{al} = X_{aDq} \tag{3.63}$$

특히, 제동권선이 없는 돌극기에서는 $X_{Dlq} = \infty$이므로

$$X_q'' = X_q' = X_q = X_{al} + X_{aDq} \tag{3.64}$$

전기자회로 Open시 및 Close시 횡축제동권선에서 본 Inductance L_{Dq}''는 그림 3.25에서 전기자 저항을 생략하면

$$l_{Dq} = l_{Dlq} + m_{aDq} \tag{3.65}$$

$$l_{Dq}'' = l_{Dlq} + (m_{aDq} \cdot l_{al}/(m_{aDq} + l_{al})) \tag{3.66}$$

따라서 전기자 회로 Open 시 및 Close시의 횡축제동권선회로 시정수 T_{qo}'', T_q''는

$$T_{qo}'' = \frac{l_{Dq}}{r_{Dq}} \tag{3.67}$$

$$T_q'' = \frac{l_{Dq}''}{r_{Dq}} = \frac{l_{Dq}''}{L_{Dq}}\left(\frac{l_{Dq}}{r_{Dq}}\right) = \frac{X_q''}{X_q} T_{qo}'' \tag{3.68}$$

3.4.6 역상 Reactance

전기자 역상전류에 의해 발생되는 공격자속은 정상전류에 의한 전기자 반작용 자속과는 회전방향이 반대이며 회전속도는 정격속도임으로 회전자에 대하여는 상대적으로 정격속도의 2배로 이동하는 셈이 된다.

이러하여 역상 전류에 의한 공격자속은 회전자의 직축과 횡축에 교번으로 작용하여 계자권선이나 제동권선 등의 회전자회로에는 기본 주파수의 2배의 교류유도전류가 흐르게 된다.

따라서 역상전류에 의한 Reactance X_2는 X_d''와 X_q''의 평균값으로 표시된다.

$$X_2 = \frac{X_d'' + X_q''}{2} \tag{3.69}$$

원통기나 제동권선이 없는 돌극기에서는 $X_d'' \fallingdotseq X_q''$로서 $X_2 \fallingdotseq X_d''$로 된다.

돌발 3상 단락직후의 전기자 각상직류전류에 의한 3상합성공격자속은 공간적으로 정지되어 있어 회전자의 회전에 따라 정격속도로 이동하게 되어 회전자회로에 기본주파수의 교류전류를 유기한다.

그림 3.33의 계자전류는 전기자 교류전류에 대응하는 것이며, 실제로는 전기자 직류전류에 대응하는 기본주파수의 교류성분이 중첩되어 그림 3.33과 같이 된다.

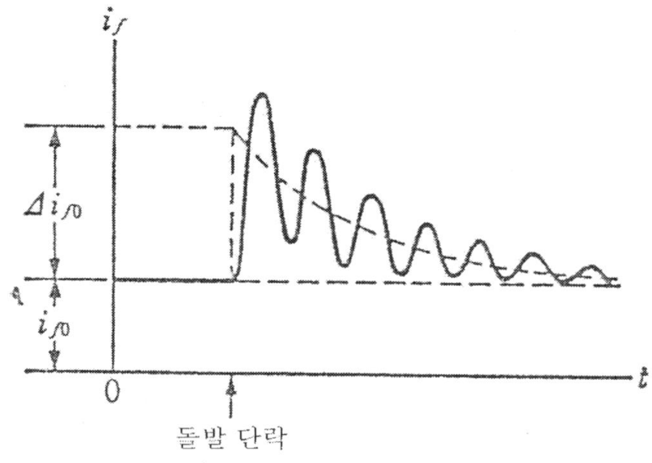

그림 3.33 돌발 3상 단락시 계자전류

이러한 전기자전류와 회전자 전류 주파수 간의 관계를 다음과 같이 표시하였다.
계자전류

계자전류		전기자전류
기본주파수 교수	⟷	직 류
직 류	⟷	기본주파수 정상전류
2배 주파수 전류	⟷	기본주파수 역상전류

전기자 각상 직류전류에 의한 합성공격자속은 회전자의 직축과 횡축에 교호작용하므로 직류전류에 대한 등가 Reactance는 X_d''와 X_q''와의 중간이 되며, 전기자 돌발 3상단락시 직류전류의 감쇄시정수 즉 전기자 시정수 T_a는 다음과 같이 된다.

$$T_a = \frac{1}{R_a} \cdot \frac{X_d'' + X_q''}{2w} \qquad \frac{X_2}{R_{aw}} \tag{3.70}$$

3.4.7 영상 Reactance

전기자 전류에 의한 공극기자력은 공간적으로 거의 정현파 형태로 분포되어 공간적으로 120° 떨어져 배치되므로 3상전기자권선에 영상전류를 흐르게 하면 합성공극기자력파형은 각상분이 서로 상쇄되어 영(Zero)으로 된다. 결국 영상전류에 의한 공극 및 회전자와 쇄교하는 자속도 거의 영으로 된다. 따라서 영상 Reactance X_0는 주로 전기자권선의 누설 Reactance 로 결정되어 $X_0 < X_d''$ 또는 X_q''로 되며 표 3.1은 발전기 정수의 대표적인 값을 표시한 것이다.

표 3.1 대표적인 발전기 정수표

	Turbo generators (solid rotor)			Water-Wheel Generators (with dampers)			Synchronous Condensers			Synchronous Motors (general purpose)		
	Low	Avg	High	Low	Avg	High	Low	Avg	High	Low	Avg	High
Reactances in pu												
x_d	0.95	1.10	1.45	0.60	1.15	1.45	1.50	1.80	2.20	0.80	1.20	1.50
x_q	0.92	1.08	1.42	0.40	0.75	1.00	0.95	1.15	1.40	0.60	0.90	1.10
x_d'	0.12	0.23	0.28	0.20	0.37	0.50	0.30	0.40	0.60	0.25	0.35	0.45
x_q'	0.12	0.23	0.28	0.40	0.75	1.00	0.95	1.15	1.40	0.60	0.90	1.10
x_d''	0.07	0.12	0.17	0.13	0.24	0.35	0.18	0.25	0.38	0.20	0.30	0.40
x_q''	0.10	0.15	0.20	0.23	0.34	0.45	0.23	0.30	0.43	0.30	0.40	0.50
x_p	0.07	0.14	0.21	0.17	0.32	0.40	0.23	0.34	0.45			
x_2	0.07	0.12	0.17	0.13	0.24	0.35	0.17	0.24	0.37	0.25	0.35	0.45
x_0^*	0.01		0.10	0.02		0.21	0.03		0.15	0.04		0.27
Resistances in pu												
$r_a(dc)$	0.0015		0.005	0.003		0.020	0.002			0.015		
$r(ac)$	0.003		0.008	0.003		0.015	0.004			0.010		
r_2	0.025		0.045	0.012		0.200	0.025			0.070		
Time constants in seconds												
T_{d0}	2.8	5.6	9.2	1.5	5.6	9.5	6.0	9.0	11.5			
T_d	0.4	1.1	1.8	0.5	1.8	3.3	1.2	2.0	2.8			
$T_d'' = T_q''$	0.02	0.035	0.05	0.01	0.035	0.05	0.02	0.035	0.05			
T_a	0.04	0.16	0.35	0.03	0.15	0.25	0.1	0.17	0.3			

* X_0 값은 Winding Pitch 에 따라 (0.15 - 0.6) • X_d''로 변한다.

\+ Damper Winding 이 없는 수차발전기에서 $X_d'' = 0.85X_d'$, $X_q'' = X_q' = X_q$, $X_2 = (X_d' + X_q)/2$

3.5 유도기기 전기적 특성

유도기기는 보통 변압기 등가회로인 "T" 회로로 표현한다.

즉, Series Branch는 고정자(1차) 회로와 회전자(2차) 회로로 보고 Shunt Branch는 철손과 계자회로를 나타낸다. 회전자를 구속한 상태는 "변압기"와 동일하다.

Rotor가 회전함에 따라 Rotor 회로의 등가임피던스는 그림 3.34에 나타난 바와 같이 Slip s의 함수로 보이게 된다. 만약 Rotor가 구속되어 있을 때 Rotor에 유기되는 전압이 E_r 이라면, Slip s로 회전할 때는 sE_r가 된다.

이와 같이 Rotor의 겉보기 Inductance도 s의 함수로 나타난다. 즉, Rotor가 구속되었을 때 Rotor Reactance 가 X_r이라면 Rotor가 회전시 Rotor에 흐르는 전류의 주파수는 sf (단, f : Stator 전류주파수)이므로 이 때 Rotor의 Reactance는 sX_r이 된다.

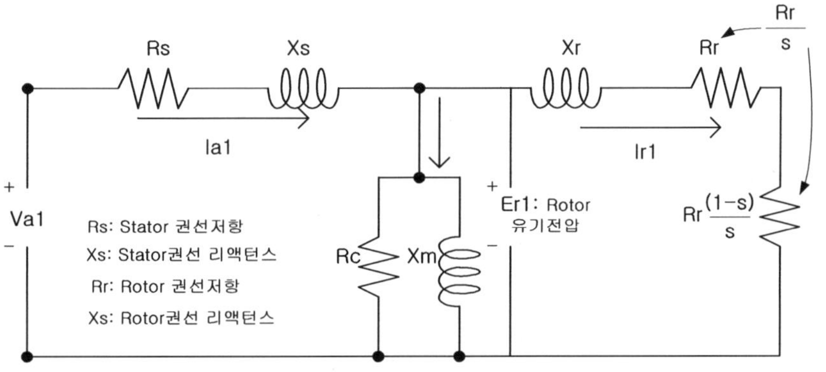

그림 3.34 유도전동기의 정상분 등가회로

따라서 어떤 Slip s에서 Rotor 전류는 다음과 같이 계산할 수 있다.

$$I_{r1} = sE_{r1}/(R_r + jsX_r) \tag{3.71}$$

그러므로 Rotor의 Impedance는

$$Z_{r1} = (R_r/s) + jX_r \tag{3.72}$$

이것을 취급이 편리하게 하기 위하여 조작하면 그림 3.34에 나타난 바와 같이

$$Z_{r1} = (R_r + jX_r) + \frac{1-s}{s} R_r \tag{3.73}$$

로 적용한다.

여기서 첫째항은 Rotor가 구속된 상태에서의 Impedance이고 s는 무관한 부분이며, 둘째 항은 아래식과 같이 Power가 전달되는 Shaft Load를 나타낸다.

$$P_{m1} = I_{r1}^2 R_r (1-s)/s \quad \text{[W/Phase]} \tag{3.74}$$

만약 유도기기에 역상전압이 인가된다면 공격에 Rotor의 회전방향과도 반대로 회전하는 회전기자력이 발생되며 Slip은 2.0 pu가 된다. 역상분을 중심으로 본 Rotor Slip은 2-s 인데 보통 정격운전상태에서 s는 매우 적은 값이므로 역상 Slip을 2-s 대신에 2로 보아도 큰 차이가 없다.

$$\text{즉, 역상 Slip} \quad s_2 = 2 - s = 2 \tag{3.75}$$

유도기의 역상분 등가회로는 그림 3.34와 동일한 형태이나 Slip s 대신 역상 Slip s_2로 대체한 것이 되며 그림 3.35와 같다.

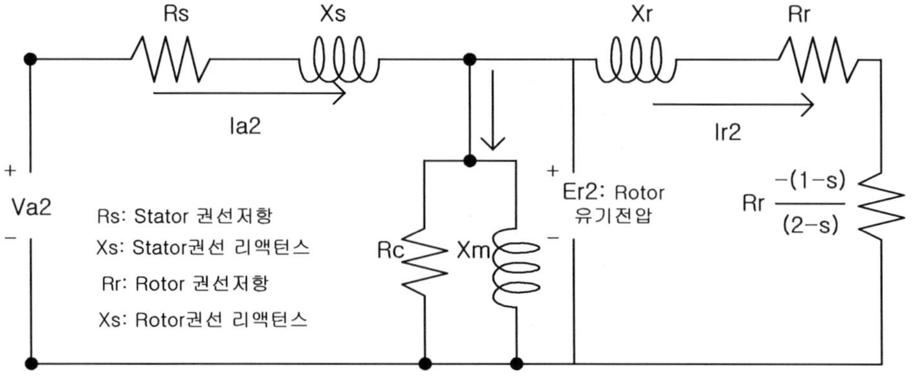

그림 3.35 유도전동기의 역상분 등가회로

표 3.2는 3상유도전동기의 대표적인 정수들의 예이다.

표 3.2 유도전동기의 대표적인 정수

Rating	Full Load Efficiency	Full Load Power Factor	Full Load Slip	R and X in per Unit*			
				X_s+X_r	X_m	R_s	R_r
(HP)	(%)	(%)	(%)	(pu)	(pu)	(pu)	(pu)
Up to 5	75−80	75−85	3.0−5.0	0.10−0.14	1.6−2.2	0.040−0.06	0.040−0.06
5−25	80−88	82−90	2.5−4.0	0.12−0.16	2.0−2.8	0.035−0.05	0.035−0.05
25−200	86−92	84−91	2.0−3.0	0.15−0.17	2.2−3.2	0.030−0.04	0.030−0.04
200−1000	91−93	85−92	1.5−2.5	0.15−0.17	2.4−3.6	0.025−0.03	0.020−0.03
Over 1000	93−94	88−93	~1.0	0.15−0.17	2.6−4.0	0.015−0.02	0.015−0.025

유도기가 연결된 모선 부근에서 단락사고가 발생하면 Motor의 계자 Source가 제거되므로 계자자속이 신속히 감쇄되고 만다. 즉 매우 짧은 기간 동안 Motor로부터 사고점으로 전류가 흐르게 된다. 이때 Rotor의 Flux 감쇄시정수는 다음과 같이 주어진다. 표 3.2에서 X_s+X_r 및 R_r의 일반적인 값 0.16 및 0.035을 적용하면 60 Hz 전동기인 경우 $T_r=0.0121$ Sec로서 1 cycle 이하이다.

보통 송전계통차단용 차단기는 사고 발생시 약 2~4 cycle 후에 사고전류를 차단하므로 이 경우 고장전류 중 유도전동기에서 공급되는 성분을 무시할 수 있다.

그러나 산업용 저전압계통에서 공기차단기등과 같이 1cycle에도 사고전류를 차단할 수 있는 차단기가 사용되는 경우는 유도전동기에서 공급되는 고장전류를 무시할 수 없게 된다.

Fuse의 용융(Melting) 여부 또는 차단기의 기계적 강도 등을 검토하기 위하여 최대고장전류를 필요로 하는 경우는 유도전동기는 초기과도 기간 중 동기기로써 취급되어야 하며 그림 3.36에 나타낸 바와 같이 Reactance 배후에 유기기전력(EMF)을 가지는 회로로 등가화하여 고려한다.

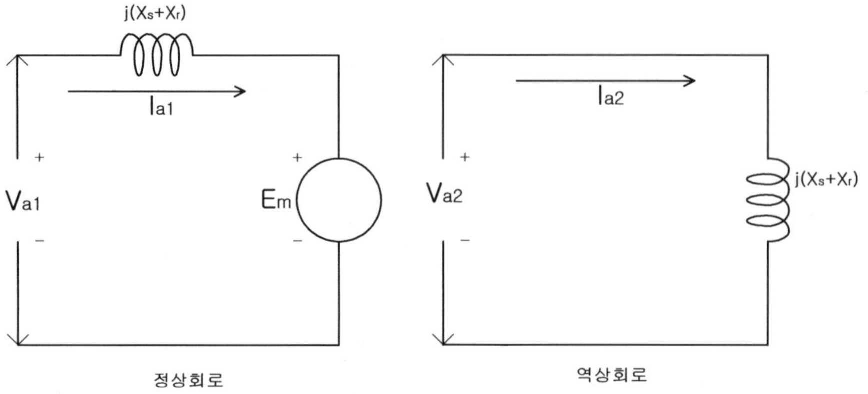

그림 3.36 초기과도 유도전동기 등가회로

예로서 $X_s + X_r = 0.16$ pu, Power factor 88%인 전동기의 경우를 고려해 보면

$$E_m = V_{a1} - jI_{a1}\ (X_s + X_r) \tag{3.76}$$

여기서 I_{a1} : Pre—fault Motor Current
V_{a1} : Pre—fault Motor Voltage

$$E_m = 0.1\angle 0 \quad - j1.0\angle -28.5 \cdot (0.16)$$
$$= 0.935\angle -9.35 \ \text{pu}$$

Motor 단자에서 3상 단락이 발생했다면

$$I_m = E_m/(X_s + X_r) = \frac{0.935\angle -9.35}{0.16\angle 90}$$
$$= 5.85\angle -99.35 \ \text{pu}$$

와 같이 되며 정격전류의 5.85배의 전류가 흐르게 된다.

● 온유한 자는 복이 있나니 그들이 땅을 기업으로 받을 것임이요

제 4 장 발전기 보호 (Generator Protection)

4.1 개요

일반적으로는 발전기는 1차 에너지(동력, 태양, 화학 에너지 등)를 전기 에너지로 변환시키는 기계 또는 장치라 할 수 있다. 또한 전력계통에서는 전력을 발생하는 근원적인 역할을 담당하는 전력기기로서 중요도가 높고, 비교적 복잡한 구조를 갖는 설비이다. 설계 및 제작기술의 발달, 그리고 사용재료들의 품질 향상으로 발전기에서의 사고 발생률이 많이 감소되었으나, 아직도 사고는 발생되고 있으며 그 사고에 의한 피해는 심각한 경우가 많고, 특히 복구기간이 장시간 필요하게 된다. 이러한 이유에서, 사고나 비정상 상태를 즉시 검출하여 발전기가 많이 손상되기 이전에 신속히 분리시켜야 한다.

본 장에서는 기계적인 회전부를 갖는 동력 에너지 변환장치인 전형적인 동기 발전기에 대한 보호방법을 설명하기로 하고, 태양광 발전기, 전지(電池)형 발전기 등과 같은 정지형 발전기에 관한 것은 다른 기회에 소개하기로 한다.

발전기에서 발생될 수 있는 이상 현상들로는

· 권선사고(고정자 및 회전자 권선에서 단락, 지락) : Winding Failure
· 과부하 및 과열 : Over Load and Over Heat
· 과속도 : Over Speed
· 여자(勵磁)상실 : Loss of Excitation
· 발전기의 전동기화 : Mortoring
· 외부사고에 의한 영향 : External Fault(Back-up Protection 필요)
· 불평형 전류 : Unbalance Current
· 동기탈조 : Out of Step
· 과전압 : Over Voltage
· 저전압 : Under Voltage

· 저/과 주파수 : Under/Over Frequency

등이 있으며 이들에 대한 각각의 보호계전방식은 다음과 같다.

4.2 보호계전 방식

4.2.1 고정자권선(Stator Winding) 단락보호

어떤 기기에서나 내부권선 간의 단락사고를 검출하는 가장 효과적인 방법은 차동계전기(87)를 사용하는 것이다. 차동계전방식은 기기에 흐르는 각 상의 양단전류를 서로 비교하는 것으로서 전류에 차이가 생기면 기기 내부에 사고가 발생 된 것으로 판단할 수 있어 이 차전류로 계전기를 동작시키게 된다. 그림 4.1은 1상분에 대한 계전기회로를 나타낸 것이며, 정상상태 또는 외부사고(변류기의 위치에 의하여 결정되는 보호범위의 외부사고)인 경우에는 발전기로 유입되는 전류 I_p와 발전기로부터 흘러나가는 전류 I_p는 같게 된다. 그러나 양단의 변류기 사이(보호범위)에 단락사고가 발생하면, 한쪽 또는 양단의 전류가 갑자기 증가 되며 동시에 어느 한쪽의 전류 방향이 반대로 되어 사고점에 흐르는 전류가 모두 차전류로 되어 계전기(87)에 흘러 동작하게 된다.

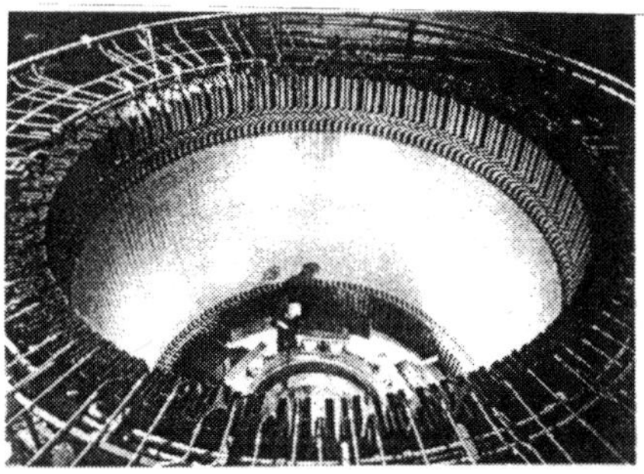

▲수력발전기 고정자 권선(statr winding)

여기서, 변류기가 모두 이상적이면 계전기(87)의 동작 감도와 속도를 매우 높게 설정할 수 있으나, 보통 변류기들은 동일한 1차 전류에 대하여 동일한 2차 전류로 변성하기 어려워 2차 전류 간에는 차이가 발생한다. 이렇게 발생되는 차전류는 평소 부하전류에는 무시할 만큼 적지만, 인근 외부의 단락사고시에는 전류가 상당히 커서 차전류 자체가 커져 오동작 할 우려가 있다. 따라서 그림 4.1과 같이 차전류 크기로만 동작하는 차동계전기(87)를 적용하면 그의 동작 값을 외부사고시 발생되는 최대 오차 전류값 이상으로 조정해야 하는바 계전기 동작감도가 너무 낮아져 내부사고시에도 동작을 기대하기 어렵게 되는 문제가 있다. 이러한 문제를 개선한 것이 비율차동계전기이며 그림 4.2와 같다.

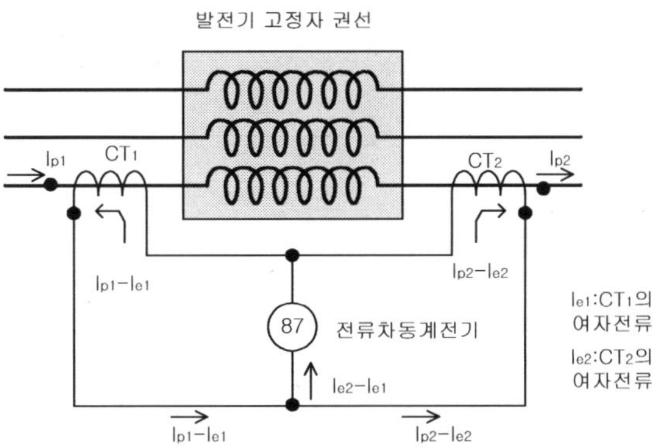

그림 4.1 고정자권선 차동전류 보호

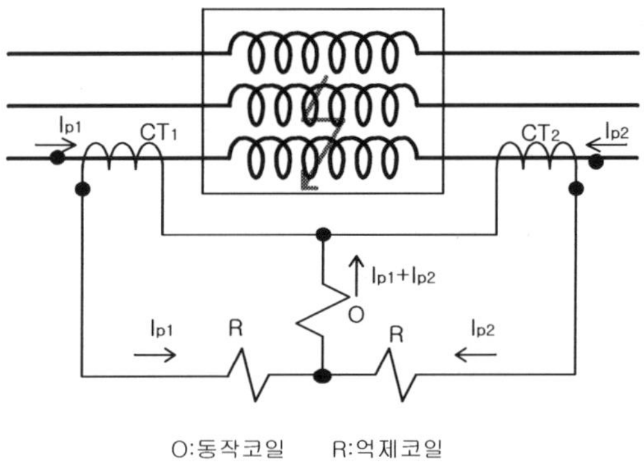

그림 4.2 전류비율차동 보호

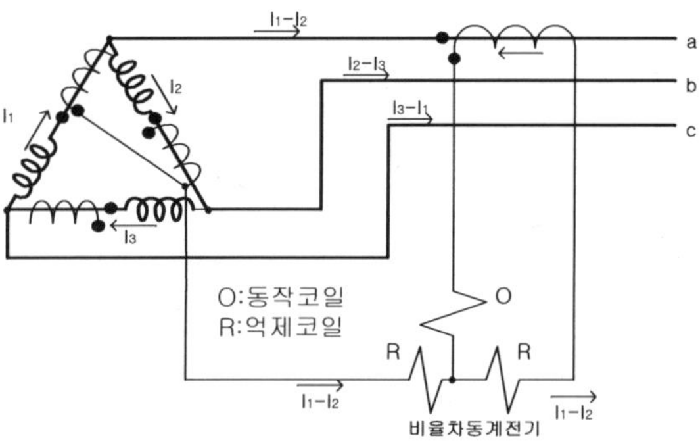

그림 4.3 △결선 발전기 비율차동

비율 차동계전기는 기기를 통과하는 전류에 의하여 계전기 동작을 억제하는 토크를 발생하는 억제 코일(R)을 가지며, 외부 사고시 차전류가 발생되어도 억제 코일에 의한 억제력이 우세하여 오동작의 우려가 없으며, 한편 내부사고시에는 동작코일(O)을 흐르는 차전류가 많아 억제 코일의 세력보다 충분히 우세하여 동작하게 된다. 따라서 변류기의 특성 차이가 있어도 계전기의 감도는 높게 유지할 수 있게 된다.

보통 발전기의 고정자 권선의 결선은 Y결선이어서 그림 2처럼 되지만, △결선으로 되어있는 경우에는 그림 4.3처럼 되며, 변류기가 상별로 1대씩 추가 소요된다. 또 1상분의 회로가 2갈래로 나누어진 발전기의 경우에는 그림 4.4와 같은 차동계전기 2개로써 1상의 회로를 보호할 수 있으나 그림 4.4와 같은 결선에 의하면 계전기 3개로써 모든 내부 단락사고는 물론 권선 단선사고까지도 보호할 수 있게 된다. 그러나 이때 유의해야 할 사항은 양 변류기의 변류비가 정확히 2:1로 되어야 하거나, 계전기 자체에 보조변류기가 있어 조정할 수 있어야 한다.

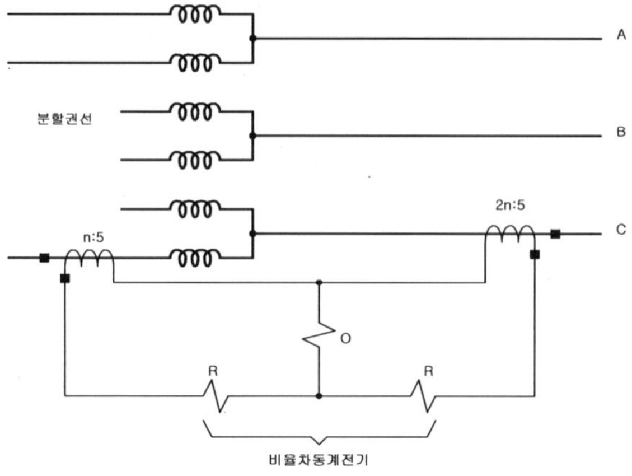

그림 4.4 분할권선 보호용 비율차동계전기

4.2.2 고정자 권선(Stator Winding) 지락보호

고정자 권선 지락 보호는 권선의 중성점을 어떻게 접지하느냐에 따라 보호방식이 영향을 받는다. 보통 대용량 발전기들은 1선 지락사고시 고장전류가 크면 기기손상이 크게 되므로 이 지락사고전류를 제한하기 위하여 중성점을 저항이나 리액터를 사용하여 접지시키는 것이 일반이다. 따라서 지락사고시 고장전류가 적어져 전류 크기로 사고를 검출하기가 어려워진다. 그것은 적은 전류에도 계전기가 동작되도록 하려면 동작 코일의 권선(turn)수가 많아져 변류기의 부담을 증가시키고, 지락사고에 따른 전류인지, 중성선에 흐르는 제3고조파 전류인지를 분간하기 어려워지기 때문이다.

따라서 중성점에 전압형 계전기를 설치하여 지락사고시 중성점에 나타나는 전압에 동작하여 보호하도록 하고 있다. 그림 4.5는 대표적인 발전기 고정자 지락보호방식을 나타낸 것이다.

차동계전방식이 아닌 지락계전기는 전기회로에 대하여 종적인 보호범위를 갖게 되므로 발전기를 넘어 송·배전계통에 발생된 사고에 대하여도 동작될 우려가 있어 송·배전계통에 있는 지락보호계전기와 보호협조를 이루기 위하여 감도 및 동작 시간을 적절히 낮추어야 한다. 이러한 현상의 대표적인 경우로서, 발전기가 승압용 변압기를 거치지 않고 직접 송·배전용 모선에 연결되는 경우에 그러하다. 그러나 승압용 변압기가 있고 그 변압기의 결선이 Y－△인 경우에는 송·배전계통 사고시, 사고전류(영상분 전류)가 발전기측으로 전달되지 않아 전류에 의한 문제는 없어져 보호범위가 변압기의 발전기측 권선까지만 국한 된다. 소규모를 제외한 대부분의 발전기는 Unit System화되어 1대 또는 2대의 발전기가 1대의 변압기를 갖게 된다.

이러한 Unit System에서는 보통 발전기의 중성점을 고저항 접지하게 되며, 그림 4.5와 같이 배전용 변압기를 연결하고 그의 2차 측에 저항을 설치한다. 이때 고정자 권선의 지락 보호는 배전용 변압기 2차 측에 연결된 전압계전기(59 N)에 의하여 수행된다. 이때 사용되는 전압계전기(59 N)가 특별히 구비해야 할 조건은 중성점에 나타나기 쉬운 제3고조파 전압에 대하여는 감도가 둔하고, 기본파 전압에 대하여는 특별히 감도가 높아야 한다. 종래에 개발되어 보급되고 있는 발전기 고정자 권선지락보호용 계전기는 보호 능력이 발전기 단자로부터 전체 권선의 95%까지의 사고만을 검출할 수 있는 것이었으나 최근에 개발된 것으로서 고정자 권선전 구간(100%)의 지락사고를 검출할 수 있는 것이 사용되고 있다. 이러한 고정자 권선 지락보호용 과전압 계전기(59 N)를 사용할 때 한가지 유의해야 할 사항은, 송 · 배전계측의 지락사고시 영상전압이 승압용(Step-up) 변압기 및 발전기의 정전 용량을 통하여 발전기의 중성점에 이행되어 나타나게 되므로 계전기의 동작값을 이보다 높게 설정하여 오동작 되지 않도록 하여야 한다. 그림 4.6은 이러한 이행전압 현상을 설명해 준다.

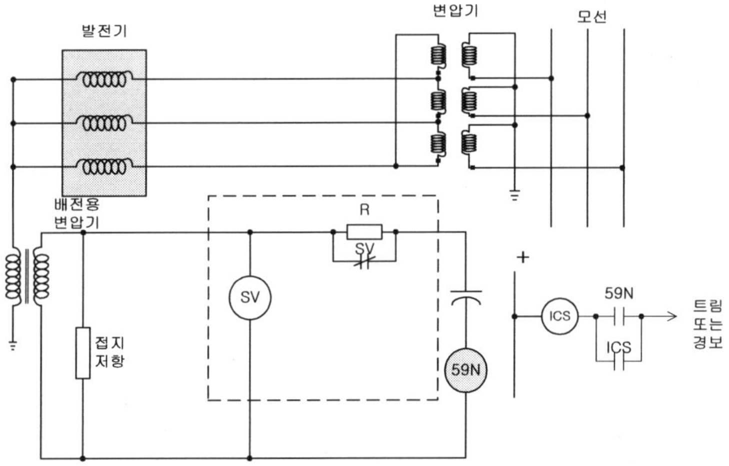

그림 4.5 송배전계통측 1선 지락 시 발전기 중성점 영상전압계산을 위한 등가회로

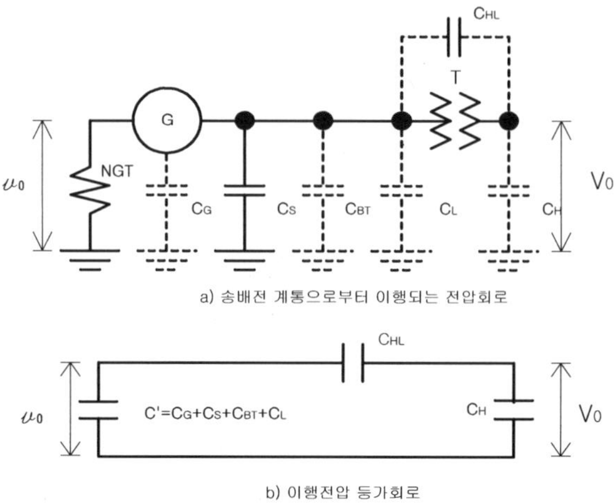

G: 발전기
T: 변압기
NGT: 중성점접지변압기
C_{HL}: 변압기 고-저압권선간 정전용량
C_H: 변압기고압권선 대지정전용량
C_L: 변압기저압권선 대지정전용량
C_{BT}: 발전기 모선 및 Unit보조변압기등의 대지정전용량
C_S: 발전기보호용Surge observer용 콘덴서
C_G: 발전기회로의 대지정전용량

그림 4.6 발전기 중성점 이행전압 발생

4.2.3 회전자회로 지락보호(Rotor Ground Protection)

회전자에는 여자권선이 감겨져 있으며 한 위치에서 1선 지락은 그 자체만으로 어떤 이상한 현상이나 영향을 나타내지는 않는다. 그러나 그대로 방치하고 있다가 다른 위치에 2번째의 지락사고가 발생하면 여자권선 중 일부가 단락되거나 심하면 전체가 단락되어 여자의 불평형에 의한 과대한 진동이 발생하거나 여자 상실상태로 된다. 따라서 여자회로의 1선 지락을 검출하여 사고 확대를 방지하기 위하여 그림 4.7과 같은 보호방식을 사용한다.

이 방식은 분압회로를 사용하고 저항 R_1 및 R_2 그리고 비선형 저항 R_v(양단에 걸리는 전압에 따라 저항의 크기가 변함)로 구성된다. 여자회로에 지락사고가 발생되면 M점과 대지 사이에 전압이 발생하며, 이 전압의 크기는 여자전압과 지락점의 위치에 따라 다르다. 즉, 여자권선의 양단 끝부분에서 지락되었을 때에 최대값은 같으며 중간의 어느 곳(계전기의 좌우편 회로저항과 권선의 좌우편 저항이 서로 평형되는 점)에서는 지락되어도 M점과 대지 사이에 전압이 나타나지 않는다. 비선형 저항소자(R_v)는 이러한 맹점을 보완하기 위하여 사용되며 전 구간 어느 곳에서 사고가 발생 되어도 검출할 수 있다. 그러나 브러시가 없는(Brushless) 발전기는 외부에서 여자회로와 접촉할 수 없으므로 별도의 Pilot−brush를 설치하여 여자권선의 한쪽 끝단과 대지 간에 전압을 측정하여 여자회로의 지락 여부를 검출한다.

이때 여자권선은 교번하여 한쪽 끝이 Pilot-brush에 전기적으로 연결되므로 불연속적이지만 권선의 전 구간을 보호할 수 있다. 여자회로 지락보호계전기가 동작되면 즉시 여자회로를 차단시키거나 발전기를 정지시키지 않고, 일단 경보를 발하여 운전원들에 의한 적절한 조치를 촉구시키는 것이 일반적이다.

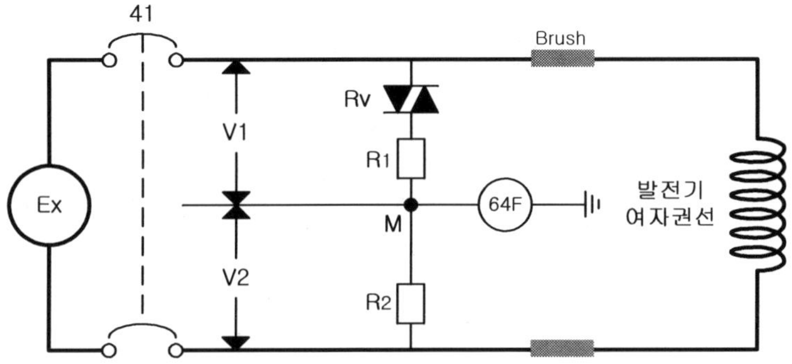

그림 4.7 발전기 여자권선 지락보호계전 방식

4.2.4 과부하 및 과열 보호(Overload Protection)

발전기 권선에 과대한 전류가 흐르면 권선의 과열, 절연의 열화 또는 절연파괴현상까지 진전될 수 있다. 이러한 현상을 방지하기 위하여 대용량 발전기에서는 온도센서를 내장한 온도계전기(49)를 사용한다. 이 계전기는 권선의 온도가 높아지면 온도 센서의 저항값이 증가되어 평소에 평형을 이루고 있던 Bridge 회로를 불평형시켜 계전기 Coil에 전류가 흐르게 하여 동작하는 방식이다.

계전기의 동작온도는 보통 발전기의 절연이 B종 절연이므로 120˚C에서 동작되도록 하며 경보를 발생시켜 부하를 감소시키거나 발전기를 정지시키도록 한다. 이 온도계전기(49)는 고정자 권선의 과열 보호는 물론 회전자 권선의 과열 보호에도 이용될 수 있다. 발전기 베어링(Bearing)의 과열에 대한 보호는 베어링이나 윤활유의 온도를 상시 감시하다가 허용값을 초과할 경우는 경보를 발생하거나 심한 경우는 계기와 계전기가 복합된 장치를 사용해서 발전기를 정지시킨다.

4.2.5 과속도 보호(Overspeed Protection)

발전기의 부하가 갑자기 감소되거나, 발전기가 계통으로부터 탈락되는 경우에는 회전체가 가속되어 정격속도를 초과하게 된다. 가속되는 정도는 감소된 부하의 크기와 원동기의 조속기 특성 및 회전체의 관성에 의존하게 된다. 과속도를 검출하기 위하여 전기적인 방법으로는 회전축에 Pilot 발전기인 영구자석발전기를 설치하여 속도에 비례하는 전압을 발생시켜 전압계전기로 검출하는 방법과, 기계적인 방법으로서 회전축에 Fly-ball을 접속하고 이 Fly-ball의 움직임에 의하여 조속기를 동작시켜 원동기 입력을 감소시키도록 하는 방법이 사용된다. 이 것들은 모두 과속도계전기(12)에 속하며 발전기 단자에 연결된 과주파수계전기(81)에 의한 속도검출방법도 있으나 이것은 보충적인 목적으로 사용된다.

4.2.6 여자상실 보호(Loss of Excitation Protection)

동기기에서 여자가 부분적으로 또는 전체적으로 상실되면 계통으로부터 동기기 쪽으로 유도성 무효전력이 흐르게 된다(그림 4.8참조) 즉, 유효전력(KW)은 원동기 출력과 부하의 크기에 따라 조정되고 무효전력(kVAR)은 여자전류에 의하여 조정된다. 만약 여자가 완전히 상실되고 계통으로부터 무효전력을 충분히 공급받을 수 있다면 발전기는 유도발전기(Induction Generator)로 운전되고 이때 출력은 잠시 동안 종전과 같이 유지 될 것이다. 그러나 동기발전기는 동기속도에서만 운전하도록 설계되어 있으므로, 유도발전기로 운전되는 동안 회전부에 동요가 발생되어 전력동요를 일으키거나 발전기에 과전류가 흘러 고정자 권선과 특히 회전자 권선이 과열되어 발전기에 손상을 초래하며 심한 경우는 동기탈조에까지 이를 수도 있다.

여자 상실의 원인으로는

- 여자기의 고장
- 여자회로 차단기(41)의 우발적인 개방
- 여자회로의 단락
- 부러쉬(Brush)의 접촉불량
- 여자기의 AC전원상실

등이 있으며, 보통 여자상실에서 동기탈조에까지 도달하는 데에는 2~6초 이상의 시간이 소요되므로, 여자상실 직후 발전기를 그대로 정지시킬 필요는 없으며(계통의 과도적인 동요에 의한 경우 또는 순간적 여자상실의 경우 불필요한 정지를 억제하기 위함) 계통의 안정도를 위협할 정도에 이르러 발전기를 차단시키는 것이 바람직하다.

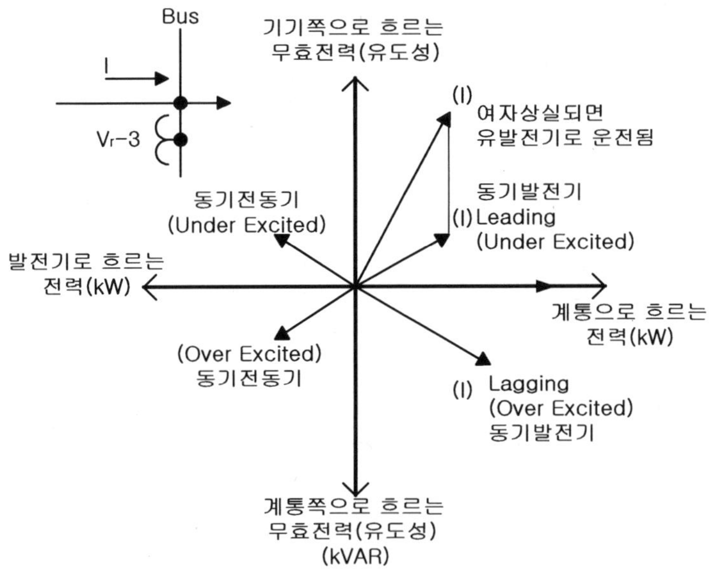

그림 4.8 동기기의 여자조건에 따른 운전상태

따라서 여자상실보호용 계전기는 이러한 상태를 판별할 수 있는 것이어야 하며, 일반적으로 직류 저전류 계전기에 의한 여자전류 검출방법과 발전기 단자에서 본 임피던스를 측정하여 판별하는 임피던스 계전기에 의한 방법이 있다.

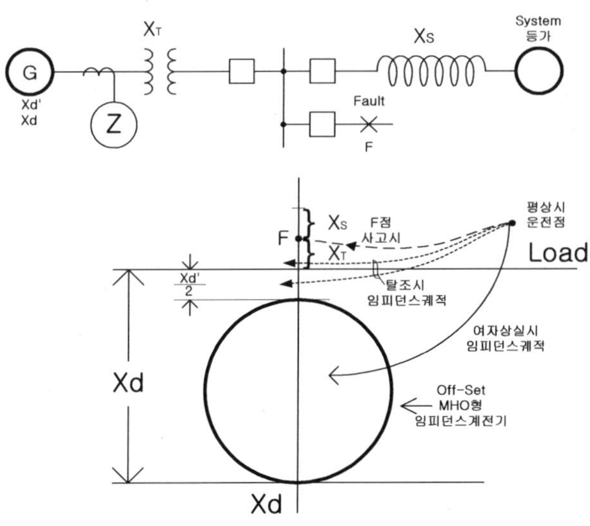

그림 4.9 여자상실 시 –Mho형 거리계전 동작

첫 번째 방법은 주로 소용량의 발전기에 사용 되었던 비교적 간단한 방법이지만 여자기의 고장시에는 고정자로부터 유도된 AC분 전류에 의하여 부동작할 우려가 있으며, 대용량 발전기의 경우에는 여자전류의 변화 범위가 매우 넓어서 아주 낮은 전류에서 운전(진상무효전력 운전)되는 때도 있으므로 오동작 될 우려가 있어 잘 사용되지 않는다. 두 번째 방법인 임피던스 측정에 의한 방법은 그림 4.9와 같은 동작특성을 가지며 매우 신뢰성 있는 방법이다. 그림에서 원점은 발전기단자(계전기 설치점)이며 Load점은 평상시 부하 임피던스의 위치를 나타내고 있다. 사고시에는 임피던스 궤적이 Load에서 F점으로 이동되지만 여자상실 시에는 임피던스의 궤적이 off－set MHO형 거리계전기 동작범위로 진입되어 여자상실 사고를 정확히 판별할 수 있음을 보여준다. 동기탈조의 경우와 다름을 보여주고, 계전기의 동작범위를 $\frac{X_d'}{2}$만큼 off－set시키는 이유는 동기탈조 시에 오동작 되지 않도록 하기 위함이며 발전기가 무한대 모선에 연결 되었다고 할 때 양 전원의 전압 크기는 변하지 않고 위상각만 변하여 동기탈조가 발생한 경우라면 발전기에 흐르는 전류(I_F) 및 계전기에 측정되는 임피던스(Z_F)는 각각

$$I_F = \frac{2E}{X_d'} = \frac{E}{(X_d'/2)}$$

$$Z_F = \frac{E}{I_F} = \frac{X_d'}{2}$$

와 같다.

즉, 동기탈조시 최소로 측정될 수 있는 임피던스값이 $\frac{X_d'}{2}$이므로 여자상실 이외의 탈조현상에 오동작하지 않도록 하기 위함이다. 그리고 발전기의 최대 임피던스는 정태 임피던스(동기 임피던스) X_d이므로 $\frac{X_d'}{2} - X_d$를 반경으로 하는 Off－set MHO 특성을 갖도록 조정하여 사용한다.

4.2.7 발전기 전동기화 운전보호(Anti－Motoring Protection)

이 보호의 주된 대상은 발전기 자체이기 보다는 원동기와 전력계통을 보호할 목적으로 사용된다. 예로서 증기 터빈에 증기량이 너무 적게 흐르면 터빈이 과열 되므로 증기온도 감지장치에 의하여 보호될 수 있으며, 수차인 경우 유량이 적으면 공동(Cavitation) 현상

이 일어나므로 유량 감지장치로 보호하고, 가스 터빈(Gas Turbine)의 경우에도 이들과 유사한 장치로 보호할 수 있다. 이밖에도 입력 밸브(Valve)의 리밋(Limit) 스위치나, 배기단(Exhaust Hood)의 온도 감지장치 등 여러 장치로 발전기의 전동기 운전을 방지할 수 있다.

그러나 전기적인 매우 간단한 방법으로는 단 한 대의 역전력계전기(32)를 추가하여 확실하고 안전한 보호를 이루는 방법이 일반적으로 많이 사용된다. 특별히 역전력계전기(32)는 미연소된 연료에 의한 화재 또는 폭발의 위험이 있는 디젤 엔진(diesel engine) 발전기에서 보다 유효하게 사용된다. 발전기가 전동기로 전환되는 것은 원동기에 입력이 너무 적거나 또는 전혀 없기 때문이며 이 입력이 발전기를 포함한 회전부 전체의 손실보다 적은 경우에는 전력계통으로부터 이에 해당하는 전력을 흡수하게 된다.

발전기가 전동기로 운전되는 경우 전류의 위상은 그림 4.8에서와 같이 제2 또는 3상한에 있게 되며, 이러한 상태를 감지하기 위한 계전기는 역전력 현상에 대하여 민감하게 동작 되어야 함으로 역전력계전기(32)를 사용한다. 발전기의 종류에 따라 전동기로 운전되는데 필요한 역전력의 크기가 다르며 그 대표적인 값은 각 정격 kW를 기준으로 다음과 같다.

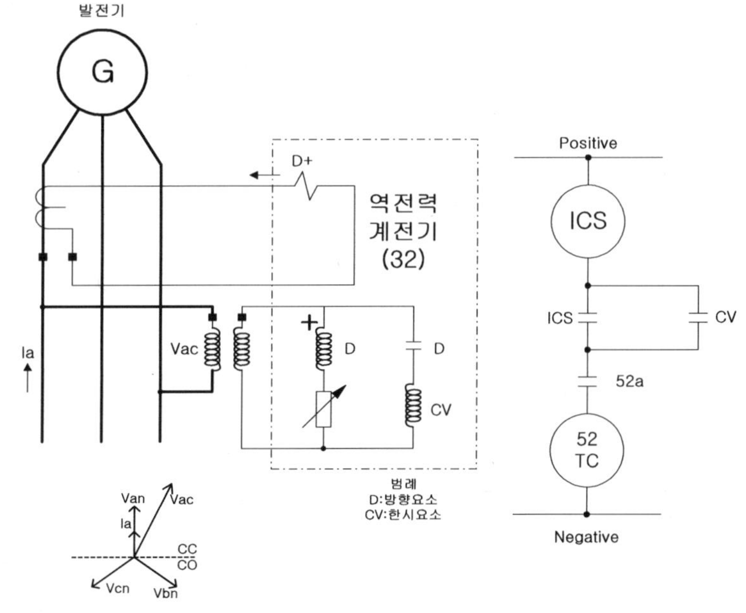

그림 4.10 역전력계전기(32)에 의한 Anti-Motoring보호

- 복수 터빈(Condensing Turbine) 발전기 3%
- 배기 터빈(Non-condensing Turbine) 발전기 3% 또는 그 이상
- 디젤 엔진(Diesel Engine) 발전기 25%
- 가스 터빈(Gas Turbine) 발전기 50%
- 수력 터빈(Hydraulic Turbine) 발전기 0.2~2.0%

(Blade가 방수위 이하에 있는 경우는 2.0% 이상이며, 가동 Blade 수차에서 Flat blade 상태에서는 0.2% 이하로 될 수 있음.)

그림 4.10은 역전력 계전기(32)를 사용하여 전동기화 운전을 방지하기 위한 회로도이다. 여기서 일정 전력이 발전기 쪽으로 흐르면 방향 요소(D)가 동작되고, 이 방향요소(D)의 접점에 의하여 한시요소(CV)가 기동되어 일정 시간이 지난 후에도 역전력이 흐르면 회로를 차단한다. 이외에도 한시요소 없이 일정 전력이 발전기로 흐르면 회로를 차단시키는 계전기를 사용하기도 한다.

4.2.8 후비보호(Back-up Protection)

송·배전계통의 사고가 지속되어 과대한 전류가 발전기에 흐름으로 말미암아 발전기에 손상을 초래하는 것을 방지하기 위한 후비보호의 목적으로 전압억제부(또는 제어부) 과전류계전기(51 V) 또는 거리계전기(21)를 사용한다.

과전류를 수반하는 단락사고의 경우 발전기 전류는 그림 3.21과 같이 사고 초기에는 정격전류의 3~10배에 달하지만 시간이 지남에 따라 전기자반작용의 효력이 작용되어 사고가 지속되어도 점점 감소되어 정격전류보다 적은 값에서 유지된다. 따라서 과전류계전기(51)로서 이러한 사고를 검출하려면 동작전류값을 정격전류보다 낮게 하여야 하므로 정상운전 시에도 동작되어 사용할 수 없게 된다.

전압억제부(또는 제어부) 과전류 계전기는 사고시에 전압이 저하되는 현상을 고려하여 전압이 계전기의 동작전류치에 영향을 미치도록(억제부: 전압이 높으면 감도가 낮아지고, 전압이 낮아지면 감도가 높아짐, 제어부: 전압이 일정값 이하로 되어야 동작) 제작된 것으로 중·소규모 발전기에 적용 된다. 한편 거리계전기(21)는 전압억제부과전류계전기가 좀 더 발전된 것으로서 입력전압·전류로서 결정되는 임피던스(Z=V/I) 값의 크기에 따라 동작하는 계전기로서 발전기 후비보호용으로는 보통 2단계 거리계전방식을 사용한다.

즉, 그림 4.12와 같이 제1단계(Zone-1)는 승압변압기(Step-up Tr,)의 80%~90% 지점까지의 임피던스값 이하에서 동작하여 주로 발전기와 송전모선 사이의 단락사고를 검출하며, 제2단계는 다음 송전 구간의 사고를 완전히 검출할 수 있도록 하여 송전선 사고

시 차단 실패된 경우에도 발전기 측에서 후비보호 할 수 있도록 한다.

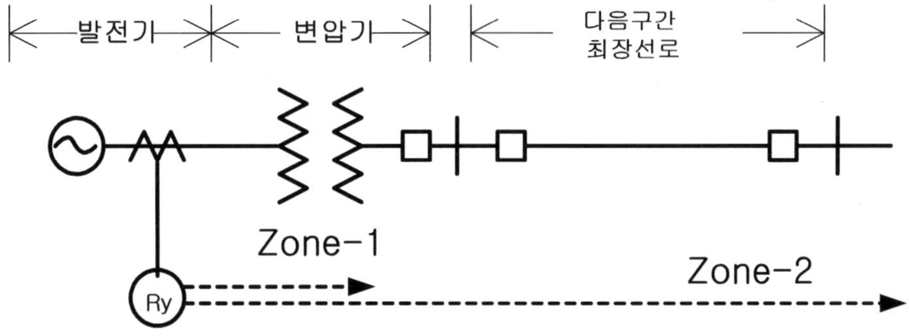

그림 4.12 후비보호용 거리계전기 동작 범위

4.2.9 불평형 전류(Unbalance Current)로 부터의 보호

발전기에 흐르는 전류가 불평형되어 역상분전류(I2)가 포함되면, 역회전하는 자계가 발생되어 주파수가 정격의 2배인 전류가 회전자에 유도되어 흐르게 된다. 이 전류는 괴상회전자(Solid Rotor)의 경우 회전자 표면을 흐르고 성층 회전자(Laminated Rotor)인 경우는 쐐기자와 지지환을 통하여 흐르며 I_2^2R 손실을 일으켜 회전자를 급속히 가열시키게 된다. 이러한 상태가 지속되면 과열부분의 금속이 녹아버려 회전자에 큰 손상을 주고 재산상의 큰 피해를 초래하게 된다.

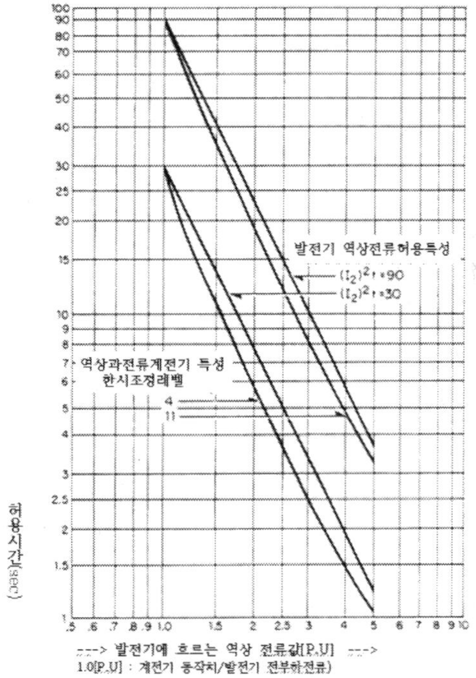

그림 4.13 발전기 역상과전류 허용특성과 역상계전기 특성

이와 같은 불평형 현상은 2선 단락, 1선 지락 등과 같은 불평형 사고의 지속 또는 1선 단선, 개폐기류의 접촉 불량에 의한 결상 등이 원인이 되며 발전기 자체의 사고보다는 외부의 회로와 기기의 불량에 기인하는 경우가 많다. 보호방법으로서는 역상 과전류계전기(46)를 사용하고, 발전기의 형태에 따라 결

정되는 역상 전류 허용특성에 맞추어 운전한다. 발전기 종류별 역상 전류허용값은 $(I_2)^2t$ 로 표시되고 대표적인 값은 표 4.1과 같다.

만일 사고가 오래 지속되어 $(I_2)^2t$ 값이 표 4.1에 표시된 허용값의 200%를 초과하였다면 발전기에 심한 손상을 초래하게 되며, 따라서 허용 값을 초과하면 발전기를 정지시킨 후 정밀 검사를 하는 것이 좋다. 역상 과전류계전기(46)의 동작값 정정(setting)은 그림 4.13에 나타난 바와 같이 계전기의 동작특성 곡선이 해당 발전기의 허용$(I_2)^2t$ 곡선보다 충분히 아래쪽에 위치하도록 하고 전류값은 정격부하전류의 60~75% 정도에 정정한다.

표 4.1 발전기의 역상전류(I_2) 허용값

발전기(동기기)의 종류		허용 $(I_2)^2t$	비고
간접냉각식 터빈발전기, 동기조상기, 주파수변환기		30	
수력터빈 발전기, 엔진 발전기		40	
직접 냉각식	용량 800MVA이하	10	
	용량 800MVA초과	5	

여기서 I_2: 역상전류(Per Unit), t : 시간(sec)

4.2.10 동기탈조 보호(Out-of-Step Protection)

전력계통의 규모가 증대되어 갈수록 발전기 측 임피던스가 계통측 임피던스에 비하여 상대적으로 커져서 전기적 중심점이 발전기 쪽으로 가까워지고, 발전기 용량이 커짐에 따라 회전부의 관성 정수가 적어져 계통사고시 최대허용 고장제거시간이 감소되어 탈조 현상이 발생될 우려가 많아져 요즈음에는 발전기 보호방식에 동기탈조계전기를 추가해야 할 필요성이 있게 되었다.

탈조보호 상의 문제점은 전력동요 시 안정화가 될 수 있는 것(Stable Swing)인지 아니면 회복될 수 없는 불안정한 것(Unstable Swing)인지를 판별하는 것이다. 사용되는 계전기로서는 여러 가지 형식의 거리계전기들이 사용될 수 있으며, 방향계전기와 조합하여 임피던스 궤적이 일정 범위를 통과할 때 걸리는 시간에 따라 판별하는 방법을 사용한다. 그림 4.14는 대표적인 예로서 Blinder형 임피던스 계전기와 방향계전기(D)에 의한 동기탈조 검출방식을 나타낸 것이며, 이 밖에도 Off-set형, 동심원형과 이중 Blinder형의 임피던스 계전기에 의한 방법들이 있다.

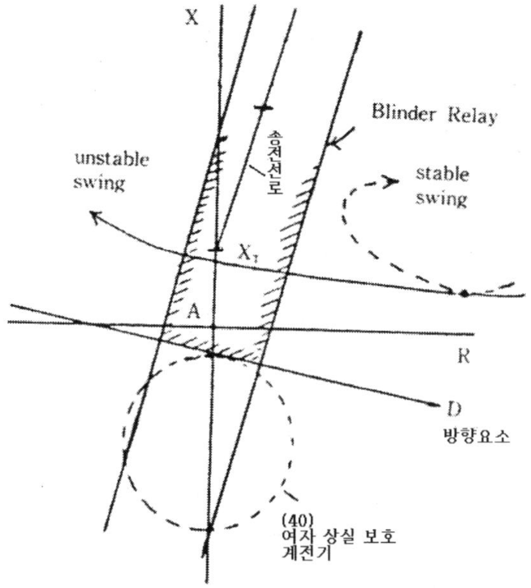

그림 4.14 발전기 동기탈조보호계전기 특성

동기탈조 발생 시 꼭 발전기를 차단시킬 필요는 없으며 때에 따라서 전송차단 등의 적절한 방법을 통하여 발전력과 부하가 평형 될 수 있는 위치의 차단기들을 동작시켜 분리된 계통들이 안정을 회복할 수 있도록 하는 방법이 바람직하다.

4.2.11 과전압보호(Over Voltage Protection)

전압조정기(voltage Regulator)의 결함, 조정기 수동운전 시 갑작스런 부하의 변동과 수력발전기에서 부하의 탈락 등이 발전기 전압의 과다 상승 원인이 된다. 이것을 그대로 방치하면 과전압에 의한 절연상의 위험이나 과속도에 의한 기계적인 위험을 초래하게 되므로 이에 대비하여 과전압 계전기(59)를 사용하는 경우가 있다. 물론 과속도 보호계전기(12/14)에 의하여 보호되는 경우도 있으나 전압조정기 불량에 대비하기 위한 후비보호로 적용되고 동작 값은 정격전압의 120～130%로 하고 순간적인 과전압에 오동작하지 않도록 하기 위하여 2초 이내의 시간지연을 둔다.

4.2.12 저전압보호(Under Voltage Protection)

유도발전기에 적용되는 방식으로서 연계선로에 단락 또는 지락사고가 발생되면 유도발전기 측에서는 매우 짧은 순간에만 전류가 흘러 자체의 직접적인 손상은 없으나 계통측에 영향을 주거나 사고의 소멸을 방해하는 등 좋지 못한 결과를 줄 수 있다. 이에 대한 대책으로 저전압계전기(27)를 사용하여 연계선로 사고를 감지하여 전압이 일정치 이하로 되었을 때 발전기를 정지시킨다. 한편 연계선로 이외의 계통 사고시 오동작을 피하기 위하여 계통의 보호계전기와 감도 및 동작시간 상의 협조를 검토하여 사용하여야 한다.

4.2.13 저/과 주파수보호(Under/Over Frequency Protection)

유도발전기가 연계된 계통에서 전원 측 차단기가 차단되면, 유도발전기는 발전을 할 수 없게 되며 원동기에 의하여 회전이 계속되는 동안 계통측 차단기가 임의로 재투입되면 과대한 돌입전류와 기계적인 손상을 초래할 수 있으므로, 저/과 주파수 계전기(81 U/O)를 사용하여 유도발전기가 계통으로부터 분리되었을 때에는 주파수가 정상 값을 벗어나게 되는 것을 검출하여 유도발전기용 차단기를 개방하므로 계통으로부터 발전기를 분리시켜 안전을 확보한다. 이 밖에도 과주파수계전기(81O)는 일반적인 모든 발전기에서 과속도에 대한 후비보호용으로 사용되는 경우가 있으며, 특별히 저주파수계전기(81 U)는 계통의 부하보다 발전력이 부족할 때 계통주파수가 저하 되는 경우, 기력발전소의 저주파수 운전에 의한 저압단 터빈의 손상 또는 수명 감소를 방지하기 위하여 사용된다.

4.3 발전기 보호방식의 종합

지금까지 앞에서 소개한 각 보호방식들이 실제의 발전기에서 어떻게 적용되는지를 쉽게 알아 볼 수 있도록 발전 방식별, 발전기 종별, 용량별, 보호계전방식들을 종합하면 표 4.2와 같다.

표 4.2 발전방식별, 발전기종별, 용량별 보호계전방식 총괄표

발전방식	발전기	용량	고정자(Stator)권선보호		회전자(Rotor)보호			고정자 및 회전자보호 (여자상실)	원동기보호	발전기 후비보호	기 타
			단 락	지 락	지 락	역상과전류	과 속 도				
화력발전	동기기(同期機)	1MVA 이하	비율차동 계전기(87G)	지락과전류계전기(51G)					역전력 계전기(32)		
		1MVA~5MVA	발전기 및 변압기비율차동 계전기 (87GT)	지락과전압 계전기 (59N)95%	회전자지락 검출계전기 (64F)		속도감시계전기 (12/14)	여자상실 검출계전기 (40)	역전력 계전기(32)	거리계전기(21) 전압억제부과전류 계전기(51V)	*과전압계전기(59), 온도감시계전기 (26/49)
		5~10 MVA	발전기비율차동 계전기(87G) 발전기 및 변압기비율차동 계전기 (87GT)	지락과전압 계전기 (59N)95%	회전자지락 검출계전기 (64F)	역상과전류 계전기(46)	속도감시계전기 (12/14)	여자상실 검출계전기 (40)	역전력 계전기(32)	거리계전기(21)	온도감시계전기 (26/49)
		10MVA ~100MVA	발전기비율차동 계전기(87G) 발전기 및 변압기비율차동 계전기(87GT)	지락과전압 계전기 (59N)95%	회전자지락 검출계전기 (64F)	역상과전류 계전기(46)		여자상실 검출계전기 (40)	역전력 계전기(32)	전압억제부과전류 계전기(51V), 거리계전기(21)	*과전압계전기(59)
		100MVA 이상	발전기비율차동 계전기(87G) 발전기 및 변압기비율차동 계전기 (87GT)	지락과전압 계전기 (59N)95%, 지락과전압 계전기 (59N)100%	회전자지락 검출계전기 (64F)	역상과전류 계전기(46)	속도감시계전기 (12/14)	여자상실 검출계전기(40)	역전력 계전기(32)	*거리계전기(21), 전압억제부과 전류계전기 (51V)	*과전압계전기(59), 저주파수계전기(81) Dead machine Protec-tion(27/50), 온도감시계전기(26/49) 아크감시계전기(45) Shaft current Relay (38/64) 저전압계전기(27)
	유도기(誘導機)	1-2MV	발전기비율차동 계전기 (87G)	지락과전류 계전기(51G) 지락비율 차동계전기 (87GN)					역전력 계전기(32)	*과전류계전기 (50/51)	온도감시계전기(26/49), 저주파수계전기(81) P.T.Failure Ry(60G), Stator Thermal, Overload Ry(26), 저전압계전기

표 4.2 발전방식별, 발전기종별, 용량별 보호계전방식 총괄표 (계속)

발전방식	발전기	용량	고정자(Stator)권선보호		회전자(Rotor)보호			고정자 및 회전자보호 (여자상실)	원동기보호	발전기 후비보호	기 타
			단 락	지 락	지 락	역상과전류	과 속 도				
수력발전	동기기(同期機)	1MVA 이하		지락검출 계전기(64Vo)			속도계전기 (12/14)			과전류계전기	과전압계전기(59)
		1-2MVA	발전기비율차동 계전기(87G)	지락검출 계전기(64Vo), 지락과전압 계전기 (59N)95%			속도계전기 (12/14)		역전력 계전기(32)	과전류계전기 (51)	과전압계전기(59)
		2-10MVA	발전기비율차동 계전기(87G)	지락과전류 계전기(51G) 지락차동 계전기(87GN)	회전자지락 검출계전기 (64F)		속도감시계전기 (12/14)	여자상실 검출계전기(40)	역전력 계전기(32)	과전류계전기 (51)	과전압계전기(59),저전압 계전기(27)
		100MVA	발전기비율차동 계전기(87G) 발전기 및 변압기비율차동 계전기(87GT)	지락과전압 계전기 (59N)95%, 지락과전류 계전기(51G)	회전자지락 검출계전기 (64F)	역상과전류 계전기(46)	속도감시 계전기(12/14)	여자상실 검출계전기(40)	역전력 계전기(32)	과전류계전기(51) ,거리계전기(21)	과전압계전기(59), 곤도감시계전기 (26/49), 아크감시계전기(45),Shaft Current Ry(38/64), 저전압계전기(27)
	유도기(誘導機)	0.5MW 이하					속도계전기 (12/14)	여자상실 검출계전기(40)		과전류계전기 (51)	저전압계전기, 주파수계전기, 과전압계전기
		0.5~1MW	발전기비율차동 계전기(87G)	지락검출 계전기(64Vo)			속도감시 계전기 (12/14)		역전력계전기(32)	과전류계전기 (51)	과전압계전기(59), 저주파수계전기(81), 저전압계전기(27)
		1~3MW	발전기비율차동 계전기(87G)	지락검출 계전기(64Vo), 지락과전압 계전기(59N) 95%, 지락과전류 계전기(51G)			속도감시 계전기 (12/14)		역전력계전기(32)	과전류계전기 (51)	과전압계전기(59), 저주파수계전기(81), 저전압계전기(27)

표 4.2 발전방식별, 발전기종별, 용량별 보호계전방식 총괄표 (계속)

발전방식	발전기	용량	고정자(Stator)권선보호		회전자(Rotor)보호			고정자 및 회전자보호 (여자상실)	원동기보호	발전기 후비보호	기 타
			단 락	지 락	지 락	역상과전류	과 속 도				
디젤발전	동기기(同期機)	500KW 미만		지락과전압 계전기 (59N)95%			속도감시 계전기 (12/14)		역전력계전기(32)	과전류계전기 (51)	과전압계전기(59), Shaft Current Ry(38/64)
		500KW 이상 2000KW	발전기비율차동 계전기(87G)	지락검출 계전기(64V₀), 지락과전압 계전기 (59N)95%			속도감시 계전기 (12/14)		역전력계전기(32)	과전류계전기 (51)	과전압계전기(59), Shaft Current Ry(38/64), 저전압계전기(27)
가스터빈발전	동기기(同期機)	70 MVA급	발전기비율차동 계전기(87G)	지락과전압 계전기 (59N)95%	회전자지락 검출계전기 (64F)	역상과전류 계전기(46)		여자상실검출계전기 (40)	역전력계전기(32)	거리계전기(21), 전압억제부과전류 계전기(51V)	과전압계전기(59)
풍력발전	동기기 유도기	100 MW급		저전압+과전압 계전기(27/57)		역상과전류 계전기(46)				fuse	과전압계전기(59), 저주파수계전기

제 5 장 전력용 변압기 보호 (Transformer Protection)

5.1 개요

5.1.1 사고유형

변압기는 전력계통이나 또는 자가용 수전설비에서 매우 중요한 전력기기로서 고장이 발생하면 전력의 공급정지, 각종 시설의 정지에 의한 조업중단 등을 초래하고, 변압기는 대부분 대량의 기름(절연유)을 사용하고 있기 때문에 내부고장에 의한 화재위험도 뒤따르며 사고시 손해 정도가 타 전력기기에 비하여 매우 큰 편이다.

표 5.1 변압기의 사고 종류

사고종별	사고부위	사고내용
내부사고	권 선 (Coil)	단락, 지락, 층간단락, 고전압권 선혼촉, 단선
	철 심 (Core)	절연파괴, 과열(용용)
	연 결 부 (Lead)	단락, 지락, 단선
	탭(Tap) 절 환 부	단락, 접촉자과열, 기구불량
	절연유	이상과열, 유량부족, 열화
외부사고	붓싱(Bushing)절연파괴, 단자과열, 기계적파손	
보조장치사고	냉각 팬(Fan)고장, 순환펌프(Pump)고장	

따라서 변압기의 보호계전장치들은 이러한 사고의 확대 방지를 위하여 고감도의 확실한 동작이 요구된다. 변압기의 사고종류를 살펴보면 표 5.1과 같은데 사고를 크게 분류하면 내부사고, 외부사고, 보조기기 사고, 외부 계통사고에 의한 파급 그리고 과부하사고

로 분류할 수 있으며, 권선의 단락 및 지락, 절연파괴, 붓싱 사고 등은 중대고장으로 그리고 과부하, 과열, 냉각계통고장에 의한 온도상승 등은 가벼운 고장으로 취급하는 것이 일반적이다. 이러한 사고들 중에 발생빈도가 상대적으로 높은 것은 권선의 층간단락 사고와 지락사고이다. 법규에 정해져 있는 특별고압용 변압기의 보호장치 설치기준은 전기설비기술 기준령 제54조에 명시 되어 있으며 그의 내용을 요약하면 표 5.2와 같다.

변압기의 사고에는 전기적으로 검출 가능한 것과 기계적인 방법에 의하여 검출할 수 있는 것이 있으며, 변압기 내부사고에 대하여는 전기적인 보호장치와 기계적인 보호장치를 병용하는 것이 일반적이다.(그림 5.1)

표 5.2 특별고압 변압기의 보호장치

용량 및 냉각방식		보호대상 사고종류	보호장치기능	비 고
뱅크용량 5,000KVA 이상 10,000KVA 미만		내부사고	O	
뱅크용량 10,000KVA 이상		내부사고	O	
냉각방식	송유풍냉식	송풍기정지	O	
	송유자냉식	유압펌프정지	O	
	수냉식	냉각용수단수	O	

그림 5.1 배전용 특고압 변전소에 설치 된 변압기 Bank들

5.1.2 보호계전장치의 설치 사례

규정에 준하여 변압기에 보호계전장치를 설치하였을 때의 구체적인 예를 그림 5.2에 나타내었다. 과부하 및 과전류에 대하여는 과전류 계전기(51), 내부사고에 대하여는 전기적인 비율차동 계전기(87)와 기계적인 충격압력 계전기(Sudden Pressure Relay : 63)가 각각 동작하여 차단기를 트립(Trip)시킨다.

특고압 변압기라도 뱅크 용량이 5 MVA 미만인 것에는 비율차동 계전기(87)를 사용하지 않는 경우가 많고, 고압용에는 87과 63 모두를 설치하지 않는다. 변압기 온도의 과다 상승에 대한 보호장치로는 다이얼 온도계의 경보용 접점(26D)을 사용하여 절연유 또는 권선온도를 감시한다. 그리고 다이얼 유면계 경보접점(33Q)을 이용하여 변압기의 절연 및 냉각매체인 절연유의 양을 감시하여 레벨(Level)이 저하되면 경보를 발생시켜 준다. 26D, 33Q는 고압용 변압기에 설치하지 않는 것이 보통이지만 특별고압 5 MVA 미만에서는 과부하 경보용으로 26D를 설치하는 것이 일반적이다.

5.2 보호계전장치별 보호 역할

5.2.1 전기적인 보호계전기

(1) 과전류 보호계전장치

변압기의 과전류 보호는 변압기의 예정 수명을 단축시키지 않고 정격용량 또는 단시간 과부하 운전을 계속할 수 있도록 하기 위하여 설정값 이상의 과대한 전류를 검출하여 변압기를 정지시킴으로써 온도 상승에 의한 절연물의 열화를 방지할 목적으로 사용한다. 변압기의 예정수명은 보통 주위 온도 25℃에서 정격부하로 연속운전 시 변압기의 최고점 온도가 95℃인 경우 30년 정도로 본다.

① 과전류 계전기(51)

변압기의 1차 또는 2차 측(경우에 따라서는 3차 측)에 설치하며 보통 특고용 변압기에 사용된다. 이 계전기는 설치된 회로의 단락사고에 대한 주보호 또는 후비보호를 담당하고 과부하에 의한 손상을 방지한다. 따라서 순수한 부하 측을 제외한 계통전원이 연결된 단자 측(주로 1차측)에는 순시 동작요소(50)를 갖는 과전류 계전기를 채용하며 이때 50 요소는 변압기 붓싱으로부터 차단기까지의 연결부위의 단락사고에 충분히 동작되도록 하되 상대측의 단락사고에는 확실히 동작되지 않도록 조정(Setting)하여 고·저압 측의 단락사고를 구분 할 수 있도록 한다. 그리고 한시 동작요소(51)는 변압기 자체의 과부하 보호는 물론 상대측(예로서 저압 측) 단락사고의 후비보호 역할을 담당하도록 해야 하며 계전기 동작시간은 변압기의 단시간 과부하 허용시간 이내가 되도록 한다. 그림 5.2에서 변압기 용량 : 10 MVA, 변압비 : 23/3.3 kV, CT 비 400/5(1차), 2,000/5(2차), %임피던스 : 7%(자기용량 기준), 1차 측 전원단 등가 임피던스 : 40%(100 MVA 기준)인 경우 대표적인 과전류 계전기(50/51)의 동작값을 구해 본다.

㉠ 한시요소(51)의 동작전류 탭(Tap) 선정 : 일반적으로 정격전류의 150%에서 동작되도록 한다.

· 변압기 1차 정격전류

: $I_1 = 10{,}000/(\sqrt{3} \times 23) = 251(\text{A})$

· CT 2차 전류

: $i_t = 251 \times (5/400) = 3.14(\text{A})$

· 51계전기 동작 탭

: $T_i = 3.14 \times 1.5 = 4.7(\text{A})$

(실제 계전기의 전류 탭에 4.7(A)가 없는 경우는 가장 가까운 전류 탭을 사용한다 : 예로서 5.0(A))

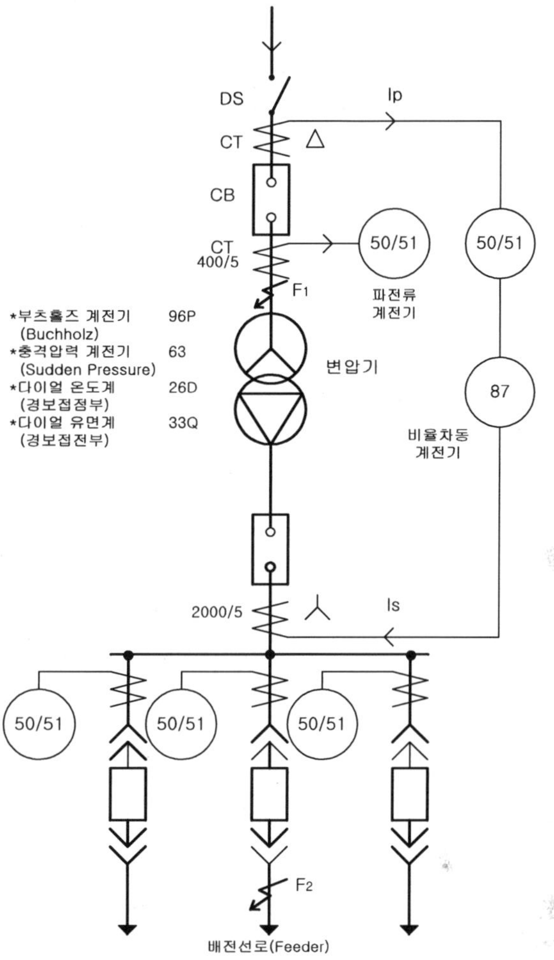

그림 5.2 보호계전장치 설치 사례

㉡ 한시요소(51)의 동작시간 레버(Lever) 선택 : 동작시간은 가급적 빠른 것이 좋으나 2차 측의 각 배전선에 있는 과전류 보호장치와 협조를 이루어야 하므로

- 후비 보호해야 하는 2차측 수전점 최대 단락사고(F_2)인

  3상 단락사고시 ―――〉 약 50(Cycles)

- 주보호 역할을 해야 하는 1차측 수전점 사고(F_1) 중 최소사고인

  2상 단락사고시 ―――〉 약 20(Cycles) 정도의 동작시간이 되도록 한다.

· 2차 모선 사고전류를 계산 한다.

- 단락용량 : $\dfrac{100\% \times 100MVA}{7\% \times (100/10)+30\%} = 90.9(MVA)$
- 전류(CT 2차) : $90.9 \times 10^3/(\sqrt{3} \times 23) \times 5/400 = 28.5(A)$
- 51계전기 동작배수(Pick-up 배수) : 28.5/4.7 ≒ 6.0

· 1차 측 수전점(F_1) 2상 단락전류를 계산한다.

- 단락용량 : $\dfrac{\sqrt{3}}{2} \times \dfrac{100\%}{40\%} \times 100(MVA) = 216.5(MVA)$
- 전류(CT2차) : $216.5 \times 10^3(\sqrt{3} \times 23) \times 5/400 = 67.9(A)$
- 51계전기 동작배수 : 67.0/4.7=14.5

따라서 사용하고자 하는 계전기의 전류-시간 특성곡선(T-C Curve)에서 앞서 구한 동작(Pick-up) 배수에서의 동작시간, 즉 6.0배→50(Cycles)정도, 14.5배→20(Cycles) 정도 되는 레버(또는 Time Dial)에 Setting 한다.

ⓒ 순시요소(50)의 동작전류 탭 선택 : 설치점의 최소 단락사고에도 확실한 동작을 요하므로 2상 단락사고(F_1) 시 동작배수가 1.5 이상이 되도록 하며, 2차 측의 최대 단락사고(F_2점3상단락)에는 동작되어서는 안 됨으로 고장전류 중 과도 직류분에 대한 영향을 고려하여 동작배율이 0.5~0.67 이하(안전율 1.5~2.0 이상)가 되도록 함이 바람직하다.

· F_1사고에 대하여 67.9A/1.5 ≒ 45.2A 이하

· F_2사고에 대하여 28.5A/0.67 ≒ 42.5A 이상이 되어야 하므로 동작전류 탭은 45A로 한다.

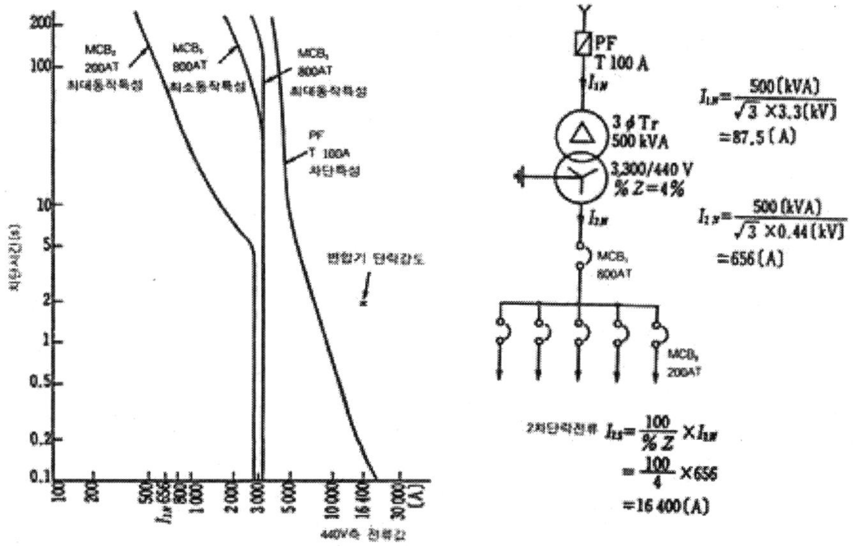

그림 5.3 전력용 퓨즈 사용시 보호협조사례

② **전력용 퓨즈(Power Fuse)를 사용하는 경우**

고압용 변압기 또는 소용량의 특고압 변압기의 단락 및 과전류 보호에 사용되며 고전압측에 설치한다. 이때 퓨즈의 규격 선정은 다음과 같은 기준에 의한다.

㉠ 변압기의 허용 과부하전류에 퓨즈가 용융되지 않도록 정격전류가 변압기 정격전류보다 큰 것일 것.

㉡ 변압기의 여자 돌입전류에 용융되지 않도록 하기 위하여 일반적으로 퓨즈의 단시간 허용특성이 변압기 정격전류의 10배－0.1초가 보다 위에 위치할 것.

㉢ 변압기 2차측 단락사고에도 동작될 수 있도록 퓨즈의 사고 차단특성이 전부하전류의 25배－2초(단락정도) 보다 아래에 있을 것.

㉣ 변압기 2차측에 있는 단락 보호장치(배전용 차단기 등)와 보호 협조될 수 있을 것 : 1차에 전력 퓨즈, 2차에 배전용 차단기를 설치한 경우의 보호 협조 사례에 대한 본보기는 그림 5.3에 나타내었다.

(2) 차동보호 계전기(87)

변압기의 내부사고에 대한 전기적인 보호계전장치로는 타 전력기기에서와 마찬가지로 전류차동계전기가 널리 사용된다. 그러나 변압기에서 특별히 고려하여야 할 사항은 다음과 같다.

① **위상각 보정** : 변압기의 결선이 Δ－Y 또는 Y－Δ로 되면 각 상 전류의 위상각이 각변위에 따라 ±30°씩 다르게 되므로 변류기(CT) 2차회로의 접속을 Δ측은 Y, Y측은Δ로 하여 계전기로 유입되는 전류들이 각 상별로 동위상이 되도록 보정해 주어야 한다. 그림 5.4는 Y－Δ결선 변압기의 차동 계전기용 위상각 보정회로 결선의 예를 나타낸 것이다.

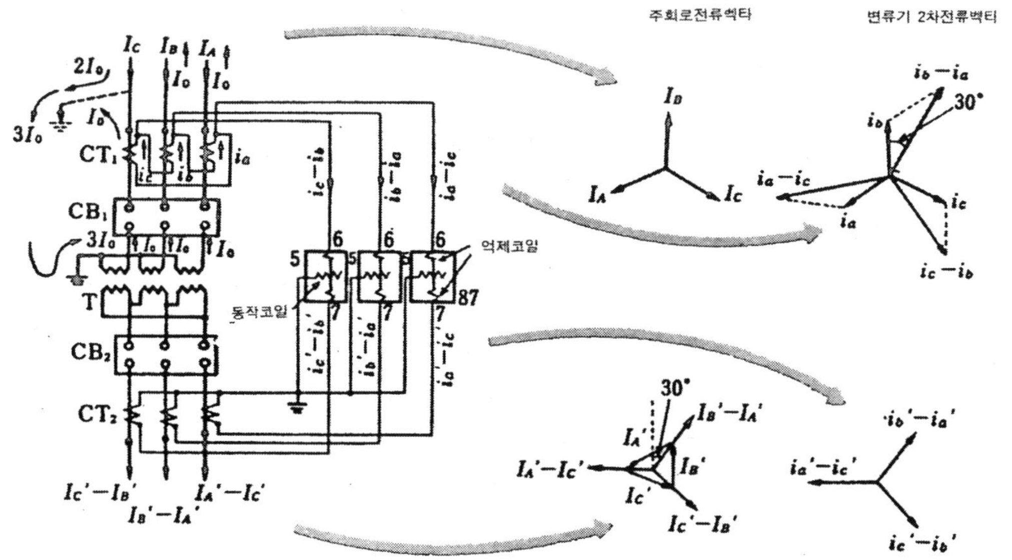

그림 5.4 차동계전기를 위한 변류기 위상각 보정결선도

② **전류값 보정** : 변압기의 변압비와 변류기의 변류비가 서로 일치하지 않는 것이 보통이므로 그대로 차동 계전기에 연결하면 차동회로에 전류가 흘러 평소에도 동작하게 된다. 따라서 별도의 보상 변류기를 사용하거나 보정용 변류기가 내장된 전류차동계전기(87)를 채용하여 평상시 차동회로에는 차전류가 흐르지 않도록 조정하여야 한다.

③ **변류기 특성 불일치** : 각 회로의 변류기 형식, 정격 등이 다르며 과전류 정수도 다른 경우에는 그대로 사용하면 큰 전류가 흐르는 외부사고시 차동회로에 차전류가 흘러 오동작할 우려가 있다. 따라서 변압기의 통과전류로 억제력을 발생시켜 주는 비율 차동특성을 갖는 계전기를 사용할 필요가 있다.

④ **여자 돌입전류(Inrush Current) 대책** : 변압기를 가압 시킬 때 흐르는 여자전류는 변압기 철심의 B－H 특성의 비직선성과 철심에 잔존하는 잔유자기와 차단기 투입 순간의

전압 위상각에 따라 자기회로 상에 큰 쇄교자속 변화가 일어나 이에 의한 과도기 돌입전류가 흐르게 된다. 이 여자전류는 전류차동계전기에서 차전류로서 차동회로의 동작 코일에 흐르며 평소에는 그의 크기가 매우 적어 무시할 수 있지만 변압기 가압초기에는 그의 파고값이 변압기 정격전류의 수 배~십수 배에 달하고 감쇄시정수는 대용량의 경우 수초(보통 1초 이내)에 이르기도 한다. 그림 5.5는 여자 돌입전류의 발생 현상을 나타내었으며 그림 5.6은 3상 변압기의 대표적인 여자 돌입전류 파형을 보인 것이다.

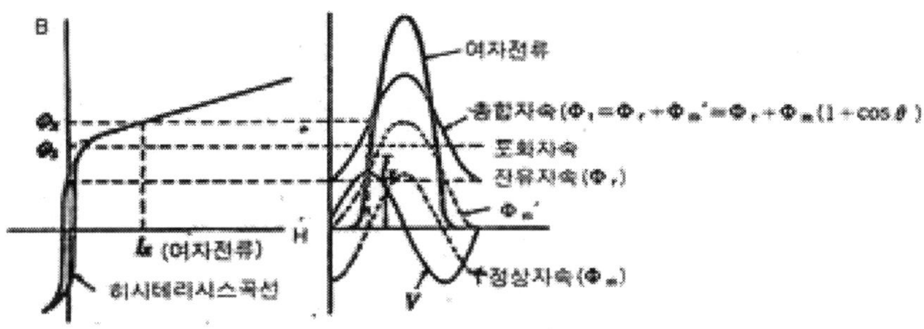

그림 5.5 변압기 여자전류발생 현상

그리고 표 5.3은 대표적인 돌입전류들의 크기에 대한 평균값을 표시한 것이며, 표 5.4는 그들의 감쇄시간 평균값을 나타낸 것이다. 이와 같은 여자 돌입전류에 의한 오동작을 방지하기 위하여 다음과 같은 대책이 고려된 계전기를 사용할 필요가 있다.

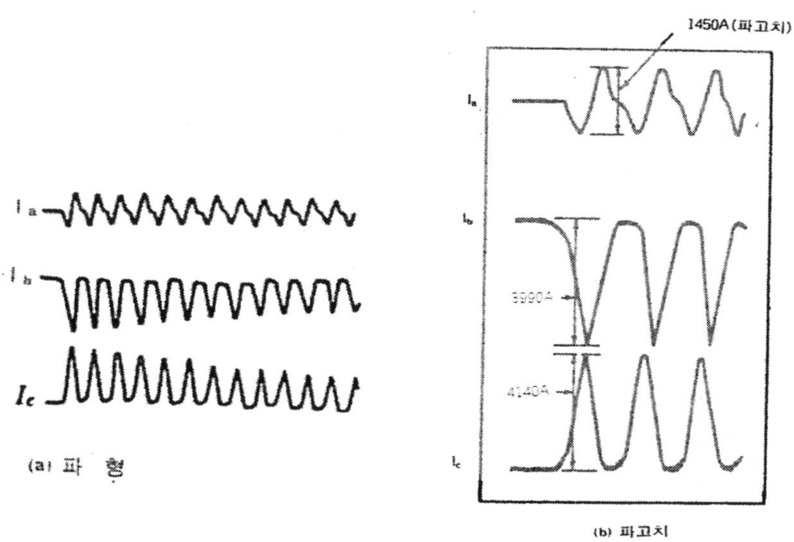

그림 5.6 여자돌입전류 파형 보기

표 5.3 여자돌입전류 파고치의 평균치

변압기 용 량 (KVA)	돌입전류파고치/전부하전류			
	냉간압연강판		연간압연강판	
	H.V	L.V	H.V	L.V
500	11.0	16.0	6.0	9.4
1000	8.4	14.0	4.8	7.0
5000	6.0	10.0	3.9	5.7
10000	5.0	10.0	3.2	3.2
50000	4.5	9.0	2.5	2.5

H.V : 고압측에서 가압 , L.V : 저압측에서 가압

표 5.4 여자돌입전류 감쇄시간 평균치

변압기용량 (KVA)	돌입전류가 최초파고치의 50%로 감소하는 시간(C/S)
500~1000	최대 8~10(설계에 따라 다름)
1667~100000	최대 10~60(설계에 따라 다름)
10000 이상	최대 60~3600(설계에 따라 다름)

● 유도원판형 비율차동 계전기

그림 5.7에 표시된 바와 같은 감도 저하법이 적용되는 경우가 있다. 즉 변압기 가압 시에 한시 동작하는 저전압 계전기(27)의 b접점을 이용하여 차동회로(동작코일)로 흐르는 돌입전류를 분류시켜 동작감도를 저하시키기 위한 분로회로를 구성한 계전기를 사용 할 수 있다.

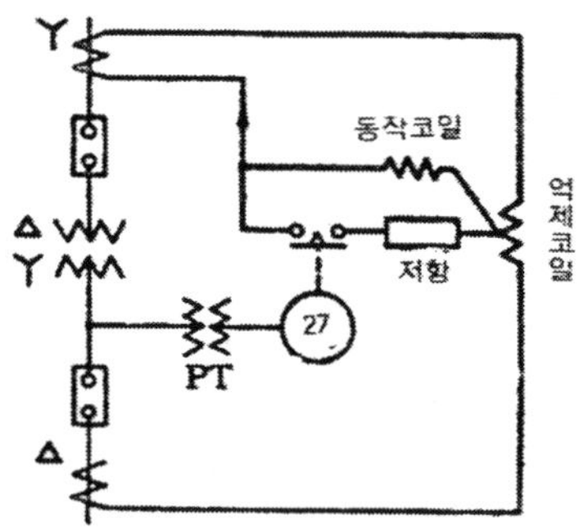

그림 5.7 감도 저하법

● 고조파 억제 또는 저지식 비율차동 계전기

여자돌입전류의 파형은 사고전류의 파형과는 달리 고조파 성분이 많고, 특히 제2고조파가 두드러지게 많이 포함된 현상을 이용하여 고조파 또는 제2고조파 전류에 의하여 비율차동 계전기가 동작 억제(또는 동작저지)되도록 고려된 계전기를 사용한다. 최근에는 대부분 이러한 계전기를 사용하며 표 5는 돌입전류와 사고전류의 파형 분석을 보인 것이며, 그림 5.8(a) 및 (b)는 각각 고조파 억제식과 고조파 저지식 비율차동 계전기의 회로

를 보인 것이다. 이 그림에서 순시요소(IIT)는 내부사고시 과대한 전류로 인하여 변류기가 포화되는 경우 발생되는 고조파 때문에 차동계전기의 비율요소 동작이 억제(또는 저지)되어 변압기를 보호할 수 없게 되는 현상을 보완하기 위하여 설치한 순시형 과전류요소로서 차동전류가 탭값의 8배 이상에서 동작하도록 되어 통상의 여자 돌입전류에는 동작하지 않는다.

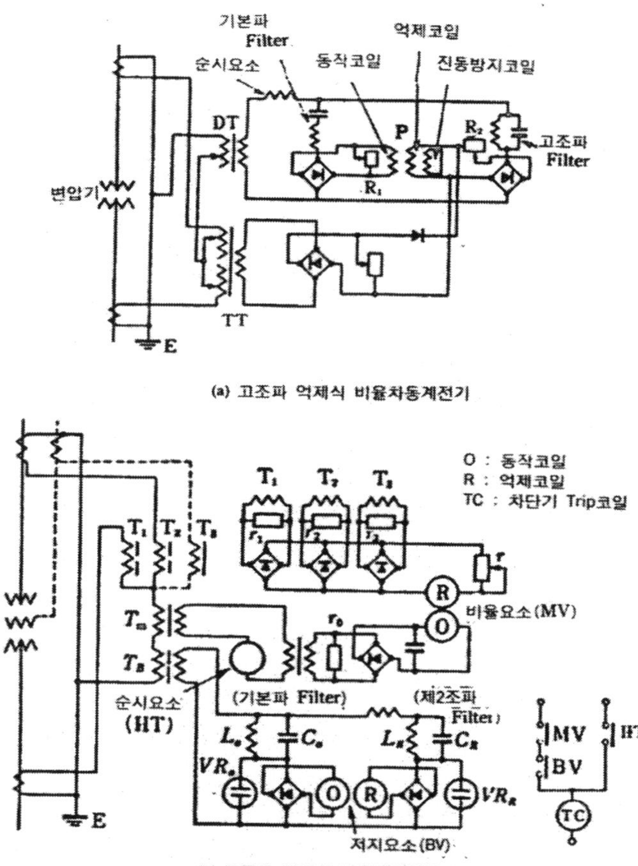

(a) 고조파 억제식 비율차동계전기

(b) 고조파 저지식 비율차동계전기

그림 5.8 고조파에 의한 오동작 방지용 비율차동계전기

● 비율차동계전기의 동작값 결정

앞의 그림 5.2에 예시된 87계전기의 동작치를 결정하여 본다.

○ 변압기 정격용량 10MVA에서 CT2차의 계전기 측 전류는

$$i_p = 10 \times 10^3 / (\sqrt{3} \times 23) \times 5/400\sqrt{3} = 5.43(A)$$
$$i_s = 10 \times 10^3 / (\sqrt{3} \times 3.3) \times 5/2000 = 4.37(A)$$

○ **계전기 탭 선정** : 평상시 i_p와 i_s의 크기가 달라 그대로 사용하면 차동회로에 차전류가 흘러 오동작 하게 된다. 그러므로 계전기에 내장된 보조 변류기의 탭(보통 2.9－3.2－3.8－4.2－4.6－5.0－8.7A의 7개 탭을 가짐)을 적절히 선정하여 차전류를 최소한으로 줄여준다. 이때 각 탭 간의 전류비는 표 5.5와 같으며

i_p/i_s = 5.43/4.37 = 1.242 이므로,

1차 측 탭 T_p : 4.6, 2차 측 탭 T_s : 3.8로 하면 된다.

○ **부정합(Mismatch)를 계산** : 차동계전기의 비율특성 탭을 결정하기 위하여 앞에서 정한 보조 변류기 탭의 부정합률을 계산하면,

$$\text{부정합률} = \frac{\frac{i_p}{i_s} - \frac{T_p}{T_s}}{\frac{T_p}{T_s}} \times 100$$
$$= \frac{1.242 - 1.211}{1.211} \times 100 \fallingdotseq +2.5(\%)$$

○ **비율특성 탭(Slope Tap) 결정** : 여러 가지 발생 가능한 오차를 총합하고 이에 약간의 여유를 두어 결정한다.

- 변압기 전압조정(OLTC) 탭 변동범위 : ±10%
- CT의 오차 : ±5×2대＝±10%
- 계전기 자체의 오차 : ± 5%
- 전류 탭 부정합률 : ±2.5%
- 기타(CT 2차 배선, CT 부담차 등에 의함) : ± 3%
- 여유 : ± 5%

총　　계　　+35.5～－33.0(%)

따라서 Slope Tap은 35% 정도에 운전할 것이 요망된다.

표 5.5 대표적인 변압기용 비율차동계전기 내장 보조변류기 탭 간의 비(Ratio)

탭(Tap)	2.9	3.2	3.5	3.8	4.2	4.6	5.0	8.7
2.9	1.000	1.103	1.207	1.310	1.448	1.586	1.724	3.000
3.2		1.000	1.094	1.188	1.313	1.438	1.563	2.719
3.5			1.000	1.086	1.200	1.314	1.429	2.486
3.8				1.000	1.105	1.211	1.314	2.289
4.2					1.000	1.095	1.211	2.071
4.6						1.000	1.095	1.890
5.0							1.000	1.740
8.7								1.000

(3) 지락보호 계전장치

변압기의 지락보호는 각 권선이 연결된 계통의 중성점 접지방식과 당해 변압기의 중성점 접지방식에 따라 다르며 표 5.6은 일반적으로 사용될 수 있는 보호계전장치들을 표시한 것이며, 그림 5.9는 몇 가지 적용사례를 보호방식별로 도시한 것이다.

표 5.6 변압기 지락보호계전 장치

변압기 권선 연결 계통			보호계전 장치명
비접지계통	$66^{KV}, 22^{KV}, 3.3^{KV}$		·지락과전압계전기(64:OVGR) ·선택지락계전기(67N : SGR) ·탱크지락계전기
직접접기계통 또는 저항접지계통	154^{KV} 22.9^{KV} 11.4^{KV}	당해변압기 중성점비접지	·지락과전류계전기(51N : OCGR) ·탱크지락계전기
		당해변압기 중성점접지	·방향지락과전류계전기(67N : DOCGR) ·지락차동계전기(87N) ·탱크지락계전기

5.2.2 기계적인 보호계전장치

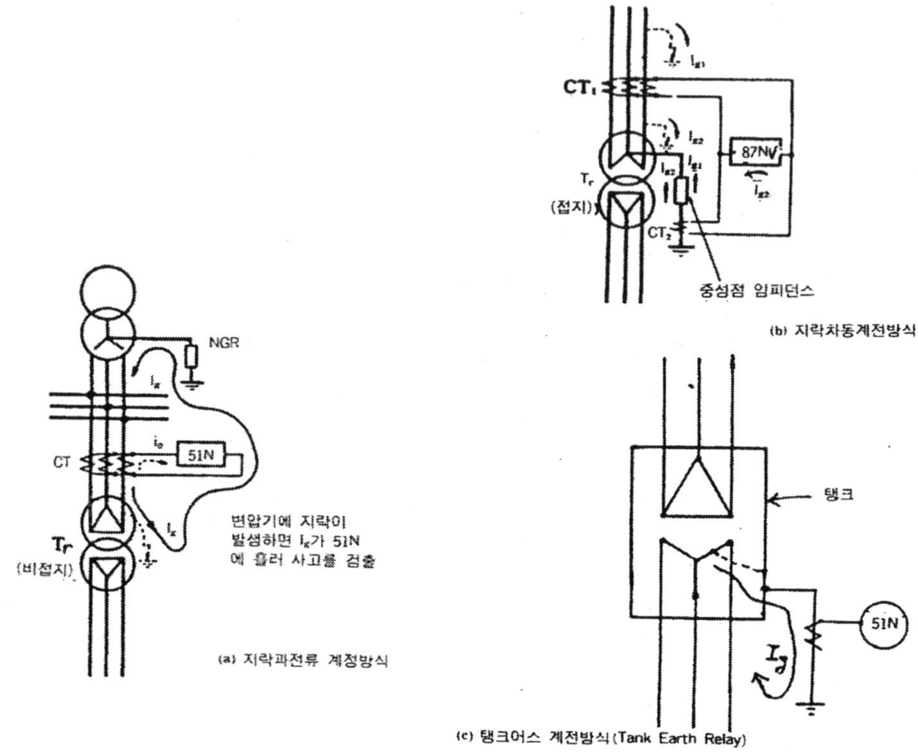

그림 5.9 변압기 지락보호계전 방식

주로 절연유를 사용하는 변압기의 내부사고 보호에 사용되며 변압기 내부의 절연불량, 국부 가열 등에 의한 절연유의 온도 상승 또는 절연유의 분해로 인한 가스(Gas)화 현상을 감지하여 내부사고를 검출하는 것이다. 변압기의 사고와 기계적 보호계전장치의 동작 관계를 표시하면 그림 5.10과 같다.

(1) 부츠홀츠(Buchholz) 계전기(96P)

이 계전기는 절연유가 흐르는 통로일부에 가스가 모일 수 있도록 하고 그곳에 Float Switch와 흐름 계전기를 조합 설치하는 것으로 동작원리는 그림 5.11에 표시된 바와 같다. 변압기 내부고장으로 절연유에 가스가 발생되면 그 가스가 계전기의 상부에 집적되어 위에 있는 Float가 유면 저하로 인하여 기울어 일정 한도에 이르면 내장되어 있는 수은접점이 동작되어 경보 등을 발생 시킨다. 일반적으로 변압기 탱크와 콘서베이터와의 연결 접속관 도중에 설치하며, 급격한 사고진행의 경우는 가스는 물론 절연유의 급격한 분출로 인하여 아래에 있는 Float가 동작하여 변압기를 정지시킨다. 이 계전기의 특징은 변압기 절연유 내에서의 사고에 대하여만 동작하고 붓싱, 변압기와 차단기간의 사고에 대하여는 동작하지 않으며 여자 돌입 전류 현상에는 영향이 없다. 또 제1단계인 경보접점에 의하여 철심 층간 절연 파괴, 권선의 층간(Turn－to－Turn) 단락 등 미세한 사고도 조기에 감지할 수 있는 장점이 있는 한편, 지진이나 외부의 강한 충격에 오동작 될 수 있는 단점도 있었으나 최근에는 많은 개선이 이루어진 제품들이 사용되고 있다.

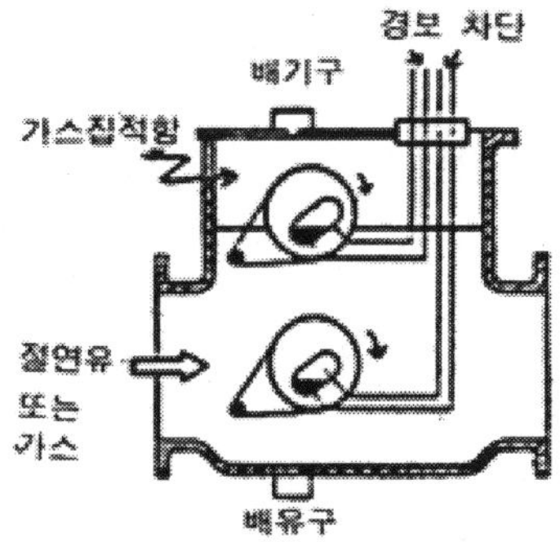

그림 5.11 부츠홀츠 계전기

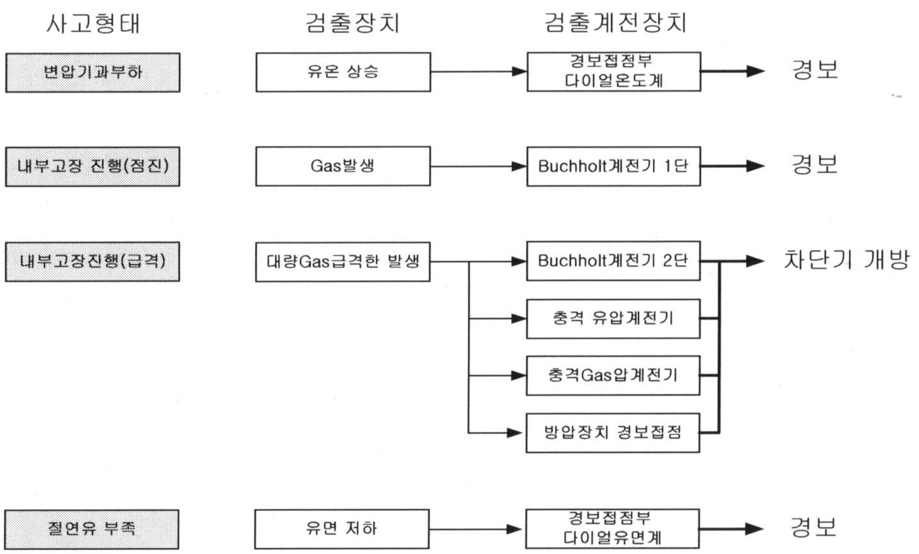

그림 5.10 변압기 내부사고 형태와 기계적 보호장치

(2) 충격 가스 압력 계전기(63G)

변압기의 내부사고에 의한 급격한 가스(Gas) 압력 상승을 이용한 것으로 동작원리는 그림 5.12에 표시된 바와 같으며 질소 봉입식 변압기 또는 개방형 변압기 등의 콘서베이터나 방압관의 가스실에 설치 사용한다. 이 계전기는 가스 압력의 변화분을 검출하며 동작되었을 때에는 중대 사고로 취급하여 변압기를 정지시킨다.

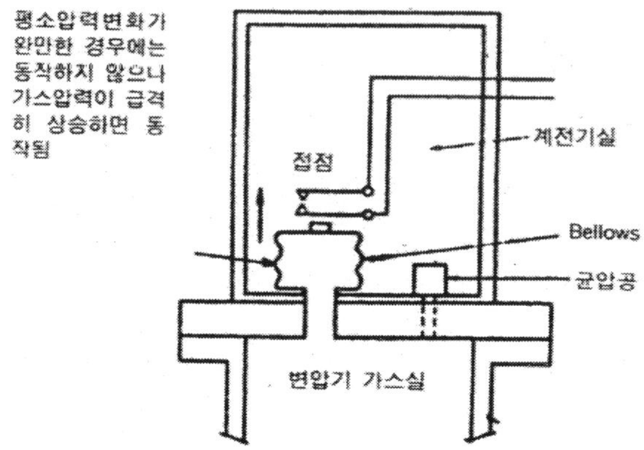

그림 5.12 충격가스압력 계전기

(3) 충격 유압 계전기(63Q)

충격가스압력 계전기와 같은 원리이나 유압을 이용하는 것이 다르다. 이 계전기는 절연유 열화방지를 위하여 절연유와 외기 사이를 고무 등으로 차폐한 무압 밀봉식 변압기에 적용되며, 변압기의 측면에 설치하여 탱크 내의 유압 변화를 검출한다. 그림 5.13은 동작원리를 보인 것이며 이 계전기의 동작 시에도 변압기를 정지시킨다.

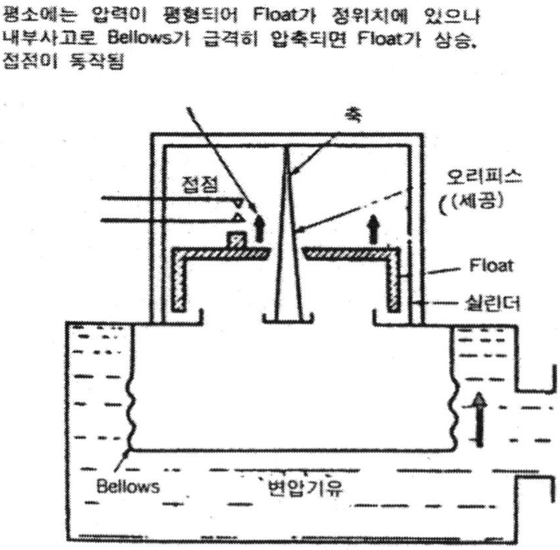

그림 5.13 충격유압 계전기

(4) 방압장치

압기 내부사고로 탱크 내에 가스가 다량 발생된 경우 탱크의 변형이나 파열을 방지하기 위하여 변압기 상부에 가스 방압관을 설치하며, 그 방압관의 선단에 방압판을 부착(그림 5.14 참조)하고 외부와의 압력차가 0.5~0.8 kg/cm^2이상에 이르면 자동 파괴 되도록하여 탱크의 이상압력을 막아준다. 이 방압판이 변형 파괴될 때 마이크로 접점이 동작되어 변압기를 정지시킨다.

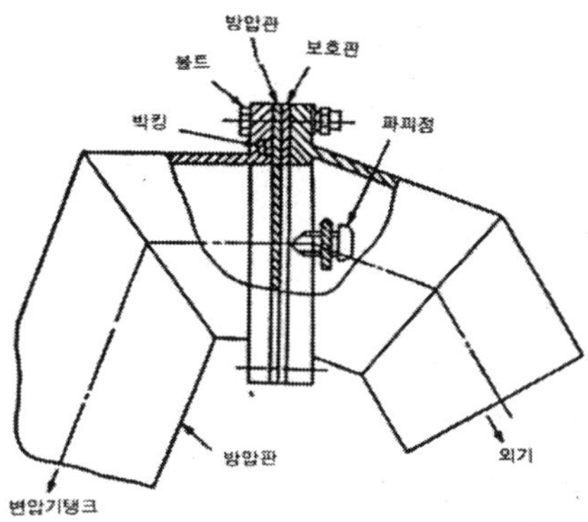

그림 5.14 방압장치

(5) 경보점점부 온도계(26D)

변압기의 과부하나 또는 절연유 열화에 기인하는 변압기의 온도 상승을 검출하며 경보를 발하는 것으로서, 변압기 과열 사고를 미연에 방지하며 보통 다이얼(Dial) 온도계에 내장된 접점을 이용하고 필요에 따라서는 변압기를 차단시키거나 부하 제한을 하기도 한다. 이 온도계의 감온부는 변압기의 최고 유온부에 설치하며 통상 접점동작 온도는 80° ~90° 정도로 한다.

(6) 경보접점부 유면계(33Q)

변압기의 절연유가 누설 또는 증발에 의하여 감소되어 절연 불량, 냉각 불량을 초래하는 것을 방지하기 위하여 유면감시용 계기에 경보접점을 부착시켜 사용한다.

● God is behind the scenes and controls the scenes. He stands behind.

제 6 장 송전선 보호 계전 방식 (Transmission Line Protective Relaying)

6.1 개요

송전선은 변압기, 모선 등 다른 전력설비에 비하여 넓은 지역에 설치되어 있어 낙뢰나 풍우 등 자연조건의 영향을 받기 쉽기 때문에 사고 발생 빈도가 높아 보호계전장치의 동작기회가 많고 전, 후위에 위치한 다른 보호 장치들과도 협조되어 동작하도록 해야 하므로 전력계통에 설치된 여러 가지 보호 장치들 중에서 송전선 보호 계전 방치가 중심적 역할을 수행하게 된다.

그러므로 송전선로의 고장은 신속, 정확히 제거하고 외부고장이나 다른 설비의 고장에는 타 보호계전장치들과 충분히 협조되어 오동작하는 사례가 발생치 않도록 높은 신뢰도를 구비한 보호계전장치를 시설 운용토록 해야 한다.

현재 송전선 보호에 사용되는 보호계전방식으로는 과전류 계전방식, 방향 과전류계전방식, 방향거리 계전방식, 파이럿트 계전방식(Pilot Relaying Scheme), 회선선택 계전방식, PCM전류차동계전방식 등이 있으며 계통구성의 중요도, 보호 상의 문제점, 신뢰도, 경제성 등에 따라 적절한 보호방식을 채택 적용한다.

송전선 보호계전방식을 선정할 때 고려해야할 중요사항은

- ㅇ 피 보호 선로의 종류 및 구성 : 피보호 선로가 Cable 또는 가공선로 여부, 병행선로 여부, 선로중간 분기여부, 양 전원 유무 또는 3단자 계통 등
- ㅇ 피 보호 선로 계통의 중요성 : 계통전압, 계통 중요도, 고장제거 시간 등
- ㅇ 경제성, 인근 피 보호선로와의 협조, 초단거리 선로 등 특이 선로 여부

등이며, 이러한 사항 등을 종합하여 최적의 보호계전장치가 시설 운용되도록 하여야 하며 보호 계전방식별 개요 및 원리는 별도 항목으로 기술한다.

6.2 과전류 계전방식(Over Current Relaying)

전력계통에서 전력설비의 절연이 저하되어 발생되는 고장현상은 고장점의 전압은 강하하고 전류는 증가하게 되므로 송전선에서 발생하는 대부분의 고장은 과전류 계전기에 의해 검출할 수 있다. 과전류계전기에 의해 송전선로의 전류(고장전류)가 일정치 이상으로 흐를 때 이를 검출하여 동작토록 하는 방식을 과전류계전방식이라 하며, 그림 6.1은 대표적인 과전류 보호방식의 특성을 나타낸 것이다. 고장 (2)와 (4)에 대하여는 H변전소의 51－2과전류계전기가 동작을 하게 되고 계전기의 동작특성이 반한시성인 경우 먼 거리 고장보다 근거리 고장에 대하여 짧은 시간에 보호한다. 만약 51－2계전기가 이상이 생겨 동작을 못하거나 차단기 불량으로 사고차단을 못한 경우에는 G변전소의 51－1과전류계전기가 후비보호로 동작되어야 하며 동작 특성은 보호협조 상 그림에 나타난바와 같이 고장차단시간이 좀 더 길게 소요된다.

이 방식은 장치가 간단하고 가격이 저렴한 반면 단순이 고장전류의 크기와 계전장치의 동작시간으로 계전기의 선택성을 갖도록 하므로 적용상의 제약이 많고 배후 전원용량이나 계통구성이 변하는 경우 고장전류의 크기가 변하게 되므로 계전기 동작치를 재조정해야하는 문제가 있을 뿐만 아니라, 연속해서 보호협조를 고려하다 보면 전원단 근처의 계전기는 인근고장에도 차단시간이 길게 되는 문제점이 있다.

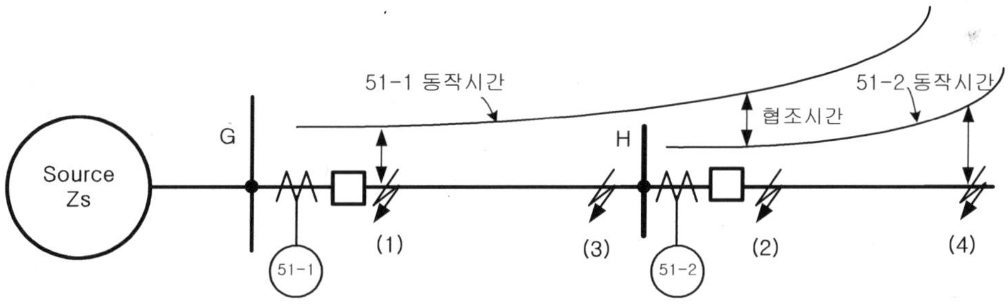

그림 6.1 대표적인 과전류 계전방식과 보호협조 동작 특성

이러한 이유로 중요 송전선의 보호에는 사용하지 않고 주로 배전선 계통이나 발변전소 소내회로 보호 또는 중요도가 낮은 송전선로나 기타 전력기기의 후비보호로 쓰이고 있다. 과전류 계전방식에 사용되는 보호계전기의 구성은 3대의 과전류계전기를 사용하며 (특별히 A, C상에 2대만 시설하는 경우도 있음) 지락보호에는 영상분 전류를 검출하여 동작하는 지락과전류 계전기 1대를 사용한다.

한편 과전류 계전기는 그 동작특성에 따라 다음과 같이 분류한다.

6.2.1 정한시 과전류계전기(Definite Time Over Current Relay)

이 방식은 전류의 크기가 일정치 이상만 되면 전류의 크기에 상관없이 정해진 시간 후에 동작하는 것으로 그림 6.1 과 같이 전원에서 먼 곳부터 빨리 동작하도록 하여 단계별로 시간차를 두어 협조되도록 한 것으로 전원에 가까운 지점 고장 시 동작시간이 길어지는 문제점이 있다.

이 방식은 현재 주 보호에는 사용되지 않으며 송전선 단선고장 검출목적으로 순시동작형 OCGR과 Timer를 조합한 방식에 사용되고, 차단기 차단실패를 검출하기 위한 과전류계전기 등에 사용된다.

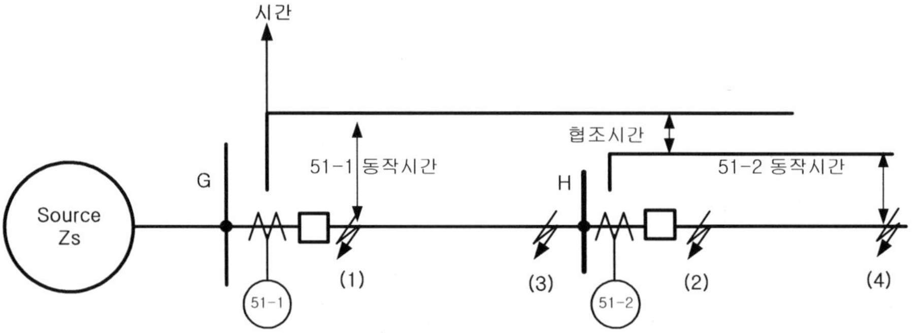

그림 6.2 정한시 과전류계전기 동작 특성

6.2.2 반한시 과전류계전기(Inverse Time Over Current Relay)

고장전류의 크기에 반비례하는 동작시간 특성을 갖는 것을 반한시 과전류계전기라 한다. 반한시 특성은 유도원판형 계전기의 동작특성을 그대로 이용한 것으로 고장전류의 크기에 따라 계전기의 동작시간이 달라지기 때문에 항상 확실한 시간협조를 구하기는 어려우나 계전장치의 구성이 간단하고 계전기의 한시특성을 잘 선택하여 협조를 구하면 근단과 말단고장의 전류차가 큰 장거리 방사상선로의 경우는 근단 고장 시 고장제거시간을 어느 정도 단축시킬 수 있어 비교적 효과적인 방식이다.

반한시 과전류계전기는 반한시성을 갖는 정도에 따라 반한시성정한시 반한시, 강반한시, 초반한시 등으로 구분하고 있으며 한국전력 표준구매시방서에는 반한시성과 강반한시성에 대해 다음과 같은 특성을 갖도록 규정하고 있다. 그림 6.1은 반한시 특성 과전류계전기를 나타낸 것이다.

즉, 한시특성은 전류−시간 특성을 정하는 레버(Lever 또는 Dial)에 의해 조정할 수 있어야 하며 한시특성은 한시레버 10(Max.치)에서 동작개시전류인 탭(Tap)전류치의 2배 전류에서의 동작시간(T2)과 탭전류 20배 전류의 동작시간(T20)과의 비(T2/T20)와 T20에서의 동작시간으로 다음과 같이 정하여 사용한다.

1) 반한시 특성의 T2/T20의 비는 3~4.5의 범위에 있어야 하고 T20에서 동작시간은 2.2±0.4sec 이어야 한다.
2) 강반한시 특성의 T2/T20의 비는 10~15의 범위에 있어야 하고 T20에서 동작시간은 1.2±0.2sec 이어야 한다.

한국 송배전계통에 많이 사용되고 있는 CO Type 과전류계전기를 예로 들어 동작 특성을 설명하면 다음과 같다.

우선, 각 특성의 계전기의 동작시간을 탭 값의 20배 전류에서 0.2 sec에 동작하도록 한시조정 레버 또는 다이얼을 선정하면 2배의 전류에서 동작시간은 특성별로 아래와 같이 다르게 나타난다.

특 성	TYPE	2배의 P. U시의 동작시간
반한시성 정한시	CO−6	0.33sec
반 한 시	CO−8	2.5sec
강 반 한 시	CO−9	3.0sec
초 반 한 시	CO−11	10.0sec

이와 같은 각 특성 중 어느 것을 사용할 것인가는 적용하는 계통과 인접구간에 사용되는 계전기의 한시특성에 의하여 결정되며 특성선정의 일반적인 방법은 아래와 같다.

1) 보호구간의 근단과 말단과의 전류 변화폭이 적은 계통에서는 반한시성이 약한 CO−6, CO−7이 유리하다.
2) 루프 계통에서는 반한시성이 강한 CO−8, CO−9, CO−11등이 유리하다.
3) 순시요소로 보호하기 쉬운 계통에서는 적은 고장전류에도 고장제거시간이 빠른 반한시성이 강한 계전기가 좋다.
4) 일반적으로 많이 사용되는 선로보호용 계전기 특히 직접접지 계통의 지락보호용은 CO−8 또는 CO−9가 적당하다.

5) 반한시 특성이 다른 계전기를 혼용할 때는 상호협조 동작이 이루어져야 한다.
6) 후술하는 전압 억제부 과전류계전기는 고장 점까지의 거리에 따라 고장전류와 전압 변화가 동작시간에 영향을 주므로 종합해서 강 반한시 특성으로 동작된다.

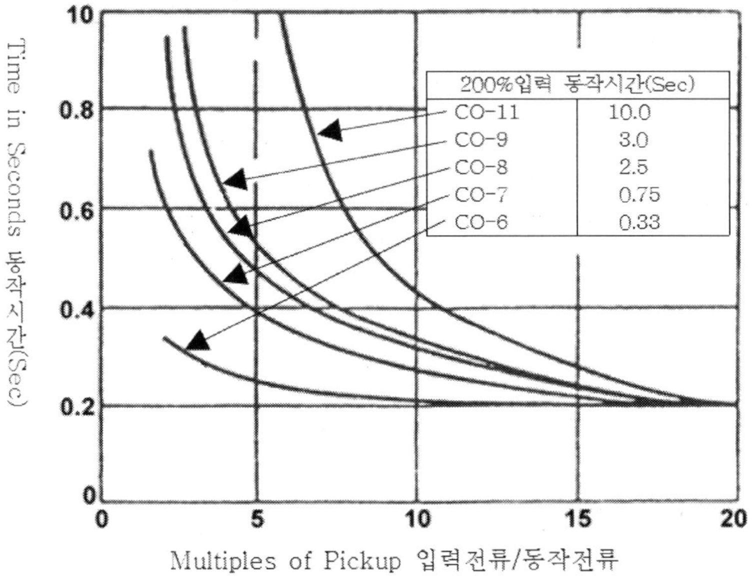

그림 6.3 대표적인 반한시성 과전류계전기(CO형) 동작특성

한편 이러한 반한시성 계전기를 실 계통에 적용할 경우 고려할 사항 중 중요한 사항의 하나가 보호협조이다.

보호협조는 계전기의 탭의 정정이 끝난 후 인접구간의 계전기들 간의 선택성을 갖기 위해 한시레버 또는 다이얼로 동작시간을 적절히 조정하는 것으로서 전원 측에 있는 계전기(후위계전기)가 전위에 위치한 계전기보다 늦게 동작하도록 조정해야 한다. 그러나 너무 늦게 동작하면 자기보호 구간 사고 시에도 동작시간이 길어져 문제로 되므로 면밀히 검토하여 선정해야 한다.

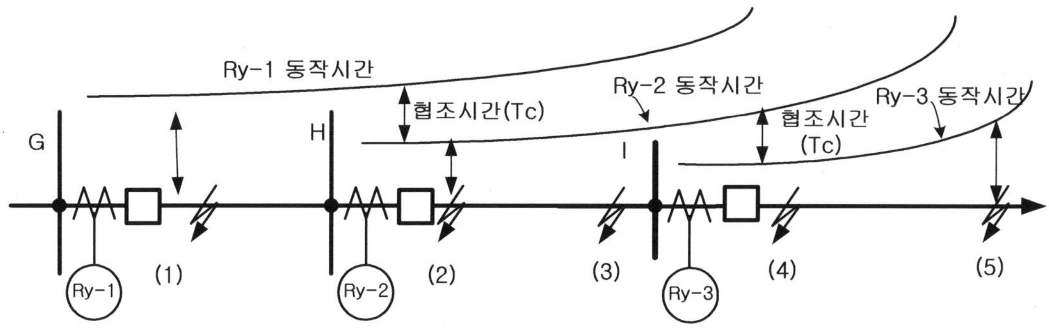

그림 6.4 보호협조 개념도

즉, 그림 6.4와 같은 계통에서 I변전소 인출단 고장(4)시 I변전소에 설치된 계전기(Ry−3)의 동작시간보다 H변전소 계전기(Ry−2) 동작시간이 아래의 협조시간 Tc만큼 늦게 동작하도록 시간을 정한다.

$$T = R + B + O + M = R + Tc$$

T : Ry−1의 동작시간, R : Ry−2의 동작시간
B : CB−2의 차단시간
O : Ry−1의 관성동작시간
고속도 계전기: 3Cycles
원판형 계전기: 5−15% 또는 0.1sec
M : 안전시간 (0.1 sec내외)
(Timer : 정정치의 5%, Time dial : 정정치의 10%)
Tc : 협조시간(= B + O + M)

협조시간 Tc는 보통 0.4~0.5 sec 정도로 보는 것이 일반적이다. 또한, 계전기 설치점 근방 고장전류와 보호구간 말단 고장전류의 차가 크면 (2~3배 이상) 반한시 계전기에 순시요소(IOU)를 부가한 과전류계전기를 적용하여 근단 고장시 순시동작 할 수 있도록 하는 것이 좋다. 순시요소를 적용 시에는 발전소가 증설 되어 전원용량 증대 되거나, 직류분 고장전류가 많은 경우에는 보호구간 밖의 고장에 오동작할 수 있으므로 이에 대한 충분한 검토를 필요로 한다.

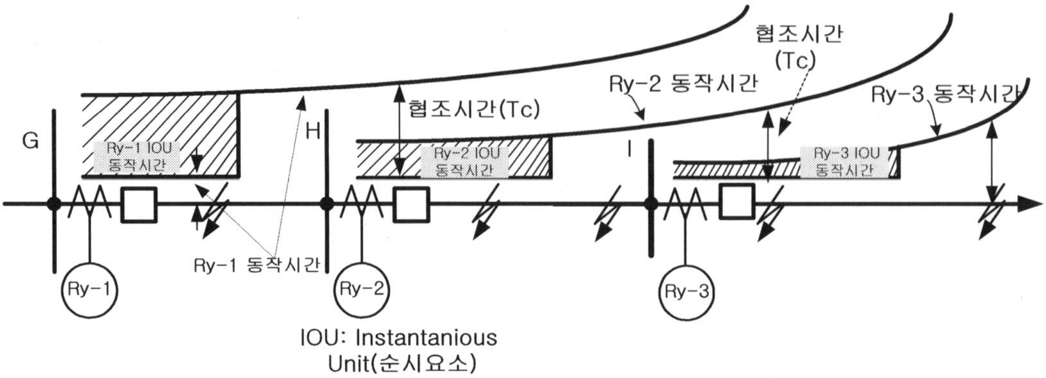

그림 6.5 순시요소(IOU)부 과전류 보호 방식

그림 6.5 는 순시요소가 부가된 반한시 과전류계전기의 동작시간－고장점과 계전기 간의 거리 특성을 나타낸 것인데 빗 금친 부분이 순시요소에 의해 보호되는 부분이며 보호구간의 많은 부분을 고속도로 보호할 수 있게 된다.

6.2.3 전압 억제부 또는 전압 제어부 과전류계전방식 (Voltage Restrained / Controlled Over Current Relay)

이 계전방식은 한시특성으로 보면 반한시 과전류 계전방식과 동일하나 전압요소가 상시 가해져서 과전류요소를 제어하는 것만이 다르며, 적용상의 특징으로는 상시부하전류와 고장전류의 차가 적은 계통이나 고장전류가 부하전류보다 적은 계통에 사용하면 유리하지만 전압회로의 고장 시는 계전기가 오동작할 수 있는 결점이 있다.

(1) 전압 억제부 과전류계전기

이 계전기는 계전기에 인가되는 전압이 억제 토크를 발생하기 때문에 고장지점의 위치에 따라 계전기 설치점에 나타나는 전압의 크기에 따라서 계전기의 동작전류의 크기 및 계전기 동작시간이 변하는 특성을 가진다. 따라서 인출측 고장의 경우에는 전압이 매우 낮거나 무전압(0[V])으로서 억제작용이 없어 낮은 전류에도 짧은 시간에 동작하여 보호협조에 유리하다. 그리고 평소에 중부하가 많이 걸리거나 순간적으로 심한 과부하가 걸리는 선로에 일반 과전류계전기를 사용하면 동작 될 수 있으나 이 계전기를 사용하면 전압이 억제작용을 하여 안전하다. 그림 6.6 (a), (b)는 전압 억제부 과전류계전기의 한시특성 및 동작전류 특성을 나타낸다.

(2) 전압 제어부 과전류계전기

계전기에 인가되는 전압이 어느 일정한 값 이하가 되면 계전기가 동작하도록 한 것으로서 전압의 크기가 계전기의 한시특성에 주는 영향은 없고 단지 계전기의 동작을 제어하도록 하였다. 이 계전기는 정상 전압이 가하여지면 부하 전류의 증가에도 부동작 하게 되나 고장 시는 계전기에 도입되는 전압이 저하하므로 계전기는 과전류계전기로서 고장 전류의 크기에 따라 동작을 하게 된다.

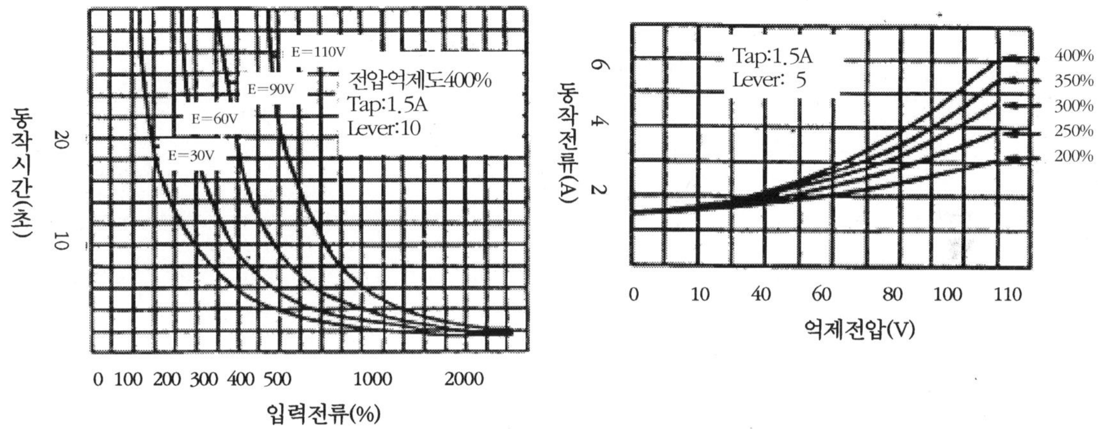

a) 한시특성 b)동작전류특성

그림 6.6 전압억제부 과전류계전기 특성

6.3 방향 과전류 계전방식 (Directional Over Current Relay)

송전계통이 방사상이 아닌 루프계통에서는 계전기의 설치점에서의 고장전류가 고장위치에 따라서 양쪽으로 흐르게 되므로 과전류계전기로서는 확실한 보호협조를 얻을 수가 없으므로 과전류계전기에 방향성을 갖도록 하여 어느 일정한 방향의 전류에만 동작하도록 하는 것이 필요하게 된다.

그림 6.7과 같이 양쪽 전원계통에서 송전선로 보호용 과전류계전기의 방향성을 부여하고 그 방향을 내부 고장 시 동작하는 방향으로 하면 한쪽에만 전원이 있는 경우와 같은 방법으로 과전류 계전기를 적용할 수가 있다. 예로서 그림 6.7에서 F1사고에 대하여

C,D계전기가 주 보호이고 A계전기는 C계전기의 후비보호 역할을 하여야 하며, F2사고에 대하여는 A, B계전기가 주 보호이고 D계전기는 B계전기의 후비보호이다.

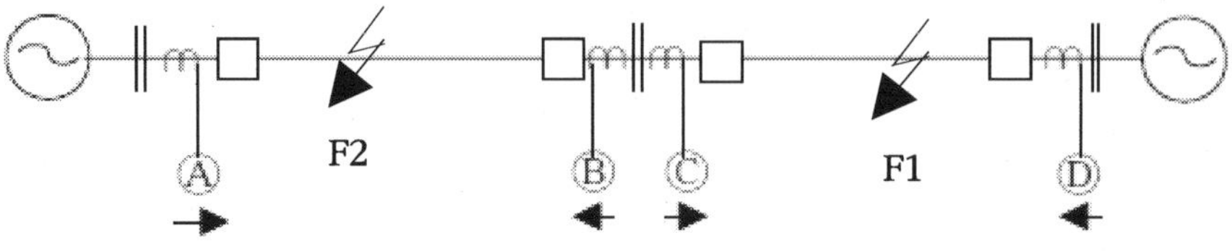

그림 6.7 방향 과전류계전기에 의한 루프계통의 보호

6.3.1 단락 방향 과전류 계전방식

3상 회로에 단락 방향계전기를 적용하려면 고장시의 전압전류상태를 검토하여 방향판정에 유리한 전압과 전류를 계전기에 넣어 주어야 한다. 이러한 전압 전류의 선정에 유의해야 할 점은 다음과 같다.

－동일한 방향의 각종 고장에 대해서 전압에 대한 전류의 위상각 변화가 적을 것
－전압강하가 적을 것.(전압강하가 커서 입력전압이 낮으면 방향성 판정 곤란)

일반적으로 전류의 방향을 판정하기 위한하여 기준 벡터(Vector)로 전압이 사용되며 이 기준전압의 선정에는 아래와 같은 3가지 방법이 있으나 단락 방향 계전기에서는 전압과 전류의 곱이 동작 토크로 되므로 고장시 극성전압이 가장 크게 나타나는 90o진전류 방식을 많이 사용한다.

(1) 30° 진전류 방식

a상전류와 ac상 전압, b상전류와 ba상전압, c상전류와 cb상전압을 조합한 접속이며 계전기의 최대동작 위상특성은 10° 진상으로부터 30° 지상까지의 것을 사용한다.

(2) 90° 진 전류방식

a상전류와 bc상전압, b상전류와 ca상전압, c상전류와 ab상전압을 조합한 접속이며 계전기의 위상은 30° 진상이다.

(3) 60° 진전류 방식

a상전류와 c상전압, b상 전류와 a상전압, c상전류와 b상전압을 조합한 방식이다.

단락 방향계전기는 근단 3상 단락 고장 시 전압이 0으로 되어 동작할 수 없는 문제점이 발생 할 수 있다. 이 문제점을 해결하기 위해 전압회로에 기억장치를 넣어 전압이 급격히 변하여도 잠시 동안 전압이 잔류하여 고속도 동작인 경우에는 충분히 그 특성을 발휘하도록 하고 있으나 한시 동작형의 경우에는 기억장치의 전압도 수 사이클 후에 소멸되므로 부동작 될 수 있다.

따라서 방향 계전기의 전압감도를 높이고 후비보호를 고려하여야 한다.

6.3.2 지락 방향 과전류 계전방식

지락 방향 과전류 계전기는 중성점 접지방식에 따라 방향성 기준전압과 고장전류의위상이 다르게 되어 특성이 맞는 것으로 선택 적용해야 하며 이것들을 열거하면 다음과 같다.

(1) 비접지계통에서는 지락전류의 대부분이 대지충전전류(무효분 영상전류)로서 최대감도 위상각이 90° 진상인 것을 사용한다.

(2) 저항접지계통에서는 지락전류가 주로 저항분 전류(유효분 영상전류)로서 최대감도 위상각이 0° 인 것을 사용한다.

(3) 직접접지 계통에서는 역시 저항분전류(유효분 영상전류)이나 고장전류 값이 크다.

즉, 송전선 임피던스 각이 사용되고 있으며, 이들의 특성을 그려보면 그림 6.8과 같이 된다.

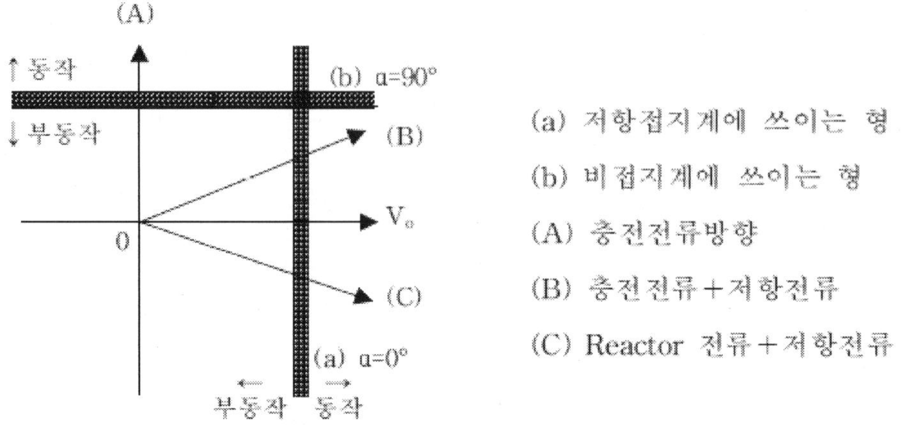

그림 6.8 지락방향계전기 방향 특성

전력계통에서는 일반적으로 계전기에 흐르는 영상전류는 (B)와 같이 충전전류에 저항전류가 합쳐져 약간 진상이 되므로 최대감도각 α를 30° 정도 진상으로 한 지락방향 계전기가 많이 쓰인다.

그러나 P.C(Peterson Coil접지)접지 계통이나, 또는 Cable선로의 확대로 최근 많이 쓰는 보상 Reactor를 사용하는 계통에서는 (C)와 같이 약간 지상이 되기 때문에 진상특성의 계전기를 쓰면 감도가 매우 저하된다. 따라서 이와 같은 경우에는 $\alpha=0°$ 인 계전기를 쓰는 것이 적합하다.

한편 직접접지 계통에서는 일선지락 고장 시의 영상전류는 지상 60°~70° 근처이기 때문에 보통 최대감도각이 지상 60°인 계전기를 사용한다. 또한, 고장점이 계전기 설치점에서 멀어짐에 따라 계전기 설치점의 영상전압은 점점 작아지므로 특히 장거리 송전선에서는 영상 전압을 극성전압으로 사용하는 것은 적당치 않으며 변압기 중성점 전류(영상전류)를 극성전압으로 사용하는 것은 적당하며 그렇지 않으면 변압기 중성점이 접지된 변압기의 △결선을 순환하는 영상전류를 극성량(Polarizing Quantity)으로 사용하는 것이 좋다.

다만 변압기 중성점 전류를 극성량으로 사용하기 위해서는 반드시 변압기가 항상 운전상태일 것이 요망되나 경우에 따라서는 중성점 접지 변압기가 운휴 될 수도 있어 문제로 된다. 따라서 이와 같은 결점을 보완하기 위해서는 2중 극성을 사용한 계전기를 사용하는 것이 바람직하다.

6.4 회선 선택 계전방식(Line Selection Relay)

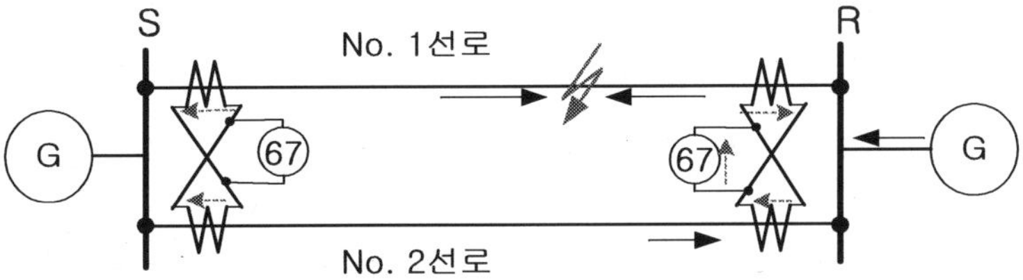

a) R변전소측 67동작 No.1선로 차단

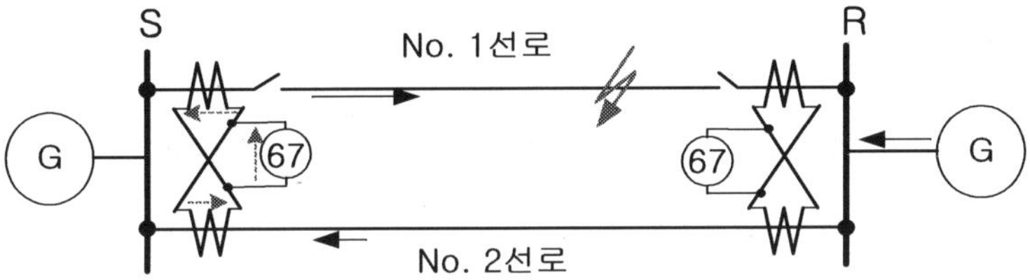

b) S변전소측 67동작 No.1선로 차단

그림 6.9 회선선택 계전 방식

이 방식은 역전력 계전기(단락방향 계전기가 2대)를 사용하여 병행 2회선의 차 전류의 방향에 따라 어느 회선이 고장인가를 판별하는 방법이며 거리 계전기를 사용하기 전에 우리 계통에서도 사용했었으나 현재는 거의 사용하지 않고 있다.

그림 6.9는 대표적인 회선 선택 계전방식으로서 No.1선로에 사고가 발생 했을 경우, R변전소에 있는 방향과전류계전기(67)가 동작 사고선로인 No.1을 차단시키고(그림 6.9 (a)), 이어서 S변전소 측 방향과전류계전기(67)이 동작하여 역시 No.1 선로를 차단시켜 사고선로를 선택차단 한다.

이 방식은 원리가 단순하고 비용이 경제적인 방식이나 2회선 동시 사고 시엔 부동작 할 가능성이 있으며, 사고 위치 및 고장전류 분포에 따라 양단이 동시 차단하지 못하고 위에서 설명 한 것처럼 한쪽 단에서 동작한 후 상대단에서 동작되는 점이 있다.

6.5 방향 거리 계전방식(Directional Distance Relay)

방향거리 계전방식은 단락보호 및 직접접지계의 지락보호에 적용된다. 이것은 단락 또는 지락고장의 발생점까지의 전기적 거리(송전선의 Impedance)를 측정하여 고장구간을 판별하는 계전방식이며 배후 전원 등의 계통조건에 따른 계전기 동작범위의 변동이 비교적 적은 것이 큰 이점이다.

6.5.1 단계한시 거리 계전방식(Step-Time Distance Relaying)

고장 시 전압, 전류변성기를 통하여 유입된 전압, 전류로부터 임피던스를 측정하는 거리계전기는 여러 가지 오차원인을 가지게 되어 100% 정확한 거리 측정은 불가능하여 단독으로는 구간 내의 고장을 완전히 식별 선택할 수 없으나 각 구간의 거리계전기 상호간에 적당한 시간차를 두어서 협조시키면 그림 6.10과 같이 상당히 고속도이고 고장구간의 선택성이 좋은 단계한시 거리 계전방식을 만들 수 있다.

제1단(Zone-1)은 구간의 85%(지락용은 75-80%)까지의 거리를 포함하며 한시계전기 없이 사용하고 동작시간은 1~3Cycles의 고속도가 된다.

제2단(Zone-2)은 제1단 거리 계전기 보호범위를 넘어 다음 보호구간의 약 50%까지 포함시키고 제1단 계전기와 협조시키기 위해 보통 20Cycles 정도로 지연동작 시킨다. 고장의 차단은 제1단과 제2단만으로도 가능하지만 이들 계전기에 대한 후비보호를 위하여 제3단(Zone-3) 을 사용한다.

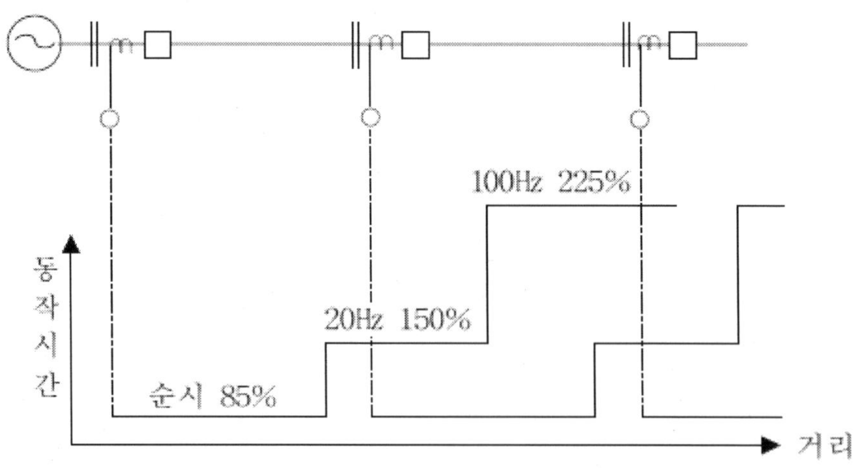

그림 6.10 단계한시 거리계전기 동작 특성

제3단은 제2단 보호구간 다음 구간의 약 25%까지로 정정하여 80~120 Cycles로 지연 동작시켜 보호협조를 이룬다.

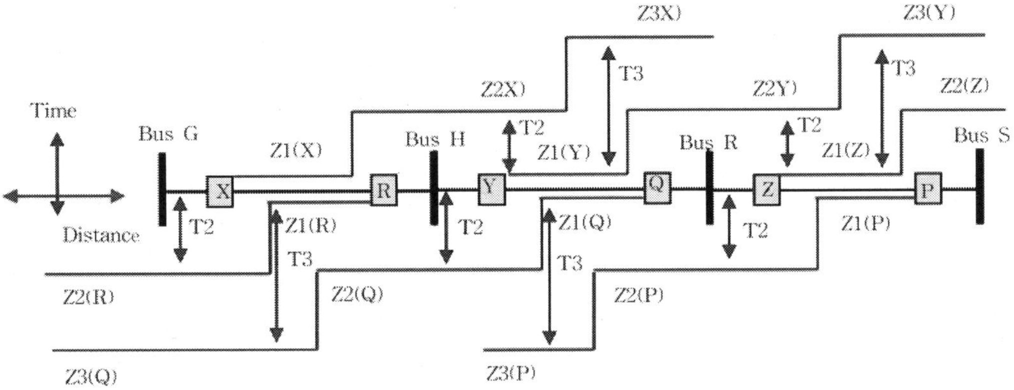

그림 6.11 실제계통에 설치된 거리계전방식의 특성

요 약

ㅇ 단계한시 거리계전 방식

- Zone−1 : 자기구간 85%(지락용: 75−80%), 순시(고속도)
- Zone−2 : 자기구간 100% + 다음구간(120%−150%), 20−24Cycles지연
- Zone−3 : 자기구간 100% + 다음구간(100%) + 다음 구간 25%, 80−120Cycles 지연

ㅇ 장단점

〈장점〉

- 건전상태와 고장상태 식별 능력 우수
- 보호구간이 비교적 명확
- 고장전류의 크기에 영향이 적음

〈단점〉

- 자기구간 중에서 지연차단 구간(15% − 25%) 존재

그림 6.11은 실제 계통에 설치된 것을 나타낸 것이며 예로써 Bus R의 Z거리계전기는 Bus H의 Y거리계전기에 의하여 후비보호 되고, 이어서 Y거리계전기는 X거리계전기(Bus G)에 의하여 후비보호 되며 각각 협조시간은 T2 및 T3가됨을 나타내고 있다. 20세기 중반까지는 이 거리계전방식이 송전선 보호의 주 보호방식이었으나 근래에는 변전소간 통

신이 발달하고 디지털 기술발달로 구간 내 사고를 모두 고속도 검출 할 수 있는 PCM전류차동방식 등이 도입되면서 거리계전방식은 변전소간 통신 등의 문제로 PCM전류차동방식이 정지될 경우 등에 대비한 후비보호방식으로 적용되고 있다. 송전선 보호에 사용되는 거리 계전기는 다음의 몇 가지 종류들이 있다.

(1) Mho형 계전기

그림 6.12는 대표적인 Mho형계전기의 동작 특성이다. Mho형 계전기는 계전기 동작특성상 방향특성과 임피던스 측정기능이 조합되어 있으므로 별도의 방향성 계전기가 필요 없어 아주 유용하게 사용되는 형식이다. 그러나 단거리 송전선에서 Arc저항(R_a)이 비교적 큰 사고가 정정범위 근처에 발생하였을 경우 고장점이 정정 구간 내에 있더라도 그림 6.13과 같이 Arc저항(R_a) 때문에 동작범위를 벗어나 부동작할 수가 있게 된다. 이와 같이 단거리 송전선에서는 Reactance형 거리계전기를 사용하거나 Reactance형과 MHO형을 조합한 것을 사용한다.

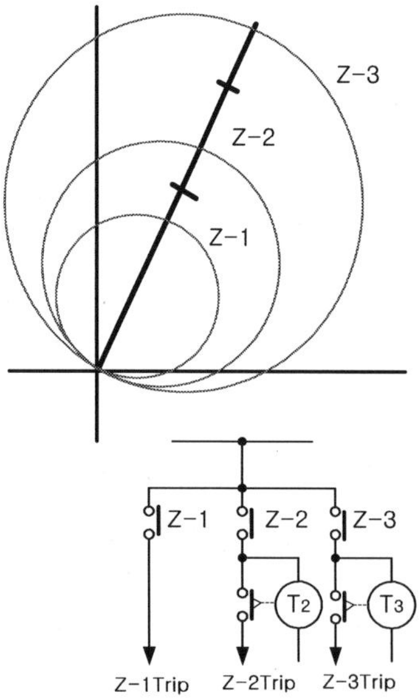

그림 6.12 MHO형 거리계전기 특성

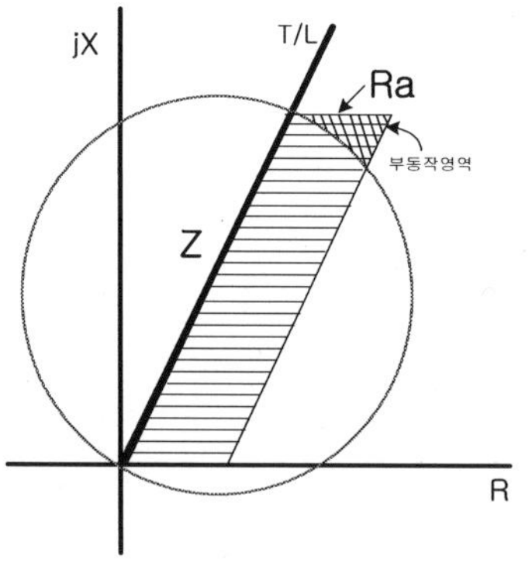

그림 6.13 Arc저항의 영향

(2) Mho형과 Reactance형의 조합

Reactance형은 Arc저항의 영향을 받지는 않으나 반면 부하전류에 동작하기 쉬운 결점(부하는 저항성분이 대부분이므로)이 있기 때문에 Mho형 계전기와 조합해서 쓰면 평상시 나타나는 부하 임피던스에 동작하지 않을 뿐만 아니라 방향성을 가지게 된다. (Mitsubishi의 MZS, TOSHIBA의 CXS, G.E의 GCX51, G.E.C의 XCG 등이 좋은 본보기이다.)

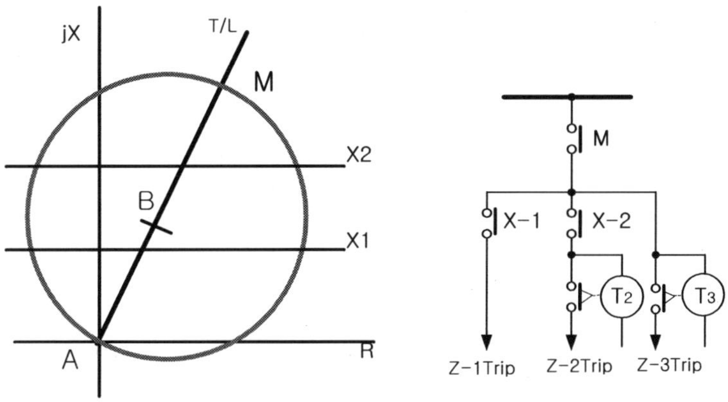

그림 6.14 MHO형과 리액턴스형거리계전기의 조합사용

그림 6.14는 MHO형과 Reactance형의 조합된 계전기의 특성을 나타낸 것이다. 각 단의 보호범위는 Mho형 계전기와 같은 기준으로 정정 운용하며 전자기계식 계전기의 경우에 계전기 장치가 제 1, 2단(Zone−1,2)이 따로 있는 것이 아니라 제2단(Zone−2)은 제1단에서 일정 시간 후(Zone−2시간 지연 후) 계전기의 전압입력회로의 Tap을 자동적으로 낮추어 낮은 전압이 입력되게 하여 제 2단 보호범위로 확대 되도록 하는 경우가 대부분이다. 그러나 디지털형 계전기는 임피던스나 리액턴스를 수치로 계산하고 동작범위 이내 여부를 판정하는 형식이어 매우 간단하다.

(3) Impedance형 거리 계전기

임피던스형 거리 계전기는 그림 6.15에서 보는 바와 같이 임피던스의 절대값이 일정치 이하가되면 동작하는 것으로서 방향성이 없으므로 단독으로 사용하는 경우가 거의 없으며, 방향 요소와 조합하여 고장이 일정구간 내에 있는지 없는지를 검출하는 요소 등으로 사용된다.

(4) Off−set Mho형 거리 계전기

Mho형 계전기의 특성을 변형한 것으로 사고점까지의 거리를 판정하기 보다는 사고가 보호하고자 하는 구간 이내인지 여부 또는 사고의 방향이 외부인지 내부방향인지 등을 판단하여 송전선 상대방 변전소의 계전기와 조합하여 송전선 사고를 검출하는 파이롯(Pilot)계전방식에 사용된다. 그 밖에도 이 계전기는 발전기 계자상실 보호 등에도 사용된다.

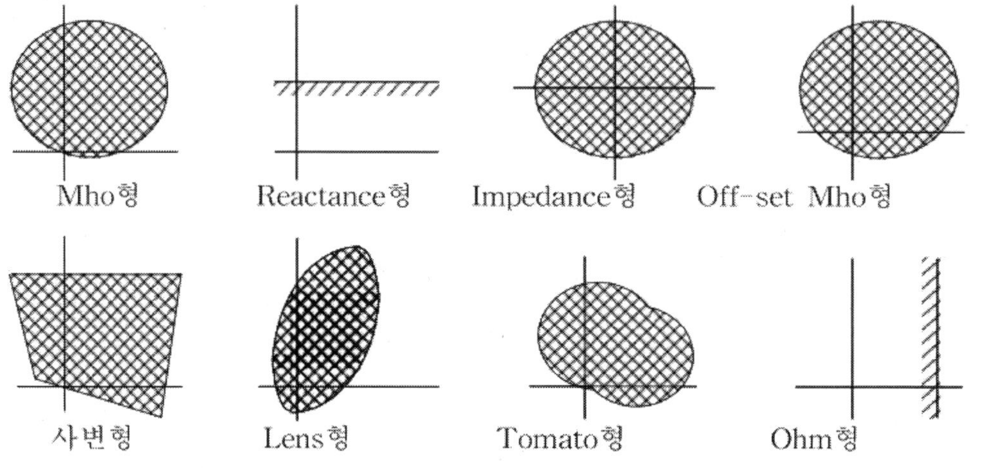

그림 6.15 거리계전기 유형별 특성도

(5) 사변형 거리 계전기

리액턴스 형과 Ohm형 거리 계전기를 조합한 계전기로서 Mho형과 Reactance형 계전기의 단점을 보완하고 그 들의 장점을 살린 계전기이다. 이러한 특징 때문에 최신 디지털 거리 계전기의 대부분이 사변형 특성을 지니고 있다.

(6) Lens형 거리 계전기

장거리 선로에 Mho형 거리계전기를 사용한다면 평상시 부하 임피던스에 동작할 우려가 있어 이를 극복하고자 Mho형 계전기를 2대를 설치하고 2대가 모두 동작하는 영역에서만 동작하는 특성을 갖는 형식의 계전기이다.

(7) Tomato형 거리 계전기

Mho형 거리계전기의 고저항 사고 검출능력을 보완하기 위한 것으로 2대의 Mho형 거리계전기를 설치하고 어느 한 대가 동작하면 사고로 판정하는 계전기이다.

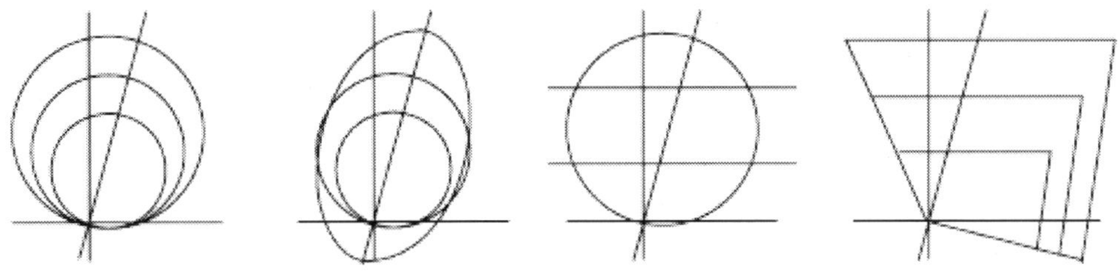

a) 3단계 MHO형 b) MHO형+Lens형 c) MHO형+Reactance형 d)사변형

그림 6.16 거리계전기의 조합사용 방법

(8) Ohm형 거리 계전기

송전선로의 저항 성분을 검출하여 동작하는 것으로 그림 6.15에서 알 수 있는 바와 같이 저항 값이 일정치 이하이면 동작하는 계전기 이다. 단독으로 사용하기 보다는 사변형 계전기의 구성요소로 또는 동기탈조 검출계전기 등의 목적으로 조합 사용된다. 그림 6.16은 조합 사용된 여러 가지 거리계전기의 형태들을 보인 것이다.

6.5.2 단락보호와 지락보호(Short Circuit and Ground Fault Protection)

단락보호용 거리 계전기는 일반적으로 △전압과 이와 동상의 전류를 도입하여 △Impedance를 측정한다. 고장점과 계전기 설치점에 분기단자가 없으면 3상단락, 2선 지락 및 2선 단락 등의 고장에 대하여 계전기가 보는 △Impedance는 고장점과 계전기 설치점과의 정상 Impedance와 같다.

그러나 지락보호용 거리 계전기는 상전압(Y전압)과 이와 동상인 상전류가 도입되어 분기단자가 없으면 지락 고장 점과 계전기 설치점 간의 정상 Impedance 또는 영상 Impedance를 측정할 수 있다.

중성점 직접 접지계에서 일반적으로 쓰이는 지락 거리 계전기는 다음과 같은 영상전류 보상방식을 쓰고 있다. 그림 6.17과 같은 계통에서 A상 1선 지락이 생겼을 때 계전기 설치점의 고장상 전압 V_a는 고장저항을 무시하면

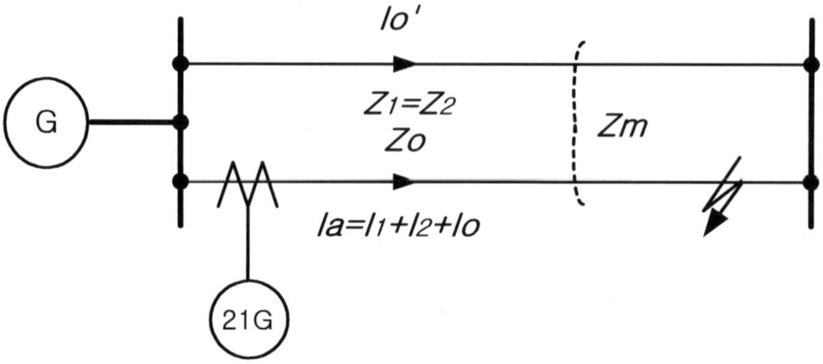

그림 6.17 영상전류 보상의 필요

$$
\begin{aligned}
Va &= V_1 + V_2 + V_0 \\
&= Z_1 I_1 + Z_2 I_2 + Z_0 I_0 + Z_m I_0' \\
&= Z1(I_1 + I_2 + I_0) + (-Z_1 I_0 + Z_0 I_0 + Z_m I_0') \quad \because Z_1 = Z_2 \\
&= Z_1 Ia + (Z_0 - Z_1) I_0 + Z_m I_0'
\end{aligned}
$$

와 같이 된다. 즉 V_a가 고장상 전류에 의한 정성분 전압강하 $Z_1 I_a$ 보다

$$(Z_0 - Z_1) I_0 + Z_m I_0'$$

만큼 커지게 된다.

따라서 거리계전기에 A상 고장전류 전압 I_a와 V_a를 입력으로 취하면

$$Z_1 = \frac{Va}{Ia + (\frac{Z_0 - Z_1}{3Z_1})(3I_0) + \frac{Z_m}{3Z_1}(3I_o')}$$

와 같이 되어 실제 Z_1보다 작은 값이 측정되게 된다. 따라서 정상분 Impedance Z_1으로 거리를 정확히 측정하려면 자체선로 영상전류 I_0와 이웃선로 영상전류 I_0'를 이용하여 $\left\{\frac{Z_0 - Z_1}{3Z_1}(3I_0) + \frac{Z_m}{3Z_1}(3I_0')\right\}$만큼 I_a를 보상해 주어야 한다.

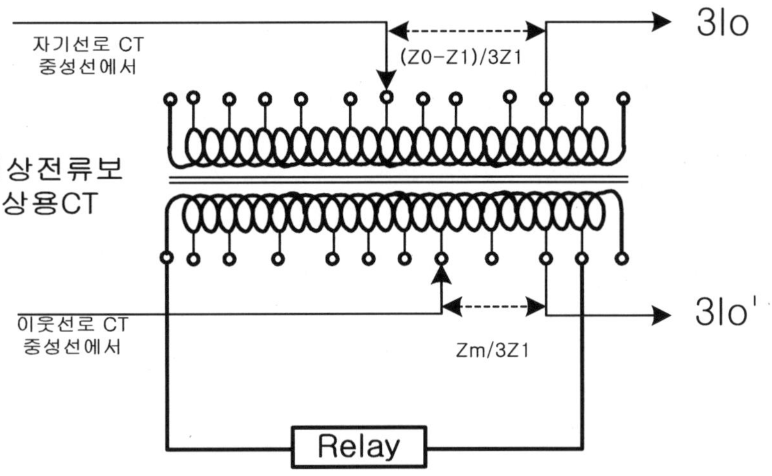

그림 6.18 영상전류 보상 CT와 결선

보상방법은 디지털식 계전기에서는 위 수식과 같이 연산하면 쉽게 되지만 아나로그식 계전기에서는 그림 6.18과 같이 별도의 보상용 C.T로 영상전류를 합성하여 위 수식의 분모에 상당하는 전류를 계전기에 입력하므로 고장점까지의 거리를 정상 Impedance (Z1)에 의해 측정할 수가 있다.

6.5.3 거리 계전기 적용상의 문제점

(1) Arc Impedance의 영향

거리 계전기로 Mho형을 쓸 때는 특히 단거리 송전선에서는 Arc Impedance 에 의해 부동작 되는 일이 없도록 고려해야 한다(그림 6.13참조). 고장지점의 Arc 저항은 일반적으로 다음과 같은 식으로 표현된다.

$$R_a = \frac{8,750}{I^{1.4}}$$

여기서

R_a : Arc저항 [Ω]
I : Arc전류 [A]
L : Arc길이 [$Feet$], $L = 3V \cdot t + L_0$
V : 풍속 [$Mile/Hour$]
t : Arc발생 후 경과시간 [sec]
L_0 : 처음 Arc길이 [$Feet$]
(즉 도체간이나 애자련 길이)

(2) 전압상실시의 오동작

평상 시 부하전류가 흐르고 있는 중 선로사고가 아닌데도 거리 계전기의 입력전압이 영으로 되거나 또는 아주 낮게 되면 계전기가 보는 임피던스가 동작범위내로 들어가거나, 방향을 판정하는 능력이 상실되어 오동작하거나 불안정한 상태로 되어 본래의 보호 기능을 상실하게 된다. 이러한 것은 전압변성기의 퓨즈가 단선되거나 또는 변성기의 회로 단선, 지락 등으로 인하여 발생 될 수 있다.

Reactance 계전기는 항상 방향특성이 있는 Mho계전기와 직렬로 연결하여 쓰이므로 문제가 되는 것은 Mho 계전기의 동작이다. Mho계전기는 전압이 상실되면 매우 적은 Spring의 억제 토크 만이 남아 오동작하기 쉽게 되므로 대책이 필요하다.

다음은 2가지 대책 방법들이다.

① 순시 과전류 계전기(50)를 설치하여 Trip 회로에 직렬로 삽입 하는 방법

② 전압 변성기 회로에 전압 평형 계전기(60)설치하여 영상전류가 없는데도(지락사고가 아닌 때) 3상중 어느 한상의 전압이 저하되면 거리 계전기의 동작을 Lock 시키는 방법

(3) 분류효과(In-feed Effect)

다 단자 전원을 가진 송전선에서는 분류효과로 거리 계전기가 보는 겉보기 Impedance가 실제 고장 지점까지의 Impedance보다 크게 나타나서 고장점이 거리적으로는 동작범위 이내인데도 부동작 되는 수가 있다.

즉, 그림 6.19에서 설명하면 P점 고장 때 거리 계전기(Z)가 보는 거리는 $Z_R = \dfrac{V_A}{I_A}$ $= (X_1 + X_2) + \dfrac{I_B}{I_A} \times X_2$ 인데 계전기 정정치(동작치)는 $(X_1 + X_2)$이므로 $\dfrac{I_B}{I_A} \times X_2$만큼 Under-reach하게 된다.

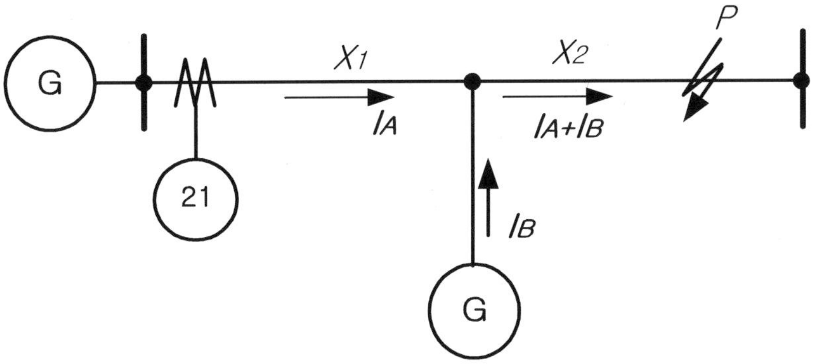

그림 6.19 분류효과 고려

만약 계전기 정정 시 분류효과를 감안하여 설정 운전하는 중에 B단자 전원이 없어지면 계전기는 Overreach하여 외부 고장에 오동작 하게 된다.

(4) 동기 탈조(Out－of－Step)시 동작

동기 탈조 시에 양단 전원의 위상차가 180o또는 그에 가까이 되면 계통의 전압, 전류는 그의 전기적 중심점에 3상 단락 고장이 생긴 것처럼 보여(Impedance계전기가 볼 때) 그 중심점을 동작범위로 하는 거리 계전기는 동작하게 된다. 따라서 동기 탈조현상이 발생되었을 때에는 다음의 2가지 관점에서 계통을 보호 또는 제어를 하여야 한다.

① 동기탈조가 스스로 회복 되지 못할 정도라면 계통의 적당한 곳을 차단하여 위상이 서로 크게 이탈한 계통 또는 발전기를 서로 분리시킨 다음 각기 안정이 회복되면 다시 동기를 맞추어 연계될 수 있게 한다.

② 동기탈조 시 계통에 설치된 Impedance계전기들이 동작하여 송전선이나 전력설비를 무분별하게 차단하는 것은 계통안정유지나 회복에 오히려 혼란을 줄 수 있어 Impedance계전기의 동작으로 설비가 차단되는 것을 방지한다.

동기 탈조현상에 대하여 ①의 방안을 적용하려면 계통 중에서 부하와 발전력이 평형되는 지점에서 계통을 분리하여야 안정회복을 기대할 수 있다. 그런데 일반적으로 각 계전기의 설치점이 그 평형 점에 해당한다고 할 수 없으므로 사전에 계통안정도모의 해석을 하여 평형점으로 되는 경우가 많은 지점이라든지 아니면 아예 탈조의 원인을 제공한 계통이나 발전기를 분리시켜 남은 계통이라도 안정을 회복하는 것이 유리한 경우에 채택할 수 있다.

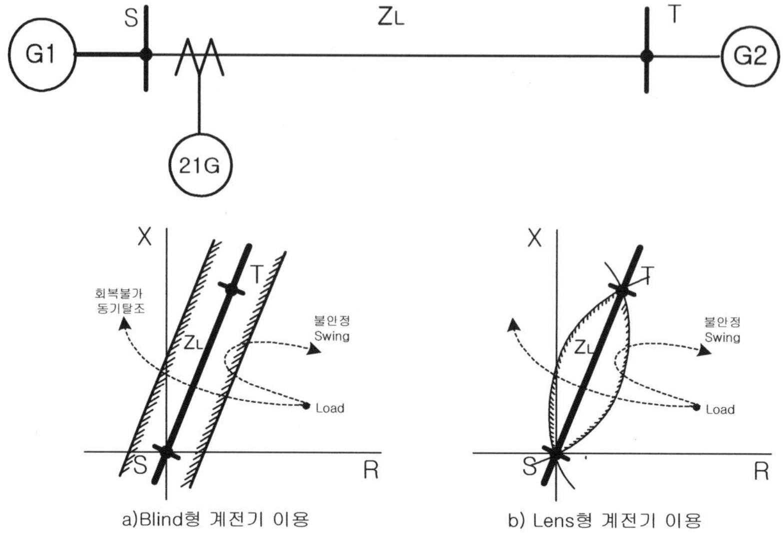

그림 6.20 동기탈조 Trip을 위한 검출 방식

이 방안의 실제적인 사례는 그림 6.20과 같다. 계통동요가 발생되어 회복할 수 있는 동요라면 임피던스 궤적이 1상한을 맴돌다 원 위치로 복귀되지만 동기탈조로 빠지게 되면 임피던스 궤적은 피보호 선로 등을 가로질러 반대 방향을 지나고 먼 지역을 지나서 다시 반복하여 진행되게 된다. 따라서 회복 불가능을 검출하기 위하여 Blind형 Impedance계전기나 렌즈형 Impedance계전기를 설치하여 궤적이 이들을 지나 2상한 쪽으로(수전단이면 반대로 2상한에서 1상한 쪽으로) 지나가는 것이 검출되면 회복 불가능 한 것으로 판단하여 차단(Trip)을 한다.

기타 일반 송전선에 적용하는 Impedance계전기들은 동기 탈조시 무분별하게 동작하지 않도록 ②의 방안으로 동작을 Lock한다. 특히 고속도로 동작하는 Zone−1 및 Zone−2 등에 적용한다.

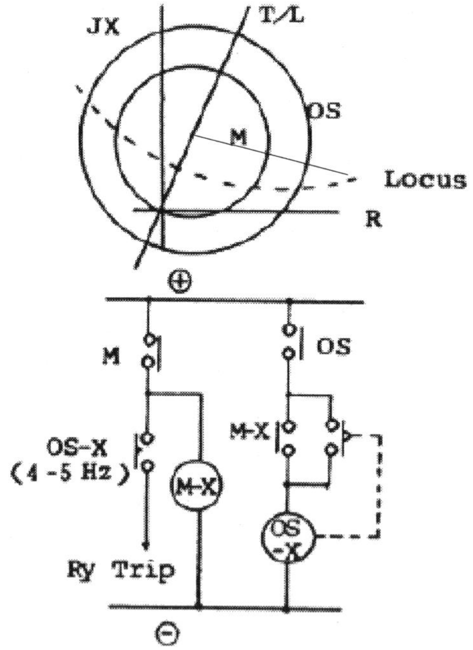

그림 6.21 동기탈조 시 거리계전기 Trip Blocking회로

②에 대한 구체적인 방법은 계통 탈조시엔 전압강하 및 전류증가가 서서히 진행되나 고장시에는 순간적으로 변하는 것을 차이점으로 한 방법으로서 그림 6.21에 나타난 바와 같은 모형Impedance계전기(M)가 있을 경우 이보다 동작범위가 약 2[Ω]정도 큰 모형요소(OS)를 추가로 설치한 방식을 사용한다. 즉, 고장 시엔 계전기가 보는 임피던스 이동은 OS 및 M요소가 거의 동시(실선과 같음)에 동작하여 Trip되나, 동기 탈조 시에는 OS요소 동작 후 M요소 동작까지에는 일정한 시한(계통의 동특성에 의해 2[Ω]을 이동하는데 약 6Hz 이상 소요:점선과 같이 이동)이 있기 때문에 이 시간을 검출하여 Trip을 Lock(OS-X) 시킨다.

6.6 파이럿 계전방식(Pilot Relaying)

송전선 보호에 단순히 거리 계전기만 적용하면 송전선로 말단(Zone-1 구간을 넘는 자기구간) 고장 발생 시 고속도 고장제거가 곤란하게 된다. 즉, 거리 계전기의 순시동작 요소인 Zone-1으로 피 보호 선로를 100% 보호하도록 조정하면 각종 오차로 인해 다음 구간 고장 시에 오동작할 우려가 있어 통상 자기구간의 75~85% 정도에 조정하게 되므로 나머지 25~15%구간 고장 시에는 순시차단이 곤란하고 Zone-2 또는 Zone-3요소에 의해 고장이 제거될 수밖에 없다.

이에 대한 대책으로 선로 양단에 통신설비를 설치하여 서로 신호를 주고받아 고장 구간을 확인함으로서 선로의 100%를 고속으로 보호 할 수 있도록 하는 방식을 파이럿 계전방식(Pilot Relaying Scheme)이라고 한다.

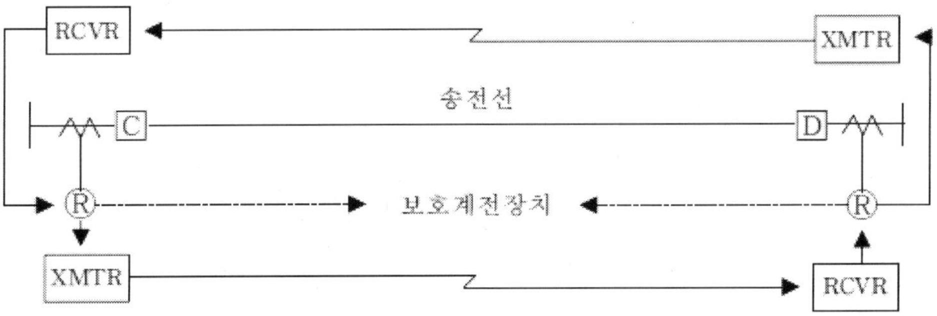

RCVR : 수신기(Receiver)
XMTR : 송신기(Transmitter)

그림 6.22 파이럿 계전방식 개요

파이럿 계전방식에는 사용되는 통신수단의 종류, 통신방식, 사고구간 판정을 위한 구성방법 등에 따라 방향비교방식, 전송차단방식, 위상 비교방식, 표시선계방식 등으로 분류할 수 있다.

우리나라에 적용중이거나 사용했던 파이럿트 방식의 통신수단으로는 전력선에 반송파를 실어 송수신하는 전력선 반송(PLC : Power Line Carrier)방식, 광통신회선을 이용하는 방식, Micro Wave를 이용하는 방식, Pilot Wire(표시선)을 이용하는 방식 등이 있으나 최근에는 앞의 2가지 방식이 주종을 이루고 있다. 전력선반송방식에 사용하는 통신장치(Carrier[C/R] Set)는 제작사에 따라 다소 차이는 있으나 반송주파수 20∼500 KHz, 출력 1∼100Watt정도의 특성을 갖고 있으며 주로 특고압 이상 초고압 송전선의 주보호로 사용되고 있으나, 송전선로에 고장 발생 시 외란의 영향을 받기 쉽고 신호 레벨이 저하되는 단점이 있어 최근에는 음성주파수 즉 Audio Tone을 이용하는 광통신 방식이 많이 사용되고 있다. 전력선 반송(PLC)을 이용한 계전방식을 특별히 캐리어계전(Carrier Relay: C/R Relay)방식이라 부르기도 한다.

6.6.1 방향비교 방식(Directional Comparison Scheme)

방향비교방식은 송전선로의 양단에 설치된 방향성을 가진 거리계전기요소, 지락방향과 전류요소 등의 동작으로 고장방향을 판정하고 그 정보를 통신장치에 의해 상대단으로 전송하므로서 고장점의 위치가 보호구간 내부인지 또는 외부인지 여부를 판별하는 방식이다. 이 방식은 통신신호 전달방식에 따라 다음 2가지 형태로 분류 할 수 있다.

1) 방향비교 트립저지방식 (Directional Comparison Trip−Blocking: A Type)

우리나라 154 kV 송전선보호 및 345 kV송전선 제2주보호반에 사용하고 있으며 각단에는 내부방향요소 계전기와 외부방향요소 계전기가 설치되어 있다. 외부방향 계전기가 동작하면 즉시 상대단에게 통신신호를 보내 차단하지 못하도록 하는 "트립저지(Trip Blocking)" 신호를 보내는 방식이다. 즉, 자단에서 내부방향 요소가 동작되어도 상대방에서 볼 때 외부방향이면 결국 사고위치는 피보호구간 외부로 판단하는 방식이다.

그림 6.23에서 내부방향요소 RO는 거리계전기 Zone−2요소 또는 Zone−3요소를 사용하여 외부방형요소 B는 계전기설치지점에서 뒷방향의 고장을 측정하는 요소로서 거리계전기를 주로 사용하고 지락고장검출의 경우 지락방향과전류 요소 또는 지락과전류요소와 내부방향을 보는 거리계전기요소를 조합하여 사용하기도 한다.

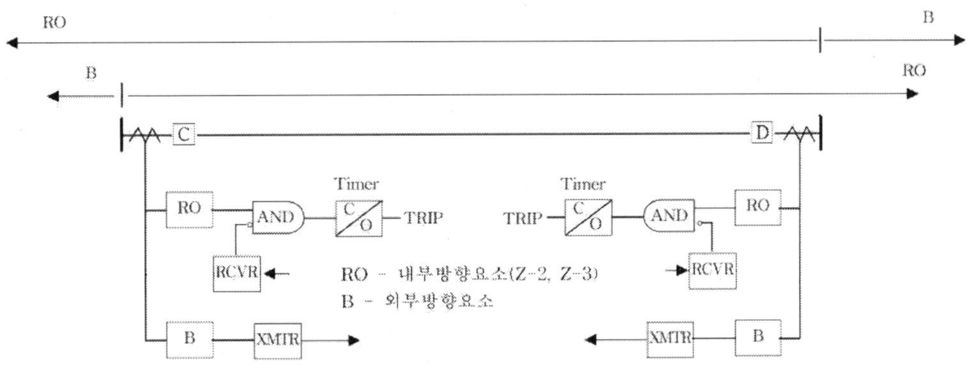

그림 6.23 방향비교 트립저지방식(A type)

지금 송전선로가 고장 없이 정상적으로 운전되고 있으면 양단의 RO 및 B는 동작하지 않고 상대단으로 신호전송도 하지 않게 된다. 그러나 차단기 C의 후단(모선을 포함한 뒤 방향 측)에서 고장이 발생하면 차단기 D측의 내부방향요소(RO : Zone−2요소 또는 Zone −3요소)가 동작하여 차단하려고 하나 C단의 B요소도 동작하며 송신기(XMTR)에 신호를 주어 상대단으로 트립저지(Blocking) 신호를 송출하므로 D단의 수신기(RCVR)에 출력신호가 나오게 되며 "AND" 회로에 부(−)신호를 주어 Trip을 저지함으로 외부방향으로 판정하여 차단되지 않게 된다.

고장 위치가 피보호 구간인 차단기 C와 D사이에 있다면 양단의 내부방향 요소인 RO 들은 동작하나 외부방향요소인 B요소들은 동작하지 않아 트립저지 신호가 발생되지 않아 양단이 바로 고속도 차단을 이루게 된다. 여기서 Timer는 외부사고시 트립 저지신호를 위한 송, 수신과정에서의 시간지연을 고려하여 오동작을 방지하기 위한 시간지연 요소이며 보통 25ms정도[Range 1−50(C/R set 전송속도 : 15 ms, AUX.Ry : 5 ms, 여유시간 : 5 ms)]에 조정하고 있다. 본 방식은 외부사고 시 통신장치에 고장이나 결함이 있어 트립저지 신호를 보내지 못한다면 오동작 할 수 있는 단점이 있다.

방향비교 트립저지방식에 사용되는 통신장치는 전력선반송(Power Line Carrier), 광통신장치 등을 사용하며 보호계전기에서 나오는 신호를 상대단 통신장치의 수신기에서 신호로 출력할 수 있는 것이면 적용 가능하다. 전력선 반송의 경우 보호계전기의 접점신호를 30 kHz~600 kHz 범위의 주파수신호로 변환하여 송수신하는 On−Off 방식을 많이 사용하며 광통신을 사용하는 경우는 신호를 중간변환장치에서 광신호로 변환하여 송수신하게 된다.

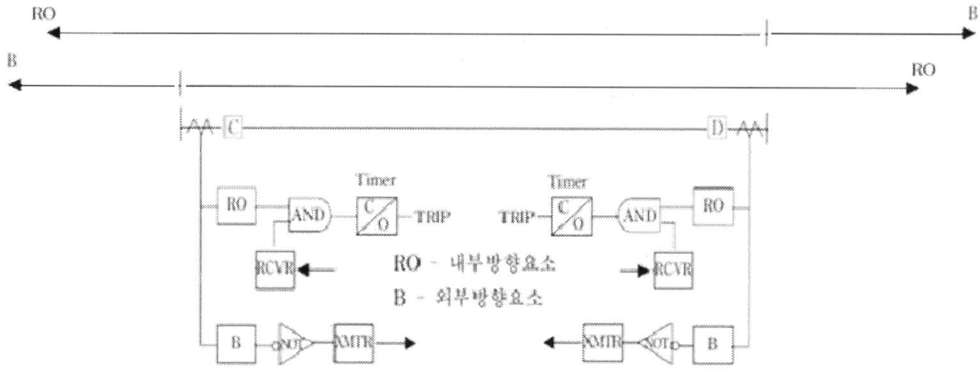

그림 6.24 방향비교 트립저지 방식(B Type)

(2) 방향비교 트립저지방식 (Directional Comparison Trip–Blocking: B Type)

전술한 A Type에서는 정상운전 상태에서는 신호가 송수신 되지 않으나 B Type에서는 정상운전상태 또는 내부고장 시에 상대단과 송수신을 계속하는 방식으로 외부고장 시에는 외부방향요소 B의 동작에 의해 송신이 중단되어 상대단 수신기의 출력신호가 없어지므로 트립이 저지되는 방식이다.

이 방식에서는 통신장치 고장시 트립이 불가해져 통신회선을 상시 감시할 수 있는 주파수 편이(FSK)방식, 광통신장치 등 고신뢰성의 통신설비가 요구되는 방식이다. 현재 외국 전력계통에서는 사용되기도 하나 국내에서는 사용하지 않는 방식이다.

6.6.2 전송차단방식(Transfer Trip Scheme)

송전선로의 양단 보호계전기중에 어느 한쪽 단에서 고장점을 정확히 내부사고로 판단하였을 때(예: Zone−1이 동작) 이 정보를 상대단에도 전송하여 차단하도록 하는 방식을 전송차단보호방식(Transfer Trip Protection)이라 하며 양단을 고속으로 차단시키는 방식중의 하나이다. 전송신호를 보내는 조건과 트립을 위한 방향 거리계전기요소의 조합방법에 따라 제어 언더리치 전송차단방식, 제어 오버리치 전송차단방식, 직접전송차단방식 등으로 구분한다.

그림 6.25의 제어 언더리치 전송차단방식(PUTT: Permissive Under−reach Transfer Trip)은 국내의 345 kV 송전선 제2주 보호반에 적용되고 있는 방식으로 피보호 송전선로 내부고장 시 거리계전기의 언더리치요소 즉, Zone−1의 동작에 의해 자기단 트립과 동

시에 상대단으로 전송차단신호를 송출하며, 상대단에서는 전송차단 신호가 수신되고 내부방향 오버리치(Over reach)요소(예: Zone−2 or 3요소)가 동작하는 조건으로 트립하는 방식이다.

그림 6.26의 제어 오버리치 전송차단방식(POTT : Permissive Overreach Transfer Trip)은 송전선로 고장시 내부방향 오버리치(Over reach)요소(RO)가 동작하면 상대단으로 전송차단신호를 전송함과 동시에 상대단으로 부터 신호가 수신되면 트립하는 방식이다. 자기단의 RO요소가 동작하고 상대단에서도 RO요소 동작에 의해 차단신호가 전송되어 온다면 고장점이 피보호 송전선로로 자기구간내에 있는 것이 분명함으로 차단하는 방식이다.

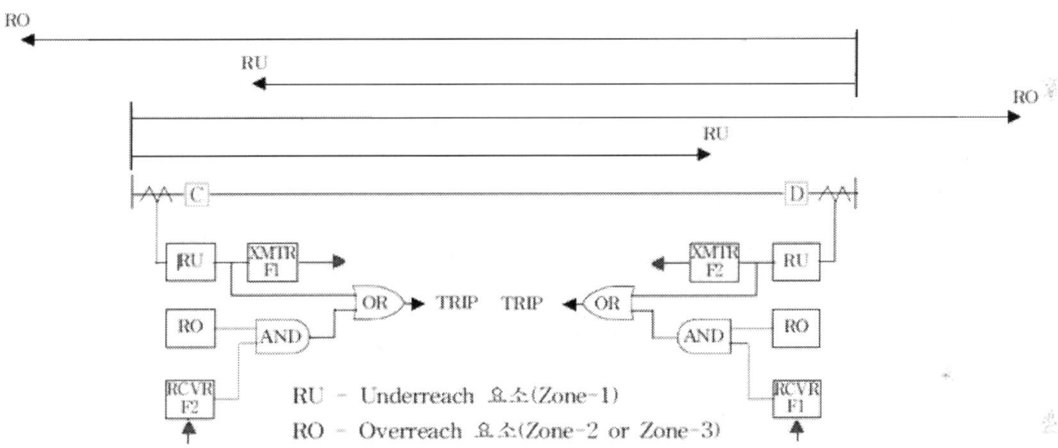

그림 6.25 제어 언더리치 전송차단방식(PUTT)

그림 6.27의 직접전송차단방식(DUTT:Direct Under−reach Transfer Trip)은 언더리치(Under−reach)요소(Zone−1)의 동작으로 자기단을 차단시키고 동시에 상대단으로 전송차단 신호를 송출하며 상대단에서는 이 신호를 수신하면 다른 요소 동작여부에 관계없이 직접 차단하는 방식이다.

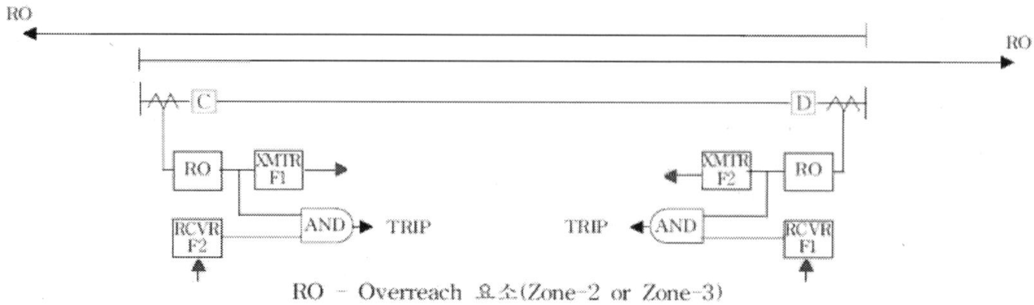

그림 6.26 제어 오버리치 전송차단방식(POTT)

이 방식은 어떤 이유로 상대단 차단기가 개방되어 있는 상태에서 상대단 근처(선로말단) 고장 시 순시차단이 곤란하게 되는 문제점이 있다(Zone−2로 보호 됨).

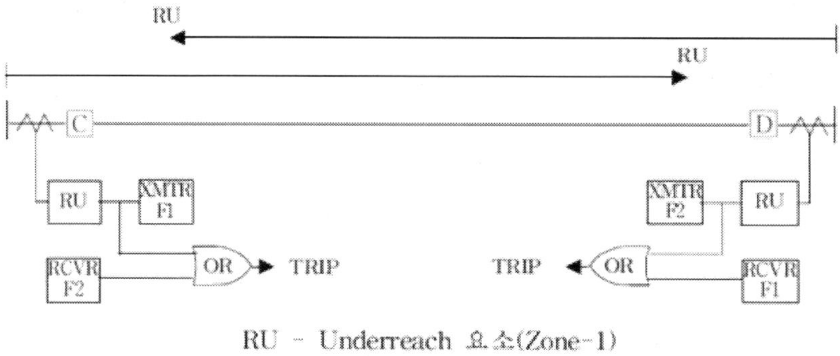

그림 6.27 직접전송 차단방식(DUTT)

한편, 본 전송차단방식들에 적용되는 통신장치는 오신호에 의한 오동작 및 통신시스템 고장 등으로 인한 부동작이 발생하지 않아야 하므로 신뢰성이 있는 주파수 편이방식(Frequency Shift Keying) 통신장치를 사용하며 상시에는 가드(Guard)신호를 송수신하여 채널상태를 감시하여야 한다. 광통신장치를 사용할 경우에도 이와 동등이상의 성능을 가지는 것을 사용하여야 한다.

6.6.3 위상비교 방식(Phase Comparison Scheme)

위상비교방식은 보호구간 양단의 고장전류 위상이 내부 고장 시에는 동위상이고 외부 고장 시에는 역위상이 되는 것을 이용한 것으로서 장치의 기본원리는 아래 그림 6.28과 같다.

위상 비교에서는 3상에 흐르는 전류의 종합적인 Vector를 표본량화하여 비교하는 방법과 각 상별로 비교하는 방법이 있는데 그림은 3상을 표본량화하여 비교하는 방식으로서 그림의 종합변류기에서 3상전류를 단상 전압의 형태로 변환하고 파형변조기에서 신호전송을 용이하게 하기 위해 구형파형태로 변환하여 상대단에 전송하는 경우이다.

한시요소는 상대단으로 부터 전송되어 오는 신호와 시간을 맞추기 위한 것이고, 비교기는 자기단과 상대단의 신호를 비교하여 그 결과에 따라 Trip신호를 발생하게 되며 원리는 그림 6.29와 같다.

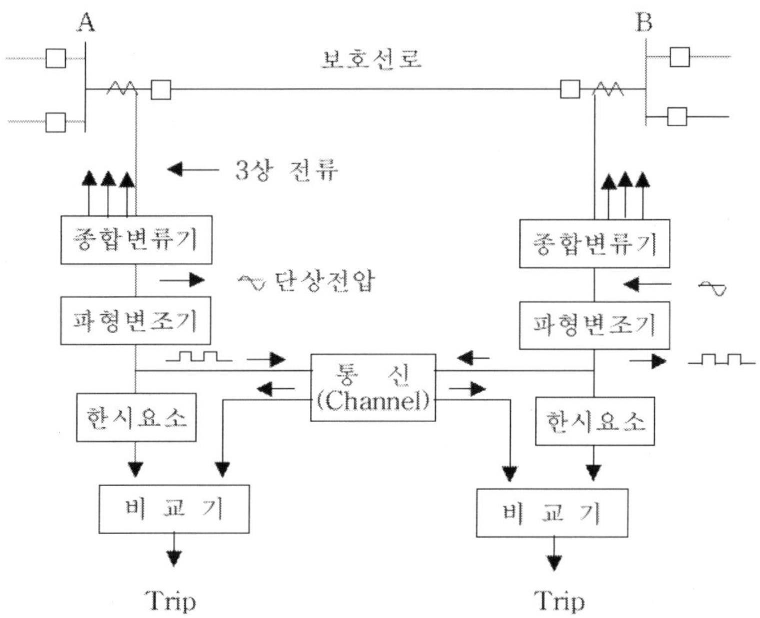

그림 6.28 위상비교에 의한 보호계전 시스템

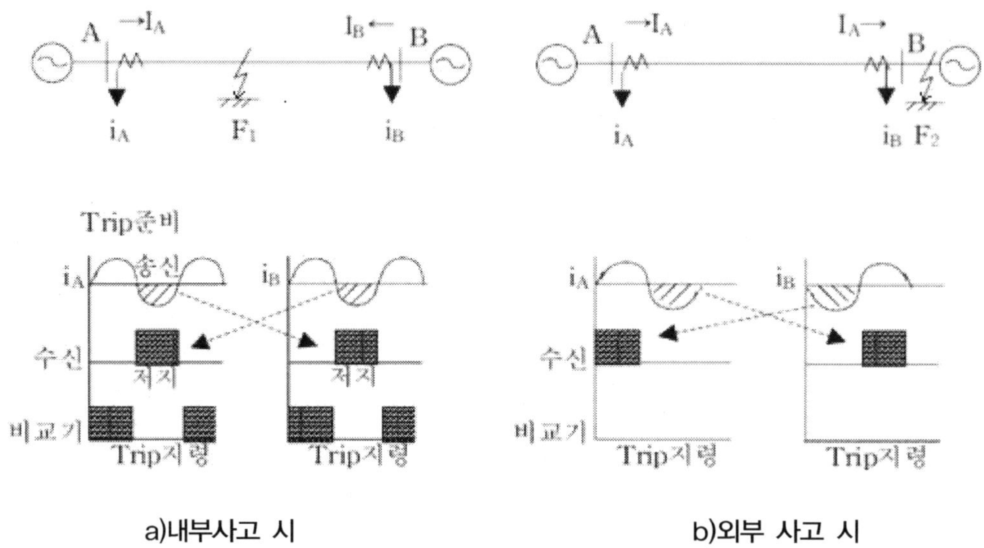

그림 6.29 위상비교방식에 의한 송전선 보호원리도

양단의 전류위상을 비교하는 방법에는 각 단자의 전류의 "+" 반파에서는 Trip을 시도하고 "−" 반파에서는 상대단에 Trip저지신호를 송출하는 방법과 +, − 상태를 구분된 신호로 연속하여 전송하여 +, − 상태를 지속적으로 비교하는 방법이 있는데 동작속도 면에서 후자가 유리하며 그림 6.29는 전자의 동작원리를 설명한 것이다. 통신방식으로는 전력선반송 또는 Micro파 등을 사용하며 신뢰성 있는 시스템이 요구된다. 국내계통의 송전선보호에는 사용하고 있지 않으나 외국계통에서는 사용되는 사례가 있으며 종래에는 고급의 보호방식이었으나 후술하는 PCM 전류 차동방식이 등장하면서 더 이상 확대 사용은 되지 않고 있다.

6.6.4 표시선 계전방식(Pilot Wire Relaying)

보호구간의 양단 전류의 차가 발생할 때 동작하도록 되어 있는 차동전류개념의 보호방식으로 양단간에 소세력 신호선인 표시선(Pilot Wire Cable)으로 상호 연결하여 비교한다. 송전선에는 3상전류가 흐르므로 각 상의 전류를 비교하려면 3조의 표시선과 부대 장치들이 필요하여 시설비 문제가 있게 되는데 이에 대한 대책으로 종합변류기를 통하여 3상 전류를 단상 전류로 합성한 후 표시선에 인가하여 양단의 전류의 방향 및 크기를 비교하여 내부, 외부고장을 판단한다. 내부 고장 시에는 순시로 고장제거를 할 수 있도록 되어 있다.

이 방식은 양단을 표시선을 직접 연결하는 관계로 표시선 임피던스의 크기에 따라 적용한계가 있으며 0.9～1.2 mm의 표시선을 사용할 경우 20～25 km까지 적용가능하다. 그러나 금속성의 표시선을 포설하여 사용함에 따라 인근 송배전선의 고장전류에 의한 전자유도나 대지전위상승 등으로 인해 오·부동작할 가능성이 있는 것이 단점이다. 최근에는 전자유도작용이 없는 광통신선로의 실용화에 따라 이 방식의 새로운 적용은 거의 없는 실정이다. 표시선 계전방식은 동작원리상으로 분류하면

- ○ 방향비교 방식
- ○ 전류비교 방식
- ○ 전송 Trip방식

이 있으며 전류비교 방식은 기기보호에 쓰이는 전류차동방식을 송전선보호에 적용한 방식으로 장치가 비교적 간단하고 경제적이므로 많이 사용된다.

전류비교 방식은 그 동작원리상 전류순환 방식과 전압방향방식이 있으며 동작 특성이나 CT의 부담이 적은 점에서 전류순환방식이 유리하다.

(1) 전류순환방식

상시 부하전류가 흐르는 경우와 외부고장 시의 전류는 표시선(Pilot Wire)을 순환하고 억제 Coil(RC)을 통하여 흐르게 되며, 내부고장 시에는 전류방향이 모두 내부로 향하고 있어 표시선의 양단에 동일한 위상의 전압이 발생되어 표시선으로 전류가 순환하지 못하는 대신 분로에 있는 동작Coil(OC)에 전류가 흘러 계전기가 동작한다(ABB의 HCB Type, GE의 SPD Type, Toshiba의 TPL2D Type등이 이 방식에 속함).

(2) 전압반향방식

전류순환방식과는 동작 및 억제 Coil의 위치가 바뀌어 있고 표시선이 역방향으로 결선된 점이 다르다.

상시의 부하전류와 외부고장시의 전류는 억제 Coil(RC)에만 흐르며 내부고장 시는 표시선에 전류가 환류하여 동작 Coil(OC)에 전류가 흘러 동작한다.(G.E의 CPD나 G.E.C.의 DSB7 Type이 이 방식에 해당)

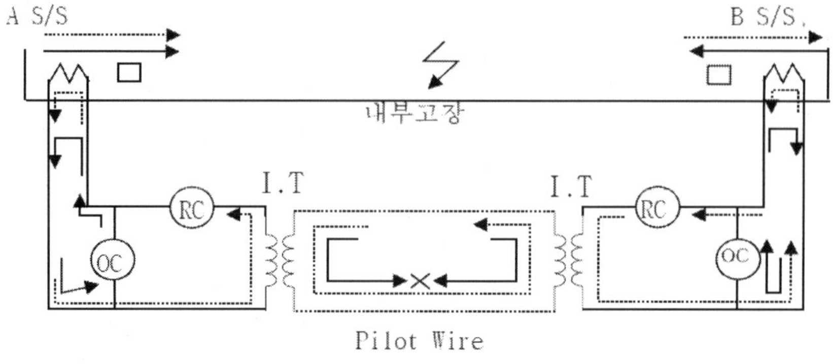

그림 6.30 전류 순환방식

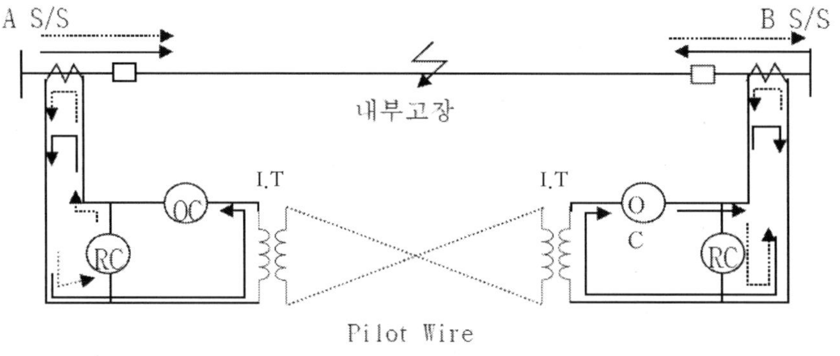

그림 6.31 전압 반향방식

이 방식은 부하전류가 통과하므로 상시 표시선에 전압이 인가되어 있어 표시선 간의 정전용량이나 절연변압기(IT)의 여자 Impedance 들을 통해 동작 Coil에 전류가 흐르기 쉽다. 고주파분 돌입전류에 대해서는 표시선 간의 정전용량이 낮은Impedance가 되어 동작 Coil에 전류를 흘려서 오동작할 염려가 있으므로 충분히 주의해야 한다. 표시선 계전방식에 사용되는 보조장치들을 간략하게 소개하면 아래와 같다.

(가) 절연변압기(Insulation Transformer)

표시선의 양단에 설치하며 다음과 같은 목적이 있다.

① 표시선에 유기되는 고전압에서 계전기 회로를 보호한다,
② 표시선에 흐르는 전류를 감소시켜 C.T부담을 줄인다.
③ 주변류기 회로의 접지를 쉽게 할 수 있다.
④ 계전기 측에서 본 표시선의 저항이나 정전용량의 역할을 적게 한다.

(나) 종합변류기(Summation Transformer)

직접접지계에서 표시선으로 지락보호를 하려면 변류기의 잔류회류로 쓰면 2조(2 pairs)의 표시선이 필요하고, 단락보호를 상별로 하기 위하여는 6조의 표시선이 필요하게 되므로 일반적으로 그림 6.32와 같은 종합변류기를 써서 2조의 표시선 만으로 단락 지락보호를 할 수 있도록 하고 있다.

그림(a)에서 정상 Filter 출력전압은

$$V_F = 2IA_1R_1 + I_0(R_1 + 3R_0)$$

그림 (b)도 동일한 방식이며 출력전압은

$$V_F = 2I_1R_1 + I_0R_1$$

$$\because V_F = R_1I_A + i \times M(I_B - I_C)$$

$$I_A = I_0 + I_1 + I_2,\ I_B = I_0 + a^2I_1 + aI_2$$

$I_C = I_0 + aI_1 + a^2I_2$ 이므로

$$V_F = R_1I_0 + (R_1 + \sqrt{3} \times M)I_1 + (R_1 - \sqrt{3} \times M)I_2$$

$\sqrt{3} \times M = R_1$ 이므로

$$\therefore V_F = 2I_1R_1 + I_0R_1$$

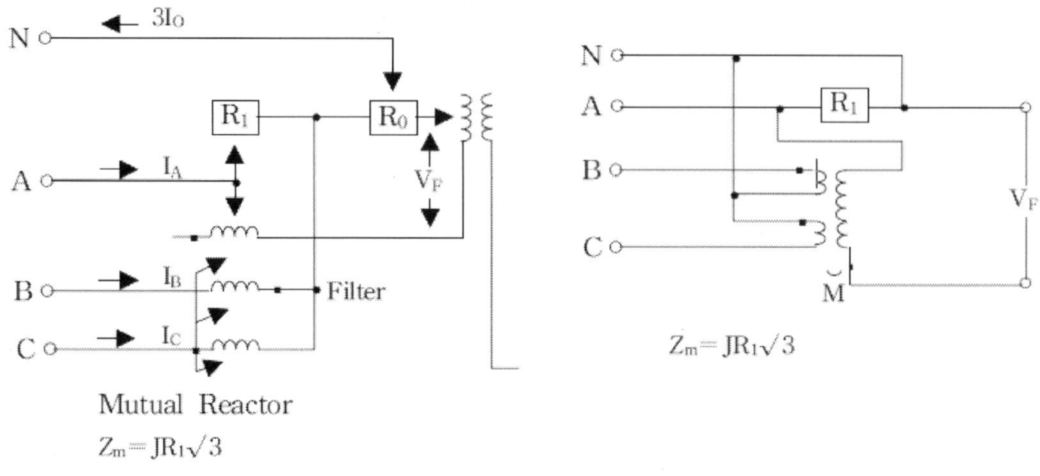

(a) HCB-I (W.H)　　　(b) HCB-4 (Mitsubishi)

그림 6.32　종합변류기 유형

따라서 종합변류기를 사용하면 그림 6.32의 (a)와 (b)의 경우와 같이 단락고장이나 지락고장을 한 대의 계전기로 보호 할 수 있으며 표시선도 2조만 있으면 보호가 가능하다.

(다) 표시선 고장의 감시

전류순환방식은 그 원리에 의해 표시선이 단선 되어있으면 외부 고장전류로 오동작할 수 있으며, 표시선이 단락되어 있으면 내부고장 때 부동작 할 수 있다. 한편 전압반향식은 표시선이 단선되면 내부사고시 부동작 할 수 있고, 표시선이 단락되면 외부사고 시에 오동작 될 수 있다. 따라서 표시선 계전방식에는 반드시 표시선 고장 감시 장치를 설치하여 표시선 고장 시에 즉시 적당한 조치를 취하도록 해야 한다.

그림 6.33은 직접감시방식의 한 예로서 표시선(Pilot Wire)에 직류전류를 상시 흘려서 단락 시 및 단선시의 직류전류 증가를 감시용 계전기로 검출하고 지락 시는 지락계전기로 검출하여 경보한다.

(라) 비율특성

표시선계전기는 보통 외부고장시의 변류기 오차에 의한 오동작을 방지하기 위해 그림 6.34와 같은 비율특성을 갖도록 설계한다. 이 특성은 변압기 등의 전력기기용 비율 차동계전기(87)에서와 같이 억제력으로 쓰이는 통과전류에 대하여 동작력으로 작용하는 차전류가 일정비율 이상이면 동작하도록 되어 있음을 표시한다.

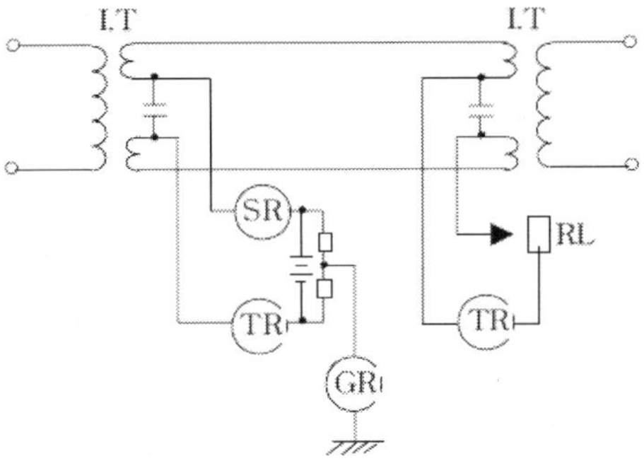

그림 6.33 표시선 감시 회로

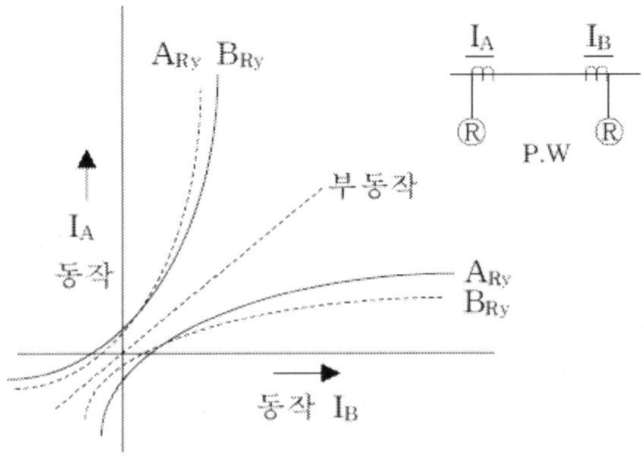

그림 6.34 비율특성 곡선

6.7 PCM 전류차동계전 방식

PCM이란 Pulse Code Modulation(펄스부호 변조)의 약어이며 데이터 전송의 한 방법이다. 보호구간 각 단자의 전류치를 샘플링하여 부호화한 후(그림 6.35참조) 상대단으로 전송하고 수신한 단에서는 자단 전류와 수신된 상대단 전류의 크기와 방향을 비교, 고장구간을 판정하는 방식을 PCM전송 전류차동방식이라 한다. 이 방식의 기본원리는 표시선 계전방식의 전류비교 계전방식과 유사하며 각 단에서 sampling시점의 동기가 맞는 지 여부를 점검하는 방식에 따라 자동 동기방식과 비동기방식이 있으며 보호성능과 신뢰성 면에서 자동 동기방식이 우수하다. PCM전송방식의 Date구조를 간단히 표시하면 그림 6.35와 같다.

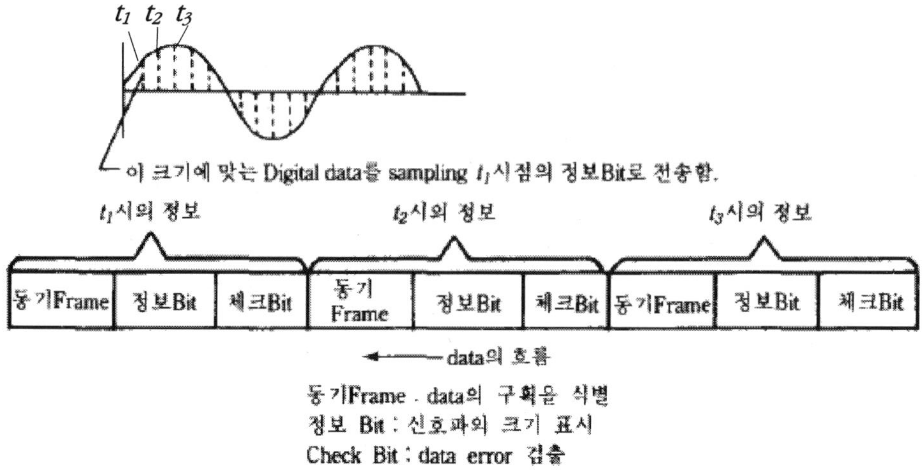

그림 6.35 전류차동방식의 Sampling된 Data형태

PCM전송 전류차동방식의 개략적인 동작개요는 그림 6.36과 같다. 각상의 CT전류는 입력변환기(IT)에서 적절한 크기로 변화되어 필터(LPF)에서 고조파성분이 제거된다. Sampling Holder회로(S/H)에서는 각 입력값을 동기시켜 Sampling하며 Sampling된 Date는 A/D변환기에서 Digital값으로 변환되어 CPU입력됨과 동시에 상대단 계전기로 전송된다.

한편 CPU에서는 자단의 입력 전류와 동일시간에 sampling되어 전송되어온 상대단 전류값을 상호 비교하여 고장여부를 판정한다.

계전기의 동작판전은 제작사별로 다소 차이는 있으나 대체로 다음과 같은 식으로 계산 처리한다.

$$\left|n\sum \dot{I_S}\right| - n\sum\left|\dot{I_R}\right| > K$$

여기서 $\left|\sum I\right| = \left|\dot{I_S} + \dot{I_R}\right|$ ………………… 동작값

$\sum I = \left|\dot{I_S}\right| + \left|\dot{I_R}\right|$ ……………… 억제값

n, K : 상수

I_S, I_R : 송수 양단의 전류치

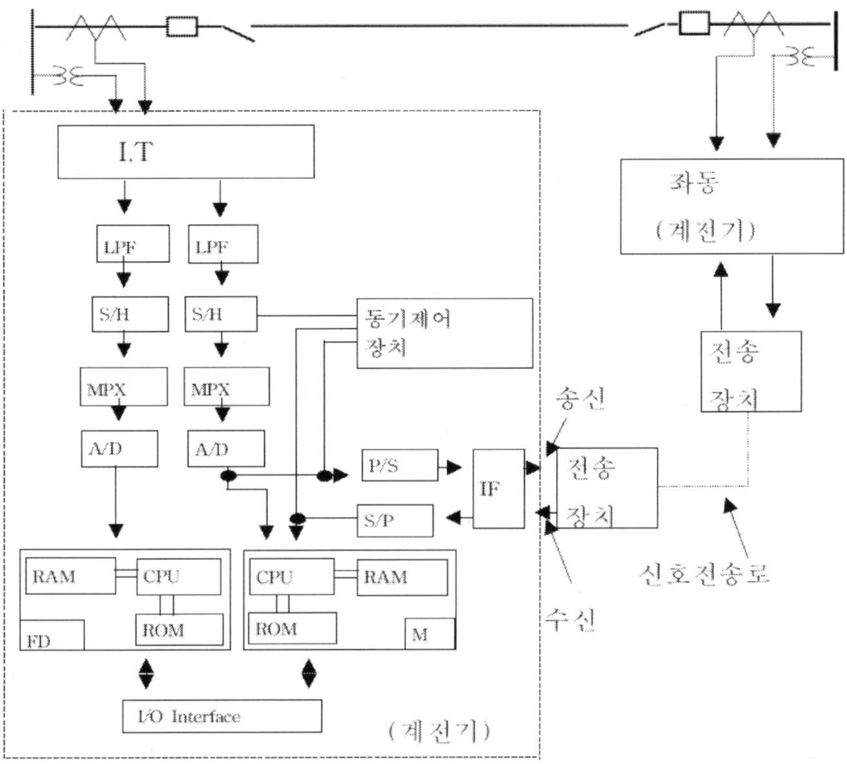

FD : Fault Detector Relay
M : Main Protection Relay
IT : Input Transducer
LPF : Low Pass Filter
S/H : Sampling and hold
MPX : Multiplexer
CPU : Central Processing Unit
RAM : Random access memory
ROM : Read only memory
IF : Interface circuit
S/P : Serial to parallel converter
P/S : Parallel to serial converter
A/D : Analog to digital converter

그림 6.36 PCM전류 차동방식 Block도

이 방식은 매우 높은 통신회선 및 관련 장치의 신뢰도가 요구되며 전송속도가 고속(64 kbps이상)이므로 광통신이나 Micro Wave를 사용하고 통신선로 상태를 상시 감시하여 이상 시 Trip이 저지되도록 하여야 한다. Date 전송에 따른 시간지연은 계전기의 동기확인 회로에서 자동으로 보상되며 계전기에서 요구하는 최대 지연시간은 1 cycle 정도이나 가급적 전송지연이 작은 것 일수록 좋다.

6.8 자동 재폐로 방식

송전선의 고장은 대부분이 뇌격 등에 의한 아-크(Arc)지락고장이나 또는 일시적인 사고가 많고 영구고장은 전체 고장회수 중 20%미만이다. 따라서 고장전류를 차단하여 아-크가 자연 소멸된 후에 차단기를 투입하면 고장점의 절연이 회복되어 송전을 계속 할 수 있는 경우가 많다. 이와 같이 선로의 자동 재폐로는 고장전류를 차단하고 난 다음 일정시간 후 자동적으로 재투입하는 것을 말하는 것으로서, 송전선의 보호계전기에서 나온 신호에 의해 진행되며 계통의 안정을 해치지 않도록 여러 가지 조건을 확인하여 일정시간 후에 자동으로 투입지령을 발생하는 방식이다.

자동재폐로는 송배전 계통의 공급신뢰도를 향상시키기 위한 방법 중의 하나로서 사고발생시 사고 장소를 확인하기 까지 걸리는 시간동안 정전 내지 선로 정지시간을 단축시키는 효과를 기대하는 고장 선로에 대한 일종의 자동제어 방식이다.

자동재폐로를 수행하기 위해서는 고장에 의해 발생하는 공기의 이온화가 소멸되는 시간이 필요하며 이 시간을 무전압시간이라 하고 이 무전압 시간에 여유(Margin)을 주어 재폐로 시간을 결정한다. 이 시간의 길이에 따라 고속도 재폐로 및 저속도 재폐로방식으로 구별하며 3상 단락 사고시 무전압시간(소-이온시간)은 다음과 같은 실험식에 근거하여 결정되며 전압별 소-이온시간에 따른 재폐로 성공확률 통계를 보면 표 6.1과 같다.

$$T_{(3\Phi)} = 10.5 + \frac{KV_{(L-L)}}{34.5}(cycles)$$

여기서 $KV_{(L-L)}$: 선로의 정격 선간 전압

국내에서 적용되고 있는 재폐로 시간은 특고압 배전선로는 1회 0.5초, 2회 15초를, 154kV 송전선로는 18Cycle 1회, 345kV 송전선로는 3상재폐로 24Cycle 1회, 단상재폐로 48Cycle 1회 등이 있다.

송전선로 사고로 계통이 분리되어 운전되고 있으면 양계통의 동기 상태가 맞아야 재폐로를 할 수 있다. 재폐로 동기조건으로서는 양 단의 전압이 정격전압의 80%이상이어야 하고, 서로의 위상차이는 25° 이내이어야 한다. 병행 2회선인 경우 타 회선에 조류가 흐르고 있다면 그 자체가 동기되어 있는 것이므로 조류 유무를 검사하여 재폐로 한다. 그리고 단상 재폐로 시에는 건전한 2상이 계통에 병입되어 있으므로 별도의 동기검정이 필요치 않다.

표 6.1 재폐로 성공확률(단위 : 60Hz 기준)

회로공칭전압 (L－L) KV	최소 소－이온 시간(Cycles)	
	95% 성공률	75%성공률
23	4	－
46	5	3.5
69	6	4
115	8.5	6
138	10	7.5
161	13	10
230	18	14
300	24	20

또 재폐로 시에는 어느 변전소에서 먼저 가압할 것인가를 결정해야 하며 먼저 가압하는 쪽을 가압단 또는 송전단변전소(Lead Station)라 하고 반대쪽을 동기단 또는 수전단 변전소(Follow Station)라 한다.

그리고 1.5차단기 모선방식의 변전소인 경우에는 송전선로에 연결된 차단기가 2대이므로 어느 쪽 차단기를 먼저 투입할 것인지를 결정해야 하며 어느 한 차단기가 선행차단기(Lead CB)로 결정되면 나머지 차단기는 후행차단기(Follow CB)가 된다. 송전단 변전소의 선행차단기는 가압조건으로 전압을 점검하고 후행차단기는 동기검정을 하여 재폐로 하며, 수전단 변전소의 선행차단기는 수전조건 또는 동기조건으로, 후행차단기는 동기조건으로 재폐로 한다.

자동재폐로는 가공선로에 적용하며 일반적으로 Cable 선로에서는 고장이 영구고장인 경우가 대부분이므로 자동 재폐로방식을 적용하지 않으며, Cable 구간과 가공구간이 혼재하는 경우는 Cable 구간에서의 사고 검출 장치를 설치하고 Cable 구간 사고 시에는 자동재폐로를 자동으로 Blocking하는 방식이 바람직하다. 그러나 편의상 배전선로는 지중구간이 30% 미만이면 2회 재폐로를, 30% 이상이면 1회 재폐로 만을 적용하고 154 kV 송전선로는 지중구간이 30% 이상이면 자동재폐로를 적용치 않는 등 적당한 기준을 두어 운영하기도 한다.

6.8.1 재폐로방식 적용 목적

(1) 송전계통의 안전도 향상

(2) 송전용량을 증가

(3) 계통고장의 자동복구

6.8.2 재폐로 방식

(1) 3상 재폐로

고장상에 관계없이 회선단위로 3상을 동시 차단한 후 3상을 동시에 재폐로 하는 방식으로 이 경우에는 다른 계통과 강제 병렬(비동기 투입)됨을 피하기 위하여 동기검정 방법이나 인근 선로의 전력조류(유효전력) 유무를 검출함으로 동기 여부를 간접적으로 확인하는 방법을 사용한다.

· 동기검정 방법 : 주 계통에 가까운 단자는 자단차단 후 선로 무전압을 검출함으로서 상대단도 차단된 것을 확인한 후에 차단기를 재폐로 하고, 상대단에서는 모선과 선로사이의 동기상태를 확인한 후에 재폐로하는 방식으로서 전압계전기와 동기 검출 계전기 등이 필요하다.

· 조류검출 방식 : 평행 2회선 송전선에서 사용하는 방식으로서 옆 회선의 조류가 있다면 계통이 연계되어 있는 상태이므로 유효전력 조류의 유무를 검출하여 확인한 후 재폐로 하는 방식이며 조류검출용 전력계전기가 필요하다. 유효전력 유무를 검출하는 이유는 송전선이 한쪽에 만 가압되어 있어 계통이 분리 되어 있어도 충전 전류가 흘러 무효전력이 나타날 수 있기 때문이다.

(2) 단상 재폐로방식

1선 지락고장 시 3상 전체를 차단하지 않고 고장상 만을 차단하여 나머지 2상으로 전력 송·수전을 지속 하면서 고장점의 절연회복을 기다려 재폐로하는 방식으로 동기 확인이 필요 없는 것이 특징이다. 이 방식을 적용 시는 고장상 만을 차단하여야 하므로 계전기가 각상별로 있어야 함은 물론 차단기도 각 상별로 동작하도록 되어야 한다. 또한 고장상을 차단하더라도 건전상으로 부터의 유도현상에 의해 선로에 전압이 발생되어 소-이온 시간이 길어지므로 유도현상이 큰 초고압계통에 적용 시는 주의하여야 하며 단상재폐로 시는 무전압시간을 3상재폐로시의 2배로 적용하는 것이 일반이다.

(3) 다상재폐로 방식

병행 2회선 송전선에서 건전상이 2상 이상이 존재하면 고장상을 차단하고 재폐로 하는 다상 재폐로 방식은 우리나라의 경우 765 kV 송전선로에 적용하며 제어용 로직 회로가 복잡하다. 고장상태에 따라 중고장인 회선을 먼저 차단하고 재폐로 하도록 하는 재폐로 우선순위가 정해져야 한다.

다상 재폐로 방식을 적용하기 위해서는 다중고장 시 오동작하지 않는 상별 PCM 전류 차동이나 상별 위상비교방식 등을 적용해야 하며 방향비교방식과 같이 다중고장 시 오작동할 우려가 있는 방식에서는 적용하기 곤란하다.

(4) 고속접지스위치를 이용한 초초고압 자동재폐로 방식

1선 지락사고 시 사고상 양단을 고속도로 차단하여도 사고점 Arc가 소멸 되지 않고 Arc 전류가 지속되는 것을 2차 Arc전류라 하며 이에 대한 대책이 필요한 경우가 있다. 송전 전압이 400−500 kV를 넘는 장거리 초초고압선로에서는 다상 재폐로방식 적용 시 건전상으로 부터 유도(전자, 정전유도)되는 전압이 적지 않아 Arc전류 소멸되지 않고 지속되어 그대로 재폐로 하면 사고상태에 재투입하는 셈이 되어 성공하기 어려운 문제가 있다. 이에 대한 대책으로는 선로 양단 또는 한쪽 단에 접지스위치를 설치하여 사고 차단 후 바로 투입하여 선로를 접지시켜 유도전압을 단락시킴으로 2차 Arc전류를 흐르지 않게 하여 사고점 절연이 회복되게 하는 방법을 사용하며 이 때 사용되는 접지 스위치는 고속도 동작이 필요하여 고속접지스위치(HSGS : High Speed Ground Switch)라 하며 동작 신뢰도간 높고 차단기와 긴밀한 동작시간 협조가 필요하다. 다만 단락 사고 시에는 적용되지 않는 방식이다.

그림 6.37는 국내 765 kV선로에 적용하고 있는 HSGS에 의한 재폐로 방식을 나타낸 것이며 그림 6.38은 동작 로직을 나타낸 것이며 765 kV의 경우 재폐로 시간은 약 1.0 sec 정도이다.

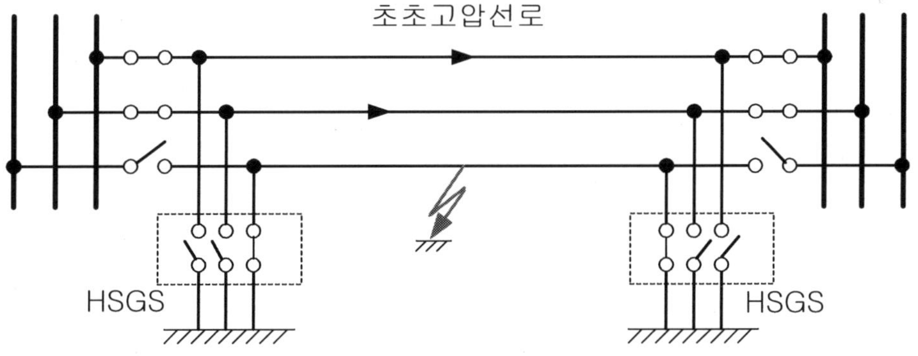

그림 6.37 2차 Arc소호용 고속접지스위치 적용

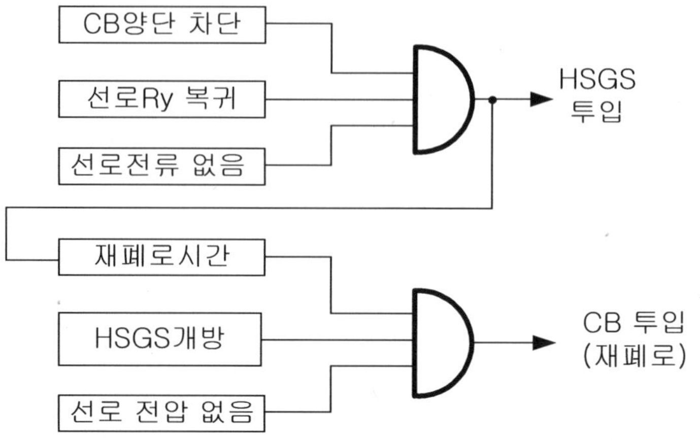

그림 6.38 고속접지스위치와 재폐로 동작로직

실제로 HSGS로 고속 자동 접지시키면 1.0 sec이전에도 소멸될 수 있을 것으로 예측되나 2차 Arc 전류의 소멸 여부를 확인할 수 있는 수단이 있어야 하며 인공 신경회로망 등을 이용한 지능화된 방법을 개발 사용하는 경우 확인에 의하여 바로 재폐로 가능하게 할 수 있는 것으로 알려져 있기도 하다. 그림 6.39는 차단기(CB) 및 고속접지스위치(HSGS)의 작동성능을 기준으로 설계된 재폐로 시간 1.0sec에 대한 시간 전개도이다.

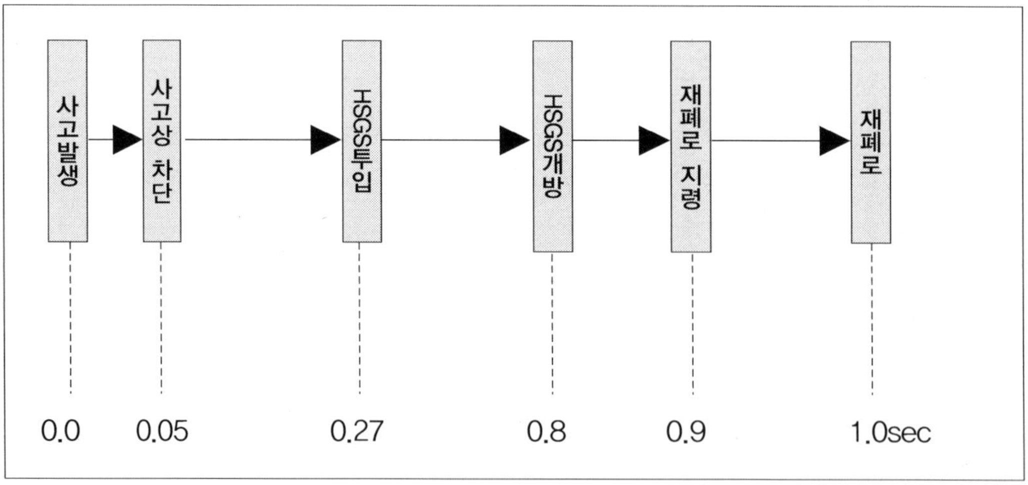

그림 6.39 고속접지스위치에 의한 재폐로 시간

6.9 국내 송전선 보호방식 실태

국내에는 154, 345, 765kV 송전선이 있으며 송전선 보호에 적용하는 보호계전기는 91년도부터 디지털화를 시작하여 현재는 거의 모든 송전선보호반이 디지털 형식이다. 보호계전방식은 154kV 송전선은 방향비교 트립저지방식 또는 PCM전송 전류차동방식을, 345, 765kV 송전선은 제1주보호에는 방향비교 트립저지방식, 제2주보호는 제어언더리치 전송차단방식(PUTT) 또는 PCM전송전류차동방식을 적용하고 있다.

6.9.1 154 kV 선로 보호방식

154 kV 송전선보호는 1968.11.3. 계통의 중성점을 직접접지로 변경함과 동시에 거리계전기와 전력선반송 방향비교 방식을 적용하기 시작하였다. 초기에 사용하던 보호계전기는 전자기계식(Electro Mechanical Type)이었으며 단락보호에는 거리계전기를, 지락보호에는 거리계전기 또는 방향지락과전류계전기를 적용 하였다.

1987년부터 정지형 아나로그(Static Analog)형 계전기가 도입되었으며 1992년부터 정지형 디지털(Digital) 계전기를 사용하기 시작하였다. 지중 송전선로나 단거리 가공선로에는 표시선계전기(Pilot Wire Relay)가 적용되었으나 표시선 Cable의 고장전류에 의한 유도작용 등으로 오·부동작하는 사례가 많아 사용을 중지하고 1993년부터 지중 송선보호에 광통신을 이용한 PCM전송 전류차동방식을 적용하기 시작하였으며 PCM전송 전류차동방식의 성능이 우수하여 그 후로는 가공송전선로에도 광통신이 부설되면 PCM전송 전류차동방식을 시설하여 보호신뢰도를 향상시켰으며 근래에는 거의가 이 방식을 사용하고 있다.

한편 거리계전기의 동작특성은 제작사별로 다소 상이하며 최근 적용하는 디지털 계전기의 경우 4변형특성 또는 변형 모-특성(Variable Mho)을 적용하며 단락, 지락 공히 별개의 3단계 한시특성(Full Scheme)을 가진 거리계전기를 사용하고 있다.

현재 사용되는 154kV송전선용 디지털 보호시스템(방향비교방식)의 주요 구성과 특성을 보면 다음과 같다.

(1) 주 보호(Main Protection)

- ○ 보호방식: 방향비교 Trip저지 방식
- ○ 내부고장검출요소(C/R Trip용) : Zone-2요소를 겸용 또는 별도구비
- ○ C/R Trip 저지신호 송출요소 : 별도구비(외부방향 거리계전기)
- ○ 통신장치 결합 : ON/OFF 접점결합방식

(2) 후비보호(Back-up Protection)

○ 3단계(Zone-1,2,3) 한시 방향거리 계전방식

(3)Trip기능

○ 3상 Trip

(4)동기탈조 검출기능

○ 별도 요소에 의해 동기탈조 검출

○ 탈조시 Z-1, Z-2, C/R Trip 은 저지, Z-3 Trip은 허용

(5) PT Fuse 불량검출

○ PT 전압상실시 거리계전기 동작저지 및 경보발생

(6) 영상전류 보상기능 있음

(7) 2선 지락시 앞선 상 Over-reach 방지대책 구비

(8) 병행 2회선선로에서 고장전류 반전에 의한 C/R 오동작 방지 대책구비

(9) 선로고장시 고장점 표정기능(Line Fault Location)

(10) 중조류(Heavy Load Current)에 의한 오동작 방지대책 구비

(11) 선로 단선고장(Open Line Fault) 검출 경보

(12) 고장검출요소를 구비하여 거리계전기 오동작방지기능 구비

(13) DC전원 이상 시 계전기의 오동작방지 및 경보

(14) Pilot Channel을 수동 및 자동절환 기능 구비

(15) 자동재폐로 기능

○ 고속도 1회 3상재폐로

(16) 상시감시 및 자동점검 기능

○ CT, PT 회로 및 입력부(T/D Filter, S/H, MUX, A/D converter등)

○ CPU

○ 기억장치(RAM, EOM)

○ 정정부

○ 디지털신호 입·출력부(DI, DO회로)

○ 차단회로(Trip Output)

○ 전원회로

6.9.2 345kV이상 초고압계통 보호계전방식

(1) 개요

전력계통이 대형 복잡화됨에 따라 현재 345kV 및 765 kV계통이 전력수송의 기간선로 되어 있어 안정적 전력공급을 위해 계통보호 신뢰도가 매우 중요하다. 예를 들어 345 kV 송전선로 고장 시 고장구간이 신속, 정확히 제거되지 않으면 계통안정도의 위협은 물론 고장선로 후방에서 후비보호로 차단되어 넓은 지역의 광역정전을 초래하게 된다. 따라서 초고압(345 kV 및 765 kV) 계통보호는 154 kV 계통보다 한층 높은 성능과 신뢰도를 확보해야 한다.

또한, 초고압 이상의 변전소는 공급신뢰도 향상을 위해 $1\frac{1}{2}$CB 모선방식을 채택하고 있으며(일부 Ring모선도 있음) 하위계통(154 kV)과의 연계에 단권변압기(Auto Tr.)를 사용하고 있어 보호계전 방식도 이들과 조화 될 수 있도록 구성해야 한다.

(2) 송전선 보호

보호신뢰도 향상을 위해 모든 보호계전시스템(계전기, VT, PT, DC, 차단기, Trip Coil 등)이 독립된 2계열로 구성하고 있으며 적용하는 보호계전방식들이 상호보완이 가능하도록 제1 주보호와 제2 주보호의 기본 방식이 서로 다른 방식을 적용하고 있다.

디지털 계전기가 도입되기 이전에 시설된 것은 제1 주보호로는 정지형 아나로그(Static Analog)로 하여 방향비교 Trip 저지방식(Blocking Scheme)을 적용하고 제2 주보호는 전자 기계식(Electro－mechanical Type)의 제어언더리치 전송차단방식(Permissive Under－reach Transfer Trip ; PUTT scheme)을 적용하였다.

91년도 이후 디지털계전기를 도입 적용하면서 제1 주, 제2 주보호 모두 디지털형계전기를 적용하고 보호방식은 제1 주보호는 종전과 같이 방향비교 Trip저지방식을, 제2 주보호는 광통신 이용가능 여부에 따라 제어언더리치 전송차단 방식(PUTT) 또는 PCM전송전류차동방식을 적용하고 있다.

345 kV송전선보호에 사용하는 보호시스템 중 최근에 도입되는 디지털 보호시스템의 주요 구성과 특성은 다음과 같으며 종래에 사용하던 방식과는 다소 차이가 있다.

(가) 제1, 제2 주보호시스템 공통 사항(방향비교, 전송차단 방식)

① 거리계전기 특성이 사변형(Quadrilateral) 또는 변형 모형(Variable Mho)

② 후비보호는 3단계(Zone－1,2,3) 한시방식

③ 3상 및 1상 Trip기능을 구비함

④ 고장선로 수동투입(Switch Onto Fault) 보호기능
⑤ Stub Protection(맹점보호) 기능을 구비
⑥ PT Fuse불량 검출기능
⑦ 영상전류 보상기능
⑧ 2상 지락 시 앞선 상 Overreach 방지대책
⑨ 선로 고장점 표정(Line Fault Location)
⑩ 중조류로 인한 오동작 방지기능
⑪ 송전선 단선고장(Open Line Fault) 검출기능
⑫ 자동재폐로 기동기능
⑬ 거리계전기 오동작 방지를 위한 감시(Supervising)기능
⑭ 동기탈조 시 C/R, Zone−1,2 Trip 저지하고 Zone−3 Trip은 허용
⑮ DC전원 감시 기능
⑯ 계전기의 상시감시 및 자동점검기능(154 kV 송전선용과 동일)

(나) 제1 주보호시스템 고유특성(방향비교방식)
① C/R Trip을 위한 내부방향요소로 Zone−2요소 겸용 또는 별도 설치
② C/R Trip 저지신호 송출용 외부방향 별도 설치
③ 동기탈조 시 Trip기능 구비
④ 병행 2회선에서 고장전류 반전에 의한 C/R 오동작방지 기능
⑤ Pilot Channel 자동점검 기능

(다) 제2 주보호시스템 고유특성(전송차단 방식)
① Zone−1동작시 Trip 및 전송차단신호 상대단으로 송출
② Zone−2요소에 의한 전송차단 Trip허용 및 Zone−2한시 Trip
③ 통신장치는 전력선반송을 사용할 경우 주파수 편이방식(Frequency shift Keying)으로 통신장치 2조를 시설하고 PUTT시에는 1조만 사용하고 B/F에 의한 전송 차단 시 에는 2조 모두 사용하여 오동작이 없도록 함
④ 상대단 차단기가 개방된 경우에도 PUTT Trip가능
⑤ 3상 또는 1∅+3∅ 자동재폐로 기능 구비 및 선택 가능

(라) 제2 주보호시스템(PCM전류 차동방식)
① 통신회선은 광통신을 이용하고(Micro Wave도 가능) 결합수단은 CCITT G703에 따

르며 전송속도는 64 kbits/sec.

② 각 상별로 독립된 전류비율 차동계전기 요소를 구비하며 3∅, 1∅+3∅, Multi Phase Trip기능을 구비하여 스위치로 선택 가능.

③ 영상전류를 검출하는 기능 구비

④ Stub Protection 기능 구비

⑤ 외부 신호에 의한 전송차단기능 수행

⑥ 전송회로 이상 시 오동작 방지기능

⑦ 전력선 단선고장 검출기능

⑧ 양단이 동시에 Sampling하도록 자동 동기검정기능 및 전송시간지연 자동보상기능 구비

⑨ 선로 충전전류 보상기능

⑩ 3∅, 1∅+3∅, Multi Phase 자동재폐로 기능을 구비하고 선택 할 수 있음.

⑪ 상시감시 및 자동점검기능을 구비하여 (154 kV 송전선에 사용하는 디지털계전기와 동일 범위 감시)

(3) 차단 실패 보호(Breaker Failure Protection: B/F)

초고압이상의 송전선로에 고장발생 시 차단기가 동작하지 못하였을 경우 설비피해 및 계통불안정화를 최소화하기 위하여 가장 가까운 인접차단기를 신속히 차단하여 고장을 제거하는 방식을 채택하고 있다.

차단기 고장 시 인접차단기를 Trip시키는 방식을 Local Back Up방식이라고 하고 후단에서 Zone−2, Zone−3요소로 차단하는 것을 Remote Back Up방식이라 하며 2가지 방식이 모두 적용하고 있어 Local Back−up이 동작되지 않으면 Remote Back Up이 동작되게 된다.

그림 6.40에서 선로 고장 시 차단기 "A"가 차단실패하면 차단기 "A"를 통하여 고장점에 전류가 계속 공급되므로 인접차단기("C" 및 선로의 상대단 차단기)를 모두 차단 한다.

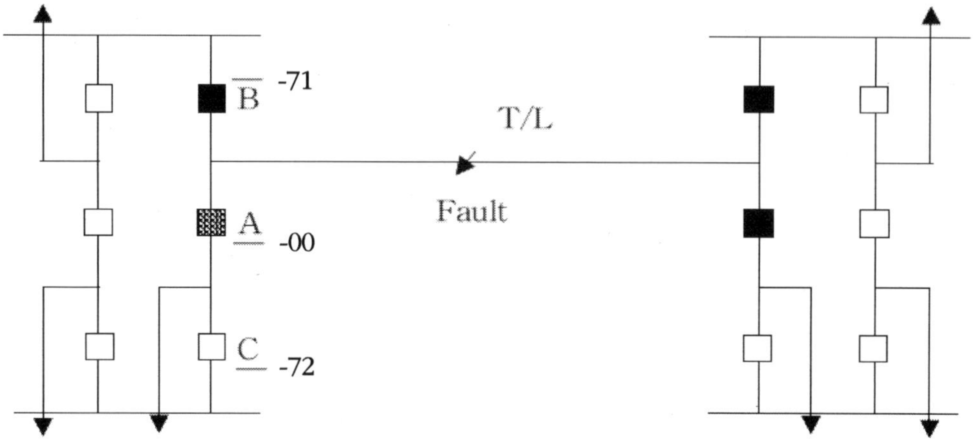

그림 6.40 B/F 보호개념도

동작원리는 설비(선로, 변압기, 모선 등)보호 계전기가 동작하여 Trip 신호가 송출되고 일정시간(12Cycle 내외)이 지나도 차단기에 고장전류가 흐르면 고장 검출용 과전류계전기(50)가 동작한 상태로 있게 됨으로 이로서 당해 차단기가 차단되지 못한 것으로 판정하여 차단 실패(B/F) 차단기능을 수행한다.

차단방법은 동일 장소(변전소)의 인접차단기는 중앙차단기("−00" CB : A CB)가 Fail시 중앙 차단기 보호반의 Look Out접점에 의해 양 모선 측 차단기(B와 C차단기)를 직접 차단함과 동시에 이들 차단기 사이에 연결된 선로(또는 전력설비)의 상대단측 변전소 차단기가 차단되도록 전송 Trip지령을 송출한다. Trip지령은 PUTT 방식의 경우 2nd main 전송신호(2set 동시에 송출)에 의하며 PCM 전류차동 방식에서는 PCM계전기의 전송차단 기능에 의해 차단이 된다.

한편 모선측 차단기("−71" CB : B CB 또는 "−72" CB : C CB)가 차단실패인 경우는 실패 차단기가 연결된 모선에 연결된 모든 다른 차단기를 Trip시켜야 하며 실행 방법은 모선보호반의 Look Out계전기(86B)를 기동시켜 모선사고가 발생 된 것처럼 차단시킨다.

● 나는 포도나무요 너희는 가지라.

제 7 장 전력용 콘덴서 보호 (Power Capacitor Protection)

7.1 개요

7.1.1 콘덴서의 사용목적

전력계통에서 콘덴서를 사용하는 목적을 크게 3가지로 분류할 수 있다.

① **역률개선** : 콘덴서에는 인가전압보다 90˚ 앞서는 진상전류(Leading Current)가 흐르는 것을 이용하여 인덕턴스 성분이 있는 부하와 병렬로 연결, 인덕턴스에 의하여 발생되는 90˚ 뒤지는 지상전류(Lagging Current))를 상쇄시켜 결국 인덕턴스에 의한 지상 무효전력을 감소 또는 상쇄시키는데 이용 함.

② **고주파 필터링** : 콘덴서는 고주파 신호 일수록 임피던스가 적게 되는 것을 이용하여 피뢰기나 방전 갭(gap)에 병렬로 연결하여 고주파 성분으로 구성된 Surge를 흡수하거나, 인덕턴스와 직렬 연결하여 전력계통에 발생된 고조파(Harmonics) 성분을 제거하는 필터(Filter)로 사용 함.

③ **송전용량 증대** : 장거리 송전선로의 직렬 리액턴스 성분을 감소시켜 송전용량을 증가시키고 계통 안정도를 높이며, 전압 강하를 감소시키기 위해 콘덴서를 송전선로에 직렬로 연결사용 함.

전력용 콘덴서의 설치 위치로는 ①의 경우 가능한 한 부하에 가까운 모선에 설치하고, ②의 경우는 Surge로부터 보호하려는 기기에 가까운 곳 또는 고조파 발생원에 가까운 곳에 설치한다. 그리고 ③의 경우는 송전선로 도중의 적절한 곳에 설치한다. 그림 7.1은 직렬 콘덴서 사용 시의 단선도이다.

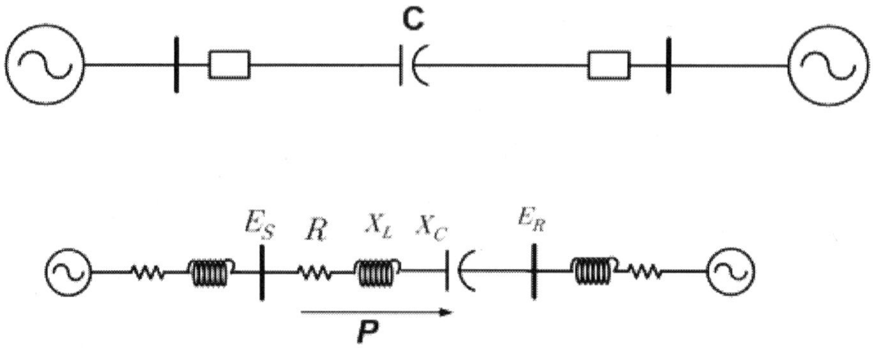

$$P = \frac{E_s E_R}{(X_L - X_C)} sin\theta,\ R << X_L$$

그림 7.1 직렬 콘덴서 적용 계통도 및 등가 임피던스도

7.1.2 사고유형 및 보호장치 설치기준

콘덴서에서 발생될 수 있는 사고 유형들을 보면 표 7.1과 같으며, 일반적으로 콘덴서의 사고는 외적 요인에 의한 것이 많고 대부분이 과전압, Surge전압, 고조파 및 주위 온도가 정격치를 초과하는 경우에 발생되기 쉽다. 보호장치의 설치에 대한 기준은 표 7.2와 같은 보호계전장치를 구비하도록 하는 것이 일반이다.

표 7.1 전력용 콘덴서 설비의 사고 종류

사고종별	사고내용
내부소자고장	단위콘덴서 소자의 파괴, 절연열화
과부하	콘덴서에 과전압, 과대전류인가
단락 또는 지락	콘덴서 설비의 단락, 지락
	직렬리액터, 방전 코일의 단락, 지락
	콘덴서 절연 가대의 지락(특고압에서)

표 7.2 전력용 콘덴서 보호장치 설치 기준(예)

전력용콘덴서 규격 및 용량	보호대상항목	보호장치설치	비고
Bank용량 500^{KVA} 이하	과전류	△	
Bank용량 500^{KVA} 초과 Bank용량 $15{,}000^{KVA}$ 미만	내부고장	○	2가지 중 하나만 설치하여도 됨
	과전류	○	
	과전압	△	
Bank용량 $15{,}000^{KVA}$ 이상	내부고장	○	
	과전류	○	둘 중 하나만 설치하여도 됨
	과전압	○	

7.1.3 병렬 콘덴서의 구성

표 7.3 역률개선용 콘덴서 뱅크(Bank) 구성

회로전압별	구성회로도	단위콘덴서접속	설치방법
저 압 600^{V} 이하	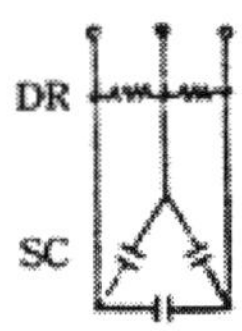	단상 또는 3상Δ 결선	직접대지 위에 설치
고 압 $3.3 \sim 6.6^{KV}$	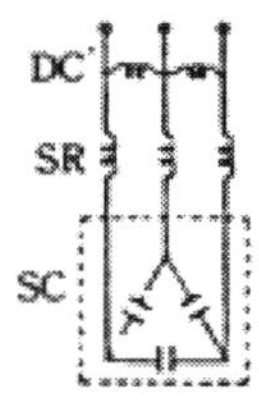	3상Δ 결선	직접대지 위에설치
특고압 11^{KV} 이상	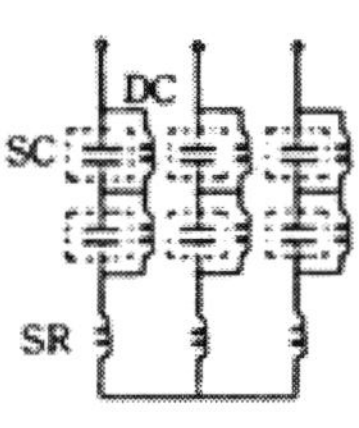	단상직병렬 3상Y결선	33^{KV} 이하는 직접대지위에설치 56^{KV} 이상은 절연가대위에설치

【보기】 SC：전력용 콘덴서, DR：방전저항
DC：방전코일, SR：직렬 리액터

목적 ①, ②를 위한 병렬 연결식 전력용 콘덴서 뱅크(Bank)는 주 요소인 콘덴서와 직렬 리액터, 방전 코일과 개폐장치 등으로 구성되며 대표적인 구조들은 표 7.3과 같다.

● 콘덴서 유닛(단위 콘덴서) : 그림 7.2에 표시된 바와 같이 유전체 필름과 전극의 알루미늄박을 겹쳐서 여러 번 감은 소자(element)를 적당한 수량만큼 묶어 집합 결선하고, 다시 이것을 절연물로 덮고 밴드로 묶어 유닛화한 후 강판으로 된 외함에 넣어 제작한다. 절연유가 외함 내부에 충만되어 있어 공극이 발생되지 않도록 되어 있으며, 온도 변화에 따른 유량 변화는 외함의 휘어짐으로 흡수하게 된다.

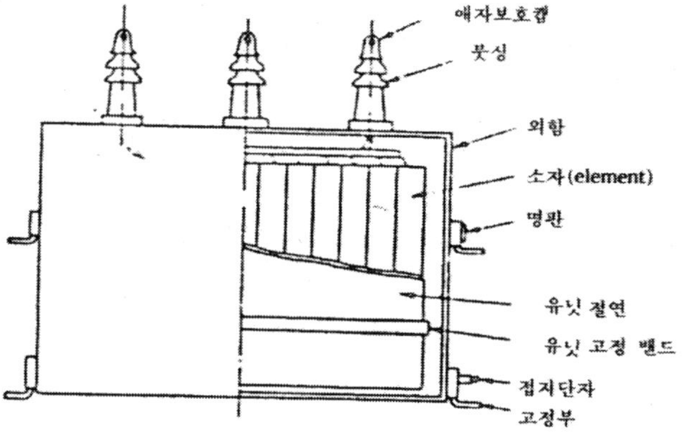

그림 7.2 고압용 콘덴서 유닛의 구조

● 직렬 리액터 : 일반적인 유입 직렬 리액터의 구조는 그림 7.3과 같으며 일반 변압기의 구조와 큰 차이가 없으나 철심에 공극(Air Gap)이 있으며, 이 공극부의 전자력에 의한 진동 소음을 줄이기 위한 특별 조임 구조를 가진다.

고압 이상의 콘덴서는 3,000 V 전후의 정격을 갖는 단위 콘덴서를 기본소자로 하여, 계통전압 및 필요한 용량에 맞도록 다수의 소자를 직렬 또는 병렬로 연결하여 사용하며, 보통 6 kV 이하는 3상 1괄형으로 △결선, 11 kV 이상은 단상형을 Y결선하여 구성 한다.

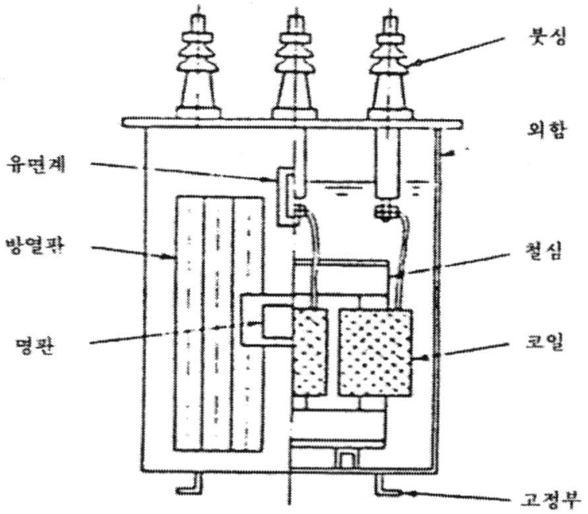

그림 7.3 유입 직렬 리액터의 구조

7.2 콘덴서 보호계전방식

7.2.1 병렬 콘덴서 보호방식

콘덴서 설비에서 보호대상이 되는 이상 현상이나 사고 유형은

① 계통측의 이상으로부터의 보호
② 콘덴서 설비 자체의 단락 또는 지락보호
③ 콘덴서 본체의 이상에 대한 보호

와 같은 3종류가 있으며, ①은 계통 이상 현상을 확대시키지 않기 위한 보호로서 과전압 및 저전압 현상에 대한 보호가 있다. 콘덴서의 양전극 사이에는 절연체가 있기 때문에 과전압이 지속되면 절연 열화나 파괴를 초래하기 때문에 보호가 필요하다. 일반적으로 콘덴서 자체의 허용전압은 고압용에서는 24시간 평균값으로 110%, 단시간 최고값으로 115%, 특별고압용은 110%로 정해져 있어 계통전압이 이보다 높아지면 과전압보호가 필요하게 된다. 그리고 콘덴서가 무전압이나 저전압 상태에서 회로에 그대로 투입되어 있으면 전압 회복시 무부하 상태에서 콘덴서만이 운전될 수 있어 전압 상승의 원인이 되어 계통에 연결된 기기에 손상을 주게 되므로 이를 방지하기 위한 대책으로 무전압 또는 일

정치 이하에 대한 저전압 보호가 적용 된다. ②, ③은 콘덴서 설비의 자체사고 시 계통으로부터 이를 분리시켜 설비 피해를 감소시키기 위한 것으로서, 사고형태로는 이를 구성하는 장치들과 연결회로나 모선 등의 단락 또는 지락사고, 콘덴서 자체 내부소자의 단락 또는 지락사고가 있다. 이들에 대해서는 퓨즈(Fuse), 과전류계전기(51) 또는 차동전압계전기(60)가 사용된다. 지락사고는 계통의 접지방식이나 대지 충전전류 값에 따라 보호계전기의 종류가 정해지며 콘덴서가 연결된 모선의 일반 부하 공급선로의 지락보호방식과 동일한 방식을 적용한다. 그림 7.4는 전형적인 콘덴서 설비 보호계전방식의 단선도이다.

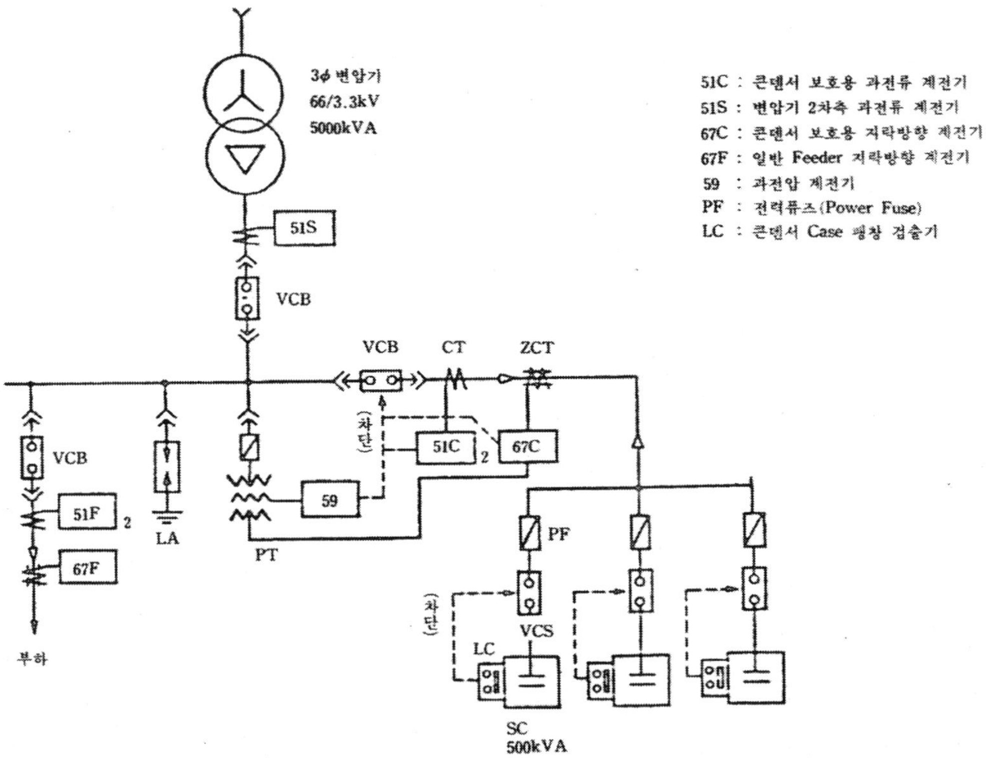

그림 7.4 콘덴서 보호계전방식 단선도

7.2.2 계통 이상 시의 콘덴서 보호

(1) 과전압에 대한 보호

정격전압보다 높은 전압이 인가된 경우, 지속적인 과전류에 의한 손상과 절연 열화로

부터 콘덴서를 보호하기 위해 통상 한시성 과전압계전기(59)를 사용하며 동작 값은 정격 전압의 110%로 정하고, 동작 시간은 일시적인 전압 상승에 오동작하지 않도록 약간의 시간 지연을 두며 콘덴서의 내전압－시간(V－t)특성을 고려하여 협조 조정한다.

(2) 저전압에 대한 보호

보통 일반 부하용 차단기는 전원 측의 정전 시 개방하는 것이 일반이다. 이런 경우 전원측이 회복되면 콘덴서만 단독으로 운전되어 과도한 전압 상승을 일으킬 수 있어 이를 미연에 방지하기 위하여 저전압계전기(27)를 사용하여 일단 저전압이 되면 콘덴서를 차단시켜 계통을 보호한다. 저전압 현상은 외부 계통의 단락이나 지락사고 또는 대형 부하의 투입 시에도 과도적으로 발생될 수 있으므로 한시동작형 계전기를 사용해야 한다.

콘덴서 보호용 저전압 계전기(27)는 일반부하 공급선로의 자동차단이나 변전소 모선전압 감시용으로 사용되는 저전압 계전기와 공용할 수도 있지만 콘덴서 보호 전용의 경우에는 무전압 확인을 위하여 동작전압을 콘덴서 정격전압의 50～60%로 정하고 동작시한은 완전 무전압에 대하여 3～4초가 되도록 한다. 그러나 무전압 시 일반부하 자동차단을 위하여 사용되는 저전압계전기(주로 유도전동기용)의 동작시간과 비교하여 그 보다는 길지 않게 하여 부하가 자동차단 되면 콘덴서도 차단되도록 한다.

(3) 콘덴서 설비의 단락, 지락에 대한 보호

① 모선과 리드선의 사고

일반 전력기기에서와 같이 순시요소부 반한시성과전류계전기(50/51)를 사용하며 동작전류 값은 콘덴서 투입 시 과도전류(직렬 리액터가 있는 경우는 정격전류의 5배(실효값), 없는 경우는 정격전류의 100배(파고값)에 오동작하지 않도록 순시요소의 동작 값 결정에 유의하고, 필요에 따라서는 콘덴서 투입 시 순시요소 동작에 의한 차단을 록크(Lock) 시킨다. 한시요소의 동작전류는 정격전류의 150%로 하고 동작시간은 가능한 한 짧게 하는 것이 좋고 유도 원판형인 경우는 레버(Lever)를 1.0～2.0에 두는 것이 일반이다. 한편 저압과 고압용 콘덴서에서는 전력용 퓨즈를 사용하는 경우가 많고 퓨즈 선정 시 유의점은 다음과 같다.

㉠ 콘덴서 정격전류의 1.43배를 연속 통전할 수 있을 것(1.43은 고조파 전류의 허용 함유분 1.3과 콘덴서 제작 상의 여유도 1.1을 합성하여 고려한 값1.3×1.1≒1.43이다.)

ⓛ 콘덴서의 돌입전류에 퓨즈가 용단되지 않을 것(직렬 리액터가 없는 경우 : 정격전류(실효값)의 100배 파고값 전류가 2ms 동안 흘러도 용단되지 않을 것.

직렬 Reactor가 있는 경우 : 정격전류(실효값)의 5배 실효값 전류가 0.1초 동안 흘러도 용단되지 않을 것)

ⓒ 퓨즈의 차단시간 – 전류특성은 콘덴서와 외함의 10% 파괴 확률곡선보다 아래쪽에 있어 과전류에 의한 콘덴서 파괴를 방지할 수 있을 것.

ⓓ 퓨즈의 최대동작 I^2t < (콘덴서 용기의 허용 I^2t)

ⓔ 콘덴서의 개폐 빈도가 높은 경우에는 정격이 한 단계 높은 것을 사용하는 것이 좋다.

표 7.4는 직렬 리액터가 없는 경우 추천되는 퓨즈의 정격전류를 표시한 것이다.

표 7.4 콘덴서 회로보호용 전력퓨즈선정 예(직렬 리액터가 없는 경우)

콘 덴 서 정 격			퓨 즈 정 격 전 류 [A]	
용 량 kVA		정격전류		
3300V	6600V	[A]	보통용 G(C)A	다빈도용 M(C)A
—	10	0.88	10(C2.5)	M20(C12)
—	15	1.32	10(C2.5)	M20(C12)
10	20	1.75	(C2.5)10	M20(C12)
—	25	2.19	10(C2.5)	M20(C12)
15	30	2.63	20(C5)	M20(C12)
20	—	3.50	20(C5)	M20(C12)
25	50	4.38	20(C5)	M20(C12)
30	—	5.26	20(C5)	M20(C12)
—	75	6.57	30(C10)	M20(C12)
50	100	8.75	30(C10)	M20(C12)
75	150	13.2	40(C15)	M50(C30)
100	200	17.5	50(C20)	M50(C30)
—	250	21.9	75(C40)	M50(C30)
150	300	26.3	75(C40)	M50(C30)
200	400	35.0	75(C40)	M100(C75)
250	500	43.8	100(C50)	M100(C75)
300	600	52.5	100(C50)	M100(C75)
400	800	70.0	150(C75)	M150(C100)
500	1000	87.5	150(C75)	M150(C100)
600	1200	105.0	200(C100)	M200(C150)
800	—	140.0	300(C200)	M300(C200)
1000	—	175.0	300(C200)	M300(C200)

㈜ GA : 일반용, CA : 콘덴서용, MA : 전동기용

② 병렬 콘덴서 설비의 지락사고 유형으로는

㉠ 모선과 리드선의 지락
㉡ 직렬 리액터나 방전 코일의 지락
㉢ 중성점의 지락

등이 있으며, 보호방식은 계통의 중성점 접지 방식, 대지 분포용량과 고장점 접지저항에 따라 크게 다르다. 일반적으로 콘덴서는 변전소 모선에 직접 연결하여 구내에 설치하므로 별도의 지락보호는 하지 않는 경우도 있으나 동일 모선에 접속된 일반부하 선로의 지락보호방식과 같은 계전방식을 사용한다. 즉 비접지 계통에는 영상전압, 전류를 이용하는 최대 감도 위상각이 큰 방향지락계전기(67 N)를, 저항접지 계통에서는 최대 감도 위상각이 낮은 방향지락 계전기(67 N) 또는 소세력 지락과전류계전기(51N)를 그리고 중성점을 직접 접지한 계통에서는 지락과 전류계전기(50 N/5 1N)를 적용하는 것이 일반이다.

③ 콘덴서 본체의 내부사고에 대한 보호

콘덴서 유전 재료의 필름화와 제작기술의 진보에 따라 콘덴서가 대폭적으로 소형화 및 저손실화 되고 있으며, 직렬 리액터나 개폐기 등의 부속기기와 일체화되는 경우가 많다. 한편 불연성 절연유로 사용되어 오던 PCB의 사용이 규제됨에 따라 콘덴서 함침유의 가연성이 높아져 콘덴서 내부사고 시 보호방식이 중요한 문제로 되었다. 콘덴서의 내부 고장 발생 시 그것을 그대로 방치하면 고장부의 아크 에너지에 의하여 절연유 등이 분해되어 가스가 발생되므로 내부압력이 급격히 증가되고 최악의 경우에는 외함의 파열 또는 화재와 같은 대형 사고로 파급될 위험이 있으며 종종 그런 사고들이 발생한다. 따라서 콘덴서 내부 사고를 신속히 발견하여 회로로부터 콘덴서를 차단시킬 수 있는 보호계전방식이 필요하며 최근에는 콘덴서 자체에 보호 장치를 설계하여 제작하는 경우가 증가되고 있다.

㉠ 고 · 저압용 콘덴서

콘덴서의 내부 소자(Element)는 통상 2개 이상이 직렬 접속되므로 1개 소자 파열에 의한 전류 변화가 적어 과전류계전기로는 검출이 곤란할 수 있으며 내부 고장을 조기에 검출하여 완전 단락으로 진전되기 이전에 차단하는 방법이 적용된다. 이러한 방법으로는 먼저 기계적인 것으로서 외함 내부의 압력 검출이나 외함의 변형 상태를 직접 검출하는 방법이 있으며, 신뢰성 면에서 더 우수하다고 할 수 있는 전기적인 방법으로는 그림 7.5(a)와 같이 중성점 전류검출기(NCS)를 내장하는 방식 또는 그림 7.5(b)와 같은 중성점 전압 검출기(NVS)를 사용하는 방식이 있다. 전압이 3.3~6.6 kV급인 콘덴서로서 용량이 크고 각 상의 콘덴서 직렬연결 단수가 많으며 특별히 중요한 계통이나 확실한 보호를 필요로 하는 경우에는 그림 7.6과 같은 구조로 단상 콘덴서들을 Y결선하고 방전코일(2차 권선부)을 설치 그의 2차 코일을 개방 △로 접속하고 이에 과전압계전기(59)를 설치하여 보호한다. 그러나 이 방식은 고조파나 계통의 불평형 돌입 전류 등의 영향을 받게 되므로 동작 값과 동작시간 결정시에 충분히 고려해야 한다.

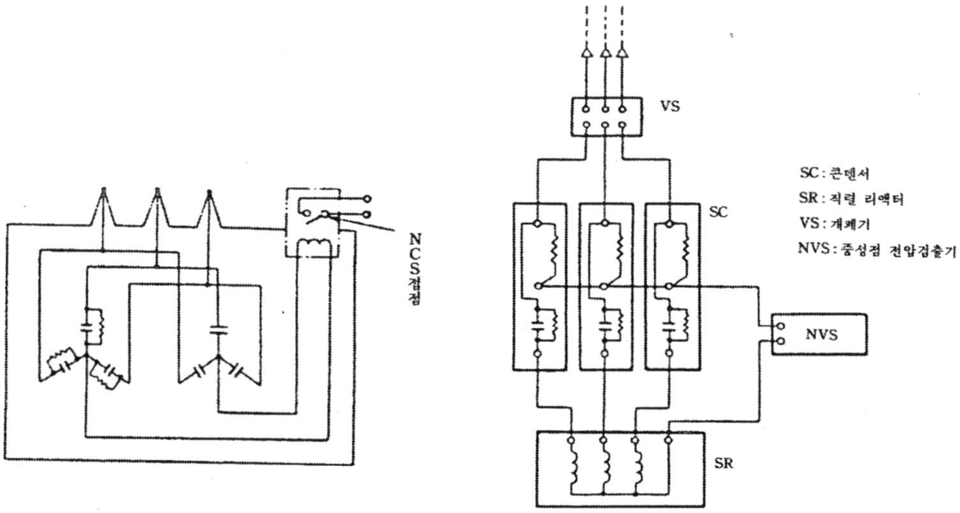

(a) 중성점 전류 검출에 의한 보호 (b) 중성점 전압 검출에 의한 보호

그림 7.5 콘덴서 내부사고 보호회로도

㉡ 특별고압 11kV~23kV 급

여러 개의 단위 콘덴서로 구성하고 상하 2개의 직렬군으로 분할 연결하고 그림 7.7과 같이 단위 콘덴서 내부소자의 단락이나 방전 코일의 층간단락과 기타 리드선의 단락사고 발생시 방전 코일 2차 전압이 변화하게 되어 차동회로를 통해 사고시 나타나는 차전압에 의해 동작하는 과전압계전기(59)로 보호한다. 평상시에는 상하위의 콘덴서 용량이 동일하므로 차전압이 나타나지 않지만 콘덴서의 어느 한 소자라도 단락되거나, 여러 개의 소자가 단선되는 경우는 상하위의 리액턴스 값에 차이가 발생 차동회로에 전압이 나타난다. 이 방식의 특징으로는 고조파나 계통의 불평형과 돌입전류 등에 영향을 받지 않는 점이다.

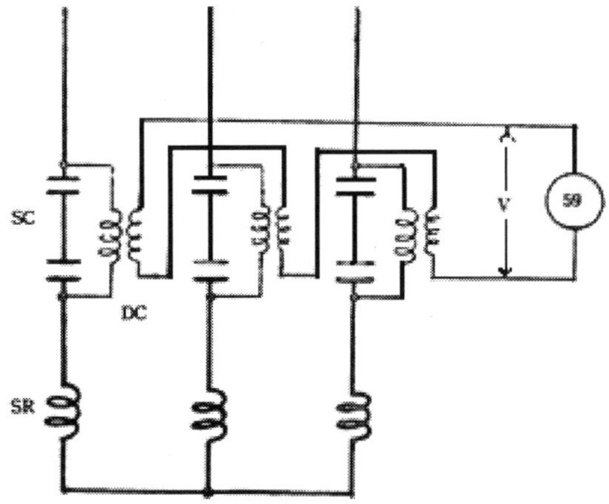

그림 7.6 개방△결선에 의한 내부사고 보호

전압계전기는 일반적으로 순시동작형을 사용하며 동작전압 값은 연결된 단위 콘덴서들의 직병렬회로수에 따라 다르고 1개 소자가 단락된 경우에도 충분히 동작되도록 결정한다. 예로서 그림 7.7에서 콘덴서 소자 16개가 4병렬 4직렬로 연결되어 있다면 1개 소자 단락사고 시 전압계전기(59)에 나타나는 전압을 구해보자.

콘덴서 1개 소자의 정전용량은 Ce라 하면

- 상위 콘덴서의 총합 정전용량

$$= \frac{1}{\frac{1}{4Ce} + \frac{1}{4Ce} + \frac{1}{4Ce}} = \frac{4}{3}Ce$$

- 하위 콘덴서의 총합 정전용량 $= Ce$
- 상위 콘덴서 양단의 전압(X,Y)

$$= \frac{Ce}{Ce + \frac{4}{3}Ce}V = \frac{3}{7}V$$

● 하위 콘덴서 양단의 전압(Y,Z)

$$= \frac{\frac{4}{3}Ce}{Ce + \frac{4}{3}Ce} V = \frac{4}{7} V$$

● 전압계전기(59)에 나타나는 전압

$$(\frac{4}{7} - \frac{3}{7}) V = \frac{110}{7} = 15.7 V$$

따라서 확실하게 동작하도록 하기 위해서는 동작전압 값을 4.7V(=15.7V×30%)에 맞추어 주는 것이 일반이다. (보통 계전기가 충분하게 동작 할 수 있도록 하는 정정치는 고장시 나타나는 값이 약 300% Pick-Up배수가 되도록 하는 값이다.)

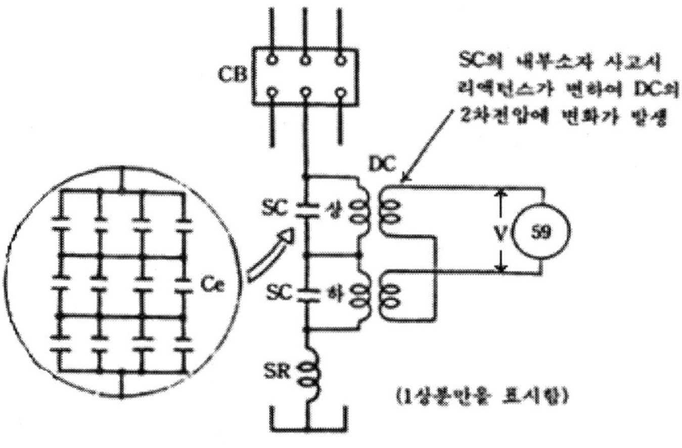

그림 7.7 전압차동방식에 의한 보호

㉢ 특별고압(66 kV 이상급)

이 경우는 앞의 ②에서와 같은 방식을 사용하거나 회로전압이 높으므로 단위 콘덴서와 내부소자 직렬 단수가 많아져 내부소자 1개 단락시 차동회로에 나타나는 전압이 낮아 검출하기 곤란해진다. 따라서 그림 7.8과 같이 차전압 확대 회로를 추가하여 보호한다. 그림 7.8에서 콘덴서 상하위의 방전 코일(DC)과 절연 변압기(ITr)의 2차 측에 대한 변압비는 서로 같고 절연 변압기의 2차 권선을 1:∝ 로 분할하여 탭을 인출한 것으로서 이때 전압계전기(59)에 나타나는 차이 전압($(V_1 - V_2)$은

$$V_1 = E_{11}(1+\alpha) - \alpha E_{22}$$

$$V_2 = E_{22}(1+\alpha) - \alpha E_{11}$$

$$V_1 - V_2 = (1+2\alpha)(E_{11} - E_{22})$$

정상 시에는 $E_{11} = E_{22}$이므로 $V_1 - V_2 = 0$이고, 콘덴서 내부소자 단락시 에는 $E_1 = (1-\beta)E_2, E_{11} = (1-\beta)E_{22}$ 이므로, $V_1 - V_2 = (1+2\alpha)(1-\beta)E_{22} - E_{22} = \beta(1+2\alpha)E_{22}$로 되어 확대하지 않은 경우의 차 전압($\beta E_{22}$)에 비해 $(1+2\alpha)$배의 확대가 이루어져 검출 감도를 높일 수 있다. 여기서 보통 α는 1.0~3.0로 하고 계전기는 반한시형 또는 순시형을 사용할 수 있게 된다.

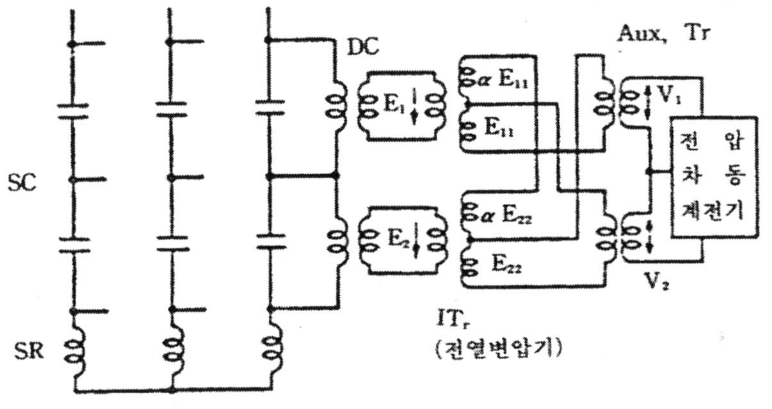

그림 7.8 확대 회로부 전압차동 보호방식

7.2.3 직렬 콘덴서 보호

(1) 직렬 콘덴서의 보호계전방식

직렬 콘덴서 설비는 일반적으로 직렬 콘덴서, 보호 갭(gap), 한류 리액터, 방전 코일, 개폐장치와 제어장치 등으로 구성되며 회로의 전압, 콘덴서 용량 등에 따라서는 약간씩 다른 구성을 가지는 경우도 있다. 높은 전압회로에 사용되므로 절연가대 위에 설비를 설치하며 대표적인 직렬 콘덴서 구성과 보호방식의 사례를 보면 그림 7.9와 같다.

(2) 계통이상시 직렬 콘덴서의 보호

직렬 콘덴서 설비에서 계통자체의 이상 현상으로 인한 보호항목으로는 저전압, 과전류와 단락전류가 있다.

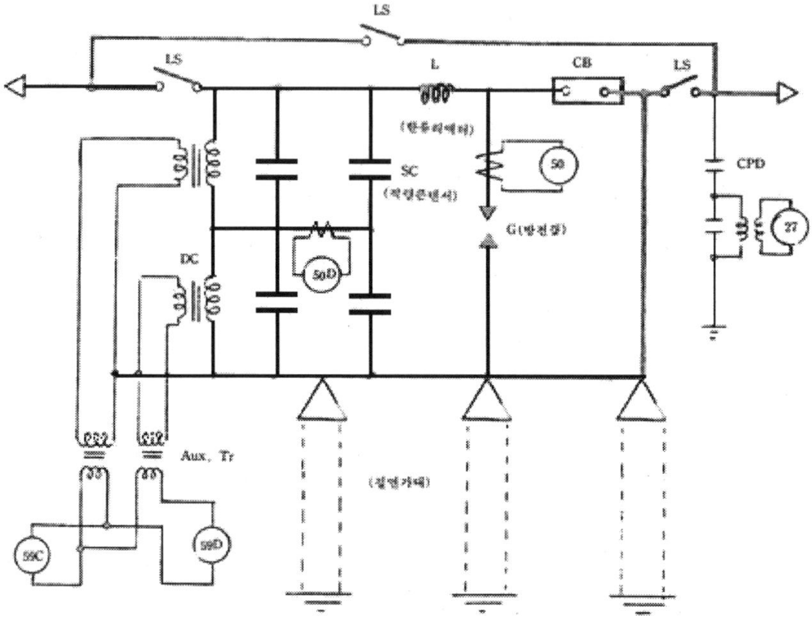

그림 7.9 직렬콘덴서 설비 구성 및 보호계전방식

① 저전압에 대한 보호

송전선로의 전압이 저전압 또는 무전압인 상태에서 콘덴서가 삽입되어 있으면 전압회복 시 또는 무부하 변압기 투입 시에 공진 현상이 발생될 우려가 있어 일단 송전선의 전압이 일정값 이하로 되면 바이 패스(By pass)용 차단기를 동작시켜 콘덴서를 단락시켜 회로로부터 제외시킨다. 사용되는 계전기는 순간적인 전압 저하 시 오동작하지 않도록 한시성을 가지는 저전압계전기(27)를 사용하고 정격회로 전압의 50~60% 정도에서 동작되도록 한다.

② 과전류에 대한 보호

직렬 콘덴서는 일반적으로 과부하 조건을 설정하여 제작하게 되는데, 다음에 설명하는 단락 전류 보호용 방전 갭(G)의 동작을 일으키지는 않으나 콘덴서 자체에 무리를 주는 정도의 과부하전류를 검출할 필요가 있다. 따라서 과전압에 대한 보호용 방전 갭(G) 보다는 낮은 전압에서 방전하는 갭이나 Zinc Oxide 등을 설치하는 경우도 있으며, 그림 7.9에서와 같이 방전 코일의 2차 회로에 과전압계전기(59C)를 설치하여 보호하는 경우가 많다. 그러나 송전선로 자체의 보호에서 콘덴서 과부하까지 고려하는 경우에는 별도의 과전류보호를 필요로 하지 않게 된다.

③ 단락전류에 대한 보호

계통에 단락 또는 지락사고가 발생하면 콘덴서를 통해 단락전류가 흘러 직렬 콘덴서 양단의 전압이 과대하게 상승된다. 이때 전압 상승이 콘덴서 허용 최고전압을 초과하면 콘덴서의 절연 파괴로 손상을 받게 되므로 콘덴서의 양단에 방점 갭(G)을 설치하여 전압 상승을 억제시킨다. 이 방전갭이 동작하게 되면 방전회로에 연결된 과전류계전기(50)가 동작되어 바이 패스 차단기(CB)를 투입하여 콘덴서를 보호하여 준다. 보통 직렬 콘덴서의 허용 최고전압은 정격 단자전압의 250% 정도다.

(3) 직렬 콘덴서 설비 내의 단락, 지락사고 보호

직렬 콘덴서 설비의 지락 또는 단락사고에 대하여는 현장에서 검출할 수 있다 하더라도 차단장치는 양단에 있는 변전소의 것을 이용해야 하므로 송전선로 보호계전방식에 의존하는 것이 일반적이다.

(4) 직렬 콘덴서 자체의 내부사고 보호

콘덴서 자체의 내부소자 파괴사고에 대한 검출은 그림 7.9에 있는 바와 같이 방전 코일의 2차 회로를 차동 접속하고 과전압계전기(59D)를 연결하는 전압 차동보호방식을 많이 사용하지만 콘덴서의 구성에 따라서는 콘덴서 소자 파괴 시 불평형 전류에 의하여 검출하는 방식(50D)을 채용하는 경우도 있다. 내부소자 사고에 대하여 병렬 콘덴서와 다른 점은 선로전류가 적으면 직렬 콘덴서 양단자 간의 전압이 정격전압보다 낮아지고 불평형 전류도 적어 내부사고 검출 감도가 저하되는 점이다. 따라서 콘덴서 정격전류의 50% 정도에서도 내부소자 1개가 파손된 것을 충분히 검출할 수 있는 감도를 가지는 계전기를 채용할 필요가 있다. 적용되는 계전기로는 수 V정도의 낮은 전압(또는 수 십 A의 전류)을 검출할 수 있는 것으로 하면 좋다.

● 하나님은 사랑이시라.

제 8 장 케이블 보호 (Power Cable Protection)

8.1 개요

최근에 송전과 배전을 위한 전력 회로에 절연 케이블이 많이 사용되고 있으며 수송하는 전력의 크기와 사용전압 레벨도 점점 높아짐에 따라 내재된 사고의 위험도도 증가되고 있다. 케이블의 온도 상승은 수명을 단축시키고 사고 발생의 가장 큰 원인이 되고 있다. 따라서 케이블 규격 선정 시에는 예상할 수 있는 최대전류를 충분히 흘릴 수 있는 것으로 선택해야 하는 한편, 예상치 않는 과부하나 단락전류에 대비한 적절한 보호방식을 적용하여 과도한 온도 상승을 방지하여야 한다.

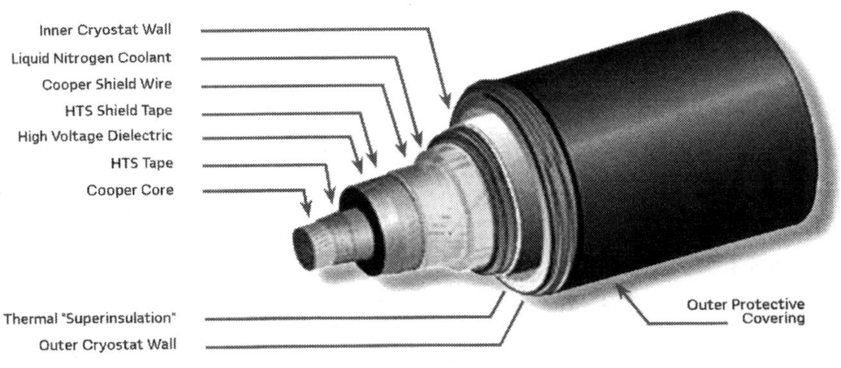

과부하는 연결된 부하나 설비의 수가 증가되거나 과부하 운전됨으로써 발생된다. 단락사고는 사고 부위에 막대한 양의 열에너지가 방출되므로 과다한 온도 상승을 일으켜 절연이 파괴되고 사고전류가 흐르고 지나간 중간 부위에도 온도가 높아져 케이블의 수명 단축을 초래한다. 그밖에 외부의 물리적인 요인에 의하여도 손상을 입는 경우가 있으며, 외기온도가 매우 높거나 화재가 발생되면 단락사고의 원인이 될 수 있고 역시 수명을 단

축시키게 된다. 이러한 사고들의 1차적인 원인은 주로 사람이나, 장비, 동물, 곤충, 곰팡이 등이 일으킨다.

케이블의 보호는 사람에 관계된 보호와 기기보호가 필요하며 결과적인 목표는 모두 케이블의 연속운전을 보장하기 위한 것이다.

과전류에 대한 보호는 일반적으로 전류의 크기와 흐르는 시간의 길이에 따라 동작하는 한시성 과전류장치를 사용하고, 단락사고의 보호에는 고속도로 동작하는 장치를 사용한다. 케이블을 주위 환경으로부터 보호하는 데는 여러 가지 형태가 있으며, 여기서는 케이블 규격 선정에 관한 것과 사고에 대한 보호방법을 살펴보고자 한다.

8.2 케이블의 단락보호

단락사고시 도체에 흐르는 과대한 전류로 인한 과열로부터 케이블이 보호되어야 하며, 단락사고의 발생 지점은 케이블 선로 자체에 있을 수도 있고 또는 케이블을 통하여 접속된 기기에서 발생될 수도 있다.

단락전류가 흐르는 동안 I^2R의 열이 상(相 : Phase)도체 뿐만 아니라 금속 Shield나 Sheath의 온도를 상승시키게 된다. 보통 단락전류는 매우 빠른 시간 내에 차단되므로 금속 도체에 발생된 열이 절연체로 전달되는 양이 매우 적으며, 거의가 다 금속 도체의 온도 상승에 소모되어 단락사고에 대하여는 실용적으로 I^2R의 열은 100%가 모두 도체의 온도 상승에 소모되는 것으로 간주한다. 단락전류가 흐르는 동안 도체 금속의 온도는 주위를 둘러싼 절연물에 손상을 주지 않는 최고 허용값을 초과하여서는 안 되며, 단락사고 시 케이블 보호에는 다음 사항을 고려하여야 한다.

① 케이블의 최대허용 단락전류
② 절연체에 손상을 주지 않는 최대허용 도체온도
③ I^2R 값과 열용량에 영향을 주는 도체 크기
④ 최대 고장 제거시간 또는 사고전류 지속시간

8.2.1 단락전류

(1) 단락전류의 크기 및 감쇠

단락전류의 크기는 적절하게 결정되어야 하는데 사실상 전류의 크기가 그림 8.1에 나타난 바와 같이 사고 초기를 정점으로 하여 시간이 갈수록 감쇠된다. 초기 피크 전류를 비대칭 단락전류라고 하며 이어서 감쇠되는 순서에 따라 차과도전류, 과도전류 및 대칭분 전류(지속 단락전류)로 되고 지수함수적으로 감쇠된다. 이러한 현상은 사고점이 발전기에서 가까울수록, 그리고 전원으로부터 사고점까지의 등가 임피던스의 리액턴스와 저항값의 비(X/R)가 클수록 감쇠정도가 크게 된다.

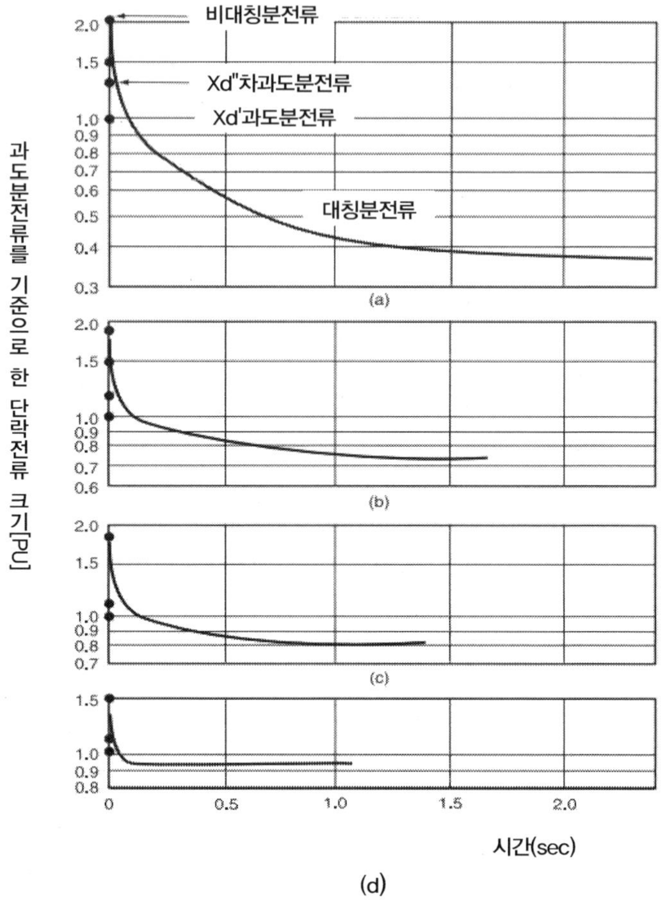

a) 발전소 인근 및 소내계통
b) 전력회사에서 공급받는 계통(동기전동기가 있는 경우)
c) 전력회사에서 공급받는 계통(동기전동기가 없는 경우)
d) 저압계통

그림 8.1 대표적인 단락전류의 감쇠 변화

(2) 최대 단락전류

일반적으로 순시동작형 과전류 계전기와 고압차단기로 보호되는 케이블에서는 차과도 전류값을 선간 단락시의 최대전류로 사용한다. 그리고 퓨즈, 케이블 Limiter (또는 Protector) 또는 저압용의 순시차단기 등과 같이 고속도 동작형 보호장치를 사용하는 경우에는 비대칭분을 적용하며, 고장제거시간이 0.2 sec 이상 걸리는 경우에는 감쇠된 대칭분 전류를 적용하며 그 크기 계산이 불가능하면 차과도 전류를 적절히 증감시킨 값을 사용할 수 있다.

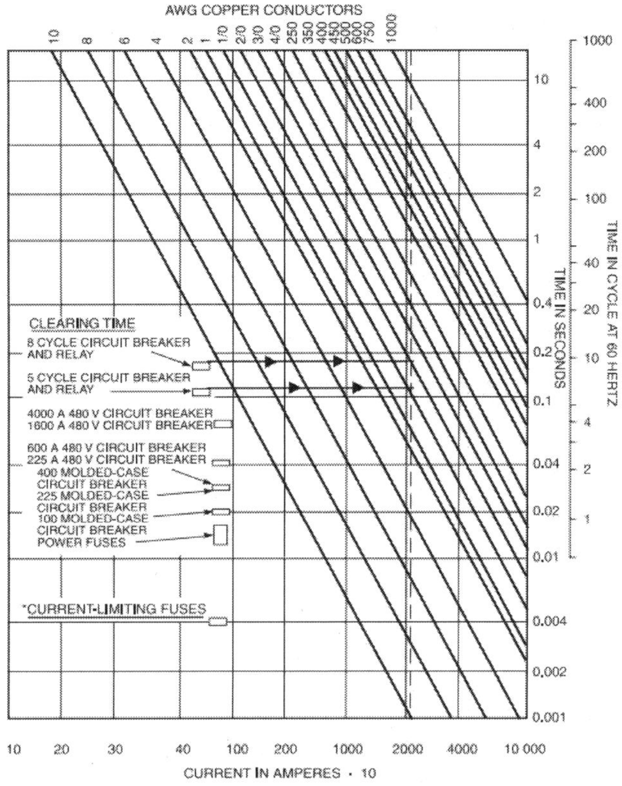

그림 8.2 구리(CU) 케이블 최대허용단락전류

(3) 기기 정격에 따른 단락 고장 전류

경제적인 어려움이 적은 경우 또는 설계상의 여유를 많이 두고자 할 때에는 차단기 또는 퓨즈들의 순간 정격 및 차단용량을 케이블의 규격 선택과 보호를 위한 기준으로서 사용한다. 가장 일반적으로 사용하는 차단장치들의 전류정격이 그림 8.2 및 그림 8.3의 하단에 표시되고 있으며, 케이블 크기(Size)결정시 최대허용 단락전류로서 사용되며 고장 지속 시간(그림 우측)과 관계가 있다. 그림 8.2 및 8.3은 동(CU) 및 알류미늄(Al) 케이블에 대한 최대허용 단락전류 특성을 각각 나타낸 것이다. 예로서 그림 8.2에서 AWG No.4/0의 경우 0.1 sec 차단장치를 사용한다면 최대허용 단락전류는 40,000[A]가 됨을 알 수 있다.

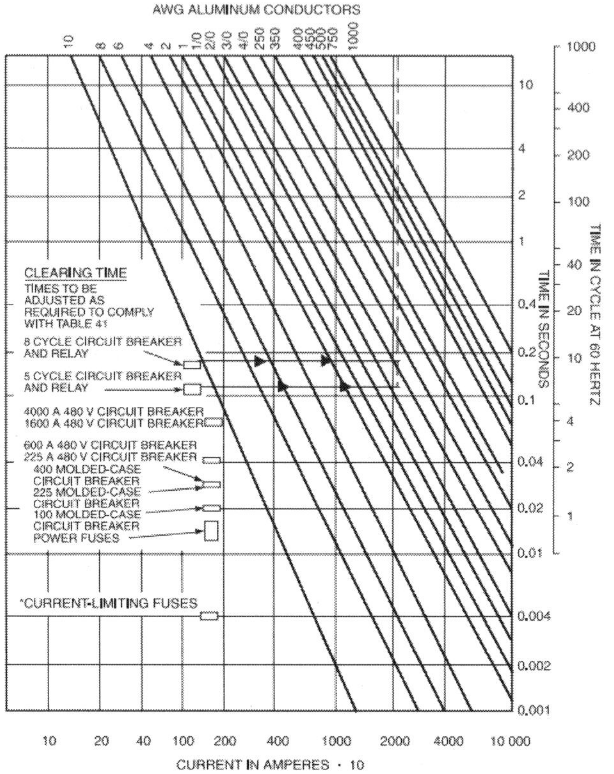

그림 8.3 알루미늄(Al) 케이블 최대허용단락전류

이 그림들에 대한 간단한 사용 예는 다음 8.2.2의 (4) 온도－전류－시간 특성에서 소개되어 있다.

(4) 지락사고 전류 및 감시

지락사고에 의한 단락전류는 앞에서 설명한 선간 단락전류와 근본적으로 동일하나 계산방법이 다르며, 직접 접지 계통에서의 지락사고전류는 선간 단락사고와 비슷하고, 중성점을 저저항으로 접지한 경우에는 접지저항기의 정격전류값에 의하여 직류 성분의 감쇠가 아주 빨라 고장전류의 비대칭 효과가 무시될 정도이다. 중성점 고저항 접지 또는 비접지 계통에서는 지락사고 전류가 매우 적지만 아크(Arc)의 지속을 방지하고, 건전상의 전압 상승 및 지속으로 인하여 다른 회로에 더 가혹한 사고를 유발하지 않도록 하기 위하여 신속한 사고 검출과 차단이 필요하다.

8.2.2 도체의 온도

(1) 도체 온도의 상승

도체에 발생된 열이 절연체로 전혀 전달되지 않는다고 가정할 때(단락사고 순간 등과 같이 단시간에 많은 열이 발생 될 경우) 도체의 온도 상승은 도체의 굵기, 고장전류의 크기 및 지속 시간의 함수로 되어 다음식으로 표현된다.

$$(\frac{I}{CM})^2 \times t \times Fac = C \cdot \log_{10}\frac{Tf + T_C}{T_o + T_C}$$

여기서 I : 전류, CM : 도체면적(Circular−mils), t : 시간,
F_{ac} : 교류전류/직류전류 Ratio,
C : 도체에 따른 계수[Cu : 0.0297, A l : 0.0125],
T_c : Cu이면 234°C, A l 이면 228°C

표 8.1 지락전류에 의한 Shield 및 Sheath의 온도 상승

금속종류	초기/최종온도		
	65/200° C	65/150° C	90/250° C
Copper	$I = 0.0694\frac{CM}{\sqrt{t}}$	$I = 0.0568\frac{CM}{\sqrt{t}}$	$I = 0.0779\frac{CM}{\sqrt{t}}$
Aluminum	$I = 0.0453\frac{CM}{\sqrt{t}}$	$I = 0.0371\frac{CM}{\sqrt{t}}$	$I = 0.0509\frac{CM}{\sqrt{t}}$
Lead	$I = 0.0124\frac{CM}{\sqrt{t}}$	$I = 0.0103\frac{CM}{\sqrt{t}}$	$I = 0.0141\frac{CM}{\sqrt{t}}$
Steel	$I = 0.0249\frac{CM}{\sqrt{t}}$	$I = 0.0205\frac{CM}{\sqrt{t}}$	$I = 0.0281\frac{CM}{\sqrt{t}}$

(2) Shield 및 Sheath의 온도 상승

위의 도체에서와 같은 조건에서 지락사고 시 케이블의 Shield 및 Sheath의 온도 상승은 사용된 금속의 종류에 따라 지락전류의 크기, Shield 및 Sheath의 단면적, 그리고 전류 지속시간의 함수로 표시되며 표 8.1은 이것에 대한 대표적인 경우를 나타낸 것이다.

(3) 단락 시 최대온도 상승한도

절연물을 보호하기 위한 단락 시 도체의 최대 허용온도는 평상시 운전중의 온도에 따라 절연체 종류별로 표 8.2와 같다.

표 8.2 단락 시 최대허용 온도

절연물질종류	상시 허용온도 To(° C)	단락 시 허용온도 Tf (° C)
Rubber	75	200
Rubber	90	250
Silicone Rubber	125	250
Thermoplastic	75	150
Thermoplastic	85	200
Paper	85	200
Varnished Cloth	85	200

Thermoplastic : 열가소성 플라스틱

(4) 온도−전류−시간 특성

케이블 도체 선정을 편리하게 하기 위하여 온도−전류−시간관계를 도체의 온도 상승 공식과 상시 허용온도(75°C)−단락 시 최대허용 온도 (200°C) 관계를 기초로 하여 곡선으로 묘사한 것이 앞의 그림 8.2 및 8.3이며, 이 그림에서 보호장치 및 차단장치의 총 고장 제거시간에 따라 케이블의 도체 선정이 달라짐을 알 수 있다. 예로서 8 Cycles 차단기 채용 시 동(Cu) 케이블 AWG No.2/0(70 mm^2)인 경우 21,000[A]까지 가능하고, 보다 사이즈가 큰 No.4/0(100 mm^2)을 선정해야 동일한 성능을 가진다. 더 고장지속시간을 짧게 할 수 있는 5Cycles 차단기를 채용 시 동(Cu) 케이블에서는 사이즈가 보다 작은 AWG No.1/0을, A l 케이블인 경우 No.3/0을 적용 할 수 있으며 최대 단락 고장 전류가 차단장치의 차단용량 전류보다 적은 경우에는 전선의 굵기가 더 가는 케이블을 선택할 수 있음을 알 수 있다.

(5) 초기온도

초기 온도란 과전류나 고장전류가 흐름에 의하여 온도상승을 고려할 때 그 과전류 또는 고장전류 흐르기 전 상태를 초기상태로 보고 그 때의 온도를 초기온도로 본다.

케이블에 평상시 흐르는 최대부하에 의한 도체의 온도가 정격전류가 흐를 때의 온도보다 낮은 때에는 고장전류를 더 오랫동안 흘릴 수 있으며, 그림 8.2 및 8.3에서의 허용된 값보다 더 많은 전류를 흘릴 수 있다. 그러나 실제에는 대부분의 외기온도와 부하가 시간대별로 변하므로 도체의 정확한 초기온도를 알 수 없어 보수적인 선택에서는 케이블 도체의 굵기를 낮추어 선정하지는 않는다. 그러나 경제적인 선택에서는 부하와 외기온도를 예측하여 그림 8.4에 나타낸 바와 같은 보정계수(Kt)를 구하여 최대허용 단락전류값(그림 8.2 및 8.3)에 곱하여 보정한 값을 적용한다.

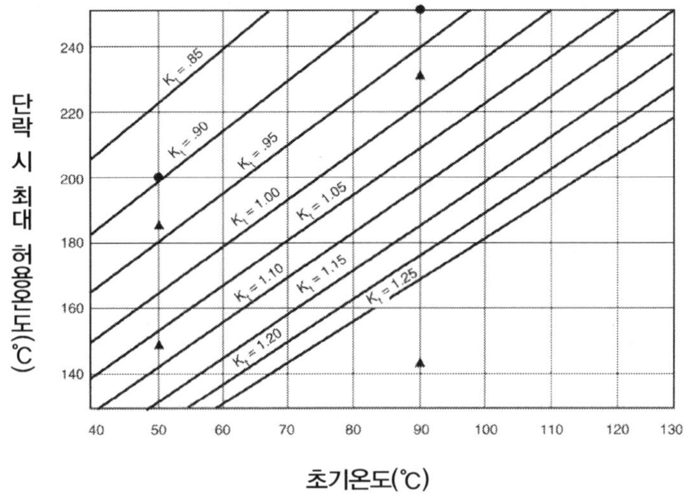

그림 8.4 초기온도와 최대허용온도에 따른 보정 계수(*Kt*)

예로써 초기온도가 50^oC이고, 최대허용 단락온도가 200^oC인 경우엔

Kt : 0.899(그림 8.4에서)이고,

보정된 허용단락전류 : Isc (그림 8.2 및 8.3에서의 전류) × 0.899이므로

○ 표에서 허용단락전류(Isc) 20,000[A]이면

○ 보정된 허용단락전류 20,000[A] × 0.899 = 17,900[A]

로써 보다 굵기가 가는 전선을 사용 할 수 있게 된다.

8.2.3 보호 장치

(1) 총 고장 제거시간

단락사고시 케이블의 손상을 방지하기 위한 보호장치는 신뢰성이 높을 뿐더러 동작속도도 빨라야 한다. 보호방식으로는 가장 가까운 거리에 있는 케이블 선로에 대하여 1차적인 보호(주보호)를 담당하고, 그 다음의 선로 또는 구간에 대하여는 후비보호를 담당하도록 하는 방식이 채용되며, 이때 주보호는 보통 순시차단 되도록 하고 후비보호에서는 한시 차단되도록 한다.

총 고장 제거시간은 사용되는 보호장치에 따라 다음과 같이 고려한다.

① 계전기와 차단기 사용시
: (과전류계전기 동작시간) + (보조계전기 동작시간) + (차단기 전류차단시간)
② 직접 동작형 차단기 사용시 : (차단기 전류차단 시간)
③ 퓨즈 사용 시 : (퓨즈의 총 고장 제거시간)

보호장치의 총 고장 제거시간은 계전기의 종류와 차단기 또는 퓨즈의 종류에 따라 달라지며, 케이블 규격 선정에 참고할 수 있도록 몇 가지 대표적인 경우를 표시한 것이 그림 8.2 및 8.3의 좌하단에 나타나 있다.

(2) 시간−전류(T−C) 특성과 보호협조

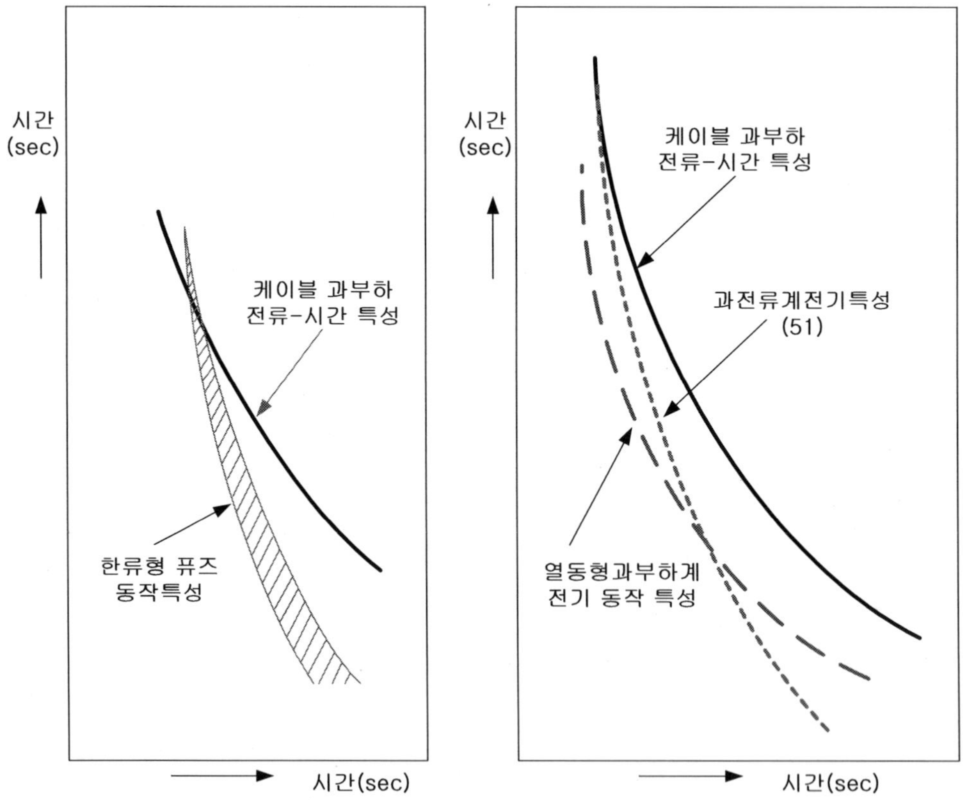

a) 퓨즈에 의한 보호 b) 과전류 및 열동형 계전기에 의한 보호

그림 8.5 케이블 과부하특성과 보호장치 별 보호 특성비교

8.3 과부하보호

케이블의 과부하 보호는 케이블의 허용전류가 결정된 후에 적용할 수 있으며, 케이블의 정격과부하의 특성에 맞추어 보호장치를 선정하여야 한다.

8.3.1 상시허용전류

(1) 열의 흐름 및 열저항

평상 시 도체에 발생된 I^2R의 열은 절연물을 통하여 케이블 주위의 대기로 방출되며 다음의 관계를 가진다.

$$\text{열흐름} = \frac{(\text{도체와 외기 온도의 차})}{\text{절연체의 열저항}}$$

도체의 온도는 부하에 따라 변하고 절연체 자체의 열저항은 비교적 정확한 값이 추정되어 사용되나 전체적으로는 케이블의 경로 및 형태, 주변 대지의 열저항, duct 수, 케이블수, 토질 및 수분 함량 등에 영향을 받으므로 이러한 사항들을 적절히 고려하여야 한다.

(2) 허용전류

각 케이블의 허용전류는 기초적인 열법칙에 입각하여 다음 사항들을 고려하여 계산한다.

① 도체 종류
② 도체의 교류저항/직류저항
③ 절연체의 유전체손과 열저항
④ 케이블의 구조
⑤ 주위 공기, 대지 및 Duct류의 열저항
⑥ 대기온도 및 부하율

보통 이러한 것들은 케이블 제작자들이 Data를 제공하거나 계산된 값을 표로서 제시하는 경우가 많으므로 적극 참조 하여야 한다.

(3) 기준온도 변동에 따른 저감률

허용전류산정은 일반적으로 무부하시 케이블, Duck, 또는 전선관의 온도를 기저값으로 하며 지중 케이블인 경우 20°C, 노출관 또는 선반에 설치한 경우는 30°C를 그리고 중압용 케이블에 대하여는 40℃를 기준으로 한다. 따라서 기준의 기저온도 이외에 대하여는 다음과 같은 온도 저감률을 고려하여야 한다.

$$\text{TDF(온도저감률)} = \sqrt{\frac{T_N - T_a}{T_N - T_{a1}}} = \frac{I_N}{I_{N1}} = \frac{\text{기준 기저온도에서의 허용전류}}{\text{다른 기저온도에서의 허용전류}}$$

여기서 T_N : 상시 허용온도(°C)

T_a : 기준 기저온도(°C)

T_{a1} : 다른 기저온도(°C)

그리고 여러 케이블이 1개 관로에 포설된 경우에는 이웃 케이블들에 부하전류가 흐르고 있으면 무부하인 케이블의 주위온도가 기준온도보다 높으므로 포설형태에 따른 1.0~0.6 정도의 저감률을 고려한다.

8.3.2 과부하 용량

(1) 상시 허용

케이블 제작자들은 제품에 대한 가장 경제적이고 수명에도 지장이 없는 케이블의 온도를 상시 허용 온도로 제시하며 정상적인 수명 감소율에 의하면 절연체의 수명은 약 20~30년으로 예상한다. 상시 허용온도는 주어진 조건에서 케이블의 부하용량을 결정하는 것이며 일반적으로 케이블의 굵기에 여유를 두어 선정하므로 실제 운전시 이 온도에 달하는 경우는 자주 발생되지는 않는다.

(2) 케이블 전류 및 온도

케이블의 온도는 I^2에 비례하여 상승하므로 주어진 정상 상태의 어떤 부하에 대한 온도는 다음과 같은 공식으로 표현된다.

$$T_X = T_a + (T_N - T_a)(I_X / I_N)^2$$

여기서 T_X: 임의의 부하 시 온도

T_a : 기준기저온도, T_N : 상시허용온도

I_N : 상시허용전류, I_X : 임의의 부하전류

(3) 비상 부하온도

케이블의 부하전류가 상시허용값 이상으로 되면 온도도 상시허용값을 초과하게 되는데 일반적으로 케이블의 연속운전 온도를 10°C 높임에 따라 케이블의 수명은 대략 1/2씩 감소하며 사고율은 2배로 증가된다. 여기서 물질적인 사고율을 증가시키지 않는 조건으로서 연간 누계가 100시간을 초과하지 않는 1회당 지속시간이 5시간 이하인 과부하를 비상부하로 정하고 이러한 부하 시의 온도를 비상부하온도라 하며 모든 조건하에서 최고허용 온도로 간주한다. 케이블의 종류(형식 및 절연체)에 따라 다소 차이는 있으나 정격부하시의 온도는 60−85℃이고 비상부하온도는 80−95℃범위이고, 특별히 내열성을 보강한 케이블(THH, RHW등)과 XLPE, Silicone Rubber케이블에서는 정격부하시의 온도가 90℃내외이고 100−150℃에 이르기도 한다. 자세한 것은 제작자나 전문 기관이 제시하는 정보를 참조하여야 한다.

(4) 비상 부하전류

비상 부하전류는 비상 부하온도에 따라 다음 식으로 산정한다.

$$\text{비상부하}(\%) = \frac{I_E}{I_N} \times 100 = \frac{(T_E - T_a)}{(T_X - T_a)} \times 100$$

예로서 $5^{KV}100\,mm^2$고무 절연 지중 케이블×3C가 50% 초기부하로 운전할 때 비상부하를 구하면,

I_N=210/2=105A, T_X=33.8°C (식−3으로부터), $T_E = 95^oC,\ T_a = 20^oC$

$$\text{비상부하}(\%) = \frac{(95-20)}{(33.8-20)} \times 100 = 234\%$$

$\therefore I_E = 105^A \times 2.34 = 246A$(1회당 5시간 이하)

8.3.3 과부하 보호장치

(1) 과전류계전기

케이블의 과부하 보호에는 강반한시 또는 초반한시 특성의 과전류계전기가 보통의 반한시보다 적합하며, 모든 유도 원판형 과전류계전기는 동작원리 상 케이블 보호에 적당하다(그림 8.5 참조)

(2) 열동 과전류계전기 또는 바이메탈장치

이들의 특성은 열에 의하여 동작되기 때문에 케이블의 열적인 특성과 아주 흡사하여 케이블보호에 적합하나 과전류계전기에 비교하면 정확도가 떨어지는 점이 있다. 주로 배선용차단기(MCCB : Molded Case Circuit Breaker)에 내장 또는 복합되어 사용되며 제작기술 발달로 특성이 개선되었으며 저압케이블 회로에 많이 쓰인다.

(3) 퓨즈

전력 퓨즈 또는 한류 퓨즈는 일반적으로 큰 단락전류에 대해서는 고장제거속도면에서 탁월한 보호를 수행하나 단시간의 과부하나 저전류 사고에는 보호 능력이 떨어지는 단점이 있다. 즉 퓨즈의 특성곡선이 케이블의 허용전류특성 곡선보다 경사가 커서 케이블의 과부하 곡선을 가로지르는 현상은 이를 말해주는 것이다.

- 하나님의 나라는 말에 있지 아니하고 오직 능력에 있음이라.

제 9 장 정류장치 보호방식 (Semiconductor Circuit Protection)

9.1 개요 및 사고현상

9.1.1 개요

전기기기 중에 정류장치 만큼 변화가 많은 기기는 없을 것이다. 전동 발전기로부터 시작하여 회전 변류기, 수은 정류기, 접촉 변류기, 반도체 정류기로 변화되어 왔으며, 반도체 정류기도 처음에는 게르마늄(Germanium) 정류기로부터 시작되어 실리콘(Silicon) 정류기를 거쳐, 최근에는 사이리스터(Thyristor) 정류기에 이르기까지 계속하여 새로운 종류가 개발되어 왔다.

일반산업에서 정류장치는 직류의 전원 장치로써 비철금속의 정련, 식염수의 전해분야에 많이 사용되며 또 사이리스터 정류장치는 직류 전동기의 가변속 구동용으로 많이 사용된다. 비철금속 정련용은 아연(Zn)에는 600~750 V 정도가 채용되고, 알루미늄에는 1,000 V 전후로 전압이 높으며 용량이 200 kV를 넘는 경우도 있다. 식염수 전해용은 저전압 대전류로서 200~300 V, 60~150 kA 정도의 것들이 많고 사이리스터 정류장치도 많이 채용되고 있다. 정류기의 결선에서는 저압 대전류용으로 2중성형(Double Star)결선이, 고전압용에는 3상 브라지(Bridge) 접속이 많이 채용되고 있다.

반도체 정류 소자를 사용한 전력 변환 장치에는 다음과 같은 종류가 있다.

① **순변환장치** : 교류(AC)를 직류(DC)로 변환하는 장치.
② **역변환장치** : 직류(DC)를 교류(AC)로 변환하는 장치(Inverter)
③ **가역 변환장치** : 전력의 흐름을 가역 변환하는 장치
④ **주파수 변환장치** : 다른 주파수의 전력 회로에 전력을 전달하는 장치, 직류를 거치지 않고 직접 다른 주파수로, 변환하는 장치를 사이클로 컨버터(Cyclo Converter)라고 한다.

⑤ **직류 변환장치** : 다른 전압의 직류회로에 전력을 전달하는 장치, 교류를 거치지 않고 직접 변환하는 장치를 직류 초퍼(Chopper)라 함.
⑥ **전력 조절장치** : 사이리스터에 의한 단순한 ON/OFF 스위칭 작용으로 부하에 공급되는 전력을 조절하는 장치.

본 장에서는 일반산업용 직류 전원으로 사용되는 순변환 장치인 정류 장치에 대한 사고 및 보호 방식에 대하여 기술하였으나 이것들은 다른 변환 장치에도 거의 동일하게 적용될 수 있다.

9.1.2 정류장치의 고장 현상

정류장치의 사고를 보호의 측면에서 고려하면 직류 부하측의 단락, 지락, 과부하 등의 외부사고와, 정류기 자체의 사고로 나누어 생각할 수가 있다. 표 9.1은 반도체 정류 장치에서 발생 가능한 사고 종류와 그의 원인을 나타낸 것이다.

반도체 정류기 사고의 특징은 이상전압이나 과전류에 대한 반도체 소자의 내량이 타 전력기기에 비하여 낮은 점과, 1개 소자의 사고가 장치 전체의 사고로 확대될 위험성이 높은 것이라고 할 수 있다. 따라서 보호 방식이나 보호 장치를 선정하는데 있어 이러한 특수성을 충분히 고려할 필요가 있다.

9.1.3 직류(DC) 회로의 사고 현상

정류장치를 이용하여 직류(DC)를 공급하는 계통에는 단락이나 지락사고의 양상이 변환장치에 어떤 것을 적용하였는가에 따라 다르며, 부하 측에 접속된 전동기나 전해조 등으로부터도 전류가 역으로 공급되어 보통 교류 회로에서의 사고 양상과는 다른 점이 있다. 따라서 우선 다음 사항들을 고려한 사고 현상 검토가 필요하다.

① 변환장치에 따른 직류 단락 전류의 계산
② 부하로부터 공급되는 사고 전류 계산
③ 직류 측 사고가 변환 장치의 교류 측에 미치는 영향
④ 사고 전류에 대한 반도체 소자의 보호

반도체 정류 장치의 단락 전류는 표 9.2에 표시된 방법으로 산출할 수 있으며, 이 표에는 3상 브리지(Bridge) 접속 및 2중 성형 6상 접속에 대한 단락 전류 산출 방법이 표시되어 있다.

표 9.1 정류 장치의 사고 종류와 원인

사고종류	사고개소	원인	현상
단락	• DC출력회로 • 내부상간 • 내부 Arm간	• 절연 열화 • 이물 접촉 • 소자 파괴	• 과대전류 • 과열 • 소자파손
지락	• DC부하측 • 내부	• 절연열화 • 이물접촉	
과전류	• 반도체소자	• 전원전압상승 • 과부하 • 전류 불평형 • 병열기 정지	
온도상승	• 반도체소자 • 냉각매체	• 과전류 • 주위온도상승 • 냉각불량 • 냉각매체온도 상승	
소자파손	• 반도체소자	• 온도상승 • 외부 Surge • 내부 Surge • 소자 열화	

직류 단락 전류에도 교류 단락 전류의 비대칭분에 해당하는 피크값이 존재하며 그림 9.1과 같이 회로의 시정수에 따라 감쇠한다.

정류기나 회로의 내량의 검토 시에는 이 과도 피크값을 알아야 하며, 이 과도 전류의 계산은 정류기에 의한 과도현상이 중첩되어 있어 복잡하며 통상 미리 계산된 계수를 지속성 단락 전류에 곱하여 구한다.

완전 단락시 피크전류를 I_{dp}라 하면,

$$I_{dp} = K\frac{\pi}{3}I_d$$

로 되며, 여기서 K는 Z의 저항성분 R과 인덕턴스성분 X의 비 R/X로 결정되는 계수로서 그림 9.2에 표시된 값을 사용한다.

한편 정류용 변압기의 직류 측 권선에 흐르는 피크 전류의 절대값 I_{dps}는

$$I_{dps} = K\frac{\sqrt{2}}{\sqrt{3}}\frac{V_s}{Z}$$

로 되고, I_{dps}를 권선비로 나누면 교류 측 권선의 피크 전류가 된다.

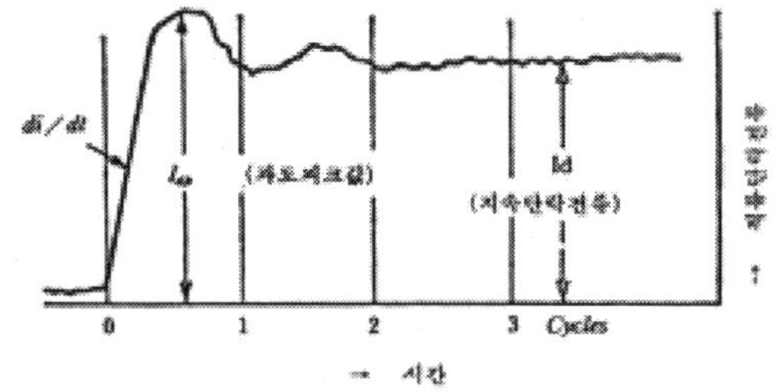

그림 9.1 직류 단락 과도전류 파형

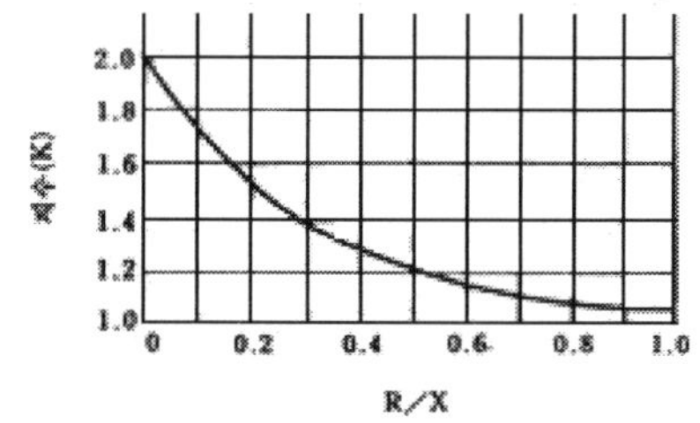

그림 9.2 직류단락 전류의 과도 계수

9.2 정류장치의 보호방식

다이오드(Diode)나 사이리스터(Thyristor) 등의 반도체 소자는, 과전압, 과전류 등에 민감하게 열화되거나 파손되기 쉬우므로 이것에 대한 적절한 보호가 필요하다. 반도체 장치의 보호로는 다음의 두 가지 사항을 고려 할 필요가 있다.

① 소자 자신의 보호
② 어느 한 소자의 파괴로 건전한 소자에까지 영향이 미치는 것을 방지하기 위한 보호.

표 9.3 및 그림 9.3은 대표적인 보호 방식의 적용례를 나타낸 것이다.

9.2.1 과전류 보호(Over-current Protection)

(1) 과전류 사고의 원인

반도체는 열 시정수가 적고 과전류 내량이 적다. 정류기 회로의 과전류 원인은 외부 고장과 내부 고장으로 나누어 생각할 수 있다.(그림 9.4참조)

표 9.2 정류장치의 단락 전류 계산

● 고장계산	● 3상 브리지(Bridge)결	● 2중성형 6상 결선
· 정류기회로	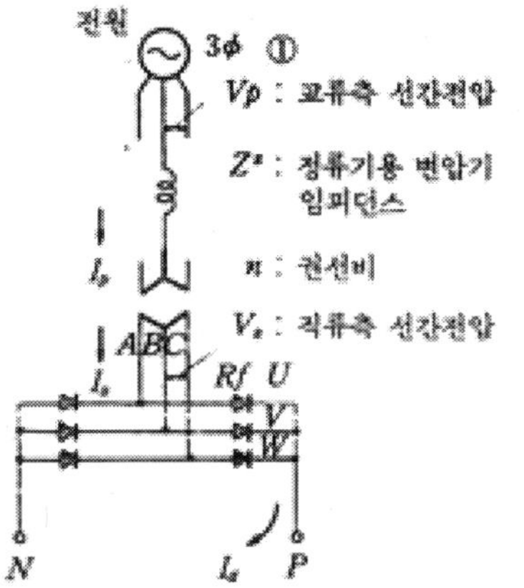	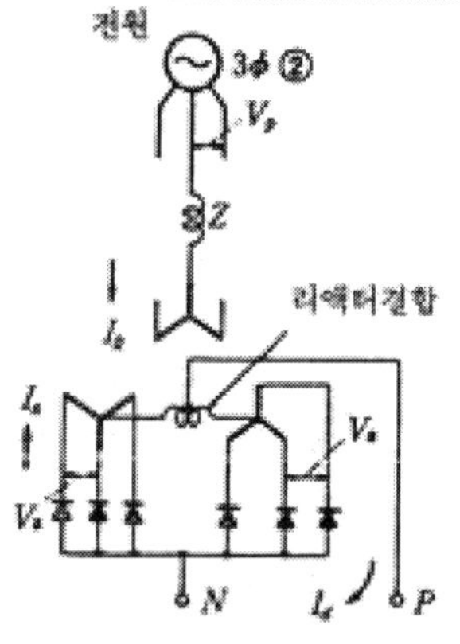
· 정류기 출력단자측 단락 사고시 교류전원측 1상 지속고장전류 (Ip)	$I_p=\frac{1}{\sqrt{3}}\cdot\frac{V_p}{Z^p}$	좌 동
· 정류기 출력단자측 단락 사고시 교류전원측 1상 지속고장전류 (Ip) 변압기 직류측 권선의 지속고장전류 (Is)	$I_s=\frac{1}{\sqrt{3}}\cdot\frac{n^2V_s}{Z^p}=\frac{1}{\sqrt{3}}\cdot\frac{V_s}{Z}$ $\therefore\ V_s=\frac{V_p}{n}$ $Z=\frac{Z'}{n^2}$ 변압기 2차측에서 교류전원측으로 본 총합 임피던스	$I_s=\frac{1}{\sqrt{3}}\cdot\frac{n^2V_s}{\sqrt{2}Z^p}=\frac{1}{\sqrt{3}\sqrt{2}}\cdot\frac{V_s}{Z}$
· 직류단락점에 흐르는 지속단락전류의 평균치 (Id)	$I_d=\frac{1}{\sqrt{3}}\cdot\frac{3\sqrt{2}}{\pi}\cdot\frac{V_s}{Z}=\frac{1.35}{\sqrt{3}}\cdot\frac{V_s}{Z}$	$I_d=\frac{2}{\sqrt{3}}\cdot\frac{3\sqrt{2}}{\pi}\cdot\frac{V_s}{Z}=2\times\frac{1.35}{\sqrt{3}}\cdot\frac{V_s}{Z}$
· %*Impedance*의 표현	$\%Z=\frac{\sqrt{3}Z}{V_s}\cdot\frac{\sqrt{2}}{\sqrt{3}}I_{dc}=\sqrt{2}\frac{Z}{V_s}I_{dc}$ I_{dc} : 직류정격출력전류	$\%Z=\sqrt{2}\frac{Z}{V_s}\cdot\frac{I_{dc}}{2}$
· %*Impedance*로 표현한 고장전류	$I_d=\frac{2}{\sqrt{3}}1.35\frac{I_{dc}}{\%Z}=1.1\frac{I_{dc}}{\%Z}$	좌 동

표 9.3 보호장치 적용 일람표

보호대상	현 상	보호장치 Device No.	보호 조치	
			경 보	자동차단
교류 측	• 정류기용 변압기 내부단락 • 전원 과전압 (1) • 전원 저전압 (1)	• 50/51 • 59 • 27	 ○ ○	○
직류 측	• 단락, 과부하	• 76		○
정류장치 및 회로	• 소자 파손 • 교류회로 지락 • 직류회로 지락	• 58F • 51N(AC) • 51N(DC)	○ ○ ○	○ ○(2) ○(2)
기 타	• Gate Pulse결상 • 제어교류전압 저하, 결상	• 48F • 47		○ ○

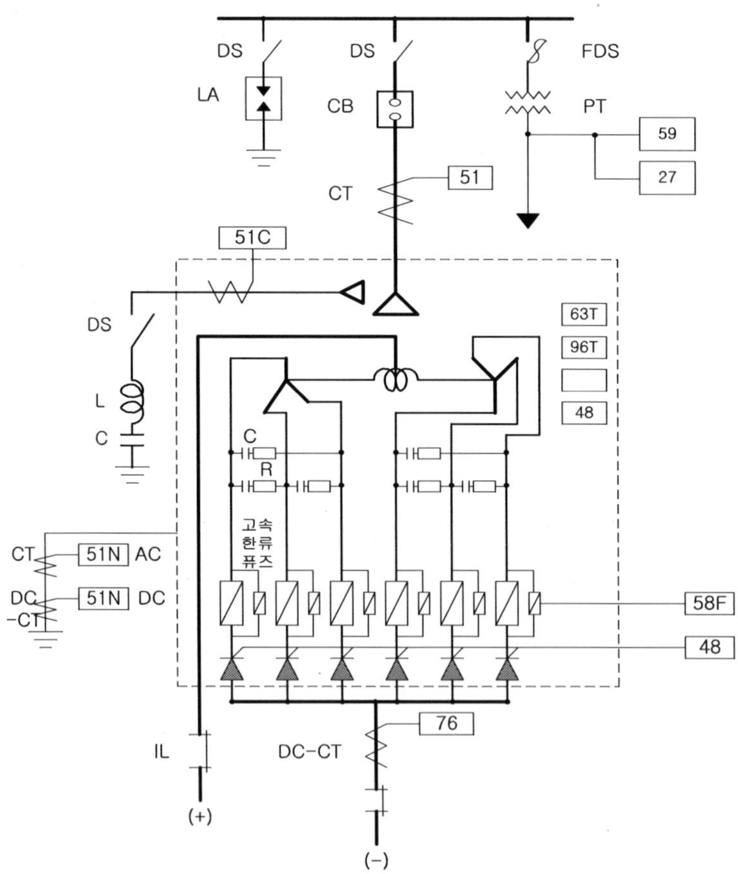

그림 9.3 정류장치 보호 단선도

(가) 외부고장

직류 부하 회로의 단락 또는 과부하에 의하여 과전류가 흘러 소자가 파괴된다. 또 부하의 돌입 전류에 의해서도 파괴되는 경우가 있다.

(나) 내부고장

소자 자체의 고장에 의한 것으로서 다이오드나 사이리스터가 역방향 저지 능력을 상실한 경우(과전압이 인가되거나, 소자의 역특성 열화로 인함) 전원 회로가 단락된 상태로 되어 단락 전류가 흘러 소자들이 파괴된다. 또 사이리스터의 게이트(Gate)에 잡음(Noise) 등이 침입, 오 점호 되어 단락 상태로 되는 경우도 있다.

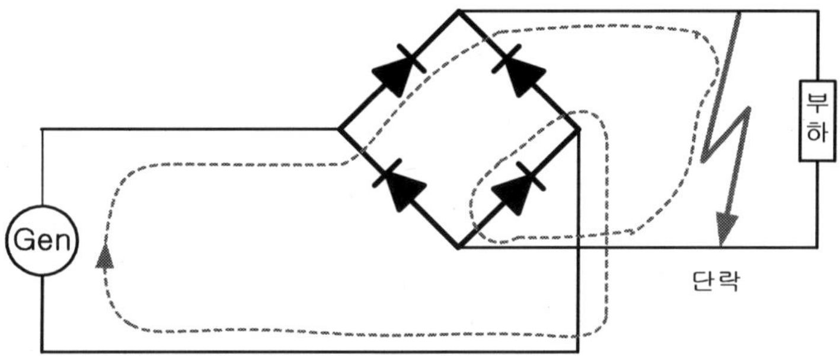

a) 외부고장

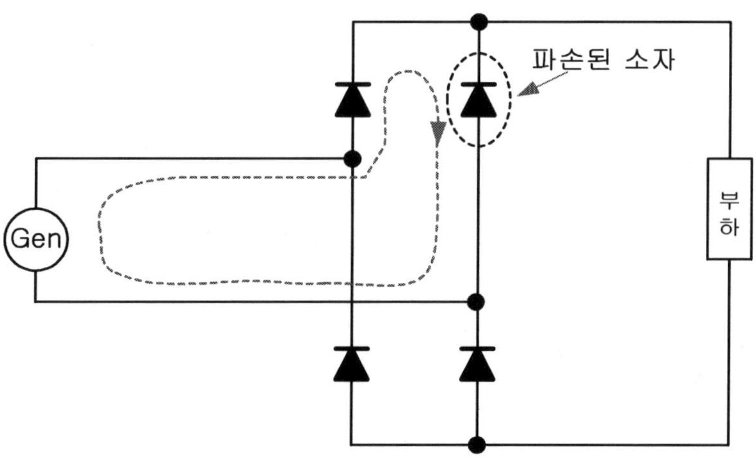

b) 내부고장

그림 9.4 정류기회로의 고장과 과전류

(2) 과전류 보호방법

소자를 과전류로부터 보호하기 위해서는 그림 9.5와 같이 보호장치의 특성곡선이 소자의 과전류 내량곡선 이하에서 동작되어야 한다. 이 그림에는 막대한 과전류에는 고속 한류 퓨즈(High Speed Current Limiting Fuse)가 용단되고 그 밖의 과전류에는 속도가 느린 반한시 특성의 보호장치가 동작되도록 하는 두 종류의 장치로 보호협조를 이루어 소손을 방지하는 경우를 표시한 것이다.

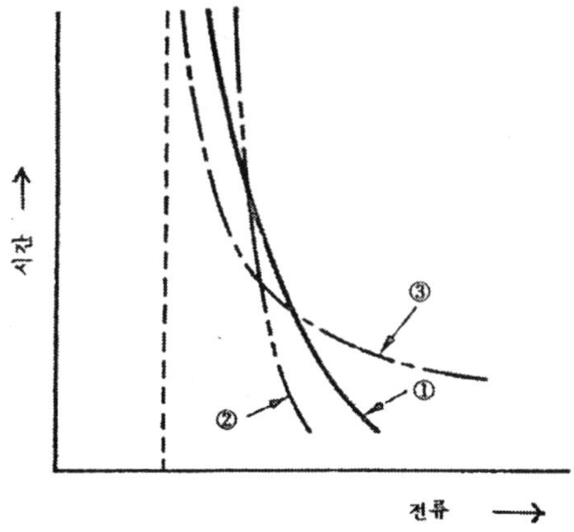

① 반도체 소자의 과전류 내량 곡선
② 고속 퓨즈의 차단 특성
③ 일반 전류계전기 특성

그림 9.5 과전류 보호 협조

(가) 고속 퓨즈에 의한 보호

반도체 보호용 고속 퓨즈는 한류 작용이 크고 단시간에 차단할 수 있는 I^2t가 적으며, 전류 차단 시 서지 전압이 낮은 것이어야 한다. 퓨즈의 정격 전류는 실효값으로 표시되어 있어 실제 회로에 흐르는 전류를 실효값으로 환산하여 선정하여야 한다. 퓨즈는 과도적인 과전류에 용단되는 것을 피하기 위하여 실제의 부하전류가 정격전류의 67% 이하가 되도록 하고 최악의 경우 80% 정도에 사용한다. 또 부하 전류가 반복하여 흐르는 경우에는 퓨즈 Element가 손상, 열화되기 때문에 실제의 부하 전류는 퓨즈 정격 전류의 50% 이하로 선정하는 것이 일반이다.

① **반 Cycle 이상의 과전류 보호** : 소자에 흐르는 반복되지 않는 투입(ON) 전류를 정격 Surge 전류라 하고 퓨즈의 차단 전류-시간 특성 곡선은, 이 정격 Surge 전류곡선 이하에 위치할 필요가 있다. 정격 Surge 전류는 피크값으로 표시하며 퓨즈의 차단 전류-시간 특성은 실효값으로 표시되어 있어 Surge 전류를 실효값으로 환산하여 퓨즈의 규격을 선정하여야 한다.

② **반 Cycle 이하의 과전류 보호** : 반 Cycle 이내의 정격 Surge 전류는 전류 제곱 시간 (I^2t)으로 표시된다. 따라서 반 Cycle 이내의 Surge에 대하여는 소자의 I^2t와 퓨즈의 I^2t를 비교하여 (퓨즈의 차단 I^2t) 〈 (소자의 I^2t) 되도록 퓨즈를 선정한다.

③ 퓨즈의 접속 위치 : 그림 9.6과 같이 퓨즈를 각 소자마다 접속하는 방식(그림 a)과 정격회로의 전원 측에만 접속하는 방식(그림b)이 있다. 일반적으로 정류장치가 소용량인 경우에는 후자의 방식을 사용하고, 중 · 대용량에는 전자의 방식을 채용한다. 트리커(trigger) 퓨즈는 한류 퓨즈와 병렬로 연결하며 한류 퓨즈가 용단되었을 때 경보를 발생시킨다.

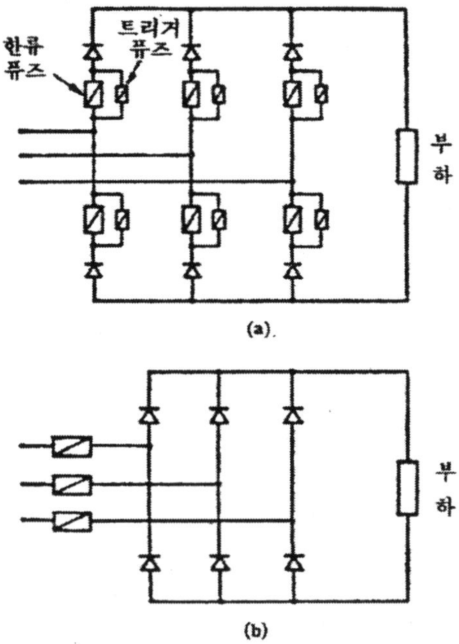

그림 9.6 퓨즈 접속 방식

(나) 배선용차단기(MCCB) 또는 노퓨즈 브레이커(NFB)에 의한 보호

고장 전류의 차단에 반복하여 사용할 수 있는 MCCB 또는 NFB는 퓨즈에 비하여 보수 및 경제적인 면에서 유리하기 때문에 사용되는 경우가 많고 이들로 보호되지 않는 과전류 영역은 고속 퓨즈를 병용해야 한다. 그러나 경제성을 중시해야 하는 경우에는 MCCB 또는 NFB만을 사용하는 경우도 있다.

(다) 게이트(Gate) 차단

고장이 발생하였을 때 과전류를 검출하여 고장 발생 후에 Turn－on하려고 하는 사이리스터의 게이트 신호를 차단(Blocking)하여 Turn－on을 방지하므로 과전류를 막는 방법이다. 이 방법은 정류 장치나 교류전력 조정장치에 채용되며 이 방법으로 보호할 수 없는 과대한 전류에 대해서는 앞서 기술한 바와 같이 한류 퓨즈를 병용하여 보호한다. 게이트 차단에 의한 보호는 교류 또는 직류회로를 차단하는 방법에 비하여 고속도 보호가 가능하며 외부 단락 사고시에는 1Cycle 정도는 흐르고 2 Cycle부터 전류를 저지할 수 있다.

9.2.2 정류소자 간의 전류 불평형 보호

반도체 소자를 여러 개 병렬로 연결하여 사용하는 경우 소자 간의 전류 불평형의 발생 원인으로는 다음과 같은 것들이 있다.

① 정류소자 순방향 전압 강하의 불일치
② Turn-on Time의 불일치(SCR의 경우)
③ 각 소자로부터 전원측으로 본 임피던스의 불평형
④ 다른 상 전류의 영향 (Arc간의 전류 상호간섭)

정류장치 설계 시에는 이러한 영향을 최소화 할 수 있도록 배려하여야 하며, 일반 정류기에서 소자 간의 불평형이 10~20% 정도는 운전이 허용되지만 그 이상에 대하여는 특별한 보호방식을 채용하여야 한다.

9.2.3 전원 측 과전압에 대한 보호

전원계통의 전압이 상승하면 정류기의 전류는 전압에 비례하여 증가한다. 이 경우 전류의 상승은 외부 사고 시에 비하여 느리며, 또 과전류 값도 그다지 크지 않아 통상 전류 제어로 추종 가능하지만 대용량 설비에는 특별히 과전압 계전기를 설치하는 경우가 있고 그 밖의 중·소용량에는 교류 및 직류 측의 과전류 계전기로 보호한다.

9.2.4 단락보호(Short Circuit Protection)

직류회로의 사고 전류는 교류에서와는 달리 극성이 변하지 않아 낮은 전압의 아크(Arc) 단락에도 사고 전류가 지속되어 소호되는 경우가 적다. 따라서 사고점이 확대되지 않도록 가능한 한 신속한 차단이 필요하다. 직류 고속차단기를 사용하는 경우 직류측에 설치된 직류 과전류 계전기(76)에 의하여 직류측의 단락 및 과부하를 보호하며 이 계전기의 동작값 정정은 교류측의 한류 퓨즈가 용단되기 이전에 직류측을 차단할 수 있도록 조정되어야 한다.

직류회로에 배전용 차단기(MCCB)나 기중차단기(ACB)를 사용하는 경우 차단기 선정법을 그림 9.7에 표시하였다.

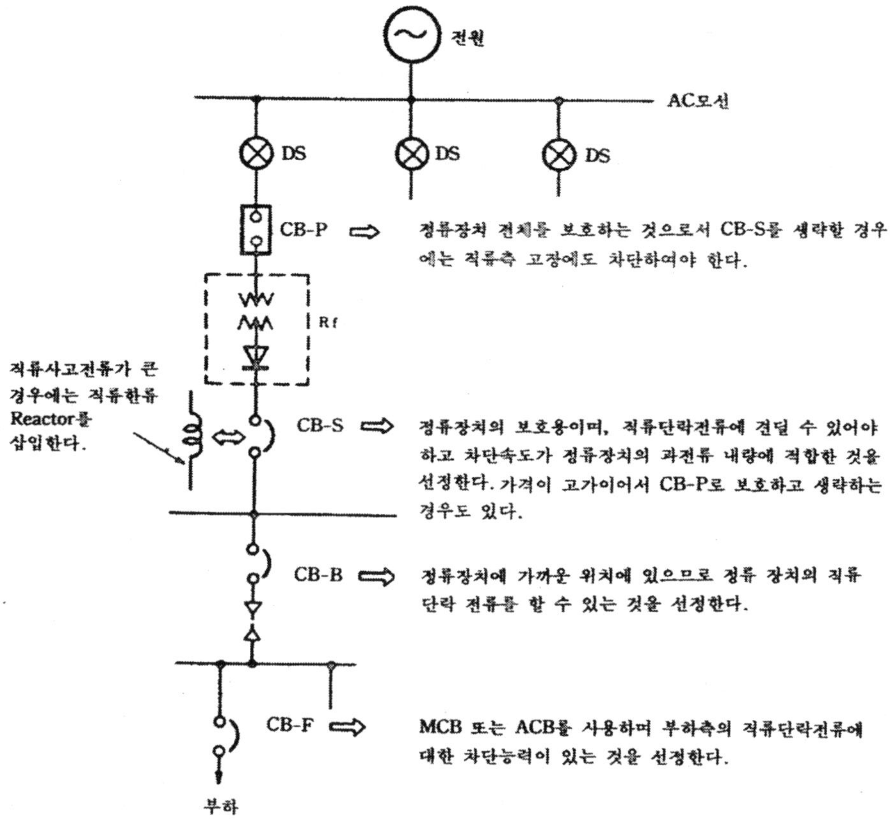

그림 9.7 직류계통 차단기의 선정

9.2.5 지락보호(Ground Fault Protection)

직류 회로는 보통 중성점 또는 1단을 직접 접지하여 사용한다. 또 용도에 따라서 저항 접지나 비접지 방식을 사용하는 경우도 있다. 직류 회로에는 사고점에 대지 충전 전류가 지속적으로 흐르지 않으므로 비접지 계통에는 지락사고가 발생하여도 지락 전류가 없어 전류에 의하여 검출할 수 없다. 이에 대하여 그림 9.8(a)와 같은 회로를 구성, 지락사고 시 대지 전위의 변화를 검출하는 방법을 사용한다.

직접접지 계통에서는 접지되지 않은 측이 지락되면 단락사고로 되어 단락 보호장치로 검출할 수 있다. 직접 접지나 저항 접지 계통에는 그림 9.8(b)와 같이 정류 장치 전체를 대지로부터 절연하고, 장치 외함의 접지회로에 전류동작형 지락 과전류 계전기를 접속하여 지락을 검출하는 경우도 있다.

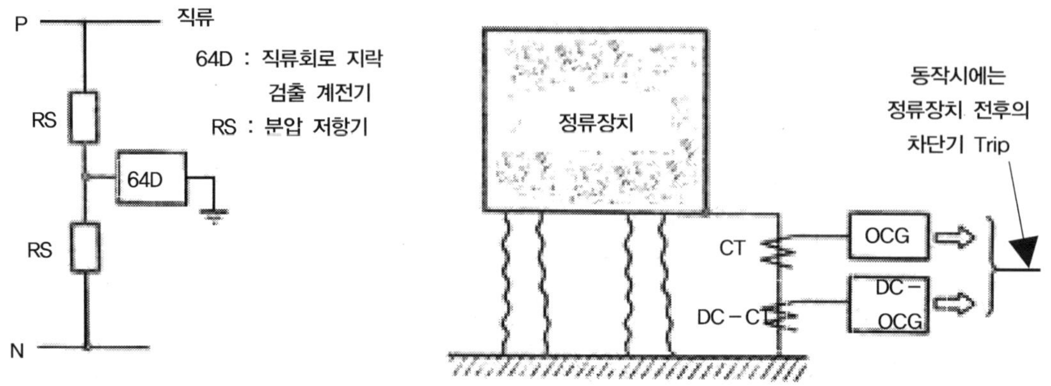

a) 비접지계　　　b) 직접접지 또는 저항접지계

그림 9.8 직류계통의 지락보호

대지로부터 절연하고 장치 외함의 접지회로에 전류동작형 지락 과전류 계전기를 접속하여 지락을 검출하는 경우도 있다.

더욱이 최근에는 저압 회로에서 그림 9.9와 같이 교류 지락과 전류 계전기를 이용하여 직류측 지락 사고까지 합하여 검출하는 예도 있다.

9.2.6 Surge 전압에 대한 보호

반도체 회로에서 Surge의 중요한 발생 원인과 보호 대책을 보면 다음과 같다.

(1) 외래 Surge

정류 장치에 침입한 외래 Surge는 뇌 Surge나 개폐 Surge 등이 있으며, 이러한 외래 Surge에 대하여는 전원 측에 피뢰기를 설치하여 대지로 방전시키고 그 외에도 변압기 2차 측에는 콘덴서와 저항을 조합한 CR Absorber를 설치하여 콘덴서(C)로 Surge를 흡수하고 저항(R)은 고주파 진동을 방지하게 한다. 이밖에도 비교적 소용량의 정류기에는 Avalanche 다이오드나 비직선 저항 등을 설치하는 경우도 많다.

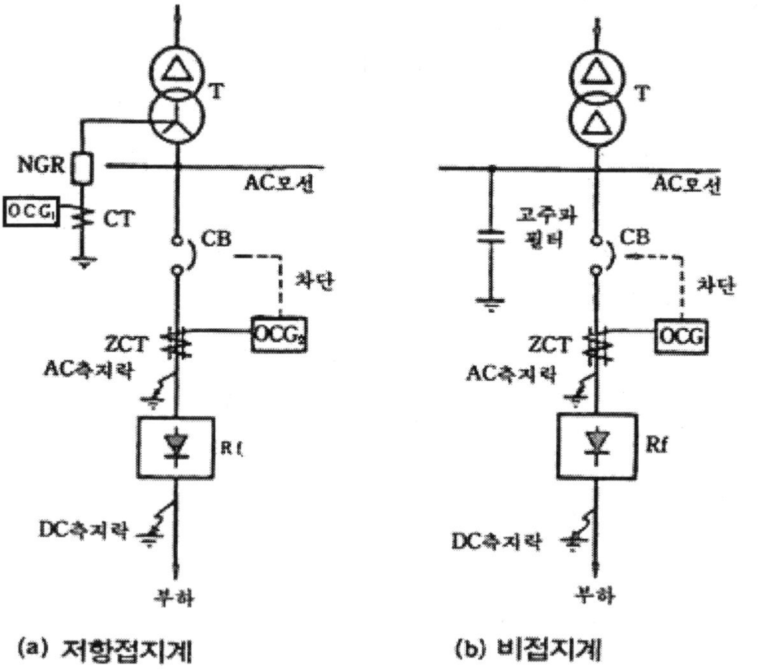

그림 9.9 교류 측 지락계전기에 의한 직류회로 지락검출

또한 외래 Surge는 변압기의 1,2차권선 간의 부유용량에 따라서 2차 측으로 정전 유도되어 변압기 권선비가 큰 경우에는 매우 큰 과전압이 나타나므로 변압기 권선을 정전 차폐하거나 변압기 2차측에 콘덴서 접지를 한다.(그림 9.10 참조)

(2) 변압기 무부하 여자전류 차단에 의한 Surge

변압기가 무부하로 운전 중에는 여자 인덕턴스에 의한 지상전류만 흘러 이 전류를 차단 시에는 변압기 권선에 축적되어 있던 전자 에너지에 의하여 변압기 2차 측에 큰 전압이 발생한다. 따라서 2차측에 연결된 게이트 Off 상태의 사이리스터에는 이 전압이 가해져 손상의 위험이 있으므로 이 경우에도 CR Absorber로 보호한다.

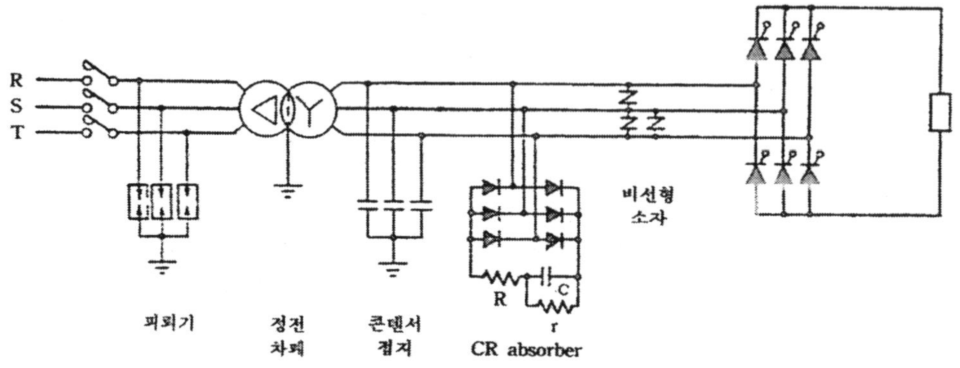

그림 9.10 Surge 전압 보호 대책 회로

(3) 부하 개방 시의 이상 전압

일반 산업의 정류장치에는 대개 직류 측 개폐기를 설치하지 않아 운전 중 부하 개폐가 거의 없는 것으로 생각되기 쉽지만, 리액턴스가 큰 부하가 개방되는 경우에는 부하측으로부터 큰 Surge 전압이 발생되므로 이를 흡수하기 위하여 직류 측에 Surge 흡수 회로를 설치하여야 하며 정류소자의 내압에도 여유를 가지도록 배려가 필요하다.

(4) 전류 Surge

정류소자에 순방향전류 iF가 흐르는 데에 역전압을 가하여 OFF 상태로 될 때 소자 내부에 축적된 전하로 인하여 역 방향으로 회복전류 iR가 짧은 시간 동안 흐른 후에 역저지 능력을 회복하게 된다.

이때 회로의 인덕턴스에 축적된 에너지에 의하여 Surge 전압이 발생하다. 이 Surge 전압의 억제에도 소자 CR Absorber를 병렬 접속시켜 보호한다. 그림 9.11은 이런 관계를 표시한 것이다. CR Absorber를 사이리스터에 사용 시에는 C가 회로의 인덕턴스와 공진을 일으키거나, 사이리스터가 Turn-on될 때 갑작스럽게 C가 방전되어 사이리스터에 큰 di/dt가 발생되어 이것이 사이리스터의 허용 한도를 초과하지 않는지 검토해야 한다. 특별히 이러한 관점에서 과전압이 발생되는 양단에 사용하는 직렬 인덕턴스를 포함한 CR Absorber를 Snubber Circuit라 부르며, 이 회로는 사이리스터 Turn-off 시 발생되는 Surge를 감쇠시키는 데 가장 많이 사용된다.

(5) 고속 퓨즈 용단에 의한 Surge

고속 퓨즈가 과전류에 의하여 용단될 때 퓨즈는 아크(Arc) 전압을 발생하여 전류를 소호하므로 차단을 완료한다. 이 고속 퓨즈의 아크 전압은 전력퓨즈에 비해서는 낮게 설계되어 있어 문제없지만, 회로의 인덕턴스에 의하여 건전한 소자에 과전압이 가해진다. 이 경우에도 CR Absorber 또는 비선형 저항 등에 의하여 보호하는 것이 일반적이다.

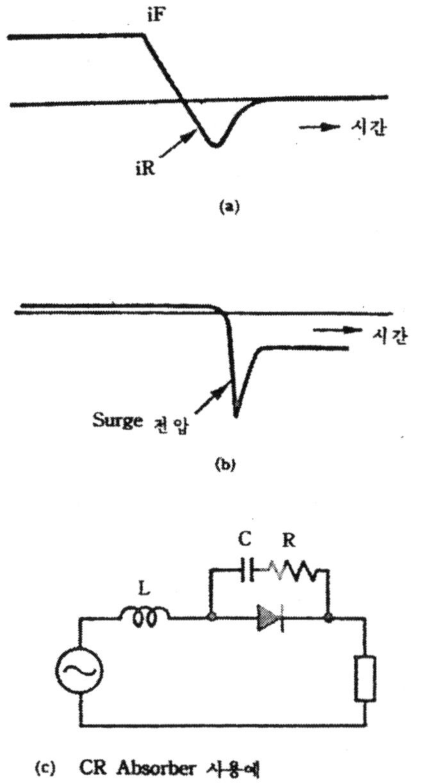

그림 9.11 전류 Surge발생 및 대책

9.2.7 냉각장치의 보호

반도체 소자를 사용한 정류장치에는 평소 운전 시 규정 이상으로 온도가 상승되면 소자의 성능 열화 및 결함이 발생되므로 냉각장치의 운전 상태가 항상 정상적이어야 한다. 냉각장치에는 풍냉식과 액체 냉각식이 많이 채용되며 소자를 직접 냉각하는 매체로는 열전달 효율이 좋은 순수를 사용하며, 직류전압이 높아지면 절연유를 사용한다. 2차 냉각 매체는 공업용수 또는 공기를 채용한다.

표 9.4 냉각계통 보호 항목

보호대상	현상	Device No,	보호조치	
			경보	정지
• 1차 냉각 매체	• 순환수 흐름 낮음 • 순환수 온도 상승 • 순환수 펌프 과부하	80W 69W 26W 49 M	 O O	O
• 2차 냉각 매체	• 냉각수 흐름 낮음	80C 69C	O	
• 정류기주위온도	• 정류기 외함 내부온도 상승	26H	O	

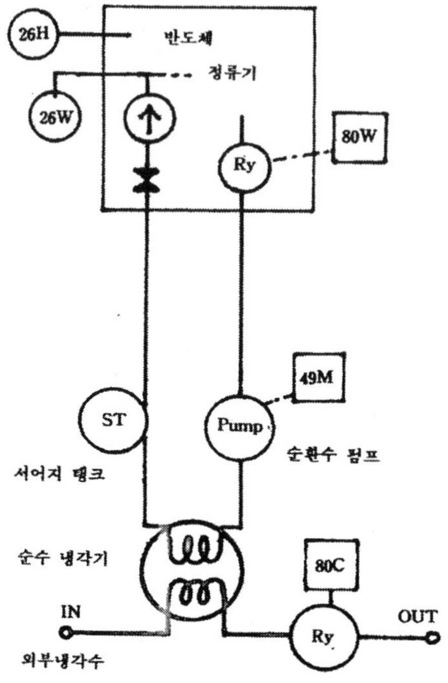

그림 9.12 전력반도체 냉각계통도

냉각 계통에는 필요한 곳에 매체 흐름 감시계전기 (80 또는 69), 온도계전기(26) 및 펌프나 팬의 과부하 검출용 계전기 등을 설치하고 경보 또는 정지 처리한다. 그림 9.12 및 표 9.4는 이의 일례를 표시한 것이다.

● 믿음, 소망, 사랑 이세가지는 항상 있을 것인데 그중에 제일은 사랑이라.

제 10 장 모선보호계전방식 (Bus Bar Protection)

10.1 개요

모선은 일정한 구내 및 제한된 공간 내에 있어 고장의 발생 빈도는 낮으나 전력계통에서 송전선, 변압기 등이 다수 접속되어 있어 일단 고장이 발생하면 그 영향의 크기와 범위가 대단히 크므로 모선보호계전장치의 역할과 신뢰도가 매우 중요하다.

모선 보호계전기는 특히 자체 사고 시 정확한 동작이 중요하지만 외부사고 시 오동작되는 경우 다수의 선로 및 설비가 차단됨으로 정전 및 계통 불안정의 직접적인 원인이 되기 때문에 안전성이 높은 계전방식이 필수적이다. 실제로 외부 고장 시는 여러 선로 및 설비로부터 고장전류가 각 선로를 통해 모선으로 유입되는 반면 유출 전류는 한 곳으로 몰려 대전류가 흐르므로 각 CT에 흐르는 전류의 레벨이 달라 CT특성의 불균형 문제가 있게 되며, 특히 고장선로의 CT가 대전류에 의하여 포화현상을 일으켜 큰 오차로 오동작 될 우려가 있다.

기기보호에 가장 성능이 좋은 전류차동보호방식을 적용 할 경우에 2중 모선에서는 모선과 선로간의 계통변경이 빈번하여 그때마다 CT 2차회로를 절환 할 필요가 있는데 CT 2차회로를 절환하기가 쉽지 않은 문제점도 있다.

모선의 종류에는 단모선, 2중모선, 절환모선, 환상(Ring)모선, 1.5($1\frac{1}{2}$)차단 방식이 있고, 고장시 선택 차단방식에도 일괄선택, 분할선택 및 일괄분할선택 방법이 있다.

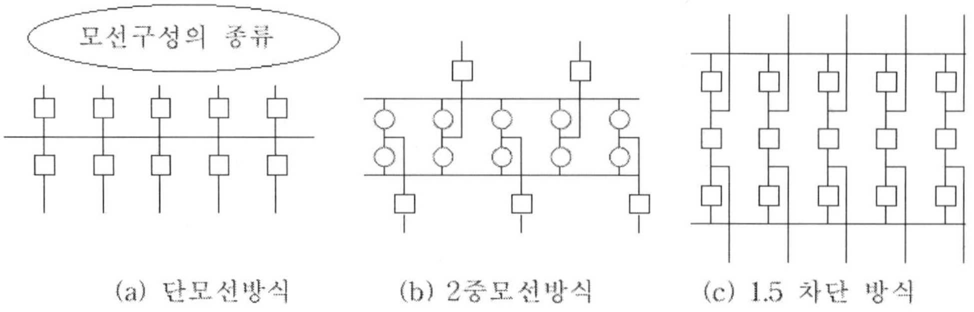

그림 10.1 모선구성의 종류

10.2 모선보호계전방식

실용되고 있는 모선보호방식의 종류에는 다음과 같은 것들이 있다.

(1) 전류비율차동 계전방식
(2) 전압 차동계전방식
(3) 위상비교 전류차동방식
(4) Liner Coupler방식

10.2.1 전류비율차동 계전방식

보호구간 각 단자의 전류크기와 위상을 비교하여 고장구간을 판정하는 방식으로써 변압기용 비율차동계전방식과 동일한 원리이나 조건이 다른 것은 단자수가 많은 점과 각 단자의 전압이 동일하여 전류수준이 동일한 점이다. 각 Feeder의 변류기 2차회로에 입력조절장치를 통하여 들어온 입력을 합성한 전류를 억제력으로 하고 차동전류를 동작력으로 한다.

통상의 부하상태에서나 외부 먼 곳에서 사고발생시 등에는 차동전류가 발생되지 않으나 모선 인근 외부사고 시에는 사고에 가까운 변류기에 집중적으로 대전류가 흘러 변류기가 포화되는 경우 차전류가 크게 되어 오동작 할 우려가 커진다. 따라서 모선보호용 전류비율차동계전기는 특별히 이러한 경우에도 오동작이 발생하지 않는 비율특성을 선택하여야 한다. 그림 10.2는 특별히 비율차동계전기이지만 위상비교 기능을 추가하여 외부고장 시 변류기의 포화로 인한 오동작을 방지하기 위하여 동작력과 억제력의 위상을 비교하여 90° 나 270° 에서는 동작감도가 떨어지도록 하고 0° 나 180° 에서는 동작감도를 예민하게 한 개선되어 많이 사용되는 형식의 일종이다.

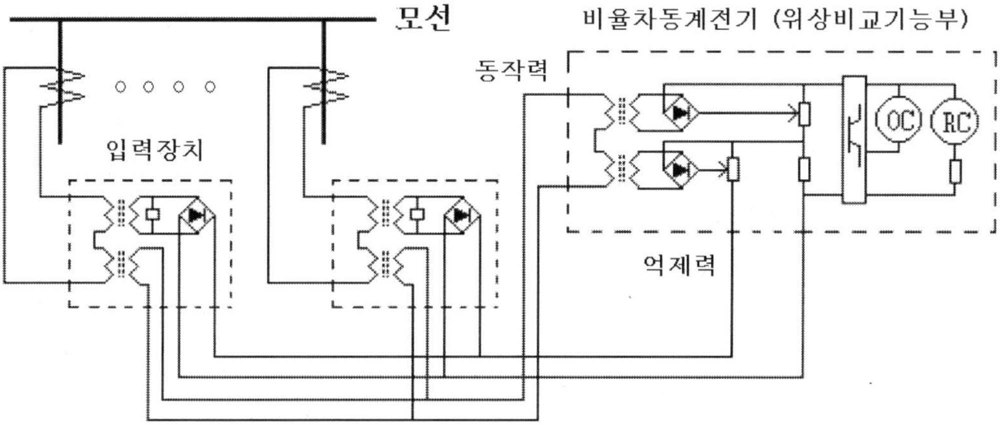

그림 10.2 모선보호용 전류비율차동계전기

10.2.2 전압차동계전방식

전압차동방식은 앞의 전류비율차동계전 방식에서 차동회로에 전류동작회로가 아닌 고임피던스를 즉 전압회로를 접속한 방식이다. 외부사고 시 변류기가 포화되어도 오차전류가 차동회로의 높은 임피던스 때문에 흐르지 못하고 다른 변류기 2차 회로를 환류하여 차동회로에 걸리는 전압을 낮게 함으로 계전기 오동작을 방지 할 수 있는 특성을 가진다. 반면 내부사고시에는 변류기 2차회로에 유기되는 전압들이 모두 동일한 방향을 가져 순환할 수 없어 차동회로에 높은 전압이 발생되어 전압계전기를 동작시켜 모선을 보호하게 된다. 그림 10.3은 전압차동계전방식을 나타낸 것이다.

이 방식은 외부사고 시 오동작을 방지 할 수 있는 장점은 있으나, 각 변류기의 변류비가 같아야 하고(같지 않은 경우 세밀한 검토 필요) 포화특성이 유사한 것들을 사용해야 하여 제약사항으로 작용하기도 한다. 2중 모선등과 같이 모선을 절환할 필요가 있는 경우에는 사용 할 수 없으며 모선연결 구조가 고정되어 있는 단일 모선 또는 1.5모선에서 사용할 수 있다.

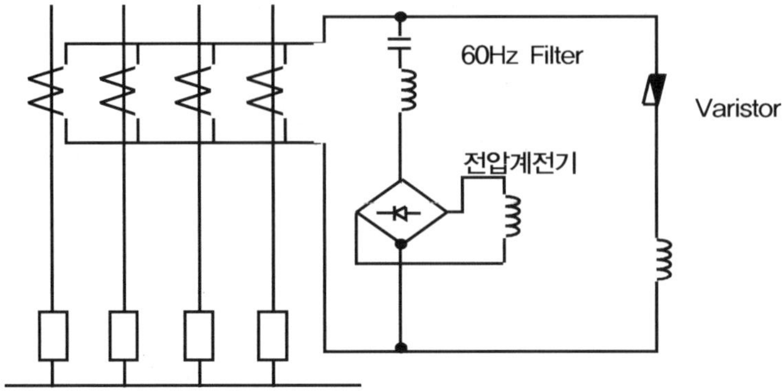

그림10.3 전압차동방식

보호방식 적용 시 필요한 좀 더 구체적인 유의 사항을 보면 다음과 같다.

ⓐ 계전기 동작치 결정 방법

· 외부고장 시 보호계전기 동작요소 양단에 걸리는 최대단자전압(V_R)을 구한다.

그림 10.4와 같이 근단 외부사고 시 CT회로에 걸리는 전압을 계산하여 이 때에도 동작하지 않는 전압을 선택한다. 즉, 4개 선로 중 3개선로에서 유입된 고장전류(I_{fout})가 회로를 순환하므로 모선보호용 전압요소에 걸리는 전압(V_R)은

$$V_R = (R_S + R_L) \cdot I_{fout}$$

여기서

R_S : CT 2차 저항, R_L : CT 2차 $Cable$ 저항

I_{fout} : 외부최대고장전류(CT 2차)

이 되므로 보호계전기 정정전압은 위 산출 값에서 여유계수 K(1.5~2.0)를 두어 $V_{setting} = K(R_S + R_L) \cdot I_{fout}$이 되는 전압을 선택한다. 안전계수를 높일수록 외부고장 시 오동작을 방지 할 수 있다.

· 한편 내부사고시 즉, 계전기가 동작해야하는 경우에는 그림 10.5와 같이 각 CT 전류가 동일한 방향이어서 서로 순환 할 수 없으며 결국 계전기에 걸리는 전압(V_R)은 상당히 높아져서 모선보호계전기인 전압계전기가 동작하게 된다.

내부사고시 계전기에 걸리는 전압은 최대로 CT 포화전압보다 높아질 수는 없으므로

외부사고 시 오동작을 방지한다하여 계전기 동작치를 너무 높게 하면 안 되고 CT의 사용 Tap에서 포화전압보다 충분히 낮아야 한다.

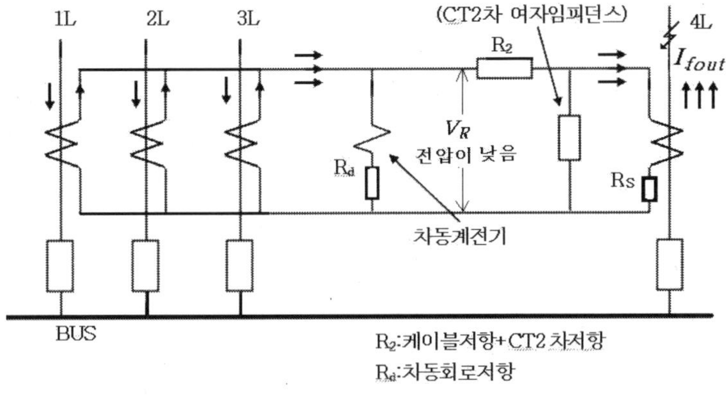

그림 10.4 근단 외부사고 시 전압차동계전기

실제로 모선 내부고장 시 보호계전기 단자전압은 $V_R = I_f \cdot R_d$에서 Rd는 보호계전기 내부저항으로서 저항치가 매우 높아(통상 2000 Ω정도) 보호계전기의 동작에는 충분하며 오히려 내부고장 시 CT 단자전압 값이 너무 높아지는 경우 회로절연 등의 문제가 있음으로 이를 제한하기 위하여 그림10.3에서와 같이 보호계전기와 병렬로 전압제한저항(Varistor)를 연결한다.

전압차동계전기란 명칭은 동시에 전압을 비교하는 의미의 차동이 아니라 내·외부 사고에 따라 전압에 차이가 생기는데 그 차이에 근거한 식별이란 의미이다.

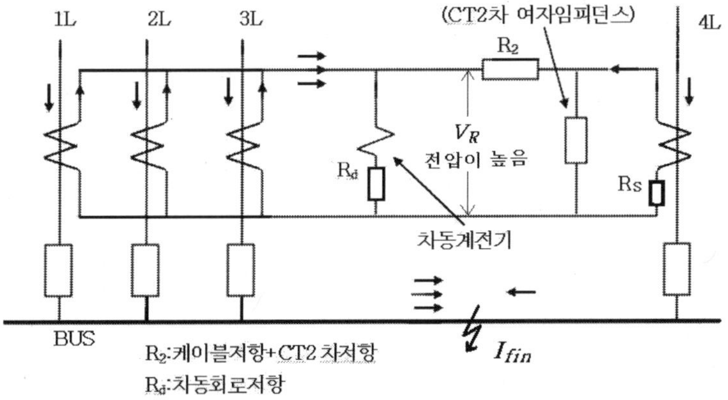

그림 10.5 모선 내부사고 시 전압차동계전기

ⓑ CT 권수비 및 특성이 일치되어야 한다.

외부고장 시 CT권수비 오차에 의한 미소한 차전류에도 계전기 내부 코일의 고임피던스로 인하여 전압이 높아져 보호계전기를 동작을 시킬 수 있다.

$$V_R = I_d \cdot R_d \quad (I_d \ : \ \text{외부고장시차전류})$$

ⓒ CT 2차전류회로는 사용 중 절환 또는 안정상 절환회로를 구비하지 않으므로 2중 모선과 같이 모선절환을 시행하는 경우에는 본 방식을 적용 할 수 없다.

10.2.3 위상비교계전방식

위상비교방식은 전류의 크기와는 무관하게 위상만을 비교하는 방식이므로 CT포화의 영향을 받지 않는다. 위상비교방식에서는 그림 10.6과 같이 CT 2차회로가 직접 병렬로 결선되지 않고 입력변환기를 통하여 연결된다. 입력변환기는 전류신호를 전압신호로 변환하므로 운전 중 그 회로를 개방 또는 절환하여도 무방하다.

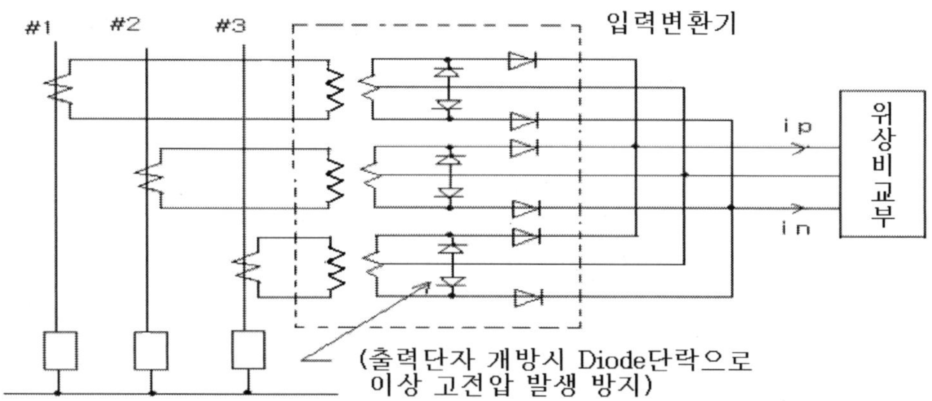

그림 10.6 위상비교방식 모선보호계전기

〈개요〉	○ CT 2차 전류 위상만으로 고장위치를 판별 – 내부사고 : 각 Feeder의 모선 유입전류가 동상 – 외부사고 : 각 Feeder의 모선 유입전류가 역위상 ○ TL(Transactor)→ + 반파(동작력) → OR회로(위상비교) – 반파(억제력)

각 회로의 전류의 방향을 모선으로 유입하는 것을 기준으로 하는 경우, 각 회선 전류가 모두 거의 동상이면 내부사고, 1회로라도 전류위상이 역이면 외부사고로 판단한다.

위상비교 방식에서는 일반으로 전용 CT가 없어도 되며 2차회로를 직접 서로 접속하지 않으며 또 입력변환기의 출력 측 절환이 비교적 용이하므로 모선구성의 변화에 따른 보호회로의 절환도 하기 쉽다. 이점이 위상비교방식의 큰 장점이다.

그러나 내부사고시에 전류가 유출하는 회로가 있으면 동작원리상 오동작할 수 있는 점에 주의해야 한다.

10.2.4 Linear Coupler 방식

이 방식은 Linear Coupler를 사용하여 1차전류에 비례하는 2차 전압으로(저전압) 변환하고 각 피더(Feeder)의 Linear Coupler 단자를 직렬로 연결시켜 전압계전기를 그림 10.7과 같이 연결한 방식이다. Linear Coupler는 철심이 없어 포화에 문제가 없으며 2차 권수가 많으며 2차 단자에 $E_2 = I_P \cdot \omega M[V]$의 전압을 유기시킨다. 여기서 I_P : 1차전류, ωM : Liner Coupler의 상호리액턴스(보통 0.005)로서 1차에 1000A가 흐를 때 2차전압 5V를 유기한다. 2차회로의 개폐를 자유로이 할 수 있으나, 외부의 전자유도에 영향을 받는 단점이 있다.

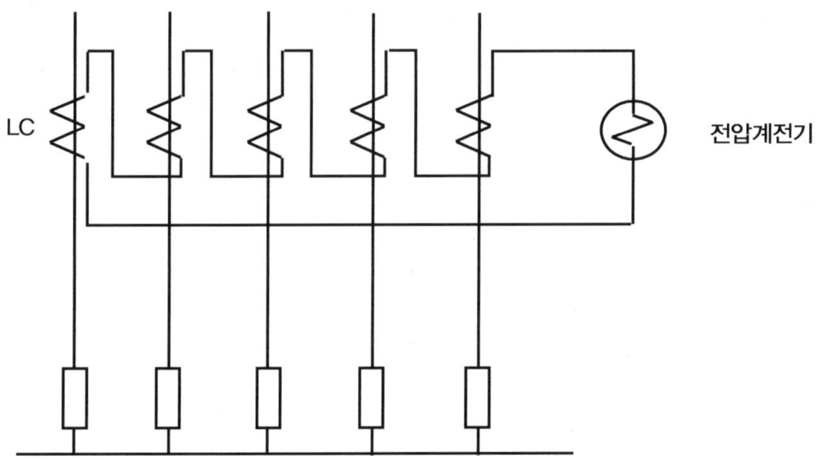

그림 10.7 Linear Couple 방식

10.3 보호계전방식 적용 실제

10.3.1 안전성 향상 방안

모선보호의 오동작을 방지하고 동작신뢰도를 높이기 위하여 다음과 같은 방법을 고려한다.

1) 고장검출용 저전압계전기 사용

앞에서 언급한바와 같이 모선보호계전기의 오동작은 다른 어떤 계전기보다 그 영향이 크고 막대한 한편 보호방식마다 장단점이 있어 오동작의 우려가 있다. 따라서 보호방식의 안전성을 높이기 위한 일환으로 고장검출용 저전압계전기(27)를 추가로 설치하여 저전압계전기가 동작되지 않은 상태에서는 모선보호계전기(87B)가 동작되어도 차단명령을 발생하지 못하게 하는 방식을 사용한다. 다음 그림 10.8~10.10에서 저전압계전기(27)의 적용을 볼 수 있다.

2) 2중 모선의 선택차단 방식

DS로 회선의 절환이 되는 2중모선구조에서 보호 신뢰도 및 안전성을 확보하기 위하여 다음의 방법들을 사용한다.

① 일괄선택방식

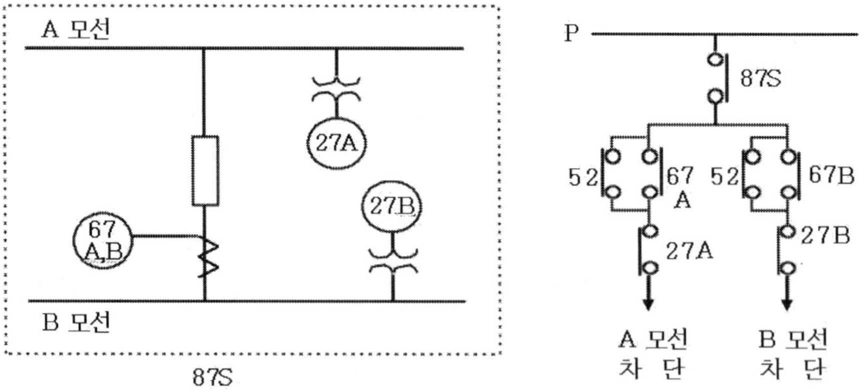

그림 10.8 일괄선택차단 방식

그림 10.8과 같이 한 개의 모선보호계전기(87S)로 2중모선 전체를 보호하되 선택차단은 시퀀스제어회로에서 알수 있는바와 같이 방향계전기(69A, B)와 저전압계전기(27A, B)의 동작여부에 따라 고장 모선만을 차단하는 방식이다. 계전장치가 다른 것에 비하여 간단하여 경제적이다. 모선 연결 차단기가 열려있어도 선택차단 되도록 하기 위하여 차단기(52) b접점이 병렬로 삽입되어있다.

② **분할차동방식**

각 모선마다 모선보호계전기(87A, B)를 두고 고장검출계전기(27A, B) 동작시 해당 모선만을 차단시키는 방식이며 그림 10.9와 같다.

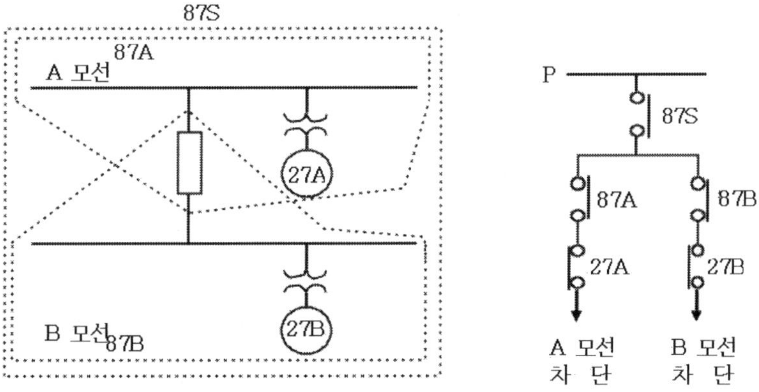

그림 10.9 분할차동방식

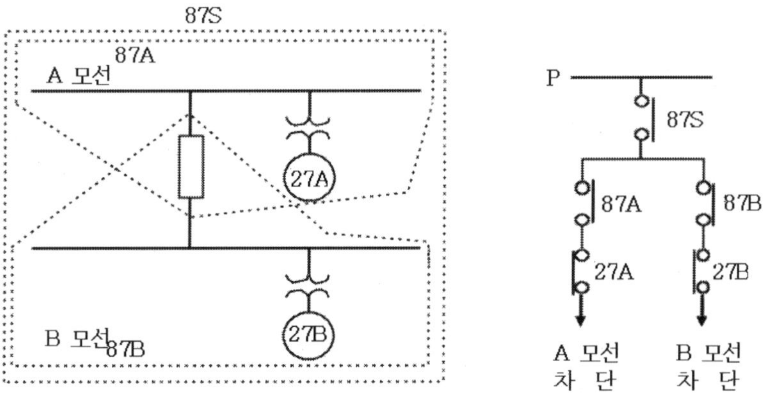

그림 10.10 일괄분할방식

③ **일괄분할방식**

분할차단방식에 일괄보호용(89S)를 추가하여 오동작에 대한 신뢰도를 향상시킨 방식이다. Feeder의 절환 시 역시 모선보호용 CT의 회로의 절환이 필요하며 절환과정 동안 분할용 모선보호계전기(87A, B)가 동작되어도 일괄보호용(87S)이 동작하지 않음으로 안전하다. 그림 10.10은 이 방식을 나타낸다.

10.3.2 변류기 적용 방법

전류비율차동방식 및 전압차동방식에서는 모선보호용 CT사용에 다음과 같은 세심한 배려가 필요하다.

① **모선보호 전용 CT 사용**

- 모선보호용 CT를 타용도 겸용으로 사용하는 경우 겸용회로 점검이 곤란하고 CT 부담증가로 오차 증가한다.
· 겸용회로 부분에 이상이 발생하면 모선보호계전기 오동작 될 수 있어 불안전하다.

② **CT권선비 일치**

- 권선비가 일치하지 않으면 보호방식자체가 성립되지 않으며 권비가 다른 경우 보조CT 사용하려면 포화특성까지 일치시켜야 하는데 기술적으로 어렵다.

③ **기타**

- 최대고장전류가 CT의 과전류 정수 이하에 있을 것.
- CT2차 종합부담이 CT 정격부담 이하일 것.
- CT 위치는 다음 그림 10.11과 같이 중첩 부분이 생기도록 결선하여 보호맹점 부분이 발생되지 않도록 하고 및 가급적 CB BCT를 선로보호용으로 사용한다.

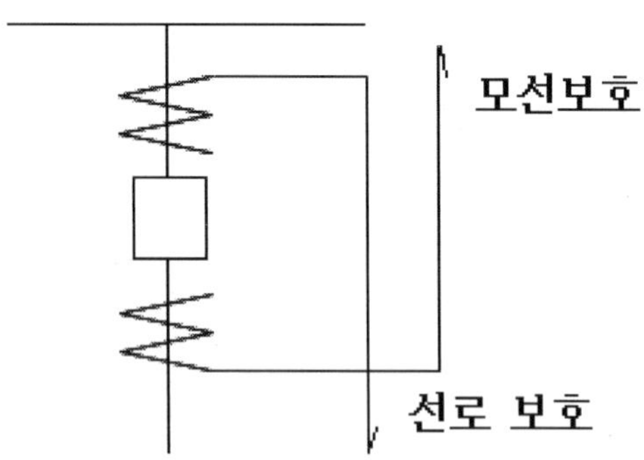

그림 10.11 CT결선의 중첩

● 여호와는 나의 목자시니 내게 부족함이 없으리로다.

제 11 장 전압불안정과 보호방식 (Voltage Instability and Protection)

11.1 전압 불안정 현상

11.1.1 전압안정도 이론

1) 개요

전압안정도는 평상시에 그리고 계통의 동요가 발생된 후에 계통의 모든 모선에서의 전압을 어떤 허용할 만한 수준으로 유지 할 수 있는지에 대한 능력의 정도를 말한다. 동요에 의하거나, 부하의 증가 또는 계통조건의 변화가 점진적인 전압 저하를 일으키거나 제어 불가능하게 전압의 저하를 초래하게 되는 경우에 전력계통은 전압불안정 상태로 진입하게 된다. 전압불안정의 주된 요인은 계통이 무효전력 수요를 공급 할 수 있는 능력이 부족하기 때문이다. 문제의 핵심부는 보통 유효전력과 무효전력이 송전계통에 관련된 유도성 리액턴스를 통하여 흐를 때 발생하는 전압강하이다.

계통이 불안정하다면 계통에서 적어도 한 개 모선 이상에서 그 모선에 무효전력을 증가시킴에 따라 모선 전압이 감소되게 된다. 다르게 말하자면 모든 모선에서 V−Q 민감도가 정(+)이면 계통이 안정하고, 어느 한 모선에서라도 V−Q 민감도가 부(−)이면 계통은 불안정하다.

점진적인 모선의 전압저하는 발전기 회전자의 위상이 동기 탈조될 때에도 발생 될 수 있다. 예로서, 두 그룹간의 발전기 회전자의 위상각이 180° 에 접근하거나 또는 이를 초과하는 것과 같은 점진적인 동기탈조에서는 계통의 중간점에서의 전압은 매우 낮게 나타난다. 대조적으로 전압불안정으로 인하여 발생된 지속적인 전압저하는 발전기 회전자의 위상각 안정도가 문제로 되지 않는 곳에서 발생한다.

비록 발전기 위상각이 동기탈조로 되는 과정에서도 전압이 저하될 수는 있어도, 전압불안정에 관련된 전압붕괴의 형태는 "위상각 불안정(Angle Stability)"이 문제로 되지 않는 곳에서 발생될 수 있다. 그러나 이러한 경우의 저전압은 전압강하 그 자체의 문제라기보다 회전자가 동기 탈조로 빠졌기 때문이다.

전압안정도는 전적으로 국지적인 현상이다. 그러나 그의 결과는 광범위하게 퍼져 영향을 줄 수 있다.

2) 전압 불안정 현상의 발생

그림 11.1과 같은 2단자 송전계통에서 일정한 전압전원(Es)에서 선로 임피던스(Z_{LN})를 통하여 부하(Z_{LD})에 전력을 공급하는 경우를 생각한다.

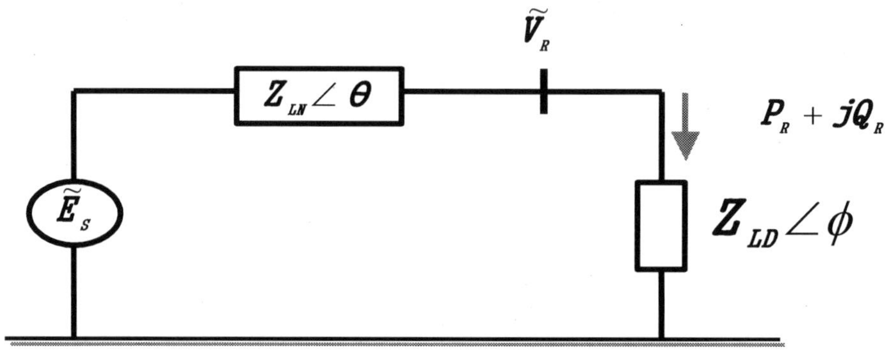

그림 11.1 전압안정도를 표현하기 위한 안정한 계통도

그림 11.1 에서 선로전류 I는 다음과 같이 표현되며

$$I = \frac{E_s}{Z_{LN} + Z_{LD}}$$

실제 전류의 크기는 다음과 같다.

$$I = \frac{E_S}{\sqrt{(Z_{LN}\cos\theta + Z_{LD}\cos\phi)^2 + (Z_{LN}\sin\theta + Z_{LD}\sin\phi)^2}}$$

$$\begin{aligned}
&(Z_{LN}\cos\theta + Z_{LD}\cos\Phi)^2 + (Z_{LN}\sin\theta + Z_{LN}\cos\Phi)^2 \\
&= (Z_{LN}\cos\theta)^2 + (Z_{LN}\sin\theta)^2 + 2(Z_{LN}Z_{LD}\cos\theta\cos\Phi)^2 + (Z_{LD}\cos\Phi)^2 \\
&\quad + (Z_{LN}\sin\Phi)^2 + 2(Z_{LN}Z_{LD}\sin\theta\sin\Phi)^2 \\
&= Z_{LN}^2 + Z_{LD}^2 + 2Z_{LN}Z_{LD}\cos(\theta - \Phi) \\
&= \left[1 + (\frac{Z_{LD}}{Z_{LN}})^2 + 2(\frac{Z_{LD}}{Z_{LN}})\cos(\theta - \Phi)\right] \cdot Z_{LN}^2 = F \cdot Z_{LN}^2
\end{aligned}$$

들을 정리하여 간략하게 표현하면

$$I = \frac{1}{\sqrt{F}} \frac{E_S}{Z_{LN}} \tag{11.1}$$

로 표현되고, 수전단 전압의 크기는 다음 식으로 주어진다.

$$V_R = Z_{LD} I = \frac{1}{\sqrt{F}} \frac{Z_{LD}}{Z_{LN}} E_S \tag{11.2}$$

부하에 공급되는 전력은

$$P_R = V_R I \cos\phi = \frac{Z_{LD}}{F} (\frac{E_S}{Z_{LN}})^2 \cos\phi \tag{11.3}$$

와 같다.

① 선로 임피던스/부하 임피던스의 변화와 전압불안정

Z_{LN}/Z_{LD}의 변화에 대한 I, V_R 및 P_R의 변화를 그래프로 나타내면 그림 11.2와 같다. 여기서 $\tan\theta = 10.0$, $\cos\phi = 0.95$로 하였으며, Z_{LN} 의 어떤 값에도 적용할 수 있게 하기 위하여 I, V_R 및 P_R 들의 값을 적당하게 정규화 하였다.

Z_{LD} 감소함에 따라 부하가 증가하고, 전력P_R은 처음에는 급격하게 감소한다. 증가하다가 최대치에 도달하기 전에 증가가 둔화되었다가 최대치 이후에는 오히려 감소한다.

그래서 일정한 전원전압에서 어떤 임피던스를 통하여 전달할 수 있는 유효전력에는 최대치가 존재하게 된다. 선로의 전압강하가 수전단 전압 과 동일할 때 즉, $Z_{LN}/Z_{LD} = 1$일 때 최대전력을 전송 할 수 있다.

Z_{LD}이 점차적으로 감소함에 따라 전류는 증가하고 전압은 감소한다. 처음에는 전류의 증가가 전압강하보다 커서 Z_{LD}이 감소함에 따라 전력 P_R은 급속하게 증가한다. Z_{LD}이 점점 감소하여 Z_{LN}에 접근됨에 따라 전류의 증가율은 전압의 감소율보다 약간 높은 정도이다. 이제Z_{LD}이 Z_{LN}보다 작아지면 전압의 강하율이 전류의 증가율보다 커지며 이에 대한 정밀한 효과는 전력P_R이 감소하게 되는 것이다.

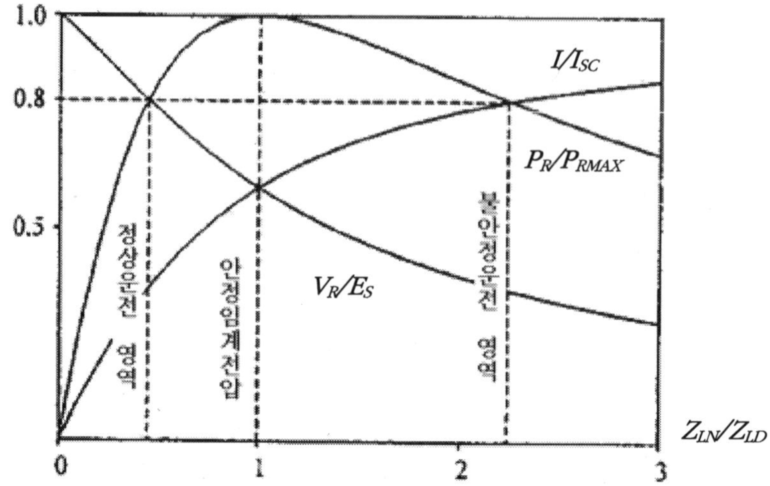

그림 11.2 계통부하 변화에 따른 수전단 전압, 전류 및 전력

$(I_{SC} = E_S / Z_{LN}, \tan(\theta) = 10.0, \cos(\phi) = 0.95)$

전력이 최대로 되는 점인 임계운전점은 안정운전의 한계를 나타낸다. 이보다 더 큰 부하가 걸리면 부하변화에 의한 전력의 조정이 불안정하게 된다. 즉, 부하 임피던스의 감소는 전력의 감소를 초래한다.

전압이 점진적으로 감소하고 그리고 계통이 불안정하게 될 것인지 아닌지는 부하의 특성에 달려 있다. 부하의 임피던스가 일정하게 고정(Constant−impedance Load)된 특성을 가지면 계통은 전력과 전압이 요청되는 값보다는 낮은 값에서 안정된다.

그러나 부하가 일정전력(Constant−power Load)의 특성을 가지는 부하이면 부하모선 전압의 붕괴를 통하여 계통은 불안정하게 된다. 다른 특성에서의 전압은 선로 임피던스와 부하 임피던스의 복합적인 특성에 의하여 결정된다.

부하전압을 자동으로 조절해 주는 부하 시 탭절환기(OLTC : On−load Tap Changer)를 가진 변압기를 통하여 공급되는 경우에는 전압이 낮아지면 OLTC가 전압을 증가시키려고 작동하게 되는데, 이것은 계통에서 볼 때 유효 Z_{LD}를 낮추는 작용을 하게 되어 결국 전압 V_R을 점점 더 낮아지게 한다. 이것은 전압 불안정의 단순한 한 형태를 나타낸다.

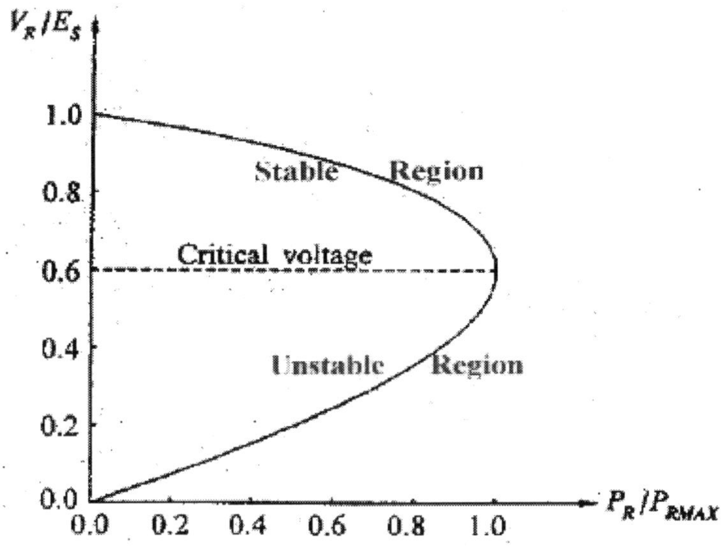

그림 11.3 그림 11.1의 계통에 대한 전력(P)–전압(V) 특성곡선
$(Cos(\phi) = 0.95, \tan(\theta) = 10.0)$

전압안정도의 관점에서 볼 때 전력 P_R과 수전단 전압 V_R과의 관계를 보면 흥미롭다. 그림 11.3은 고려중인 계통에서 부하역률 $\cos\phi$=0.95인 경우의 P_R 과 V_R의 관계를 나타낸 것이다. 이러한 곡선을 전압불안정을 나타내 주는 대표적인 것으로 사람의 코모양이라 하여 노스커브(Nose Curve)라 부르기도 한다.

② 부하의 역률 변화와 전압불안정

식(2)와 식(3)으로부터 우리는 부하의 역률이 계통의 전력(P_R)− 전압(V_R) 특성에 지대한 영향을 끼치게 됨을 알 수 있다. 이것은 유도성 무효전력이 송전 될수록 송전선에서의 전압강하가 강하게 발생되는 효과가 나타나는 것이다. 전압안정도는 실제적으로 P, Q와 V 간의 관계에 의존하는 것이다. 전통적인 형태로 이들의 관계를 나타낸 것이 그림 11.4 및 그림 11.5이다.

그림 11.4는 역률 변화에 따른 $P_R - V_R$ 관계를 보이는 곡선들을 나타낸 것이다. 점선과 교차하는 점들이 각 역률에서의 임계운전점을 나타내며 역률이 좋을수록 최대 송전전력이 높아짐을 알 수 있다. 여기서 안정운전 영역은 점선의 위쪽 영역이다.

따라서 갑작스런 역률의 저하(유도성 무효전력의 증가)는 계통을 안정운전영역에서 $P-V$ 곡선의 아래 부분인 불만족 운전영역(불안정 영역)으로 이끄는 역할을 한다.

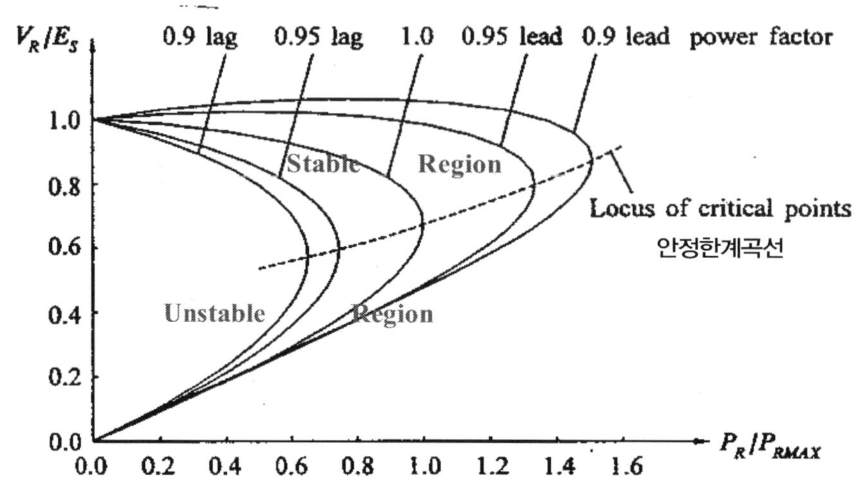

그림 11.4 부하 역률 변화에 따른 $P_R - Q_R$ 변화곡선

수전단 설비(부하 및 무효전력 보상 장치 포함)의 무효전력 특성이 미치는 영향은 더욱 두드러지게 나타나며 그림 11.5에서 알 수 있다. 각각의 곡선은 주어진 유효전력 P_R에서 V_R 과Q_R의 관계를 나타내며 각 곡선에서 도함수 dQ_R/dV_R의 값이 정(+)인 영역에서는 계통이 안정하다. 여기서 이 도함수가 영(0)인 점이 임계운전점이며 점선과 교차하는 점이다. 따라서 이 점선의 오른 쪽 영역에서는 안정하며 반대로 점선의 왼쪽 영역에서는 계통이 불안정해질 수 있다. dQ_R/dV_R이 부(−)인 영역에서 안정운전을 하기 위해서는 단지 충분한 조절능력과 높은 Q/V 이득을 가진 무효전력보상에 의하여 가능하다.

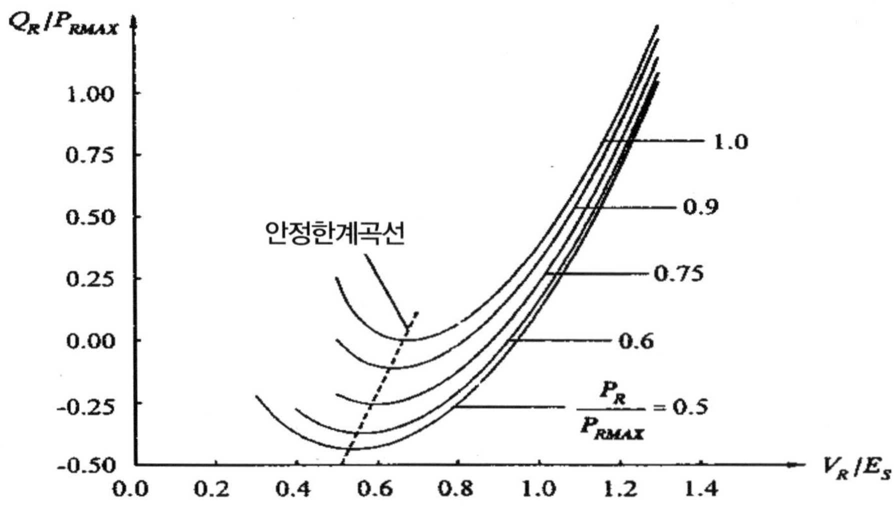

그림 11.5 유효전력(P_R) 변화에 따른 $V_R - Q_R$ 특성곡선

전압불안정이 발생하는 근본적인 원인들은 다음과 같다.

· 송전계통의 부하가 너무 크다.
· 전원이 부하로부터 너무 멀리 떨어져있다.
· 전원전압이 너무 낮다.
· 유도성 무효전력을 보상 할 수 있는 무효전력 보상용량이 부족하다.

그리고 실제로 복잡한 실계통에서는 다음과 같은 여러 요인들이 전압붕괴의 진행과정에서 영향을 미친다.

· 송전계통의 전기적 특성
· 전력 전송 레벨
· 부하의 특성
· 발전기의 무효전력 허용능력 한계
· 무효전력 보상 장치의 특성
· 전압제어장치의 협조 불량
· 보호계전 장치의 오동작

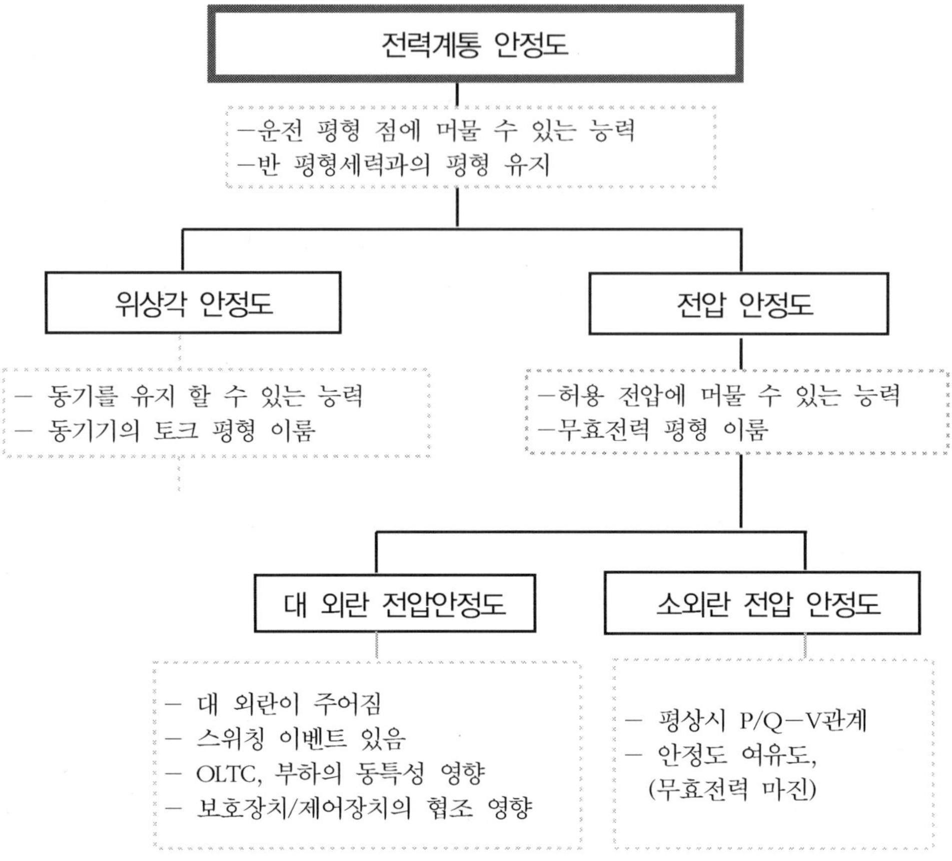

그림 11.6 계통안정도 분류에 대한 개요도

표 11.1 국제기구에서의 전압불안정에 대한 정의 비교표

용 어	정 의		비 교
	CIGRE	IEEE	
● 미소신호 전압안정도 (Small-distub. Voltg. Stability)	● 계통이 주어진 조건에서 어떤 미소 외란을 주었을 때 부하근처의 전압이 외란을 인가하기전과 같거나 그 값에 가까우면 이 계통은 미소신호 전압안정 하다		
● 전압안정도 (Voltage Stability)	● 계통이 주어진 조건과 주어진 외란하에서 부하근처의 전압이 외란후 안정점에 접근하면 계통은 안정하다.(외란이 주어진 계통 상태가 외란후 안정점의 흡인 영역안에 있음)	● 계통이 전압을 유지 할 수 있는 능력을 말하며, 부하 어드미턴스가 증가될 때 부하 전력이 증가되고, 전력 및 전압이 제어 될 수 있음을 말한다.	
● 전압 붕괴 (Voltage Collapse)	● 전압불안정후에 도달한 부하근처의 전압안정점이 허용 한계값 이하로 되면 계통은 전압붕괴 상태에 있다. (전압 붕괴는 계통전체에 이를 수도 있고 부분적일 수도 있음)	● 전압불안정이 계통의 적지 않은 영역에 매우 낮은 전압을 형성하도록 하는 과정을 말한다.	
● 전압 불안정 (Voltage instability)	● 전압 안정성이 없는 것이 전압불안정이며, 진행성 전압강하(또는 상승)를 일으킨다. 불안정 제어가 한계치에 도달하거나 또는 부하차단과 같은 다른 제어가 계통을 전반적으로 안정하게 한다.	● 계통에 외란, 부하의 증가 또는 계통구성이 변화가 전압을 빠르게 감소시키거나 또는 낮아지는 추세로 만들고, 계통운전원과 자동시스템들이 이러한 강하를 막지 못하면 계통은 전압불안정하다.	
● 전압안전도 (Voltage Security)		● 어떤 가능한 우발사태 또는 불리한 변화가 발생된 다음에도 계통을 안정하게 운전 할 수 있을 뿐만아니라 안전을 유지 할 수 있는 능력(계통 전압유지에 관한)	

11.2 계통 구성요소가 전압안정도에 미치는 영향

11.2.1 발전기 현상과 영향

1) 동기발전기의 출력특성

가) 무효전력발전 한계특성

전력계통의 전압불안정이나 장기 안정도해석에서 동기발전기의 무효전력발전 한계를 고려하는 것은 매우 중요하다. 동기발전기의 정격출력은 정해진 전압과 역률(대개 0.85 또는 0.9)에서 과열개소가 발생하지 않는 최대출력으로 주어진다.

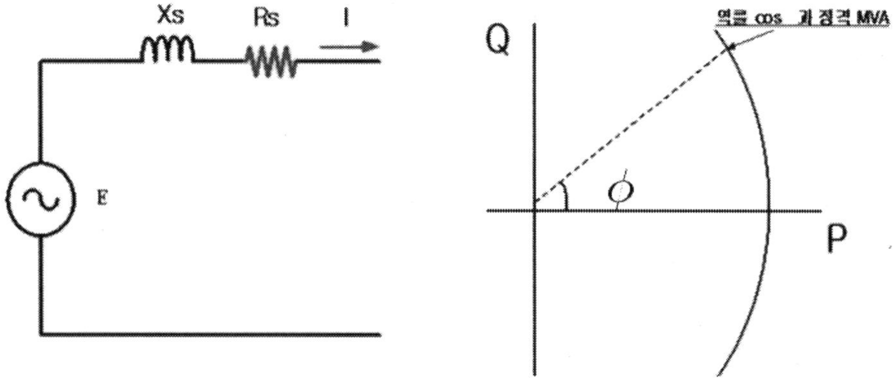

a) 전기자 등가회로　　　　b) 전기자전류한계

그림 11.7 발전기 유효전력 용량

유효전력의 한계는 MVA정격이내에서 원동기의 출력용량에 따라 제한되며, 연속적인 무효전력의 한계는 다음의 3가지 사항에 의하여 제한된다.

- 전기자 전류 한계 - 전기자 회로 과열 한계
- 여자전류 한계 – 여자회로 과열 한계
- 단부과열 한계 – 코일 단부 과열한계

나) 전기자 전류 한계

전기자 전류의 한계는 그림 11.7(a)의 전기자 회로 저항에서 발생하는 I^2R_s 열과 발전기 냉각특성에 의한 도체 및 절연체의 온도상승에 의하여 결정된다. 따라서 발전기 정격은 열적한계를 초과하지 않고 흘릴 수 있는 최대전류에 의하여 다음과 같이 정해진다.

$$W = P + jQ = |E||I|(Cos\phi + j\,Sin\phi) \tag{11.4}$$

여기서 ϕ는 역률각

따라서 P−Q 평면에서 전기자 전류한계는 그림 11.7(b)에 보인바와 같이 원점을 중심으로 한 원이 되며 이 원의 반지름은 MVA정격이 된다.

다) 여자전류 한계

발전기의 2번째 한계는 여자전류와 여자회로 저항에 의한 $I^2_{R_f f}$ 열에 기인한 열적한계이다. 일정한 여자전류의 한계는 발전기의 정상상태 등가회로(그림 11.7(b)에서 R_s는 X_s보다 매우 작기 때문에 생략한 것과 같음)로부터 산정 할 수 있다. 그림 11.8은 등가회로의 전압전류에 대한 벡터도이다.

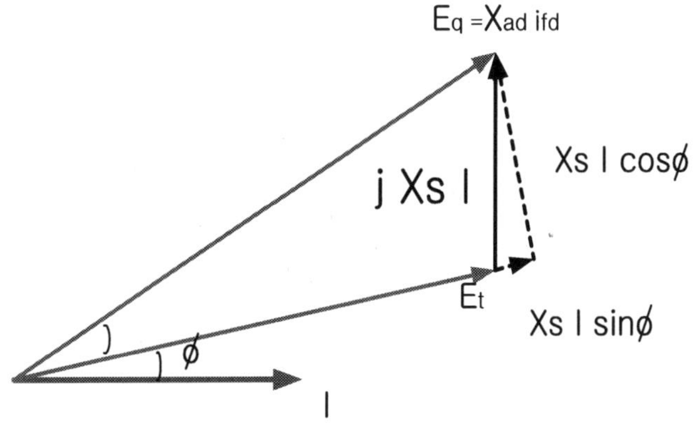

Eq : 발전기 내부전압 Et : 발전기 단자전압
I : 발전기 전기자전류 ifd : 여자전류
Xs : 발전기 동기 리액턴스
Xad: 여자−전기자 상호리액턴스

그림 11.8 정상상태의 발전기 전압·전류 백터도

따라서 식(11.4)로부터 발전기의 유효전력 P 및 무효전력 Q는 아래와 같이 전개되어 식(11.5) 및 식(11.6)으로 표현된다.

$$P = E_t I\cos\phi$$

그림(11.8)에서 $X_s I\cos\phi = X_{ad} i_{fd} \sin$ 이고

$$I\cos\phi = \frac{X_{ad} i_{fd} \sin\delta}{X_s} \text{ 이므로}$$

$$P = \frac{X_{ad}}{X_s} E_t i_{fd} \sin\delta \quad \text{----------} (11.5)$$

$$Q = E_t I\sin\phi$$

역시 그림에서 $X_s I\sin\phi = X_{ad} i_{fd} \cos\delta - E_t$ 에서

$$I\sin\phi = \frac{X_{ad} i_{fd} \cos\delta}{X_s} - \frac{E_t}{X_s} \text{ 이므로}$$

$$Q = \frac{X_{ad}}{X_s} E_t i_{fd} \cos\delta - \frac{E_t^2}{X_S} \quad \text{------------} (11.6)$$

로 표현된다.

즉, 유효전력 및 무효전력의 관계가 여자전류로 표현 할 수 있으며 여자전류에 한계가 있다면 발전기 출력에도 한계로 되는 것을 알 수 있다. P, Q평면에서 이것을 나타내면 무효전력은 반지름이 $\frac{X_{ad}}{X_s} E_t i_{fd} \cos\delta$ 이고 중심점이 원점에서 $-\frac{E_t^2}{X_s}$ 위치에 있는 원으로 표시된다. 그림 11.9는 이것을 나타낸 것이다.

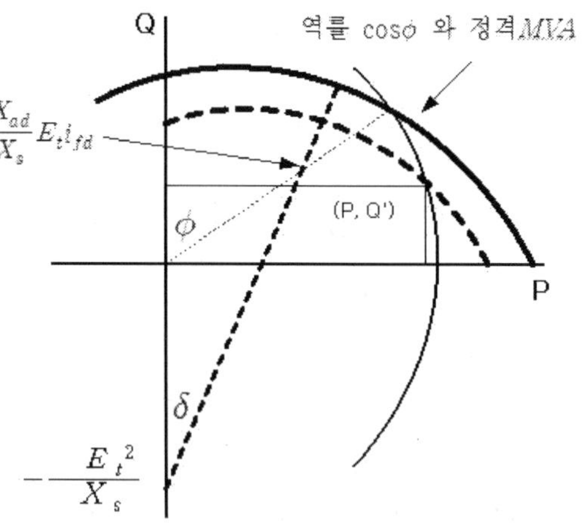

그림 11.9 여자전류제한에 의한 무효전력한계곡선

발전기의 균형있는 설계에서는 그림 11.9와 같이 전기자전류에 의한 한계곡선과 여자전류의 한계곡선이 명판에 기재된 지정 역률에서 교차하도록 하고 있다. 여자전류를 감소시켜 무효전력을 낮추면(그림 11.9에서 P,Q'점) 전기자전류가 허용하는 범위에서 유효전력을 증가 시킬 수 있음을 알 수 있다.

라) 전기자 권선 단부과열에 의한 여자전류한계 전기자 단부에서 발생되는 자속은 전기

자 철심의 성층면에서 직교하는 방향으로 발생한다. 이러한 현상은 여자전류가 많은 과여자상태에서는 회전자 단부의 고정링이 포화되어 있어 자로저항이 커져서 단부의 자속이 그다지 발생하지 않는다.

그러나 저여자로 운전되는 경우에는 회전자 단부가 포화되지 않으며 따라서 전기자 코일 단부에서 발생되는 자속에 의하여 전기자 철심이 국부적으로 과열 될 수 있어 제한이 필요하게 된다. 그림 11.10은 이러한 것을 나타낸 것이다.

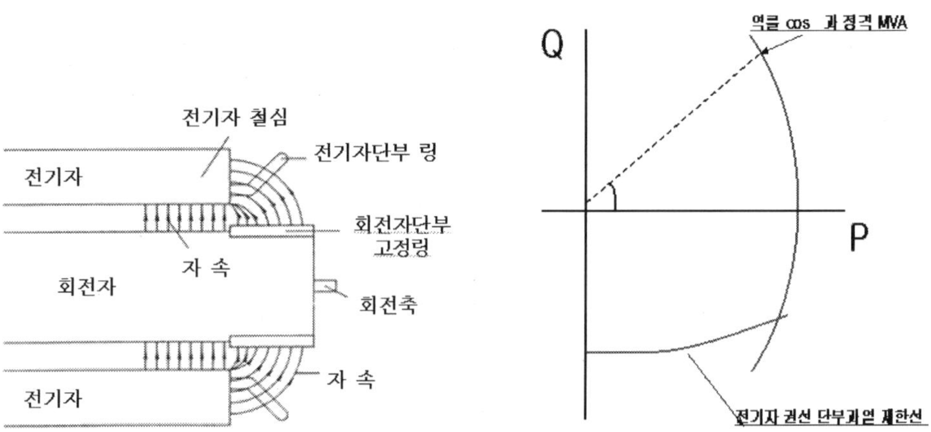

a) 전기자 단부 자속분포　　b) 무효전력 제한

그림 11.10 전기자 단부과열과 출력제한 특성

2) 발전기 보호·제어장치

가) 과여자 보호장치

앞서 설명한 바와 같이 과여자보호장치(Overexcitation Limiter : OXL)는 여자전류가 지속적으로 과대하여 발전기회전자가 과열되는 것을 방지하기 위하여 사용된다. 이장치는 최대여자제한장치(Maximum Excitation Limiter : MXL) 또는 과여자전류계전기(Fiel Overcurrent Relay : FOCR)라고도 한다.

발전기 여자권선은 정격부하에서 연속적으로 운전가능 하도록 설계된다. 이에 대한 사례로써 ANCI 규격에서 허용하고 있는 바에 의하면 다음 점을 지나는 곡선으로 주어진다. 실제적인 과여자 보호기능의 구현은 제작자에 따라 그리고 생산 연식에 따라 다르다.

표 11.2 ANSI규격이 제시하는 과여자전류보호 한시특성

시간(sec)	10	30	60	120
여자전압/전류 (정격기준%)	208	146	125	112

대표적인 과여자 보호기능은 높은 여자전류를 검출하는 것이고, 이어서 시간이 경과하면 AC전압조정기를 통하여 여자전류를 미리 정해진 값(대표적으로 정격 여자전류의 100%~110%)으로 낮추는 작용을 한다.

만약 이것이 실패하면 AC 전압조정기를 차단시키고 DC 전압조정기를 제어하여 정격에 해당하는 값으로 세트포인트를 재위치 시킨다. 이러한 동작에 의하여도 여자가 안전한 값으로 저하되지 않으면 보호장치(제한장치)는 여자회로 차단기를 동작시키고 발전기를 정지시킨다.

과여자 보호장치의 동작 시간특성에는 정한시 및 반한시가 사용되고 있다. 정한시형은 일정치를 넘는 과여자를 검출하면 과여자 정도에 상관없이 일정시간이 지나면 동작하는 것이다. 반한시형은 여자회로가 견딜 수 있는 열용량에 따라서 그림 11.11과 같은 동작 시한을 가진다.

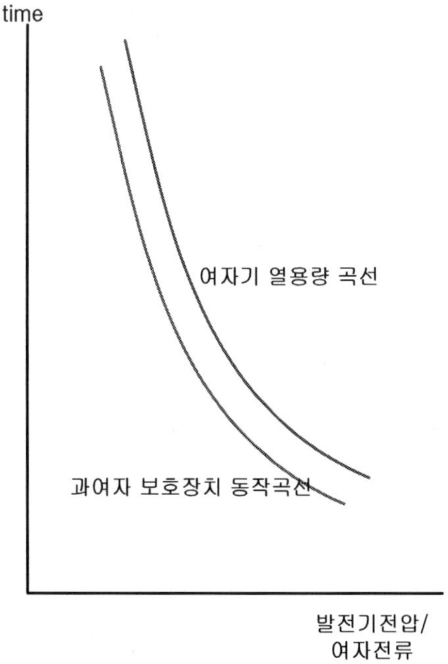

그림 11.11 발전기 과여자 보호의 한시동작특성 곡선

나) 저여자 제한장치

저여자 보호(Underexitation Limiter : UEL)는 발전기 여자가 미소신호 안정한계 이하로 저하되거나 또는 전자 철심 단부 과열이 발생되지 않도록 하기 위하여 적용한다. 최소여자 제한기(Minimum excitation limiter : MEL) 또는 저여자 무효-전류 제한기(Underexcitation reactive-ampere limiter : URAL)라고도 부른다.

이 장치의 입력신호는 전압과 전류 또는 발전기의 유효, 무효전력이 될 수 있으며 제한기는 정해진 값을 초과하면 동작한다. 실제로 적용되고 있는 제한기의 기능은 매우 다양하다. 어떤 UEL은 AVR의 전압 오차에 동작한다 : 전압이 UEL세팅치인 한계값에 도달하면, 비선형 소자(다이오드 등)가 도통되어 제한기 출력이 여자기를 제어하는 다른 신호

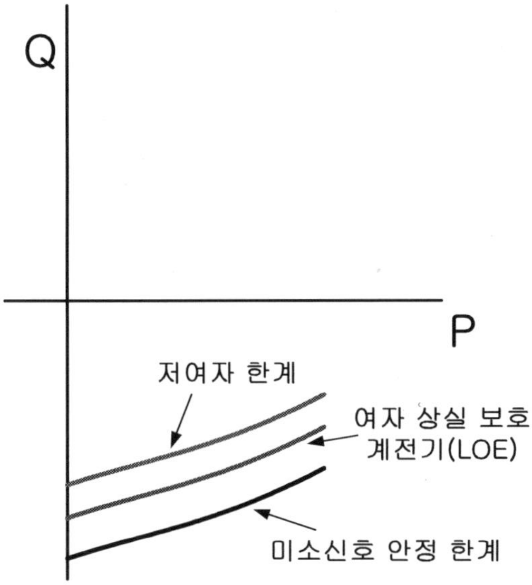

그림 11.12 저여자 제한 및 관련 보호장치와의 협조

들과 복합되어 제어기능을 발휘한다. 보다 더 널리 적용되고 있는 형태는 제한기의 출력신호를 제어경쟁회로에 공급하여 전압조정기에 더 높은 제어를 인가하도록 한다. 즉 정해진 제한치에 도달하면 제한기 신호가 설정치 이하가 될 때까지 여자기 계통을 제한기가 전적으로 제어하는 것이다.

이 제한기의 동작치 세팅은 계통 불안정을 일으키지 않는 범위 또는 전기철심의 과열을 보호하는 레벨에서 계통 또는 기기의 보호개념에서 결정하며 특별히 제한기의 동작특성이 여자상실 보호계전기(Loss－of－excitation relay : LOE)와 협조를 이루어야 한다. 그림 11.12에 나타난 바와 같이 UEL의 동작 특성은 항상 계산된 미소신호 안정도한계와 협조를 이루며 여자상실 보호계전기와 협조를 이룬다.

UEL이 전지가 단부과열을 방지하기 위하여 사용되는 경우에는 미소신호 안정한계 대신 단부 과열한계를 고려하여 유사한 방법으로 협조를 이룬다.

아무튼 전력계통의 과도 현상 중에 UEL이 오동작되어 계통안정을 해치는 일이 없도록 주의하여야 한다.

3) 전압불안정시 발전기 보호, 제한 장치의 동작 및 협조

발전기 뿐만 아니라 모든 전력설비(선로, 변압기, 모선 등)는 다수의 보호장치로 보호되고 있다. 그런데 이들 보호장치들의 동작이 전압저하나 전압붕괴현상 또는 그의 여파로 생기는 현상(전류증가, 무효전력증가, 임피던스의 변화 등)에 의하여 영향 받을 수 있으며, 전압붕괴과정에서 이러한 동작으로 부적절한 차단을 일으켰을 때에는 상태를 더욱 악화시키게 된다. 그림 11.13은 최근에 제작된 1,200 MVA, 1,020 MW 원자력 발전기의 여자전류 한계곡선을 보인 것이다.

일반적으로 발전기가 정격역률 이하에서 운전되면 무효전력은 여자전류에 의하여 제한을 받게 되고, 정격역률 이상에서는 전기자 열용량에 의하여 제한을 받는다. 비록 터빈 출력 한계가 전기자 한계를 벋어난 범위에서 운전을 방지하는 것처럼 보일지라도, 터빈

출력은 발전기 용량을 변경시키지 않고서도 증가시킬 수 있는 여러 가지 수단에 의하여 증가될 수 있음을 알아야 한다. 이러한 경우 전기자 전류한계는 역률이 높은 때에 더욱 중요해지게 된다. 전기자 전류 한계는 전압저하 상태에서도 역시 중요해진다.

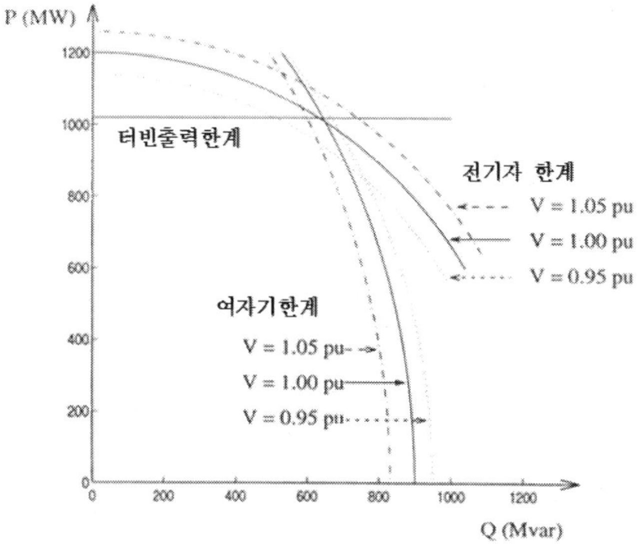

그림 11.13 대용량 발전기의 여자전류 한계곡선

대부분의 자동전압 조정기(AVR)는 과여자 제한기(OXL)를 가지고 있으며 과여자전압 또는 과여자전류를 검출 한다. 제한기가 동작되면 시간지연 후 AVR을 통하여 여자기를 미리 설정한 값으로 돌아가도록 명령을 하게 된다. 여기서 시간 지연은 정상상태 용량한계를 벋어난 영역에서 약간의 운전을 허용하는 것이며, 여자권선의 일시적인 과부하 용량의 얼마간의 장점을 취하는 것이 된다. 제한기의 시간/전류 동작특성, 시간/전압 동작특성은 정한시, 어떤 것에 의존하는 시간특성, 계자권선과 여자기의 순간 과부하 내량에 부합되는 시간등과 같은 것들의 다양한 조합들이 된다.

여자기는 때때로 어떤 형태의 단락보호장치를 가지거나 또는 과부하 보호장치를 가진 경우가 종종 있다. 여기서 가장 중요한 것은 단락 보호장치나 과부하보호장치의 정정치가 OXL의 기능과 협조되어야 하며, OXL은 기기의 용량과 조화되어야 하는 것이다. 적정하게 조화를 이루면 발전기로부터 최대한의 무효전력이 요구되는 상황 하에서 무효전력 공급을 불필요하게 제한하거나 또는 불필요한 발전기의 차단이 발생하지 않게 된다. 예로서 한 320 MVA 돌극형 수력발전기의 여자기, OXL 단락보호장치의 시간/전류 특성을 보이면 그림 11.14와 같다.

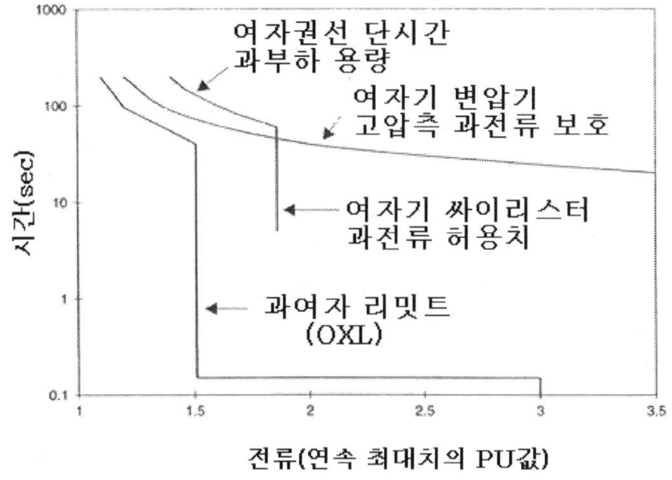

그림 11.14 320MVA 돌극형 수력발전기의 여자기 보호관련 시간/전류특성

또한, 그림 11.14에는 나타나 있지 않지만 여자기계통의 싸이리스터도 퓨즈로 보호되고 있음은 주목해야 할 사항이다.

다른 발전기와 여자기 계통은 이 그림과는 판이하게 다를 수 있으나 모든 장치들의 특성 간에는 명확한 협조를 이루어야 한다.

전압이 저하되는 상태에서 전기자 열용량과 여자회로 열용량 간의 관계는 매우 흥미있는 사항이다. 그림11.13에서 알 수 있듯이 전압이 1.05 pu에서 0.95 pu로 감소되었을 때 무효전력 발전을 더 많이 허용하게 됨을 알 수 있다. 반면에 전기자 열용량은 전압이 같은 상태로 저하되었을 때 오히려 무효전력 발전을 감소시켜야 함을 알 수 있다. 이것이 의미하는 바는, 발전기의 특별한 운전점에 따라서 단자 전압이 감소함에 따라 만약 전기자 열용량 한계가 유효해지면, 발전기의 무효전력 용량은 급격하게 감소 될 수 있다. 그림 11.15는 그림 11.13의 발전기의 단자전압에 관한 무효전력용량을 보인 것이다.

그림으로부터 알 수 있는 것은 AVR이 단자전압을 조정하게 됨에 따라 무효전력 출력이 열적 한계에 도달할 때까지 증가될 수 있음을 알 수 있다. 약간 비스듬한 수직선으로 표시된 것이 특정한 AVR을 나타낸 것이다. 발전기가 계자회로 용량한계치에 도달하고, 계통전압이 계속 감소되고 있으면 무효전력 출력은 굵은 선을 따라(단자전압이 0.9 pu로 감소됨에 따라 약간증가 됨) 움직인다.

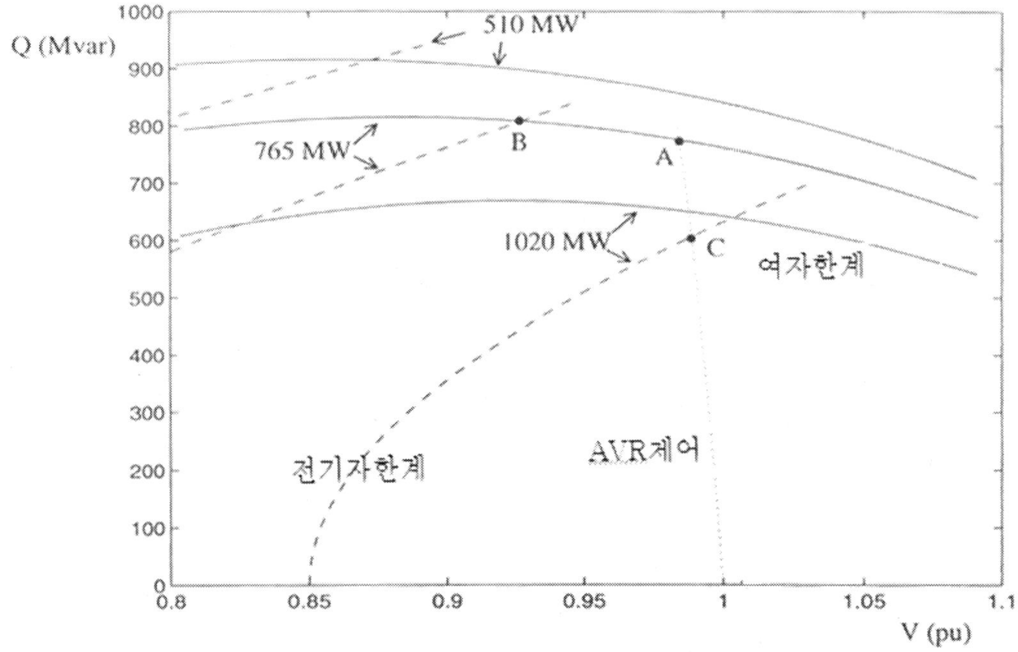

그림 11.15 1,020MW 발전기의 Q-V 용량 다이어그램

그러나 당시의 유효전력 출력의 크기에 따라서 전기자 과열한계가 무효전력 출력을 훨씬 더 심하게 제한 할 수 있게 된다. 전기자 용량의 날카로운 제한은 높은 유효전력에서 발생될 가능성이 높다. 마치 그림에서 볼 수 있듯이 정격 유효전력출력이 1,020 MW에서 전기자 한계는 단자전압 1.0 pu에서 효과적이 된다.

어떤 대용량 터빈 발전기 특히 북유럽에 있는 발전기들은 OXL의 기능처럼 AVR에도 영향을 주는 전기자 전류 제한기를 가지고 있다. 이에 대한 한 분석 결과는 전압불안정 현상이 있는 지역에서 어떤 주요한 발전기의 전기자 전류제한기가 동작하고 다른 대책이 없다면 전압붕괴가 일어나게 된다는 것이다. 전기자 전류 제한기능을 가진 발전기의 전기자 과전류계전기나 과부하 보호계전기의 정정치는 여자기 보호·제어기능 만큼 중요하다.

4) 계통 후비보호장치의 영향

전력계통 사고 시 발전기는 사고초기에 고장전류가 크지만 시간이 경과하면 고정전류가 감소하여 일반 과전류계전기(51)가 동작할 수 없기 때문에 거리계전기(21)나 전압억제/제어형 과전류계전기(51V)를 사용하여 후비보호를 하게한다. 이들의 입력은 전기자 전류와 단자전압을 사용하고 있으며 동작 시간지연은 대개 1~2초 이내이다. 이러한 시간지연은 앞에서 언급한 발전기 여자전류 제한기능과 협조가 되지 않고 있는 것이다. 이 계전기들은 발전기 설치위치 인근의 계통에 발생한 사고에 대하여 동작해야 하는 것이지만, 발전기가 많은 무효전력을 발전하거나 단자전압이 낮은 경우에는 동작 할 수 있는 것이다.

가) 거리계전기(21)

거리계전기로 후비보호를 하기 위하여 Zone−3와같이 일반적으로 감도를 높게 하여 사용한다. 따라서 전압이 불안정하여 저하되면 사고가 없이도 동작되어 불필요하게 송전선이나 발전기 차단을 초래 할 수 있다. 따라서 후비보호용 거리계전기 동작치를 정정할 때에는 계통사고 후 대량의 무효전력이 부가된 계통조건을 고려한 최대 무효전력공급상태를 고려하여 결정하여야 한다.

나) 전압 억제/제어형 과전류 계전기(51 V)

이 계전기는 전압이 저하되면 정상시보다 동작 감도가 높아지는 것으로서 전압불안정으로 인하여 발전기 단자 전압이 저하되면 불필요한 동작으로 발전기를 차단하여 상태를 악화시킬 가능성이 있다 계통전압이 낮아지면 규모가 작은 발전기의 단자전압이 최소운전 가능전압 이하로 저하될 수 있게 된다. 특히 임피던스 값이 낮은 승압변압기로 연계된 경우에는 발전기로부터 무효전력이 공급되어도 단자전압을 현저하게 증가시킬 수 없게 된다.

만약 발전기의 여자기를 수동으로 운전한다면, 계통전압이 저하될 때에 단자전압을 안정시키기 위하여 적절한 무효전력을 발전하기가 곤란하다. 따라서 발전기는 어떤 수준의 무효전력만을 지속적으로 공급하게 되어 긴장상태가 도래하면 단자전압이 크게 저하 될 수 있게 된다. 만약 AVR이 운전되지 않는다 해도 계통이 긴장되었을 때 지역에 유효전력을 발전 공급하는 것이 송전계통의 부담을 감소시켜주는데 도움이 되기 때문에 발전기가 차단되지 않게 하는 것도 매우 중요한 사항이다. 따라서 전압제어형 과전류계전기(51 V)의 동작개시 저전압요소의 정정치를 계통전압이 낮은 상태에서 수동 여자운전을 고려한 최저 발전기 운전 단자전압 보다 낮은 전압으로 하는 것이 바람직하다.

11.2.2 기타 전력 설비들의 영향/작용

1) 전압제어 장치와 전압안정도

부하의 특성과 배전계통의 전압제어장치들의 특성은 계통의 전압안정도에 주요한 영향을 미치는 요소들 중에 속한다. 전압에 따라 유효 무효진력이 변하는 부하는 계통을 통하여 흐르는 전력의 변화에 따라 송전계통의 특성과 상호작용을 하게 된다. 계통의 전압은 송전계통과 부하의 복합적인 특성에 의하여 정해지는 전압에 머물게 된다.

배전계통의 전압조정기와 변전소 변압기의 OLTC는 소비자 수전점의 전압을 일정하게 유지하도록 작용한다. 정상적인 전압변화 범위 안에서는 부하는 다분히 일정 MVA－부하로 된다. 그러나 전압이 붕괴되는 과정에서 이들은 오히려 전압불안정을 조장하는 역할을 한다. 즉, 전압이 저하되면 이를 증가시키기 위하여 장치의 전압비를 감소시켜 결국은 부하임피던스 (Z_{LD})를 감소시켜 주기 때문이다.

OLTC가 그의 조정 가능한 탭범위의 한계(끝부분)에 이르렀을 때, 배전계통 전압은 저하하기 시작한다. 이때 전통적인 일반 가정부하의 유효 및 무효부하는 전압 저하와 함께 감소하고, 따라서 선로부하가 감소하며 선로의 유도성 전압강하는 감소하게 된다. 그러나 산업용 부하와 최근의 가정부하중 에어컨과 같은 부하는 유도전동기를 주로 사용하고 있어 전압이 저하되어도 이에 비례하여 감소되지는 않는다(약간 감소). 그러나 한편으로 무효전력 보상을 하던 전력용 컨덴서는 전압저하에 따라 무효전력 보상을 부족하게 하여 결과적으로 유도성 무효전력부하가 증가되는 효과를 나타낸다.

배전전압이 수초동안 낮게 유지될 때, 온도조절기의 써모스타트와 수동으로 조작하는 제어수단과 같은 다른 부하조절장치들은 부하를 복구시키려고 한다. 예로서, 가열부하의 경우는 써모스타트에 의하여 정해진 레벨의 온도에 도달하려고 더 장기간 운전 될 것이다. 이러한 많은 부하가 어떤 주어진 시간동안 운전된다면, 그들이 정격전압에서 10~15분 이상 복귀하여 운전되게 된다. 전압의 크기에 따라 제어되는 부하가 복귀됨에 따라 송전 및 배전선의 전압은 더욱 저하된다.

정격전압의 85~95%이하의 전압에서, 어떤 유도전동기는 멈추거나 높은 유도성 전류를 흐르게 한다. 이러한 경우는 전압강하를 더욱 부추긴다. 산업용 및 영업용 전동기 부하는 주로 전자접촉기에 의하여 제어되어 전압이 저하되면 자동적으로 부하가 탈락되고 이로써 전압을 회복시키는 효과를 줄 수 있다. 이윽고 잠시 후에 전압이 회복되면 전동기가 재 시동되어 이번에는 전압 강하의 원인이 되어 원래의 문제가 그대로 존재하게 된다.

이상의 검토로부터 전압안정도를 정확히 해석하기 위해서는 네트워크 표현 시에 배전변압기의 탭－절환기와 전력용 컨덴서의 효과가 포함되어야 한다. 해석의 범위에 따라서 다르지만 부하의 특성을 표현 할 때 써모스타트나 부하 조절장치를 반드시 고려하여야 한다. 산업전기설비를 표현 할 때는 전동기와 컨덴서를 뚜렷하게 구분하여 표현 할 필요가 있다.

2) 무효전력 보상장치 특성과 전압안정도

가) 전력용 컨덴서 (Shunt Capacitors)

무효전력을 보상하고 전압을 유지하는데 가장 저렴한 장치로는 전력용 컨덴서이다. 이 전력용 컨덴서는 수전단 부하역률을 개선함으로써 전압안정도의 한계치까지는 효과적으로 사용 될 수 있다. 이들은 또 발전기에서 순동 무효전력 확보를 자유롭게 해주는데 사용 될 수도 있으며 따라서 다수의 경우에 전압붕괴를 방지하는데 도움을 준다.
그러나 전력용 컨덴서는 전압안전도와 전압조정의 관점에서 볼 때 여러 가지 자체적인 제한사항들이 있다.

· 전력용 컨덴서로만 집중적으로 보상하는 계통은 전압조정능력이 약하다.
· 어떤 수준 이상의 보상에는 전력용 컨덴서로서 안정운전을 이룰 수 없다.
· 컨덴서에 의한 무효전력량은 전압의 제곱(V2)에 비례하여, 전압이 낮은 상태에서는 무효전력 보상량이 급속히 낮아져 문제로 된다.

나) 조정 가능한 무효전력 보상 장치

SVS(Static Var System)는 최대 용량성 무효전력 출력레벨까지 역률 조정이 가능하다. 조정범위 내에서는 전압조정 문제나 전압 불안정 문제가 없다. 한계치에 도달하면 SVS는 단순히 전력용 컨덴서와 같다. 전압불안정으로 진전될 가능성에 대하여 인식되어야 한다.

동기조상기는 SVS와는 달리 내부에 전압원을 가지고 있어 비교적 낮은 전압에서도 무효전력을 공급할 수 있어 전압안정에 기여도가 한층 높다.

다) 직렬 컨덴서

직렬 컨덴서는 자체 조정장치로 모선전압과는 독립되어있다. 직렬 컨덴서에서 공급되는 무효전력은 선로전류의 제곱(I2)에 비례한다. 이 장치는 전압안정도에 유익한 효과를 준다.

직렬 컨덴서는 송전선로의 길이를 단축시키는데 이상적으로 사용된다. 병렬 컨덴서와는 달리 직렬 컨덴서는 선로 임피던스(Z_{LN})와 선로 길이를 모두 감소시켜주어 결과적으로 전압조정과 전압안정도를 탁월하게 개선 시켜 준다.

3) 각종 전력 설비·기기에 대한 영향/작용

일반적으로 전압안정도를 유지하는 것은 시시각각의 변화를 정적 및 동적인 국면에서 확인해야 하는 다수의 제어 루프를 가지는 시스템을 어떻게 제어하여야 하느냐에 달려 있다. 여러 가지의 계통 구성요소들은 이렇게 복잡한 자동시스템에 있는 안정도 제어 루프에 영향을 미친다. 각종 요소에 대한 전압불안정 시 영향 및 작용을 요약하면 표 11.3과 같다.

표 11.3 각종 전력설비·기기와 전압불안정시 영향/작용

구성요소		역 할 및 영 향	비 고
1. 송전선		– 전압 강하 발생(역률에 따라 다름) – 전력전송 한계 있음 – 중부하 선로일수록 전압안정도에 미치는 영향 큼	
2. 변압기		– 제한적인 전압 조절능력 있음 : OLTC(그러나 역효과를 줄 수 있음)	–많은 경우 전압붕괴부추기는 역할을 함 (OLTC Blocking 필요)
3. 발전기		– 스스로 전압조절을 할 수 있음 (신속하고 효과적인 AVR이 있음) – 무효전력 공급능력 보유 (발전기가 부하에서 먼 경우 적절히 무효전력 공급 곤란) – 많은 경우 과여자 보호장치 있음 – 발전기를 위한 Aux.시스템이 대부분 유도기기 : 무효전력 소비	–AVR, 여자시스템, 보호장치 간 협조 필요 – 전압저하 또는 붕괴 시 큰 영향 줄 수 있음 – 전압저하가 큰 경우는 Aux.정지 시켜야 함 (필수적인 기능은 유지되도록 설계, 보호 필요)
4. 리액터		– 무효전력 수요 소자 – 과전압 발생 방지용으로 송전용 변전소에 설 – 전압불안정시는 운전정지 및 투입방지	–장거리 송전선, 케이블선로 있는 지역 변전소에 설치 운전 –H–Q사의 경우 자동차단시스템 적용 중
5. 캐패시터	직렬	– 송전선의 임피던스를 감소시켜 전압강하 감소, 송전용량 증대효과를 줌	
	병렬	– 무효전력 수요를 보상 할 수 있음 (전압이 강하 된 경우에는 무효전력 보상 효과가 감소 됨) – 부하 근처에 설치되고 적당히 제어돌 때 매우 가치 있는 설비 (무효전력 유통량을 줄일 수 있음)	– 일반적으로 전압강하를 감소시킴(수동적요소) – 전압이 낮아지면 기대하던 무효전력 보상 곤란
6. SVC		– 주어진 범위에서 속응 제어 가능한 무효전력원 (발전기와 같은 Dynamic은 없음)	– SVC는 주어진 계통 조건에 맞추어 설계한다. 따라서 계통조건이 설계기준을 벗어나면 효과 급감 됨.

7. 가스터빈 발전기	– 속응 가동 발전원 – AVR을 보유 시 계통에 정전압 모선 추가.	– 전압붕괴를 방지할 수 있는 주요 설비가 될 수 있음.
8. 보호, 제어 장치	– 설비의 사고, 이상을 보호. (대개 계통 정상 시 설비 이상 검출) – 최근 계통을 보호용 SPS 등 사용	– 설비기준의 동작은 계통 안정에는 해로울 수 있음. – 좋은(방식, 협조) SPS는 전압붕괴방지에 유효
10. 부 하	– 저항부하 : P ∝ k V2로 전압강하 시 감소되어 무해 – 유도전동기 부하 : ·전압 강하 시 무효전력 소비증가 ·전압 저하 시 감속 – 속도 = f(전압, 기계적 부하) – 한계를 초과하면 불안정, 정지 – 정지중 큰 무효전력 흡수 – 전압안정도 악화시킴	–난방/열이용 부하에서 thermostat가 저전압으로 부하를 개방 했다가 수분 후에 재가동시 전력수요 증가로 악영향 있을 수 있음. – 전동기가 회로에서 분리 될 때까지 악 영향 (운전중 무효전력 과대시 차단보호 필요)
11. 수용가 및 부하예측	– 유, 무효전력을 필요로 하는 원천 – 수요의 변화가 조건에 따라 심하게 바뀜 – 적절한 수요예측은 필요한 예비 유, 무효전력 확보로 안정운전 가능	– 1987 동경전력 사태 예기치 못한 냉방부하 급증으로 인함
12. 운전원	– 숙련된 계통 운전원이라도 전압불안정의 변화 전망, 적절한 급전지시 결정이 어렵다.	– 운전원을 위한 지침 연구 개발 사용 필요. · 전압불안 위험 예측법 · 예방적, 치료적 행동법

11.3 전압불안정시 계통보호 및 제어

11.3.1 변압기 OLTC 제어

1) 개요

OLTC의 주 목적은 변압기 2차 측 전압을 주어진 범위 이내로 유지하는 것이다. 대표적으로 부하가 증가하여 전압이 저하되면 전압을 유지하기 위하여 OLTC는 탭의 위치를 올려주게 된다.

탭 간의 움직이는 속도는 보통 수초~수십 초 정도의 범위를 가진다. 이러한 속도는 수분 이내에 발생하는 허용할 만한 수준의 작은 외란에 의한 전압동요에 대하여는 확실하게 회복되도록 한다.

심한 동요가 발생되면 다수의 변전소가 포함되는 넓은 지역의 전압이 저하될 수 있다.

각기 다른 전압레벨에 있는 변압기에 적용되는 OLTC는 각기 설치된 현장기준에 의하여 동작하고, 제어전압을 유지하기 위하여 설계된 개개의 탭절환 과정을 독립적으로 시행하게 된다.

만약 전압저하가 전압붕괴로 향하여 진행된다면 대형계통의 전압은 대개 서서히 감소되게 되며 OLTC는 배전전압을 회복시키려고 작동하게 된다. 이때 송전계통은 새로운 안정상태로 될 때까지 더욱 긴장된 상태가 진행되거나 그렇지 않으면 전압붕괴가 발생한다. 이러한 과정은 OLTC의 탭수와 그들의 정정치에 따라서 수분에서 수십 분의 시간이 소요된다.

전압이 붕괴되는 동안 OLTC는 저전압을 검출 할 것이며 적당한 시간 뒤에 변압기의 탭 위치를 올리려고 하게 된다. 이 기간 동안에 부하의 변동이 없다면 부하는 보통 OLTC가 일정한 전압을 유지시켜 주는 한 고정된 값으로 고려 할 수 있다.

만약 1차전압이 낮아지면 부하전력을 유지시키기 위하여 송전선의 전류가 증가된다. 이렇게 전류가 증가되면 더욱더 송전전압이 낮아지며 전압붕괴가 발생하기 쉽게 된다.

전력계통에는 대개 EHV/HV 변압기(1차 송전망−2차송전망 연계용)나 HV/MV변압기(2차송전망−배전망 연계용)에 모두 OLTC를 가지고 있다. 우리나라의 경우 765 kV로부터 22.9 kV까지 3단계, 스웨덴의 경우 연쇄하여 4단계의 OLTC를 가지고 있다. 탭절환 속도는 통상 전압이 높아질수록 짧게 세팅한다.

2) 전압붕괴와 OLTC 운전

OLTC 동작저지 또는 세트포인트 조정은 전압붕괴에 임박한 긴장된 계통에서 계통안전유지에 유익하며 그의 효과는 부하특성과 무효전력 보상의 정도에 달려있다.

그리고 수용가에 가까운 OLTC는 특별한 제어가 필요하다. 일반적으로 HV 송전망이나 MV 배전망에서 단지 전압을 낮추는 것은 상황을 악화시키는 것이 된다. 따라서 수용가에 가까운 OLTC를 이용하여 부하전압을 복구시키는 것이 좋다. 이러한 것의 의미는 전압을 낮은 상태로 유지한다면 전력용 콘덴서(SC) 등에서의 무효전력이 감소됨과 동시에 배전계통의 무효전력손실이 증가되는 것이다.

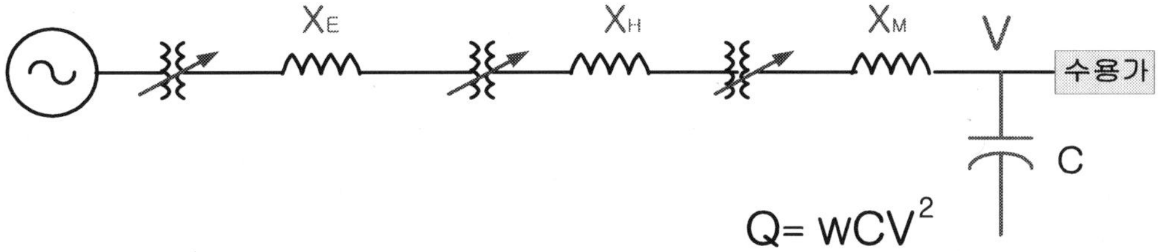

그림 11.16 OLTC가 있는 전력계통 단선도

어떤 경우에는 OLTC가 유익한 효과를 가져올 수 있다. 예로서 변압기 부하가 대부분 전동기 부하이며 각 전동기마다 역률 보상용 콘덴서(SC)가 연결된 경우가 그러하다. OLTC로 공급전압을 높게 유지하여도 부하가 전압에 독립적이기 때문에 유효전력 소비에는 영향을 주지 않는다. 이렇게 하는 것은 전력용 콘덴서로부터 무효전력 보상을 극대화 시키는 것이 된다.

3) 계통 안정도 개선

일반적으로 유효전력 수요가 전압에 따라 변하는 계통에서 적절한 OLTC제어는 전압불안정의 정도를 감소시킬 수도 있다. OLTC동작 저지는 계통 안정도에 역작용을 감소시켜 준다고 알려져 오고 있다. 부하전압을 낮추는 것도 계통부하를 줄이는데 이용될 수 있다. 이것은 마치 전압 감소에 의하여 피크부하를 줄이는 것과 유사하다. 따라서 OLTC는 전압 붕괴에 대하여 부분적으로 해결방안도 될 수 있는 한편 전압붕괴의 원인도 될 수 있다.

운전 중 어느 때든지 전압붕괴가 관심거리로 될 때에 OLTC를 전압붕괴를 막기 위하여 기여하도록 하는 가장 단순한 방법은 OLTC가 전압을 올리는 동작을 하지 못하도록 블로킹하는 것이다. 일시적으로 블로킹하는 것을 결정하는 방법은

- 현장에서 도출한 정보에 의하거나
- 중앙제어소와 감시시스템에서 결정하고 송신에 의하여 시행

등이 있을 수 있다.

이러한 동작은 영향지역의 부하 전압이 어느 기간 동안 저전압이 되게 한다. 전체 공급지역에서 공급전압을 낮게 함으로 나타나는 효과는 더 작은 지역에서 어떤 부하를 완전하게 차단할 가능성을 더욱 부추겨야 한다. OLTC 동작저지는 과도현상보다 느린 전압 강하에 대하여 더욱 효과적이 된다. 그리고 비교적 전압 의존도가 높은 부하에서 더 효과적인 방법이 된다.

4) OLTC 블로킹 방식 구현

● 현장 블로킹 방식

현장 정보에 의한 블로킹 방식은 변전소 고전압 모선에 연결된 전압계전기와 시간지연 계전기로 구성된다. 전압계전기 동작레벨은 통상 허용 최대부하시 나타나는 전압보다 낮은 값으로 한다. 전압계전기가 동작되는 비정상전압이 일정 기간동안 지속되면 블로킹을 시행한다. 여기서 시간 지연은 1~수초 범위에서 적용된다. 그림 2는 이에 대한 로직을 나타낸 것이다.

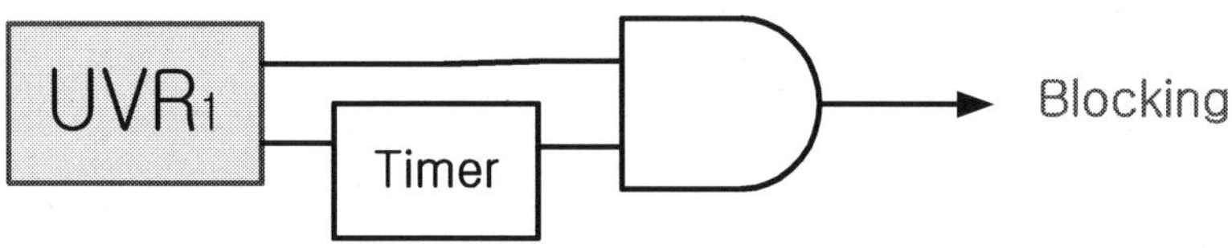

그림 11.17 OLTC 블로킹 로직 다이어그램

블로킹한 후에 블로킹 해제는 전압이 허용치 이상으로 일정시간(보통 5 sec) 이상 회복되면 블로킹을 해제하여 일상적인 운전으로 복귀하게 한다. 전압은 어느 2상의 선간전압(Vab, Vbc, Vca중 하나)을 측정하는 것으로 적절하다.

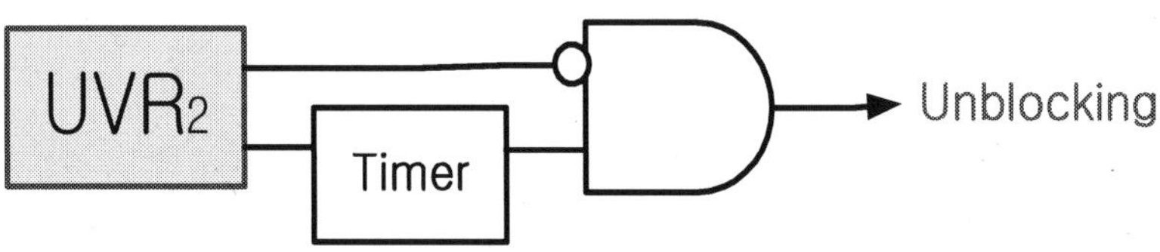

그림 11.18 OLTC 블로킹 해제 로직 다이어그램

● 협조 블로킹 방식

협조 블로킹 방식은 일정지역의 OLTC에 대하여 시행하는 방식으로 전압 불안정이 심한 지역에 대하여 블로킹을 적용한다. 이 방식은 2가지 방식 중 어느 하나로 구현 할 수 있다.

- 지역 안에 있는 여러 변전소에 설치된 독립적으로 동작하는 UVR들의 동작을 협조 형태로(In a coordinated fashion) 적용하는 방식
- 지역의 주요 중심지점(key location)의 전압 저하 패턴을 인식하여 시행하는 중앙제어 방식

(이 방식은 모든 지점의 전압이 정해진 값 이하로 저하되진 않았어도 영향권에 있는 지역의 모든 변전소의 OLTC에 블로킹을 적용한다.)

중앙제어방식에서의 주요사항은 통신 시스템의 신뢰도이다. 왜냐하면 블로킹 결정을 위한 정보가 현장으로부터 중앙으로 모아져야 하고, 또 결정된 제어정보가 변압기가 있는 변전소로 정확하고 신속하게 보내져야 하기 때문이다.

송전계통에서의 OLTC블로킹 방식의 효과는 배전용 변압기가 자동적으로 제어되는지 여부에 크게 영향을 받는다. 만약 배전 변압기가 자동적으로 제어된다면 송전계통에서의 OLTC 블로킹 효과를 무효화하는 작용에 대하여 추가적인 대책이 요구된다. 대량의 전력용 콘덴서를 가진 계통이라면 최대의 무효전력을 이끌어내기 위하여 높은 전압을 유지해주어야 한다. 이것은 긴장된 운전 조건에 있는 계통에서 매우 바람직한 방법이다.

● OLTC 세트포인트를 낮추는 방법

단지 OLTC를 블로킹하는 것보다 더 좋은 방법은 OLTC의 전압 세트포인트를 감소시키는 것이다. 이렇게 하면 더 많은 부하를 구해낼 수 있다. OLTC 블로킹에만 의존하면 효과는 계통의 부하들의 종류, 무효전력 보상정도 및 보다 낮은 전압 레벨에 있는 OLTC들의 수량 등과 같은 계통특성에 크게 의존되기 때문이다.

OLTC제어에 있어서 바람직한 전략을 요약하면 다음과 같다.

▶ 안전한 상태에서 모든 OLTC들은 평소와 같이 제어된다.
HV 전압 세트포인트는 차 하위 송전망의 유효분 손실을 최소화 할 수 있는 값으로 선정된다.

▶ 비상사태에서 EHV / HV 및 HV / MV 변압기 OLTC는 블로킹하고, EHV / HV 변압기의 변압비는 가능한 최소로 한다.

▶ 경고상태(계통 전압불안정상태로 진행 될 수 있는 확실한 우발사태가 있는 경우에는 EHV/HV 변압기의 OLTC 세트포인트는 높이는 한편, HV/MV 변압기 OLTC의 MV측 전압 세트포인트들은 낮춘다.

이렇게 하는 목적은 무효전력 손실을 줄이고 HV계통에 설치된 병렬 무효전력 보상장치로 부터 더 많은 무효전력을 공급받기 위함이다.

11.3.2 저전압계전기에 의한 부하차단 방식

1) 개요

평소 송전설비에 중부하가 걸리고 한정된 무효전력 제어량을 가진 전력계통은 전압불안정에 취약 할 수 있다. 다른 해법들이 모두 실패한 예상치 못한 전압불안정 상황에서 전압붕괴에 임박한 시점에서 가장 강력한 방편이 될 수 있는 것은 부하차단이다. 저전압 부하차단은 저주파수 부하차단과 유사하며 저비용으로 계통붕괴를 막을 수 있는 수단이기도 하다.

일반적으로 전압불안정 현상이 시작되면 운영자가 계통전압을 안정화 시킬 수 있는 시간이 충분치 않다. 그러므로 저전압현상이 발생하면 전체계통의 안전화를 위해 부하차단하는 것이 권장된다. 이 방식은 계통의 전압을 모니터링하기 위해 대표적인 변전소들에 저전압계전기(Under Voltage Relay)를 설치하여 이용하거나 중앙에서 주요위치의 전압을 모니터링하며 저전압정도 또는 전압저하속도에 비례하는 부하를 차단한다. 이러한 계통보호방식을 저전압계전기에 의한 부하차단(UVLS: Under Voltage Load Shedding)방식이라 한다.

그림 11.19는 각 주요현장에 저전압계전기를 설치하고 이에 의해 부하차단을 시행하는 현장제어식 부하차단방식의 일례를 보인 것이며 대용량 발전소를 연결하는 주요간선 중 일부가 차단되면 계통에 전압강하가 심해지고 전압불안정 현상이 발생할 수 있다. 그림 11.20은 중앙에서 전압을 모니터링하고 원격제어로 부차차단을 하는 중앙제어방식을 나타낸 것이다.

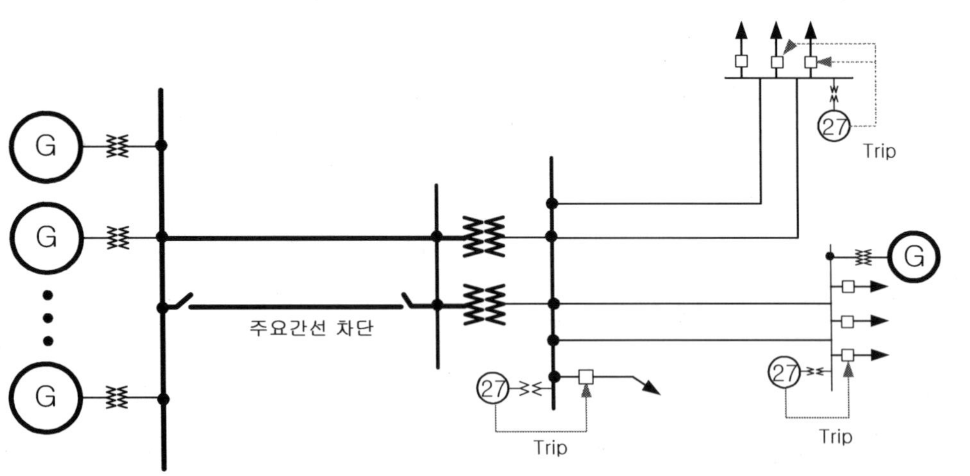

그림 11.19 현장제어식 저전압 부하차단(UVLS)방식

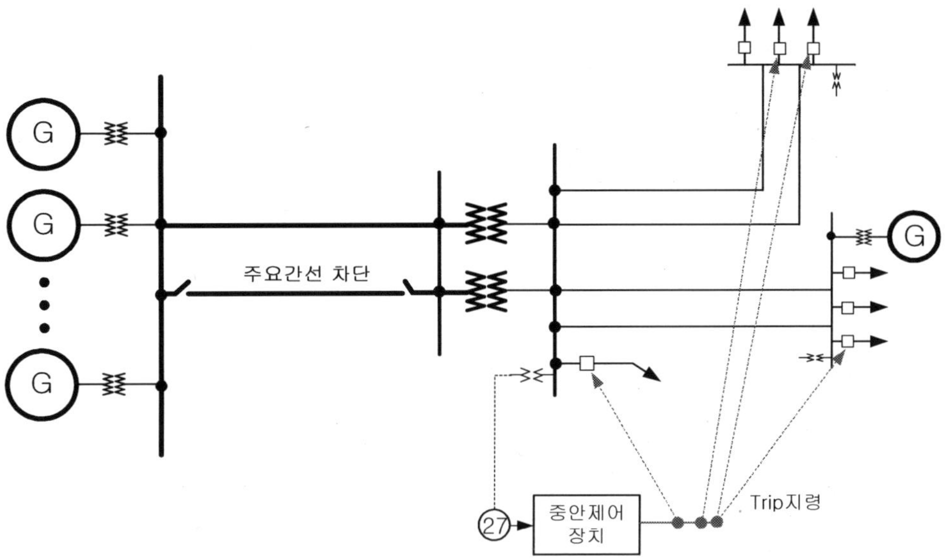

그림 11.20 중앙제어식 저전압 부하차단(UVLS)방식

2) 부하 모델과 부하차단 효과

실제에 있어서는 부하차단을 몇 회로 할 것인지? 한 번에 차단량을 얼마로 할 것인지? 차단 시지연과 부하복구 기준 등에 대한 검토와 결정이 필요하다.

이러한 사항들을 정확히 결정하기 위해서는 동적 모의가 필요하지만 단지 몇 번의 동적 모의로는 일반적인 기준을 제시하기가 모호하고, 해석에도 어려움이 많아 먼저 정적 모의를 통해 일반적인 기준을 제시하고 동적모의를 통해 이를 검증하는 방식이 사용된다. 계통 유효전력 부족시 계통주파수가 저하하는 현상에 대하여 저주파수계전기에 의한 부하차단(UFLS)으로 보호하는 방식과 유사하다.

● 항상 기뻐하라 쉬지말고 기도하라 범사에 감사하라

제 12 장 분산전원 연계계통보호

(Dispersed Generation Network Protection)

12.1 신재생에너지 분산전원 연계계통

12.1.1 기본적 사항

1) 개 요

Clean Energy 발전기술 및 실용화 확대의 요구와 열병합발전 등에 의한 Energy 사용 고효율화의 필요 및 환경친화적 Energy 발전방식 등의 등장으로 인하여 향후에는 기존의 전력회사 송배전 계통에 다수의 분산된 신에너지 전원이 연계 운전될 전망이다. 이에 본 교재에서는 전력계통의 원활한 운용과 설비 및 인축안전을 확보하기 위한 기술적 내용과 이들에 대한 보호방식 및 보호협조방안을 기술한다.

2) 분산형 신에너지 전원의 종류

현시점에서 볼 때 실용화되고 있는 신에너지 전원 중에서 전력계통에 연계될 것으로 예상되는 전원의 종류를 보면 다음과 같다.

- 풍력발전
- 태양광발전
- 소수력발전
- 열병합발전
- 연료전지발전
- 전지전력저장 시스템
- 부산물 이용 발전
  - 배기가스, 쓰레기 등

3) 연계계통 형태

연계되는 형태를 분류해 보면 상용계통의 전압에 의한 형태, 특고압 배전계통 연계, 고압 배전계통 연계 및 저압 배전계통 연계 등 4종류가 있으며, 연계계통구조의 형태로는 일반부하가 있는 배전계통 연계와 단독 배전선로 연계가 있으며 자체부하가 있는 경우와 없는 경우 등 고려할 조건들이 다양하다. 또한 상시 전력회사 계통측으로 전력을 공급하는지 여부에 따라 역조류 유무에 의한 연계형태가 있다.

4) 신에너지 전원의 계통연계시 기술적 고려사항

연계에 따른 기술적 고려사항으로는 다음과 같이 크게 2가지가 있다.

① 공급신뢰도 및 안전 확보에 관한 사항
- 보호계전방식 및 보호협조 확보
- 단락용량 증가에 대한 고려
- 단독운전으로 인한 안전문제
- 긴급시 연락 및 복구체제

② 전력품질 확보에 관한 사항
- 전압변동에 의한 문제
- 역률 저하 문제
- 고조파 발생으로 인한 장해문제

12.1.2 구조적인 특성

1) 전기방식

신에너지 전원의 전기방식이 연계하는 전력계통의 전기방식과 다르면 상간 불평형을 발생시킬 우려가 있으므로 신에너지 전원의 전기방식은 원칙적으로 연계하는 전력계통의 전기방식(단상 2선, 단상 3선, 3상 3선)과 동일하게 하는 것이 바람직하며 다른 경우에는 이들 간을 정합하는 변환 장치 또는 적절한 대책이 마련되어야 한다. 그러나 다음과 같은 조건을 해당하는 경우에는 전력계통의 전기방식과 달리하여도 무방한 것으로 하고 있다.

① 고압이상의 사용장소에서 저압의 단상회로에 연계하는 경우 중에서 최대 사용전력에 비하여 자가용 발전설비의 용량이 작아 불평형에 의한 영향이 실제로 문제가 되지 않는 경우

② 단상 3선식의 전력계통에 단상 2선식 신에너지 전원을 연계하는 경우에 중성선에 대한 양측의 전압을 상시 감시하고 수전점의 차단기를 개방했을 때 등에도 부하의 불평형에 의해 발생하는 과전압으로 인해 어느 쪽의 전압도 허용변동범위를 초과하

는 경우에는 역변환 장치를 정지하는 조치를 취한 경우(단상 3선식의 전기방식에서는 중성선 전류가 최대로 될 가능성이 있기 때문에 필요한 경우에는 중성선에 과전류 차단기를 수전점에 설치)

2) 역률

연계점에 있어서의 역률은 신에너지 전원의 정상적인 운전상태, 부하상태에서의 계통측으로부터 본 역률을 말하며 다음과 같은 고려가 필요하다.

① 저압배전선 연계시

ⓐ 역조류가 없는 경우

수전점에서의 역률조정을 하기 위하여 신에너지 전원장치에게 구내 전체의 부하의 증감에 대응한 무효전력의 조정을 부담시키는 것은 무리이므로 전원장치 자체의 운전 역률에 대하여만 규정함이 필요하다.

- 자여식 역변환 장치로 연계시 : 역률 1 운전을 원칙으로 함.
- 타여식 역변환 장치로 연계시 : 역률 개선용 콘덴서를 설치, 역률 1로 유지.

발전장치내의 보조기기를 고려한 총합 역률이 95% 이상으로 유지되도록 하는 것이 일반이다.

ⓑ 역조류가 있는 경우

역조류가 있는 경우에 수전점의 역률은 발전장치에 의한 전압조정을 유효하게 하기 때문에 수전점에 있어서의 역률에 어느 정도 변동이 허용되어야 한다. 예로서 변동범위를 85%이상으로 하는 한편, 진상역률(계통측에서 보아 앞선 무효전력으로 되는 상태)로는 되지 않도록 하고 있다.

또한 역조류가 있는 경우에 있어서 전압변동 대책 상 부득이한 경우에는 역조류의 역률변동 범위를 보다 더 크게 허용하는 것이 바람직하며 예로서 80%까지 제어할 수 있게 하기도 한다. 다만, 역조류가 있는 경우에도 소출력의 역변환장치와 수전점의 역률이 적정하다고 판단되는 경우에는 원가 저감 혹은 시스템 간소화를 위해 발전장치 자체의 역률을 85%이상(무효전력제어를 하는 경우) 또는 95%이상(무효전력제어를 하지 않는 경우)으로 하는 사례가 있다.

② 고압 · 특고압배전선 연계시

역조류가 없는 경우의 수전점의 역률은 전기공급규정에서 정하는 표준적인 역률에 준하여 하고(예 85% 이상), 특히 진상역률로 되지 않도록 하여야 한다. 역조류가 있는 경우의 수전점의 역률은 전압대책상 85% 이상에서는 곤란한 경우도 있으므로 전압변동 대책상 부득이한 경우에는 역조류의 역률을 80%까지 제어할 수 있게 한다.

③ 스폿 네트워크 배전선 연계시

스폿 네트워크 배전선은 중요시설 몇 군데 외에는 국내에서 널리 사용되지는 않고 있으나 앞으로는 고신뢰성 배전계통으로 확대 사용될 것으로 보인다. 선로의 작업등으로 1회선 정지 후, 재 송전했을 때는 발전기의 출력상태에 따라서는 네트워크 계전기의 차전압 투입이 불가능한 경우가 발생할 우려가 있기 때문에, 이 경우에는 발전기의 출력, 역률 제어를 행하여 차전압 투입을 도울 수 있어야 한다. 이외의 것에 대해서는 고압배전선 연계에서 역조류가 없는 경우에 준한다.

④ 유도발전기 또는 타여식의 역변환 장치를 이용하는 경우

유도발전기를 전력계통에 연계한 경우에는 동기발전기의 경우와는 달리 무효전력조정이 불가능하고 유도성 무효전력을 소비하므로 계통의 역률이 저하된다. 그리고 타여식의 역변환장치는 일반적으로 역률 조정이 불가능하다(자여식은 가능). 따라서 역률 개선용 콘덴서를 설치하여 수전점에서의 역률을 85% 이상으로 하는 동시에 진상 역률이 되지 않도록 하는 것이 필요하다. 또한 역률 개선용 콘덴서를 설치하는 경우 유도발전기의 자기여자현상(이상전압의 발생 등)을 일으킬 우려가 있기 때문에 해당 신에너지 전원 설치 수용가에는 연계용 차단기 개방시에 역률 개선용 콘덴서도 동시에 개방하는 등의 적절한 제어방식으로 해야 한다.

3) 고조파 등

① 고조파

역변환 장치가 고조파 발생원이기 때문에 적정한 규제치를 설정하여 전력의 질적감소를 억제하고 다른 설비에 발생하는 피해를 방지하여야 한다. 일반으로 고조파 함유율은 기본파의 정격전류에 대한 외율로 규정하고 있다. 고조파 함유율 기준, 측정 감시장소 및 방법, 인정기관 등을 정하여 할 필요가 있다.

② 고주파

ⓐ 역변환 장치가 고주파 발생원이기도하여 고주파전류가 배전선을 안테나로 하여 방사되는 경우 장해현상이 발생되므로 적절한 대책 내지 규제방법이 필요하다. 전기설비기술기준에서는 가공전선로에서 발생하는 전파허용한도를 가공전선의 바로 아래서 그 선로와 직각방향으로 10m떨어진 지점에서 방해파 측정기의 루프형 안테나의 중심을 지표상 1 m에 있게 하고 또한 잡음전파의 전계강도가 최대로 되는 방향으로 안테나를 조정하여 수 시간의 간격을 두고 2회 이상 연속하여 10분 간 이상 측정하며, 각 회의 측정치의 최대치의 평균치가 526.5 kHz부터 1,606.5 kHz까지의 주파수대에서 36.5 dB(준 첨두치)인 것으로 되어 있다.

ⓑ 배전선 반송파에 대한 역변환 장치로부터의 고주파 잡음의 영향에 대해서 분산전원 측에서 대책을 취할 필요가 있다.

12.1.3 계통구성

1) 전원계통의 구성

분산전원의 전기적 구성은 모선형태로 분류할 수 있고 다음의 4가지로 대별할 수 있다.

① **단일모선** : 소규모 전력을 사용하는 장소의 자가발전기 계통이나 소수력, 풍력발전소 및 태양광발전과 같이 소전력을 발전 사용하는 경우이다.(그림 12.1(a))

② **연락모선** : 중소규모 전력을 사용하는 장소의 자가발전소 계통에서 정전이 수반되어서는 곤란한 부하가 있는 경우, 중요부하와 비중요부를 구분하여 서로 다른 모선에 접속하고 평상시에는 양모선을 연락용 차단기로 연결하여 운전하나 계통분리 또는 계통 정전 시에는 차단기를 개방하여 중요부하는 자가 발전기로부터 전력을 공급받아 운전할 수 있게 한다. 이러한 구성은 주로 태양광 발전, 연료전지 및 중소규모 열병합발전에서 이용되고 있다.(그림 12.1(c))

③ **이중모선** : 비교적 규모가 큰 대형공장의 자가발전소 계통에서 운용되며, 공장조업 운영에 따라 중요부하가 변동되는 경우에 적합하다. 중요부하 모선과 비중요 모선이 있어 양 모선사이를 모선연계 차단기로 연결하는 것은 연계모선과 같으나, 중요, 비중요 부하의 구분을 수시로 변동시킬 수 있는 구성이며 1개 모선 사고시 에

도 타 모선으로부터 수전 가능한 장점이 있어 높은 공급신뢰도를 요하는 산업용 수용가의 자가발전소 계통에서 적용되고 있다.(그림 12.1(b))

④ **수집형모선** : 일정지역에 분산되어 있는 다수의 소규모 소수력 또는 풍력, 태양광 전원 등을 전력계통에 연계하는데 이용되고 있는 형태이다.(그림 1.1(d))

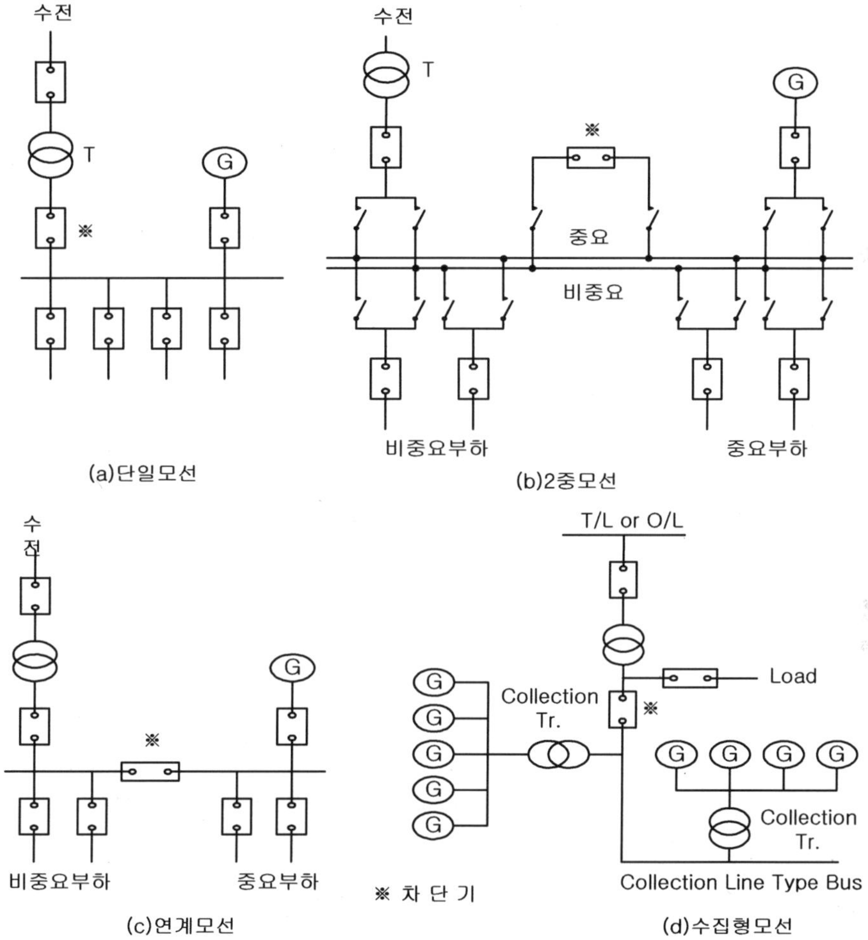

그림 12.1 소용량 발전기 모선 구성도

2) 연계계통의 구성

독립된 발전계통과 전력회사 간을 연결시키는 연계계통의 구성을 연계선로, 계통, 설비, 연결형태에 따라 구분하여 볼 수 있으며 그 내용은 표 12.1과 같다.

선진해외 계통에서는 주로 구성도 B, C, G와 같은 신뢰성이 높은 구성을 채택하고 있으며, 일본 계통에서는 비교적 단순한 A, F, I와 같은 형으로 구성된 경향을 볼 수 있다.

표 12.1 연계 계통의 구성

<table>
<tr><th colspan="4">분류 및 구성</th><th>계 통 구성도</th><th>적용실태</th></tr>
<tr><td rowspan="3">연계선로 에 의한 분류</td><td colspan="3">단일선로연계</td><td>A, E, F, H</td><td>일반적인 수용가 계통 및 풍력, 연료전지 등의 연계</td></tr>
<tr><td rowspan="2">다중 선로 연계</td><td colspan="2">동일계통</td><td>B, G</td><td>중요 부하가 있는 대용량 전원 연계</td></tr>
<tr><td colspan="2">다른 계통</td><td>C</td><td>공급신뢰도가 비교적 높은 전력을 요구하는 수용가 전원과의 연계</td></tr>
<tr><td rowspan="3">연계계통 에 의한 분류</td><td colspan="3">단일계통</td><td>A, B, C, F, G, H</td><td>일반적인 수용가 계통 및 태양광. 풍력발전기 연계</td></tr>
<tr><td colspan="3">다중계통</td><td>C</td><td>공급신뢰도가 비교적 높은 전력을 요구하는 수용가 전원의 연계</td></tr>
<tr><td colspan="3">계통선택</td><td>D</td><td>양 계통중 어느 한 계통으로는 항상 연계할 수 있도록 하는 연계</td></tr>
<tr><td rowspan="3">연계설비 에 의한 분류</td><td colspan="3">직접연계</td><td>B</td><td>계통전압이 비교적 낮거나 고압</td></tr>
<tr><td colspan="3">변압기를 통한 연계</td><td>B, E 제외한 모두</td><td>계통전압이 낮거나 또는 발전기 용량이 큰 경우 연계</td></tr>
<tr><td colspan="3">AC－DC－AC Link 연계</td><td>E</td><td>DC를 사용하는 부하가 있거나, 직류전원(태양광, 연료전지)의 경우 및 풍력발전기와 같이 항상 동기속도를 유지하기 어려운 발전기의 연계</td></tr>
<tr><td rowspan="4">연결방법 에 의한 분류</td><td colspan="3">단독인출방식</td><td>A∼E</td><td>수용가 부하가 많거나 또는 발전기 송전량이 많은 경우 연계</td></tr>
<tr><td rowspan="3">분기 식</td><td rowspan="2">“T” 분기식</td><td>수지상 계통</td><td>F</td><td>중소규모의 부하를 갖는 수용가 및 변전소에서 원거리에 있는 소수력, 풍력발전기 연계</td></tr>
<tr><td>타연계 계통</td><td>H</td><td>특고압이상의 전선로가 발전소에서 근거리에 있는 경우 또는 대용량 수용가 발전기 연계</td></tr>
<tr><td colspan="2">“π” 분기식</td><td>G</td><td>대용량 수용가로써 공급신뢰도가 높은 전력을 요구하는 수용가 연계</td></tr>
</table>

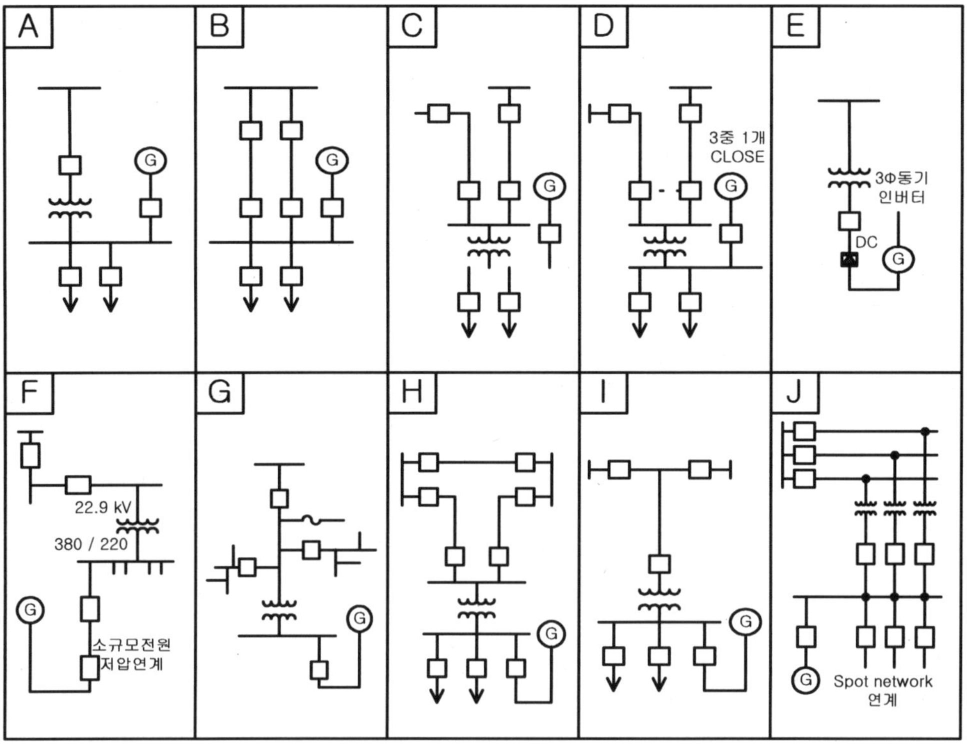

그림 12.2 연계계통의 구성도

12.2 연계운전시 제 이상현상

신 에너지 전원을 전력회사계통과 병렬 연계운전하는 경우 야기될 수 있는 사항들로는 ⓐ 병렬시키는 선로의 선정 ⓑ 전압변동의 영향 ⓒ 유도발전기(Induction Generator) 적용시의 검토사항 ⓓ 동기발전기(Synchronous Generator) 사용 시의 검토사항 ⓔ 보호계전System 등 있으나 여기에서는 주로 소규모 용량(약 1,000 KW 이하)의 분산 전원을 연계시킬 때 검토하여야 할 사항에 대하여 알아본다.

12.2.1 병렬 연계선로의 선정

대략 3,000 KW 이하의 소규모의 발전기의 경우는 배전선에 접속하고 있으며 보다 용량이 큰 경우에는 전용선 또는 일반선의 구분은 충분히 검토한 후 결정하는 것이 바람직하다. 배전선은 불특정 다수의 일반 수용가에게 안정된 전력을 지속적으로 공급해야 하는 책무를 가지고 있을 뿐 아니라, 경우에 따라 배전선의 루트확보가 쉽지 않기 때문에 발전기를 배전선에 병렬시킬 때는 배전망의 공급력, 운용면의 융통성을 손상시키지 않도록 충분히 고려해야 한다. 이런 점에서 볼 때 일반 배전선에 발전기를 병렬연계시킬 때에는 배전선에 연결된 다른 수용가에 영향을 미치지 않도록 개별적으로 연계운전 가능 여부를 검토하는 것이 필요하다.

12.2.2 전압변동의 영향

배전선에 분산전원(소수력, 풍력, 태양광 발전 등)을 연계하는 경우는, 발전기의 운전정지, 원동기 또는 변환기로 공급되는 에너지의 증감에 따른 출력변동에 따라 배전선의 전압변동이 발생하기 때문에 이러한 현상을 파악하여 적정한 전압을 유지시키기 위해서는 아래와 같은 검토가 필요하다.

1) 발전기의 병·해열 시 배전선 주상변압기의 전압검토

배전선의 주상변압기는 고정 탭(Tap)을 사용하고 있기 때문에 병렬시키는 발전기의 용량이나 접속지점에 따라 발전기가 병렬 또는 해열시키는 경우 그 전압이 변동할 수 있다. 따라서 동일 탭에서 적정한 전압이 보증되는지 여부를 검토함이 필요하다. 여기서 적정한 전압은 전기사업법 시행규칙에 명시되는 내용을 말하며 다음 표 12.2와 같다.

표 12.2 전기사업자의 전압 유지범위

표 준 전 압	유지 범위	비 고
110 V	± 6 V이내	
220 V	± 13 V이내	
380 V	± 38 V이내	

2) 전압보상장치가 있는 경우

발전기가 연계되어 있는 배전선의 도중에 전압보상장치가 설치되어 있는 경우는 역조류시에 전압제어현상에 관하여 개별적으로 검토가 필요하다.

12.2.3. 유도발전기 사용 시의 특성

유도발전기의 계통투입시의 문제되는 사항으로는 자기여자현상, 역률 저하, 계통투입 시 돌입전류에 의한 전압강하 등이 있으나 자기여자현상에 대해서는 별도로 취급하기로 한다.

1) 계통병입시 돌입전류에 의한 전압강하현상

유도전동기를 기동 시에는 자기회로의 에너지 평형을 위하여 계통으로부터 순간적으로 많은 전력을 취하며 아울러, 회전체를 가속시키는데 필요한 전력도 취하게 된다. 유도발전기의 경우는 전동기와 같이 전자의 전력을 취하게 되며 이것은 무효전력이 대부분이며 여자회로를 통하여 흐른다. 그러나 유도발전기를 원동기(수차, 풍차, Steam Turbine 등)로 가속시켜 동기속도 부근에서 투입하는 경우는 잘못 되는 경우가 아니면 일반적으로 발생되지 않는다. 이와 같은 돌입 전류는 발전기 및 연계선로 임피던스 등의 조건에 따라 다르며 대개 정격전류의 6~10배 정도의 무효분이 일시적 (0.1~0.3 sec)으로 흘러 전압강하를 일으킨다. 따라서 종합적으로는 유도전동기의 경우와 유사하지만 유도발전기에서는 돌입전류의 크기는 비슷하나 지속시간이 아래 표 12.3에 나타난 것과 같이 전동기에 비하여 짧다.

표 12.3 유도전동기 대 발전기의 기동 시 돌입전류 특성(예)

	돌입전류 크기 (정격전류의 배수)	지 속 시 간
유도전동기 (직접기동)	6~10배	수~십수 (sec)
유도발전기	6~10배	0.1~0.3 (sec) 수~십수 (HZ)

유도발전기의 돌입전류는 다음과 같은 식으로 주어지며 계산 예를 그림으로 나타내보면 그림 12.3과 같다.

$$i = i_{acs} Sin(w_t + \epsilon) + i_{act} \cdot \ e - \frac{t}{T_i} \cdot Sin(wt + \epsilon') + i_{dct} \cdot e - \frac{t}{T_i} Sin\, \epsilon''$$

여기서 i_{acs} : 정상 교류분

i_{act} : 과도 교류분

i_{dct} : 과도 직류분

T_i : 시정수$(= \dfrac{X_1 + X_2'}{2\pi f r_2'})$

X_1 : 일차 누설리액턴스 X_2' : 이차 누설리액턴스(일차환산치)

r_2' : 이차저항(일차환산치)

ϵ, ϵ', ϵ'' : 위상차

첫째항 전류는 스립(Slip)의 크기에 따라 결정되는 정상전류로서, 병입 시의 속도가 동기속도가 아니면 즉, 스립이 "0"이 아닌 다른 상태에서 투입되는 경우는 속도가 가속 또는 감속해서 동기속도로 가까이 될 때 까지 흐르게 된다.

둘째항 전류는 과도전류의 교류분을 표시하며, 첫째 및 둘째항의 합의 최대치는 회전자를 구속하였을 때의 전류와 동일하다.

셋째항은 과도전류의 직류분을 표시하며, 그 최대치는 구속전류와 같다.

이러한 돌입전류에 의한 전압강하는 다음과 같은 식으로 구하고 있다.

정격전압을 V, 돌입전류를 Is라하고, 전원 병렬연계 투입점에서 본 계통측 등가 리액턴스(100MVA기준)을 %X라하며 연결점에서 계통측으로 본 3상 단락용량을 Q'라 하면 발전기 병렬투입시의 무효전력 Q 는

$$Q = \sqrt{3}\ V \cdot Is \quad [MVAR]$$

이 되고 이때 전압강하는 %V는 $\%V = \%X \cdot \dfrac{Q}{100}[\%]$, $[\%V = \dfrac{Q}{Q'} \times 100]$ 이므로 전압강하분은 $\Delta V = \%V \times V$ 이 된다.

그런데, 이러한 전압강하는 어떤 지점에서 정격의 몇%까지 허용 할 것인가에 따라 유도발전기의 설치용량과 지점이 결정될 수 있겠지만 대체로 다른 수용가에의 아래와 같은 영향을 미치지 않는 범위에서 결정해야 한다.

ⓐ 부족전압계전기(27)의 동작
ⓑ 전자개패기(Magnetic Switch)의 개방
ⓒ 전압변동에 민감한 수용가 기기에의 영향

여기서 전자개패기의 개방전압은 정격의 85%, 부족전압 계전기(27)의 동작은 정격의 80%등으로 운용되고 있는 것이 일반이지만, 어떤 외국의 경우 돌입전류에 의한 배전선의 전압강하 한도를 정격의 10% 이내로 보기도 한다.

이러한 돌입전류에 대한 대책으로는

ⓐ 유도발전기의 설치지점과 대수 및 단위용량을 적절히 선택해야 되며
ⓑ 동기속도에 가까운 상태에서 계통병입을 시키고
ⓒ 리액터(Reactor)의 설치(발전기의 계통병입지점)
ⓓ 발전기의 분할기동

등이 추천되고 있다.

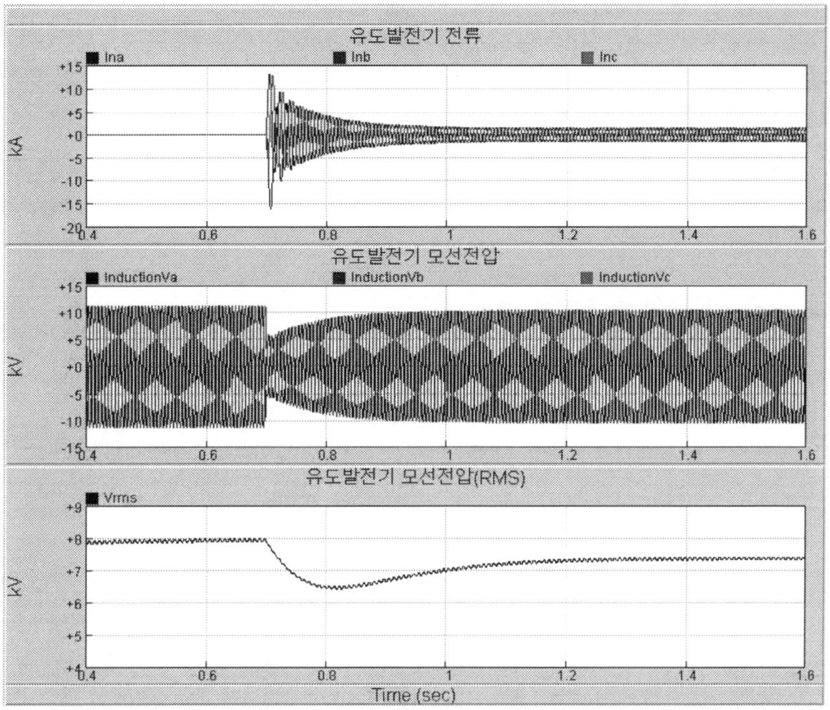

(380 kW유도발전기를 22.9 kV계통에 투입 시 PSCAD/EMTDC 이용모의)

그림 12.3 유도발전기 계통투입시 돌입전류 및 모선전압

유도발전기를 계통에 투입하는 경우 돌입전류에 의해 계통보호용 과전류계전기(50/51)나 전압강하에 의해 저전압계전기(27)가 동작할 우려가 있다. 따라서 저전압계전기(27)의 설정시 이를 충분히 고려하여 정정하거나 유도발전기의 설치용량도 고려하여야 한다.

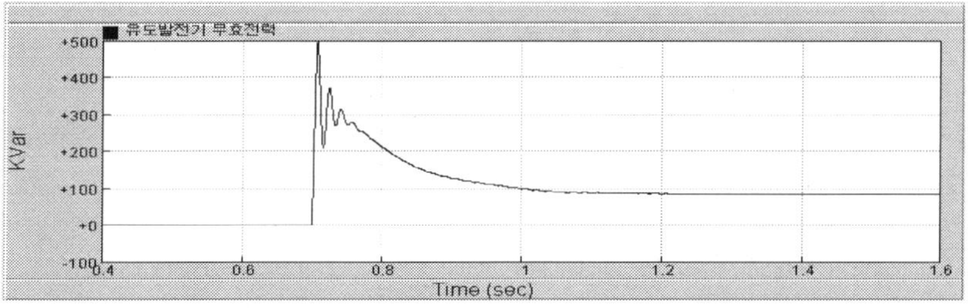

그림 12.4 유도발전기 계통투입시 무효전력의 변화

2) 유도발전기의 역률개선

유도발전기를 계통에 병렬하는 경우는, 유도발전기가 계통으로부터 무효전력을 공급받아야 하기 때문에 계통의 역률이 떨어지게 된다. 그 정도는 계통의 크기, 발전기의 정격출력, 역률 등에 따라 다르겠지만, 일반적으로 이에 대한 대책으로 역률개선용 병렬콘덴서를 삽입한다. 이때 설치하는 역률개선용 콘덴서의 용량은, 유도발전기의 역률이 대체로 70~80%정도 이므로 평균운전출력 시에 역률 100%를 유지하는 것을 목표로 해서 결정하면 될 것이다.

3) 유도발전기 자기여자현상과 보호대책

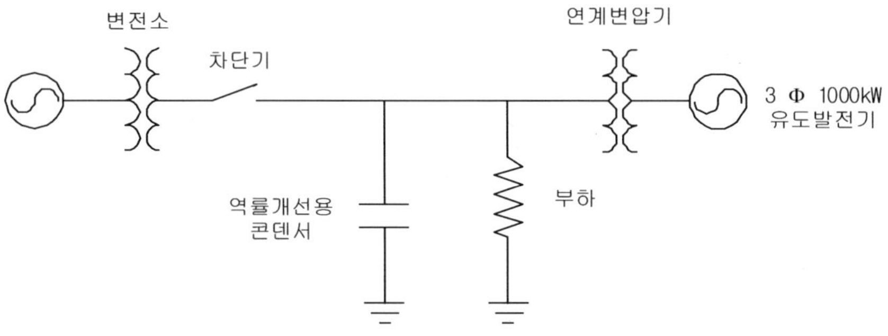

그림 12.5 유도발전기의 자기여자 현상

유도발전기는 계통으로부터 지상무효전력을 공급받아 여자를 하게 되는데 운전 중 계통으로부터 분리되어도 병열로 연결된 콘덴서용량과 발전기의 특성, 부하와 출력이 평형되는 경우에는 콘덴서로부터 나오는 지전류(콘덴서로 흘러들어가는 전류는 진전류)가 유도발전기에 흘러 여자시키므로 소위 말하는 자기여자현상이 발생되어 때에 따라서는 고전압상태로 발전이 계속되어 연결된 전기기기의 손상을 초래하여 안전성의 문제가 발생될 수 있다.

이 원인은 유도발전기의 콘덴서 또는 Cable 선로의 정전용량 등이 총합되어 발전기의 여자특성과 평형되기 때문이다. 이에 대한 일차적인 대책으로는 발전기 역률개선용 콘덴서를 발전기용 차단기의 계통측에 설치하여 선로정지시는 자동적으로 발전기를 해열하는 장치를 부설하는 것이며, 보호계전방식 상의 대책으로는 과전압계전기(59)를 설치한다.(정격전압의 110%에 정정) 그림 12.6은 계통에 연계되어 운전중인 유도발전기를 0.7초에 계통에서 분리 하는 경우 시뮬레이션 결과이다.

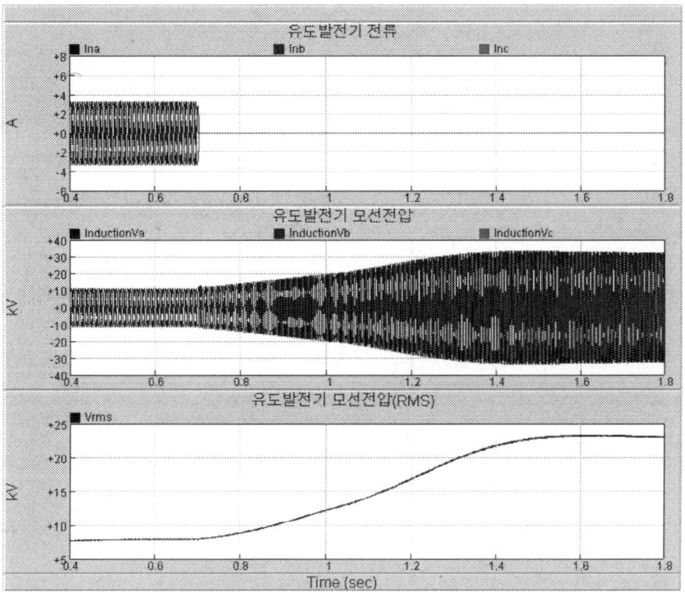

그림 12.6 유도발전기를 분리하는 경우 자기여자현상

이러한 유도발전기의 자기여자현상은 상위 리크로저가 재폐로를 시도한다면 배전선과 전력기기에 위험한 손상을 입힌다. 일반적으로 연계된 회전기타입의 발전기의 출력은 분리순간에 부하와 정확하게 일치하지는 않기 때문에 발전기의 회전속도와 전압에 변화가 나타나 주파수계전기가 동작하여 이러한 위험으로부터 배전계통의 기기를 보호할 수 있다. 그러나 몇몇의 경우에는 부하와 발전기의 출력이 평형이 되어 주파수와 전압에 변화가 나타나지 않을 수도 있다. 그러므로 전력회사의 차단기들과 연계된 발전기 측 사이에 통신채널을 갖는 계전방식이 필요하다.

12.2.4 동기발전기 사용 시 특성

1) 부제동현상

동기발전기를 배전계통에 병렬시키는 경우에 계통정수의 조건에 따라 제동효과가 감쇄하여 발전기가 안정한 출력을 유지하지 못하고 난조상태로 빠지게 되는 경우가 발생된다. 이러한 상태를 부제동현상이라 한다. 발전기가 선로를 통해서 무한대모선 연결된 경우 그 운동방정식은 아래와 같은 식으로 나타낼 수 있다.

$$Mg\frac{dWg}{d_t} + D_g W_g = P_T - P_g$$

가속도항 제동항 발전기입력과 출력의 변화

여기서 Mg : 발전기 가속도정수 (회전자의 관성모멘트)
Dg : 발전기 제동계수, Wg : 발전기 회전속도
PT, Pg : 발전기의 입·출력

위 식에서 둘째항인 제동항은 전기적 제동과 기계적 제동항으로 나눌수 있지만, 그 대부분이 전기적 제동이라고 할 수 있다. 이 값은 제동권선이 없는 발전기에서는 다음과 같은 식으로 표시할수 있다.

$$D_g = K(X\tan\delta - R)$$

여기서 K : 비례계수(발전기 내부전압에 비례)
X : 발전기 리액턴스 + 선로 리액턴스
R : 발전기저항 + 선로저항, δ : 발전기 내부와 무한대모선의 상차각

이 제동계수 D_g가 부(−)가 되면 위의 운동방정식의 해는 진동발산 하게 되어 난조상태로 된다. 특히 제동권선이 없는 발전기가 배전선에 연결될 때 잘 발생될 수 있기 때문에 연계 배전선에 직접부하가 있는 경우는 위의 식 중($X\tan\delta - R$)에서 R분이 크게 되지 않도록 주의해야 한다. 즉 부하가 많이 걸린 배전선에는 가능한 연계시키지 않는 것이 안정 운전상 유리해진다.

① 부제동현상 방지 대책방안

이러한 현상은 각 경우마다 개별적으로 검토하여 대책을 강구해야겠지만 일반적으로 다음과 같은 방법들이 방지대책으로 제시된다.

ⓐ 연계선로의 저항을 감소시키던지 또는 리액턴스를 증가시켜 ($X\tan\delta - R$)의 값을 항상 (+)로 유지토록 한다. 이때 리액턴스가 증가되면 δ의 증가에도 효과를 줄 수 있게 된다.
ⓑ 발전기 출력을 증가시켜 제동 회전력이 정의 출력 이상에서 운전되게 한다.
ⓒ ($X\tan\delta - R$)가 부(−)가 되는 경우는 발전기 내부전압을 감소시켜 비례계수가 부가 되도록 한다.
ⓓ 발전기에 제동권선을 취부 시동시의 동요를 저감시키는 방안을 선택한다.

② 동기발전기의 부제동 현상과 보호계전기의 응동

부제동현상 발생 시 보호계전기에 미치는 영향은 조류변동에 의한 전력방향계전기(32P 또는 32Q)의 오동작, 주파수 변동에 의한 과/저주파수계전기(81)의 오부동작이 발생될 수 있게 되며, 대책으로서는 이들 계전기의 동작속도를 약간씩 길게 하거나, 한시계전기를 부설하여 시간을 지연시켜 동작시키는 방법이 있다. 보다 적극적인 방안으로서는 이러한 난조현상을 검출하는 탈조검출저지계전기(68)를 추가로 설치하여 이 계전기가 동작하면 앞서 말한 32P, 32Q 및 81계전기들이 동작되어도 차단기는 동작되지 않도록 저지하는 로직회로를 구성하는 방법이 있다.

2) 동기발전기의 공진현상

연계선로에 1선 지락사고가 발생되어 전력회사 측 차단기가 개방된 상태 하에서 분산전원 측 차단기가 늦게 동작되면 분산전원은 계통과 분리되어 1선지락사고인 채로 남게 되어 그림 12.7과 같이 되고 다시 등가회로는 그림 12.8와 같이 된다.

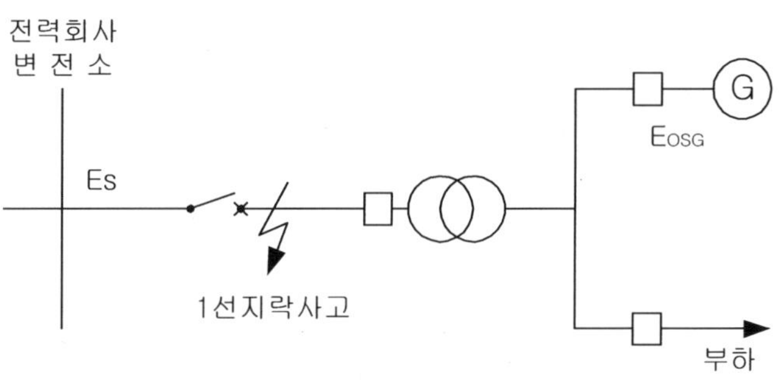

그림 12.7 1선지락 분리된 발전기계통도

이 등가회로에서 일반적인 배전계통의 경우

$$R_1 \ll WL_1\ ,\ \ WL_1 \ll \frac{1}{WC_1},\quad R_2 \ll WL_2\ ,\ \ WL_2 \ll \frac{1}{WC_2}$$

이므로 R_1 ,R_2 를 무시하고 다시 발전계통만을 간이등가화하면 그림 12.9와 같이 되며, W0, K1, K2 조건에 따라 공진현상이 일어나 대단히 위험한 정도의 고전압을 발생시켜 설비피해를 초래할 수 있다.

대개 선로 캐패시터 부하가 발전용량과 비슷하거나 적을 때 정격전압의 수배에 이르는 과전압이 발생되며, 이러한 과전압에 대한보호는 피뢰기로써 할 수 있으나 일시적이며, 피뢰기 자체의 열용량 한계가 초과하면 파괴되어 문제로 된다. 따라서 가능한 한 사고를 신속히 검출하여 발전기를 분리시키거나, 전력회사 측 차단기(또는 개폐기구)가 개방되면 즉시 발전기용 차단기가 개방되도록 전송차단시스템을 구비하여야 한다.

$$\text{W0 (공진주파수[Rad])} = \sqrt{\frac{1}{(K_1 + K_2 L_2) C_0}}$$

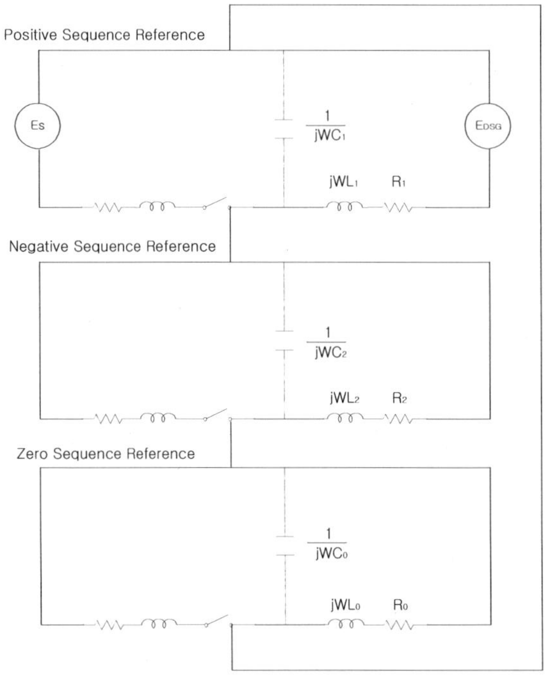

그림 12.8 분리된 발전계통 등가회로도

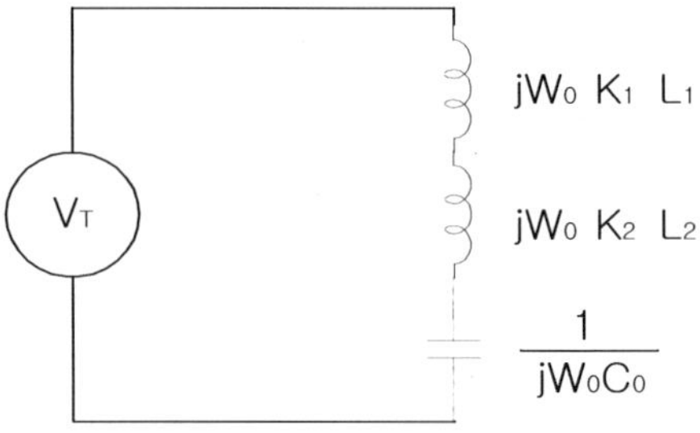

$$K_1 = \frac{1}{1 - W_0{}^2 L_1 C_1}$$

$$K_2 = \frac{1}{1 - W_0{}^2 L_2 C_2}$$

그림 12.9 간이 등가회로

12.2.5 연계선의 재투입 시 현상

1) 동기발전기 연계계통

동기가 맞는 상태 하에서의 재투입은 아무런 이상이 없게 되나, 양단 전압의 크기 및 위상차가 각각 ±10%, ±25° 이상이 되면 발전기의 기계적인 축이나 커플링에 손상을 초래할 수 있다. 전기적인 영향으로는 전압강하와 계통 동요에 의한 주파수 변동을 일으켜 동기 탈조현상으로 발전될 수 있다.

2) 유도발전기 연계계통

유도발전기에서는 자체의 여자력이 없으나, 계통분리 순간에는 과도적 잔류전압이 발생되어 이 전압의 크기와 위상에 따라 동기기에서와 같은 문제가 발생 할 수 있다. 그러나 실제로는 대부분 경우 잔류전압이 신속히 감쇄되어 문제로 되지 않으나 때에 따라 위험을 초래하는 겨웅도 있을 수 있으며 경험적으로 나타난 것은 재투입시 기계적 손상을 주지 않는 유도발전기의 잔류전압의 크기는 적어도 정격전압의 25% 이하로 되어야 하는 것으로 알려져 있다.

여기서 일반적인 유도발전기의 잔류전압의 크기를 보면 다음식과 같다.

$$E_t = E \cdot e^{t/T_f}$$

여기서 $$T_f = \left(\frac{X_m + X_r}{\omega r_r}\right) \cdot \frac{(R_s + R_f)^2 + (X_f + X')^2}{(r_s + R_f)^2 + (X_f + X')(X_f + X_m + X_s)}$$

$$X' = X_s + \left(\frac{X_r \cdot X_m}{X_r + X_m}\right)$$

E : 고장 발생 전 유도발전기 단자 전압

X_s : 전기자 리액턴스, X_m : 여자리액턴스, X_r : 회전자리액턴스

ω : 각속도 r_s : 전기자 저항, r_r : 회전자 저항

R_f : 저항

X_f : 유도발전기 단자에서 고장점으로 본 리액턴스

구체적인 기술 검토 시에 위식을 유효하게 이용 할 수 있으며, 보통 재폐로시간을 1~2 sec 이상으로 하면 단자전압이 25%이하로 저하되어 안전을 기할 수 있다. 그러나 사고 없이 분리된 경우 역율을 1.0으로 보상하는 정도의 전력용콘덴서가 연결되어 있으면 25% 전압을 유지하면서 약 1/2부하를 유지 할 수 있는 것으로 나타나고 있어 분리된 경우 부하의 레벨과 전력용 콘덴서 설비용량을 고려한 세부적인 검토가 필요하다.

12.2.6 역변환 장치를 통한 연계시 특성

태양광 발전, 연료전지 같은 DC전원출력 또는 동기기의 AC출력을 DC로 변환 한 것을 상용전력계통에 주파수의 AC계통과 연계하는 장치로서 인버터를 이용하며 이것을 역변환장치 즉 인버터(Inverter)라고 한다. 인버터장치는 운전방식에 따라 전압원 또는 전류원으로 볼수 있으며 연계시 나타나는 외부적인 사항으로는 장치내부에서의 이상 등에 의하여 DC−AC 간의 혼촉현상이 발생될 수 있는 점이다. 이렇게 될 경우 DC전류가 AC회로에 유입되면 연결전력회로의 변압기에 흘러 철심을 포화시켜 변압기 여자인덕턴스를

급격히 감소되어 많은 무효전력을 소비하는 마치 단락회로와 같은 현상으로 과전류와 심한 전압강하를 초래할 수 있다.

따라서 혼촉이 발생되어도 DC전류가 흐를 수 없도록 절연변압기를 삽입하거나 DC전류를 검출하여 회로를 차단시키거나 또는 인버터 장치에서 혼촉을 검출하여 작동을 멈추는 등의 대책이 필요하다.

또한, 연계계통의 자동 재폐로에 관한 특성은 인버터의 여자방식에 따라 다르다. 즉 자여자방식(Self Commutated)인 경우는 앞의 동기발전기에서와 동일한 현상을 일으키나, 타여자식(Line Commutaded)인 경우는 연계선로의 전압이 저하되면 인버터가 정지되고 다시 1 Hz이내라고 전압의 크기와 파형은 연계선측의 AC전압의 변황에 따라 자동적으로 변하므로 원리상 비동기 될 가능성은 없게 되어 연계 배전계통의 자동패폐로에 대하여는 문제가 없게 된다.

12.3 연계계통 보호를 위한 고려사항

12.3.1 연계보호장치의 설치 목적 및 구비요건

1) 설치목적

분산형 전원을 설치하여 타 전력계통에 연계하여 운전하는 경우에는 분산형 전원설비 자체 또는 연계선로계통에 이상현상이나 고장이 발생 시에는 이를 검출하여 적절한 보호제어를 함으로써 관련설비의 피해를 억제시키고, 사고의 파급 확대를 방지하기 위하여 다음과 같은 사항이 고려된 보호장치를 설치하여야 한다.

2) 구비요건

- 분산형 전원설비의 고장에 대해서는 그 영향을 연계계통으로 파급시키지 않도록 전원설비를 전력계통으로부터 분리할 수 있을 것.
- 연계선로의 고장에 대해서는 상위 전력계통 및 분산형 전원설비로 부터 고장전류의 유입을 차단하여 연계선로를 보호 할 수 있을 것.
- 상위 전력계통이나 연계선로계통의 사고, 작업등에 의해 분산형 전원이 전력계통으로부터 연계 분리된 경우에는 계통일반 사용자를 포함한 어떠한 부분 계통에 있어서도 단독운전에 의한 피해를 방지하기 위하여 역조류가 있는 연계시와 역조류가 없는 연계시를 구별하여 검출·보호 할 수 있어야 하며, 또한 역충전의 상태로 되었을 때에도 그것을 신속하고 확실하게 검출하여 계통으로부터 분리 할 수 있을 것

- 연계선로계통 사고시 계통의 자동복구를 위하여 자동 재폐로를 시행하는 경우 에는 분산형 전원설비가 확실히 연계되어 있지 않은 조건임을 확인할 수 있을 것. 다만 자동 재폐로를 시행하여도 영향이 없거나 경미한 경우에는 그렇하지 않다.
- 연계선로계통 이외의 사고시와 계통의 루프 절체 등에 의한 전력계통측의 순시 전압강하 등에 대하해서는 분산형 전원이 자동으로 분리되지 않고 계속 운전되어야 하며, 또는 자동 복귀 할 수 있을 것.
- 분산전원의 계통연계로 인하여 신설 또는 추가되는 보호장치는 기존의 계통의 보호장치와 동작협조를 이루어야 할 것.
- 연계선로계통 및 분산형 전원의 보호에 사용되는 각종 보호계전기는 연계계통 및 전력회사 측의 일시적인 동요 및 과도현상에 의해 오동작을 일으키지 않는 특성을 가질 것.

이상의 기본사항을 고려하여 각종의 보호계전기 또는 그와 동등 이상의 기능을 갖는 보호장치들을 선택 설치하여야 한다.

12.3.2 연계계통의 고장종류와 보호의 개요

1) 발전기 고장과 보호

분산형 전원의 발전설비에 고장이나 이상 현상이 발생하는 경우 그 영향이 연계계통으로 파급되어 나쁜 영향을 줄 우려가 있는 경우에는 발전설비를 즉시 전력계통으로부터 분리 보호하여야 한다.

2) 연계선로계통의 고장과 보호

분산형 전원을 기존의 전력계통에 연계를 이루어 주는 선로 또는 설비(이하 "연계설비"라 함)에 고장이 발생되었을 때에는 기존 전력계통측에서 유입되는 고장전류를 차단함은 물론, 분산형 전원측에서 유입되는 고장전류도 차단할 수 있도록 보호계전장치를 시설하여야 한다.

3) 단독운전 또는 역 충전방지 보호

① 단독운전 방지의 필요성

어떤 원인으로 연계선로가 차단되거나 조작됨으로 인하여 분산전원과 계통전원과의 연계가 분리되는 경우 분산 전원측이 일부부하와 함께 단독계통을 이루어 운전(이하 "단독운전"이라 함)될 때에는 다음과 같은 문제점이 있어 신속히 검출 제거되어야 한다.

ⓐ 단독운전계통의 전압이 허용전압 범위를 넘어 설비에 피해를 줄 수 있음.
ⓑ 단독운전계통의 주파수가 허용치를 초과해 설비에 나쁜 영향을 줄 우려 있음.
ⓒ 선로 보수작업원이 착오를 일으킬 수 있어 감전사고 발생 우려가 있음.
ⓓ 단독운전이 지속되면 연계선로의 복구조작 지연으로 불안정 상태가 지속.
ⓔ 계통측으로부터 비동기 재투입 되면 분산전원측에 피해가 발생될 수 있음.

② 역 충전 방지 보호의 필요성

연계가 분리된 상태에서 분산전원이 기동되어 운전되거나, 상기 ①과 같이 분리된 분산전원이 별다른 문제없이 운전이 지속되어 연계선이 역으로 충전된 경우(이하 "역 충전"이라 함)에도 단독운전과 동일한 문제점이 있어 이러한 운전을 방지 할 수 있는 장치를 구비하여야 한다.

③ 예외의 경우

그러나 일반적으로 단독운전이 지속될 우려가 없는 경우로서 다음의 경우에는 이를 생략 할 수 있다.

ⓐ 단독으로 되는 계통의 부하의 평소 수준이 분산전원의 정격출력보다 현저히 커서 단독운전으로 지속될 우려가 없는 경우.
ⓑ 단독운전 되어도 자체 설비부하 이외의 다른 일반전기설비 부하가 없거나 상기 ①항 ⓐ~ⓓ의 우려가 없는 경우.

4) 비동기 투입방지 보호

① 비동기 투입방지의 필요성

일반적으로 고압이상의 가공배전선로는 전력의 공급신뢰도를 향상시키기 위하여 고장제거 후 선로를 자동재폐로 하거나. 수동으로 강제 투입하여 자동복구를 시도(이하 "재폐로"라 함)한다. 이와 같이 재폐로를 시행하는 연계선로에서 분산전원의 발전설비나 연계장치가 동기성을 가지는 경우에는 그 설비가 재폐로 하기 전에 분리되어 있어야 한다. 그렇지 않으면 비동기 투입에 의하여 분산전원 측에 과대한 기계, 전기적 충격 피해가 발생 될 수 있기 때문에 비동기 투입이 방지되어야 한다.

② 방지보호대책 및 예외

ⓐ 분산전원이 비동기 상태에서 재폐로되는 경우 전원설비 또는 연계설비에 심각한 영

향이 예상되는 경우에는 다음 중 1개 이상의 비동기 투입방지보호가 필요하다.

· 재폐로 이전에 비동기 전원설비가 차단·분리되도록 한다.
· 자동재폐로의 가장 짧은 무전압시간(22.9 kV배전선의 경우 0.5초)이내에 분산전원이 자동분리 될 수 있는 장치를 설치하거나, 연계선로 자동재폐로 무전압 시간을 더 길게 하여 재폐로 이전에 분산전원이 자동분리 될 수 있는 여유를 충분하게 하여 준다.
· 계통측 변전소 차단기 개방 시 전송차단방식으로 분산전원을 차단·분리시킨다.
· 고성능 동기검출기를 설치하여 동기상태에서만 재폐로를 허용한다.
· 재폐로를 하지 않는 전용선로(지중선, 케이블선 등)를 건설하여 연계한다.

ⓑ 분산형전원이 자동재폐로에 영향을 받지 않는 비 동기성 전원(유도발전기, 역변환 장치로 연계되는 태양전지, 연료전지 등과 같은 전원)이거나, 분산형 전원의 규모가 작아 비동기 투입되어도 발전기에 전기,기계적인 충격이 경미하다고 인정되는 경우 즉, 분산전원설비가 법에서 규정하는 일반전기설비로 분류되는 소용량 (풍력 20kW미만, 수력 또는내연력 10kW미만)인 경우에는 예외로 할 수 있다.

5) 외부계통의 순간 영향에 의한 자동분리 방지

연계선로계통이나 분산전원 이외에서의 사고시 또는 계통의 루프 절체 등에 의한 전력계통의 순간적인 동요에 대하여 분산형 전원설비가 자동 차단 및 분리되지 않고 계속운전 할 수 있어야 하며, 만일 이와 같은 원인에 의하여 분리된 경우에도 자동 복귀할 수 있는 시스템을 갖출 것.

6) 연계보호장치의 설치위치

연계보호장치는 단독운전검출기능의 일부로서 역변환장치의 제어계에 부과하는 기능(주파수 쉬프트특성, 출력변환특성 등)을 제외하고는 역변환장치와 별도로 설치하는 것을 원칙으로 한다. 단, 기능 · 성능 · 정기점검 등의 조건이 만족되는 경우에는 역변환장치에 내장되는 보호기능을 이용하여도 무방하다.

12.3.3 단독운전 방지 보호대책

단독운전 방지 보호에 대하여는 분산전원연계에 관한 보호분야에서 고유하게 발생되는 문제인 한편 검출 방법이 비교적 복잡하여 자세한 고려가 필요하다. 단독운전 방지보호는 평상시 분산전원으로부터 전력계통 쪽으로 전력이 흐를 수 있도록 되어있는 경우(이하 "역조류가 있는 경우"라 함)와 그렇지 않은 경우에 따라 보호대책이 다르다.

1) 평상시 역조류가 있는 연계선로의 경우

① 기본적 방지보호대책

단독운전되는 분리계통내의 발전출력과 부하의 불평형에 따라 나타나는 전압, 주파수의 저하 또는 상승에 대하여 그들의 크기를 검출하여 단독운전을 방지하는 방식이다. 이 방식은 발전력과 부하의 크기에 불평형이 적거나 없으면 검출이 불가능해지는 문제점이 있다. 그러나 이 방식은 불평형이 있는 한 확실한 검출방법으로서 기본적으로 적용하여야 하는 방식으로서 다음의 계전기들이 필요하다.

ⓐ 저전압계전기(UVR : 27), 저주파수계전기(UFR : 81U)

단독운전 계통내의 분산전원 발전출력과 부하의 크기에서 무효전력이 평형되고 부하의 유효전력 수요가 발전출력보다 큰 경우에는 분리개소의 전압 및 주파수가 저하하며, 유효전력이 평형되고, 부하역률이 발전출력의 역률보다 앞서있는 경우는 단독운전계통의 주파수가 저하하게 되므로 이것을 검출하여 차단하기 위해서 저전압계전기(UVR : 27) 및 저주파수계전기(UFR : 81U)을 설치한다.

ⓑ 과전압계전기(OVR: 59), 과주파수계전기(OFR: 81O)

단독운전 계통 내의 분산전원 발전출력과 부하의 크기에서, 무효전력이 평형되고 부하의 유효전력수요가 발생출력보다 작은 경우에는 단독운전계통의 전압 및 주파수가 상승하며, 유효전력이 평형되어 있고 부하역률이 발전출력의 역률보다 뒤져있는 경우는 단독운전계통의 주파수가 상승하게 되므로 이를 검출하여 차단하기 위해 과전압계전기(OVR : 59) 및 과주파수계전기(OFR : 81O)를 설치한다.

② 보완적인 방지보호대책

위에서 기술한 전압계전기와 주파수계전기로는 전력불평형이 있는 단독운전의 경우에 유효하게 검출 할 수 있으나, 분산형 전원의 출력과 부하의 소비전력이 어느 정도 이상 평형된 경우에는 계통의 전압, 주파수의 변화가 작아 이들 계전기만으로는 검출이 불가능하므로 또 다른 검출기능을 구비하여야 한다. 그러나 단독운전 검출기능은 현재의 기술수준에서는 완벽한 방식이 없는 실정으로서 다음에 기술하는 보완적 방식중 수동적 방식과 능동적 방식을 상호 보완적으로 조합 적용하여 단독운전 검출의 유효성을 높이는 것이 좋다.

ⓐ 수동적 방식

수동적 방식은 단독운전시의 전압이상 및 주파수 등의 급변을 검출하는 방식이다. 일반적으로 신속성은 우수하지만 불감대 영역이 있는 점과 평상시 급격한 부하변동 등에 의하여 오동작을 일으킬 수 있는 단점이 있다.

i) 전압위상 급변 검출방식

연계운전 상태에서 단독운전으로 이행 시에 발전 출력과 부하의 불평형에 의한 전압위상의 급변을 검출하는 방식이며, 기본적인 검출계전기인 저전압계전기(UVR : 27), 저주파수계전기(UFR : 81U), 과전압계전기(OVR : 59), 과주파수계전기(OFR : 81O)보다 검출감도를 높일 수 있다. 그러나 발전출력과 부하의 유효전력과 무효전력이 완전하게 평형되어 있으면 단독운전을 검출할 수 없는 단점은 그대로 남아 있다.

ii) 주파수 변화율 검출방식

단독운전 이행 시에 발전 출력과 부하의 불평형에 의한 주파수의 급변을 검출하는 방식이며, 전압위상급변 검출방식과 같이 기본적인 방지보호대책 보다 검출 감도를 높일 수 있다. 그러나 대용량의 회전기를 이용한 발전 등의 안정한 전원이 연계되어 있으면 단독운전현상을 검출할 수 없는 문제가 있다.

iii) 3차 고조파 전압 급증검출 방식

연계용 역변환장치에 전류 제어형을 이용하는 경우 단독운전 이행 시에 변압기에 의하여 발생되는 3차 고조파전압의 급증을 검출하는 방식이다. 본 방식은 발전출력과 부하의 평형도에 좌우되지는 않지만 불평형이 없는 3상회로와 전압제어형 역변환장치에서는 적용할 수 없다.

ⓑ 능동적 방식

능동적 방식은 평상시에 인위적이며 주기적으로 역변환장치의 제어계에 변동을 주거나 또는 회로에 강제로 임피던스를 투입하여, 전압과 주파수에 변동을 초래하는 방식이다. 연계운전 시에는 그들의 변화가 경미하나 단독운전 중에는 두드러지게 나타나게 되므로 이들의 변동을 검출하는 방식이다. 이 방식은 원리적으로는 불감대 영역이 없는 점에서 우수하지만, 일반적으로 검출에 시간이 소요되며, 능동적 방식을 채용하는 타 분산전원이 동일계통에 다수 연계되어 있으면 유효하게 동작하지 않을 염려가 있다.

i) 주파수 변동 방식

역변환장치의 내부 발신기 등에 주파수 바이어스(Bias)를 주어 단독운전 시에 나타나는 주파수 변화를 검출하는 방식이다. 동일방식을 채용하는 다수의 분산전원이 동일계통에 다수 연계된 경우에는 단독운전시의 각 발전기의 주파수 변동 방향을 일치시키는 것이 필요하다. 그리고 주파수 바이어스가 너무 크면 동기가 불완전함과 동시에 평상시의 운전 역률을 악화시킬 염려가 있으므로, 평상시는 미소한 주파수 변동을 주고 변동분을 정귀환에 의해 주파수 변동을 증대하는 방법이 효과적이다.

ii) 유효전력 변동방식

발전출력에 주기적인 유효전력변동을 주어 단독운전 이행 시에 나타나는 주기적인 전압변동, 전류변동 또는 주파수변동을 검출하는 방식이다. 동일방식을 채용하는 분산형 전원이 동일 계통에 다수 연계된 경우에는 단독 운전 시에 각 발전기의 유효전력 변동주기 및 변동위상을 일치시키는 것이 필요하다. 그리고 평상시의 유효전력변동을 가능한 한 작게 하여 변동분을 정귀환에 의해 증대시키는 동시에 변동위상을 일치시키는 방법이 효과적이다.

iii) 무효전력 변동방식

발전출력에 주기적인 무효전력변동을 주어 단독운전 시에 나타나는 주기적인 주파수변동 또는 전류변동을 검출하는 방식이다. 또한 동일방식을 채용하는 분산형 전원이 동일 계통에 연계된 경우에는 단독 운전 시에 각 발전기의 무효전력 변동주기, 위상을 일치시키는 것이 필요하다. 그리고 평상시의 무효전력변동을 가능한 한 작게 하여 변동분을 정귀환에 의해 증대시키는 동시에 변동위상을 일치시키는 방법이 효과적이다.

iv) 강제 부하투입 방식

분산전원의 구내 부하회로에 병렬 부하를 투입하여 이때에 발생되는 전압, 전류 또는 전력의 변화를 측정하여 단독운전을 검출하는 방식으로 다음과 같은 검출 방법이 있다. 이때 강제로 투입되는 부하의 임피던스의 크기는 가능한 크게 하고 투입시간은 짧게 하는 것이 바람직하다.

㉮ 전압, 전류변화 검출 방식

그림 12.10에서와 같이 분산전원이 전력계통과 연계된 상태에서는 부하를 투입하여도 전압, 전류 변화가 거의 나타나지 않으나 단독운전 시(S_1이 개방 시)에는 그들의 변화가 크게 나타나므로 단독운전을 식별 할 수 있게 된다. 이 방식은 단독운전 계통의 규모가 작을수록 검출이 용이해진다.

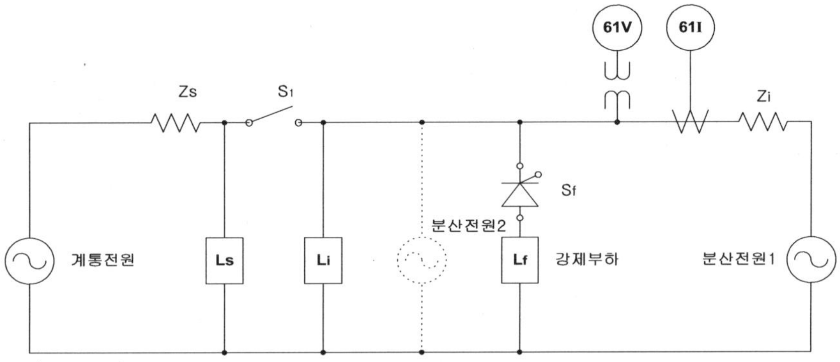

61V : 전압변화율 계전기, Ls : 계통부하, Li : 단독계통부하, Lf : 강제투입부하
61I : 전류변화율 계전기, S1 : 연계선로 개폐기, Sf : 강제투입부하 스위치

그림 12.10 강제부하투입 -전압, 전류변동 검출 방식

㉯ 유입전류변화 검출 방식

그림 12.11에서 알 수 있는 바와 같이 별도로 부착한 부하 L에 유입되는 전류는 정상적인 연계운전시에는 I_s와 I_i 즉, 전력계통측과 분산전원측에서 모두 유입되지만, 단독운전시에는 $I_s=0$ 이 되어 전력계통측으로 부터의 유입이 없고 부하전류는 모두 분산전원으로부터 유입된다. 이와 같은 유입전류의 변화를 검출하여 단독운전을 식별하는 방식이다. 계통으로부터의 유입전류 변화는 강제투입부하의 위치에 따라 다르게 나타날 수 있으며, 과도 시 오동작을 방지하기 위하여 약간의 동작지연을 둔다.

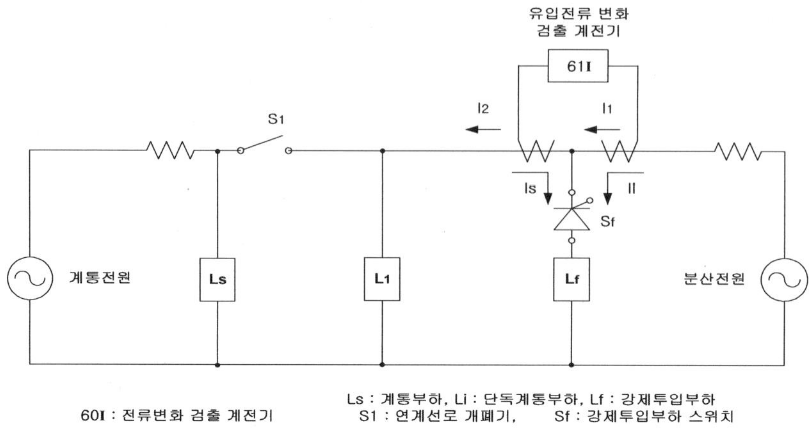

그림 12.11 강제부하투입 -유입전류변화 검출 방식

㉰ 유입전력변화 검출 방식

유입전류변화 검출방식과 같은 원리이나 본 방식에서는 강제부하 투입시 유입되는 전력변화를 검출하여 단독운전을 식별하는 방식으로 검출 신뢰성이 우수하다.

③ 본완적 방식의 검출을 위한 정정기준 (예)

정정 기준은 일률적으로 정하기는 어려우나 일반적으로 표 12.4 및 12.5에 나타낸 값을 참고하여 적용할 수 있다.

표 12.4 수동적 방식의 정정치 (예)

수동적 방식	검출기준 *1	검출시한 *3	유지 시간 *4
전압위상 급변 검출	위상 변화 *2 ±3～±10 도	0.5초이내	5−10초
3차고조파 전압 급증검출	3차 고조파 변화 ±1～±3%	0.5초이내	5−10초
주파수 변화율 검출	주파수 변화 *2 ±0.1～±0.3%	0.5초이내	5−10초

(주) *1. 급격한 부하변동 등에 의한 오동작을 피하기 위해 어느 정도 변화가 지속되는 경우에 한하여 판정하거나 또는 필터를 넣는 등의 연구로서 불필요한 변동신호를 제거할 필요가 있다.

*2. UFR:81U, OFR:81O의 검출레벨의 1/10 을 목표로 한 값임.

*3. 단독운전 발생 시에 게이트 블록 등으로 분산형 전원를 정지시킬 때까지의 시한

*4. 유지시한 동안에는 게이트 블록 등을 지속하여 발전설비가 재 기동 되지 않게 함.

표 12.5 능동적 방식의 정정치(예)

<table>
<tr><th>능동적 방식</th><th colspan="2">변동폭 *1</th><th>검출 대상 *2</th><th>분리 시한 *3</th></tr>
<tr><td>주파수
변동 방식</td><td colspan="2">주파수 bias
정격주파수의 수 %</td><td>주파수이상</td><td>0.5초 이상
1초이내</td></tr>
<tr><td>유효전력
변동방식</td><td colspan="2">유효전력
운전출력의 수 %</td><td>전압, 전류, 주파수 등의 주기
변동분</td><td>0.5초 이상
1초이내</td></tr>
<tr><td>무효전력
변동방식</td><td colspan="2">무효전력
정격출력의 수 %</td><td>전류, 주파수 등의 주기 변동분</td><td>0.5초 이상
1초이내</td></tr>
<tr><td rowspan="3">강제부하
투입방식</td><td>전압,전류
변화검출
방식</td><td rowspan="3">투입저항
정격출력 20 % 상당

투입시간
매 0.3초마다 0.001초 이하</td><td>전압변화 : 8%이상
(수회연속검출)
전류변화 : 70%이하
(수회연속검출)</td><td>0.5초 이상
1초이내</td></tr>
<tr><td>유입전류
변화검출
방식</td><td>계통으로부터의 유입
전류 감소
(평소전류방향 크기에 따라 다름)</td><td>0.5초 이상
1초이내</td></tr>
<tr><td>유입전력
변화검출
방식</td><td>계통으로부터의 유입
전력 감소
(평소전력방향 크기에 따라 다름)</td><td>0.5초 이상
1초이내</td></tr>
</table>

(주) *1. 정궤환을 하지 않는 방식은 평상시의 변동폭이며, 정궤환을 하는 방식은 평상시의 변동폭을 작게 해 두고 변동주기 성분을 검출하여 정궤환을 걸어 변동폭을 증대시킨다.

*2. 표 중의 검출요소를 검출하여 분리점을 차단한다. 부하변동 방식에서는 전류제어형 전류원은 전압변화로, 전압제어형 전압원에서는 전류변화로 검출한다. 또한 분리점의 차단은 단독운전 억제를 위한 계전기(저전압계전기(UVR: 27), 저주파수계전기(UFR: 81U), 과전압계전기(OVR: 59), 과주파수계전기(OFR: 81O))로 확실하게 검출 차단할 수 있는 경우는 그것으로 대체할 수 있다.

*3. 단독운전 발생 후에 분리하기까지의 시간이다. 표 중의 값은 1대의 분리시한이며 다수 연계시는 적어도 5초 이내에 분산형 전원이 모두 분리 · 정지하는 것이 바람직하다.

④ 단독운전 검출기능의 동작시퀀스

단독운전 검출기능은 원칙적으로 수동적방식과 능동적방식 중 각각 1방식 이상을 상호보완적으로 선택하여 그림 12.12와 같은 시퀀스로 조합하여 자동제어 하여 단독운전 지속을 방지한다.

ⓐ 역변환장치의 평소 운전시 능동적 방식에 의해 출력 등에 미소한 변동을 준다.(강제부하투입방식은 역변환장치 대신에 부하회로에 능동제어를 가한다.) 정상적인 연계운전시에는 이러한 미소한 출력변화가 전력계통에서 흡수되어 전압·주파수 등에 별다른 영향이 나타나지 않는다.

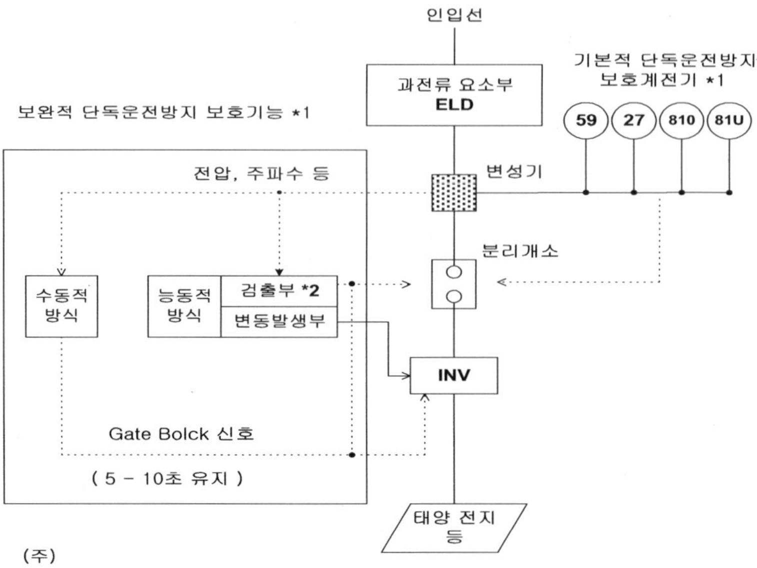

(주)
*1. 보완적 단독운전방지 보호기능(출력 등의 변동 발생부는 제외) 및 기본적 단독운전 방지보호 계전기는 인버터 외부에 설치하는 것이 원칙이나, 기능, 성능, 정기점검 등의 조건이 충족되면 인버터에 내장도 무방함.
*2. 능동적 방식을 적용할 때 변화량이 기본적 단독운전방지 보호계전기로서 확실하게 검출 가능하면 능동적 방식의 검출부는 생략이 가능함.

그림 12.12 단독운전 방지대책의 기본 시퀀스 (저압연계시 강제부하투입방식 적용이 아닌 경우)

ⓑ 단독운전상태에서는 능동적 방식에 의한 출력 등의 변화에 의해 단독운전 계통 내의 전압·주파수 등에 변화가 일어난다. 정궤환을 갖는 능동적 방식을 채용한 경우에는 변동분을 일시적으로 증대시키므로 전압·주파수 등의 변화를 크게 하여 검출을 용이하게 한다.

ⅰ) 수동적 방식에서 단독운전을 방지하는 경우

수동적 방식에 의하여 단독운전이 검출되면 신호를 보내어 역변환장치의 게이트 블록이 걸리도록 하여 역변환장치의 출력을 정지(정지시간 5~10초 간 지속)한다. 전력계통의 이상(분리, 정전)과 역변환장치의 정지에 의해 단독운전계통의 전압·주파수에 이상이 발생하면 기본적인 단독운전방지 보호를 위한 계전기로 이를 검출하여 분리점의 차단장치를 차단한다.

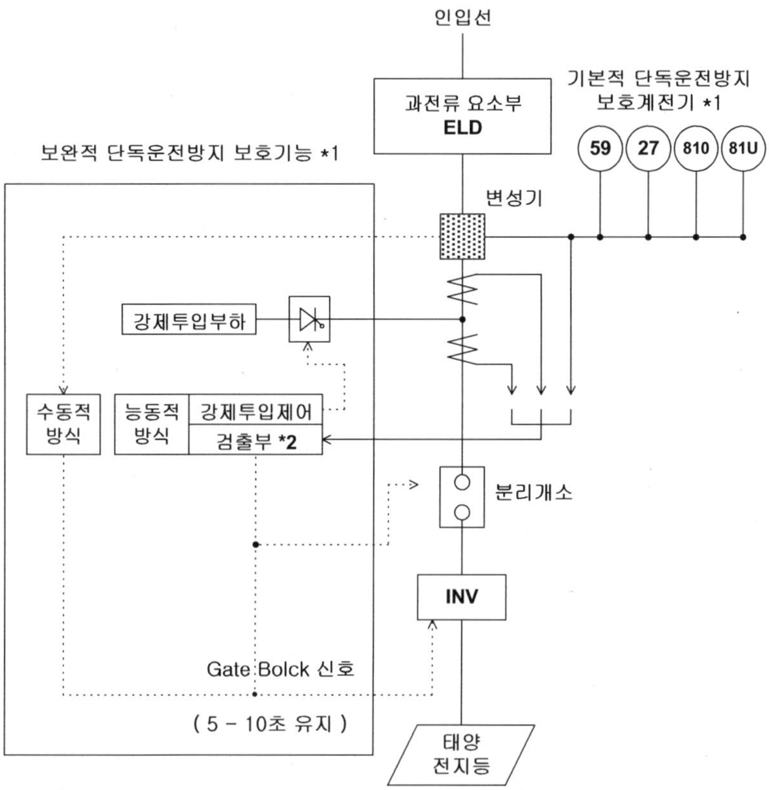

(주)

*1. 단독운전방지 보호기능(부하 변동 발생부는 제외) 및 기본적 단독운전방지 보호계전기는 인버터 외부에 설치하는 것이 원칙이나, 기능, 성능, 정기점검 등의 조건이 충족되면 인버터에 내장도 무방함.

*2. 능동적 방식을 적용할 때 변화량이 기본적으로 단독운전방지 보호계전기로서 확실하게 검출 가능하면 능동적 방식의 검출부는 생략이 가능함.

그림 12.13 단독운전 방지대책의 기본 시퀀스 (저압 연계시 강제부하투입방식의 경우)

ii) 능동적 방식에서 단독운전을 방지하는 경우

수동적 방식에서 단독운전을 검출할 수 없는 경우 능동적 방식의 검출부에서 전력, 주파수 등의 주기적 변동을 검출하여 분리점의 차단장치를 차단함과 동시에 역변환장치의 게이트블록 등으로 역변환장치를 정지한다.

2) 평상시 역조류가 없는 연계선의 경우

분산전원이 운전 중에도 구내부하가 발전출력보다 커서 평상시 전력을 수전하는 형태로만 연계운전하는 경우에 대한 단독운전방지보호대책으로써 다음과 같은 것들이 필요하다.

① 기본적인 단독운전방지보호대책

단독운전상태로 되면 분산전원측으로부터 전력이 유출되거나 단독계통의 주파수가 저하하게 되므로 다음의 보호계전기를 기본적으로 설치한다.

ⓐ 역전력 계전기(RPR : 32P)

단독운전 상태에서는 분산형 전원측으로부터 전력계통으로 전력이 유출됨으로 이것을 검출하여 차단한다. 한편, 다음에 언급되는 역충전 검출 · 보호기능에 의해 검출·보호할 수 있는 경우는 생략할 수 있다.

ⓑ 저주파수 계전기(저주파수계전기(UFR : 81U))

역조류가 없는 시스템에서는 대개 단독운전 계통내에서 (발전출력) 〈 (부하)로 되므로 단독운전계통의 주파수가 저하하게 되므로 이것을 검출하여 차단하기 위해 저주파수계전기(UFR: 81U) 을 설치한다. 한편, 역조류가 있는 시스템이 혼재되어 있으면 RPR : 32P로서 고속으로 검출·보호할 수 없으므로 저주파수계전기(UFR: 81U)를 반드시 필요하다.

② 역충전 검출보호대책

역조류가 없는 시스템에서는 단독운전상태로 되면 대부분의 경우 소규모 발전설비측으로 부터 전력계통으로 전력이 유출하므로 역전력계전기(RPR : 32P) 등으로 검출 가능하다. 그러나 구내부하와 분산전원의 발전출력이 평형되고 타부하는 없거나 경미한 경우에는, 역조류가 없는 상태에서도 단독으로 된 계통의 전력계통측 설비 등을 역충전 할 염려가 있으므로 역충전 검출기능을 설치하여 이것을 방지하여야 한다. 역충전 검출기능에 대해서는 아직 검출성능이 확실하게 보장되는 보호계전기가 없는 실정이다.

③ 역충전 검출보호의 동작 시퀀스

i) 분산전원의 평소 운전시

전력계통으로부터의 수전전력이 일정치를 하회하는 경우(그림 12.14의 ①) 저전력계전기(UPR: 37) 또는 역변환 장치의 출력제어 기능에 의해 수전점에서의 부족전력을 검출하여 분산전원의 출력을 정지시켜(역변환 장치의 게이트블록 등에 의한) 역조류 방지를 도모하는 방식이다.

ii) 전력계통측에서 분리된 경우(단독운전)

전력계통이 정지되면 수용가의 수전전력이 일정치를 하회하므로 이를 검출하여 분산전원의 출력을 정지시킨다. 분산전원이 정지하므로 그림 12.14의 ②의 저전압계전기(UVR : 27)에 의해 저전압을 검출하여 분리개소의 차단장치를 차단한다. 또한 UVR : 27은 역충전 검출용으로 설치하는 것으로서 발전설비 사고 대책용 저전압계전기(UVR : 27)로 겸용 할 수 없다.

iii) 전력계통측에서 분리되어도 분산전원의 출력이 정지하지 않는 경우

전력계통이 정지되어 수전전력이 일정치를 하회하여도 역변환장치 게이트블록 등이 정상적으로 동작하지 않아 분산전원의 출력이 정지하지 않는 경우에는 그림 12.15의 ③의 저전압계전기에 의해 수전전력 저하를 검출하여 역변환장치의 「게이트 블록 등이 작동하지 않음」(그림에서 ④)의 조건으로 분리개소를 차단한다. 이것은 제어기능 이상을 고려한 후비 보호이다. 그리고 분산전원 출력 정지시에 불필요한 저전력계전기(UPR : 37)의 동작에 의한 분리개소의 차단을 피하기 위해 ④의 「역변환 장치의 게이트 블록 등이 작동하지 않음」의 조건을 넣어 오동작을 억제한다.

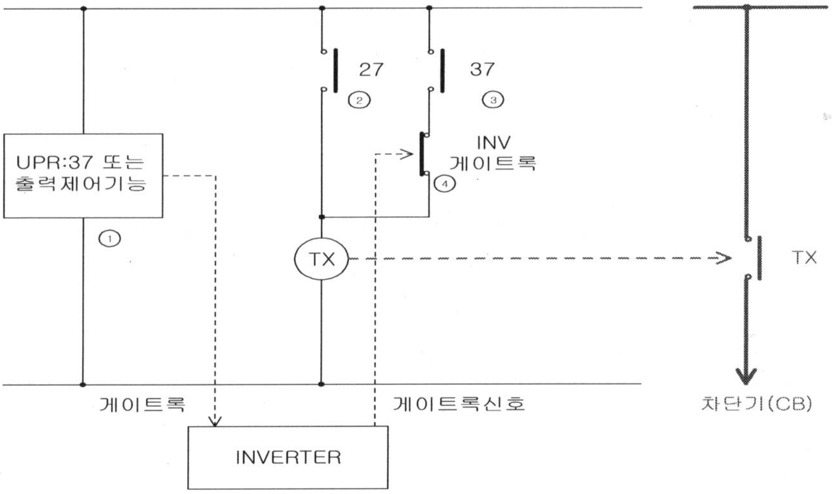

그림 12.14 역충전 검출기능의 동작 시이퀀스(예)

4) 단독운전방지보호대책의 요약

단독운전을 방지하기 위한 기본적인 고려사항은 다음과 같다.

① **평상시 역조류가 없는 연계선로의 경우**

$$\begin{pmatrix} \text{전원측 사고보호} \\ OVR\ :\ 59,\ UVR\ :\ 27 \end{pmatrix} + \begin{pmatrix} \text{단독운전방지 보호계전기} \\ RPR\ :\ 32P^{*1}, UFR\ :\ 81U \end{pmatrix} + \begin{pmatrix} \text{역충전 검출} \\ \text{보호기능} \end{pmatrix}$$

주) *1: 역충전 검출·보호기능으로 검출·보호할 수 있는 경우에는 역전력계전기(RPR: 32P) 생략 가능.

② **평상시 역조류가 있는 연계선로의 경우**

$$\begin{pmatrix} \text{전원측사고보호 계전기설치} \\ OVR\ :\ 59,\ UVR\ :\ 27 \end{pmatrix} + \begin{pmatrix} \text{단독운전방지 보호계전기설치} \\ OFR\ :\ 81O,\ UFR\ :\ 81U \end{pmatrix} +$$

$$\begin{pmatrix} \text{보완적단독운전}^{*1} \\ \text{방지보호} \end{pmatrix}$$

주) *1: 수동적 방식과 능동적 방식의 조합으로 함. 이상의 보호계전장치에 대한 연계계통 이상현상 형태별 보호상태를 나타내면 표 12.6과 같다.

표 12.6 연계계통 이상현상 형태별 보호상태

역조류의 유무	대책설비	이상현상 형태별 보호여부				
		사고시			작업정지시	
		상위·외부 계통사고	연계선로 사고	전원설비사고	고·특고압배전선의 개방	저압배전선의 개방
무	사고 검출계전기	×	△*1	○	×	×
	역전력 계전기 등 + 역충전검출 보호계전기	○	○*2	×	○	○
유	사고검출계전기	×	△*1	○	×	×
	기본적인 단독운전 보호계전기	△*3	△*1	×	△*3	△*3
	보완적 단독운전보호 설치	○	○*	×	○	○

주) ○ : 확실한 동작, △ : 특이한 경우에 부동작 우려 있음, × : 부동작

*1 : 연계선차단기 개방 후에 사고가 자연 소멸한 경우 및 단독운전시 발전력과 부하가 평형되는 경우 등에는 부동작 될 수 있음.

*2 : 역전력계전기, 역충전검출 보호장치, 단독운전 방지보호장치는 연계선 차단기 개방 후에 동작준비 단계로 되므로 신속성, 확실성의 관점에서 분산전원설비 이상 보호용 계전기로 대체될 수 없음.

*3 : 단독운전 계통내의 분산전원설비 발전 출력과 부하의 유효전력과 무효전력이 평형되어 있으면 부동작 될 수 있음.

12.3.4 연계선로의 자동재폐로에 대한 보호협조

분산전원들이 주로 연계되는 선로는 배전선로이며 그 선로가 가공배전선이면 공급신뢰도를 유지하기 위하여 선로 도중에 리크로저(Recloser)와 구분개폐기(Sectionalizer)를 설치하여 최대 4회까지의 자동재폐로를 시행하고 있다. 이러한 상황에서 분산전원이 연계운전 될 경우 보호·제어상에 어떠한 영향을 미치는가에 대하여 살펴본다. 먼저 그림 12.15에서 연계된 발전기가 연계지점 A또는 연계지점 B에 연계된 경우이며 배전선 사고로 인해 자동재폐로가 동작하는 경우이다.

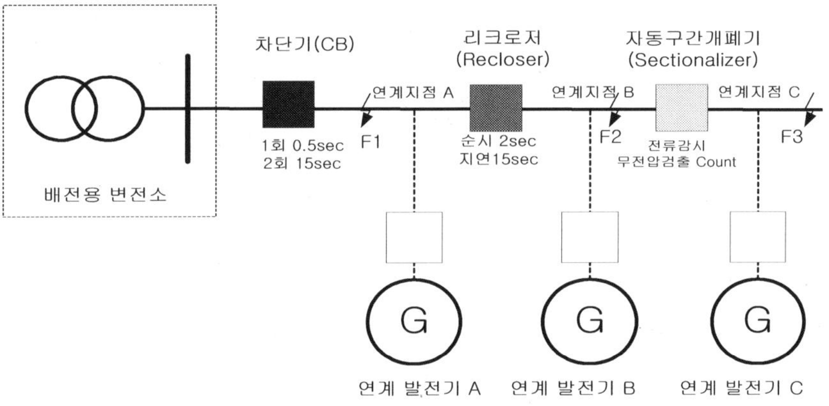

그림 12.15 재폐로장치들과 보호협조 검토를 위한 계통

1) 선로 차단기와 리크로저(Recloser)

전력회사측 변전소 차단기(CB)는 배전선에서 사고가 발생하면 변전소의 계전기동작에 의하여 선로를 순시형과전류계전기(50)에 의해 순시차단 시키고 일정한 시간이 지난 후에 재폐로를 실시한다. 이때 사고가 제거되지 않았으면 이번에는 한시요소(51) 동작에 의해 시간지연 차단을 한 후 다시 재폐로를 실시하여 사고가 여전히 존재하면 선로를 영구차단하여 계통으로부터 고장을 분리하는 기능을 가지고 있다. 그림 12.16은 이때 차단기를 통과하는 사고전류파형을 나타내었다. 선로차단기는 2회 재폐로를 실시하고 재폐로 시간은 각각 0.5 sec와 15 sec가 일반적이다.

이와 유사하게 선로에 있는 리크로저(Recloser)는 사고전류에 과전류요소가 동작하여 처음에는 순시 동작으로 그 다음에는 지연동작으로 총 4회를 자동재폐로하며 각각의 재폐로 시간은 보통 2 sec를 적용하며 순시 및 지연회수는 선택 할 수 있되 최초에는 순시동작이 원칙이다.

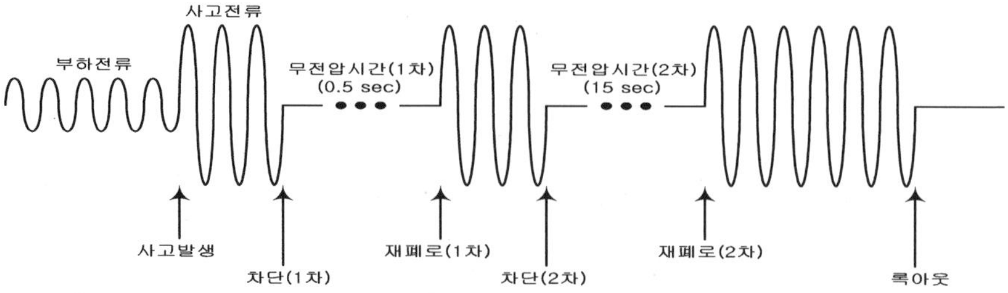

그림 12.16 재폐로 차단기의 동작과 사고전류 파형

2) 구분개폐기(Sectionalizer)

구분개폐기는 재폐로계전기와 함께 배전선에서 사고가 발생한 경우, 사고발생 구간만을 구분하여 분리하기 위해 설치되는 장치로 리크로저 등과 함께 사용하는 장치이다. 구분개폐기는 사고전류를 감지한 후 무전압 상태이면 1회를 count 하여 정정한 회수에 도달하면 무전압 상태(리크로저가 개방된 상태)에서 회로를 개방하도록 되어 있으며 사고차단 능력은 없는 개폐기이다.

3) 연계계통 자동재폐로 운영시 문제점

배전선에서 사고가 발생하면 연계선로에 설치한 전력회사측 보호계전기나 리크로저내에 탑재된 과전류계전요소들이 동작을 하며 앞에 설명 한 것처럼 자동재폐로를 시도하게 되며 또한 분산전원측의 사고 검출계전기도 동작하게 된다.

이 과장에서 문제가 될 수 있는 사항은 다음과 같은 몇 가지 경우가 있다.

(1) 구분개폐기가 무전압을 감지하지 못하는 경우
(2) 연계발전기가 단독운전이 되는 경우
(3) 연계발전기가 비동기 투입될 경우

구분개폐기가 무전압을 감지하지 못하는 경우는 재폐로 장치들(변전소 차단기나 또는 선로 리크로저)이 동작하여 선로를 차단하면 구분개폐기는 무전압을 검출하여야 하는데 분산전원으로부터 역가압되어 배전선로가 무전압으로 되지 않기 때문이다. 이러한 경우는 분산전원측의 사고검출계전기나 단독운전 방지보호계전기가 동작을 하지 않아 리크로저가 재폐로를 실시하기까지 분산전원이 살아서 운전되는 경우 발생할 수 있다.

① 분산전원측의 계통사고 보호계전기가 정상적으로 동작하는 경우

그림 12.17은 분산전원측의 계통사고시 보호계전기가 정상적으로 동작한 경우이다.

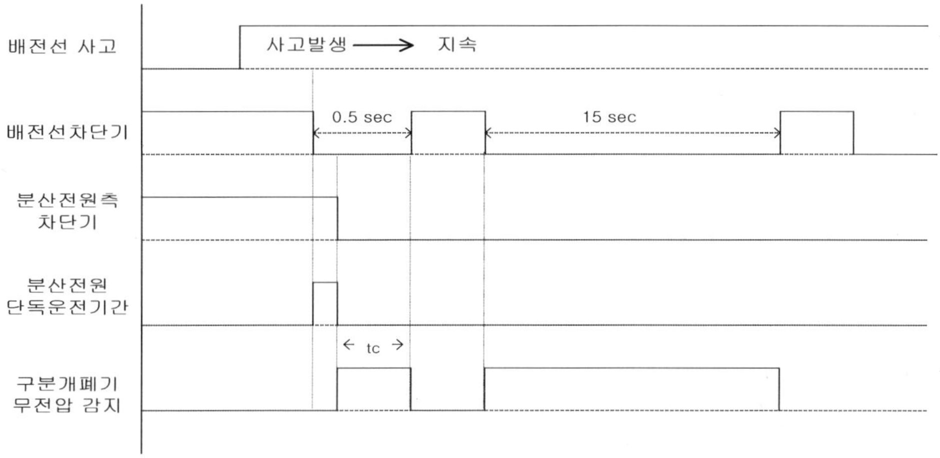

그림 12.17 분산전원 계통사고보호계전기가 정상적으로 동작한 경우

이 경우 선로 차단기가 동작한 후 분산전원측의 계통사고 보호계전기가 동작할 때 까지 짧은 시간 동안 단독운전이 되지만, 그 시간은 길지 않고 그림 12.17에서와 같이 구분개폐기는 tc기간 중에 무전압을 감지 할 수 있어 보호에는 문제가 없다. 그러나 전원이 동기발전기이면 단독운전시 분산전원측 회로에 공진현상이 일어날 수 있어 순간적으로 과전압에 이룰 수 있다.

② 분산전원측의 계통사고 보호계전기가 늦게 동작하는 경우

분산전원측의 계통사고 보호계전기의 동작이 지연되어 재폐로 실시직전에 동작하는 경우와 재폐로 실시 이후에 동작한 경우이다.

그림 12.18에서 분산전원측의 계통사고 보호계전기가 늦게 동작하면 단독운전 시간이 길어지게 되며 단독운전 검출계전기가 재폐로시간(0.5초)이내에 단독운전을 검출하지 못하면 분산전원은 비동기 투입 된다. 사실상 단독운전방지보호계전기는 분리된 계통상태에 따라 신속한 동작을 보장할 수 없는 경우가 있어 일반적인 배전선로 차단기의 첫 번째 재폐로 시간인 0.5sec 이내에 항상 동작된다고는 할수없다.

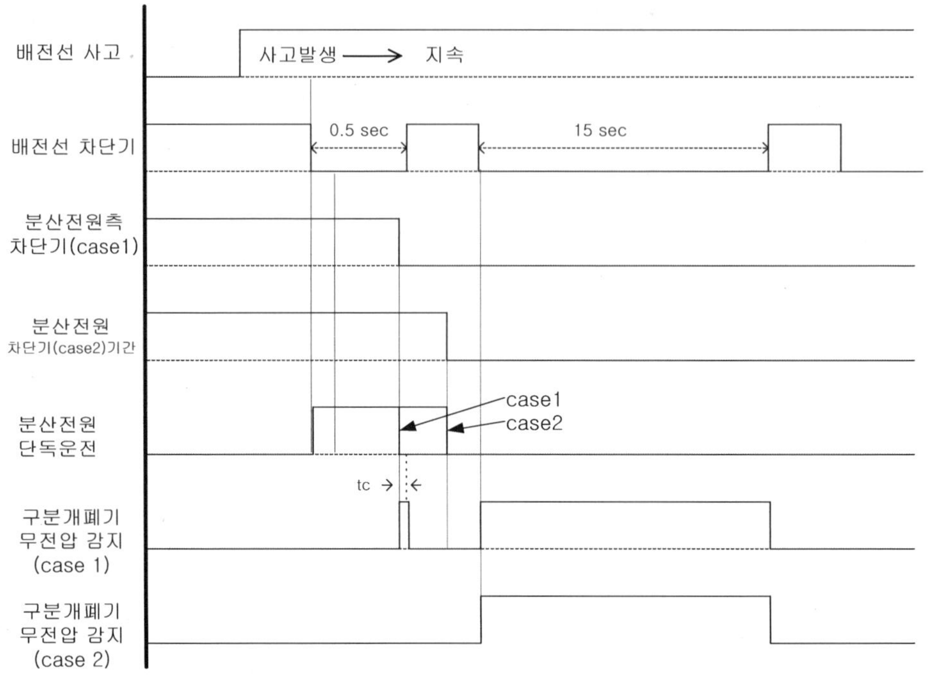

그림 12.18 분산전원측의 보호계전기가 늦게 동작하는 경우

따라서 구분개폐기의 무전압 감지도 case1의 경우는 무전압을 감지할 시간적 여유가 거의 없고 case2의 경우에는 무전압을 감지하지 못하는 경우가 발생할 수 있어 구분개폐기가 본래의 기능을 발휘할 수 없게 된다.

③ 분산전원측의 보호계전기가 동작하지 않는 경우

분산전원측의 보호계전기가 동작하지 않는 경우는 늦게 동작하는 경우와 결과는 비슷하며 단독운전이 지속되게 되고 구분개폐기는 무전압을 전혀 감지할 수 없게 되어 역할을 할 수 없게 된다.

4) 계통연계시 자동재폐로 협조를 위한 방안

분산전원측의 계통사고 보호계전기와 단독운전 방지보호장치가 전혀 동작하지 않는 경우에는 어떠한 보호협조에도 선로보호장치인 구분개폐기를 사용할 수 없음은 물론 분산전원측은 비동기투입으로 피해를 입을 우려가 있게 된다.

이러한 것에 대한 대책으로는 단독운전 방지보호계전기가 신속 정확히 동작할 수는 연계계통 구조를 이루는 것이 바람직하다. 예로서, 분산전원의 시설 용량을 어느 일정한도로 제한하거나, 또는 동작이 확실한 단독운전 방지보호계전기를 사용하거나 전용 연계선로를 사용하여 전송차단 능력을 갖추는 것이다.

한편으로 기존의 배전선로 재폐로 방식에서의 협조적인 방법으로는 분산전원측의 보호계전기가 늦게 동작하는 경우에 대하여 재폐로 시간을 좀 더 길게 하는 방법이 효과적이다. 또한 분산전원측에서는 보호계전기를 재폐로계전기동작에 비해 너무 늦게 정정해서는 안 되며 동작속도를 적정하게 하여 과도시 오동작을 방지할 수 있도록 개별 검토 하여야 한다. 이상의 내용을 요약하면 다음과 같다.

① 배전선에 연계하는 분산전원설비의 총용량을 어느 수준으로 제한하여 단독운전시 신속, 정확하게 분리되도록 한다.(단독운전검출을 정확하게 하기위해, 재폐로 시간을 너무 길게 증가시키면 분산전원측의 계전기가 동작하지 않는 경단독운전 시간이 길어져 위험하기 때문)

② 분산전원이 연계된 특고압 배전선로의 자동재폐로 최저 무전압시간을 일반적인 값보다 증가시켜 운영한다.

③ 동기발전기의 경우 단시간 단독운전중에도 공진현상으로 또는 유도발전기의 경우 자기여자 현상에 의하여 고전압이 발생될 우려가 있는 곳에는 고속형 과전압계전기(59I)를 적용한다.

12.4 연계계통 보호계전방식의 실제

12.4.1 저압 연계계통

1) 보호계전방식

분산전원을 저압배전선에 연계운전하는데 필요한 보호계전방식을 요약하면 다음 표 12.7과 같다.

표 12.7 저압연계 계통보호계전 방식

① 다음의 보호 계전기 또는 이와 동등 이상의 기능을 갖는 장치에 의하여 원칙적으로 수전점에서 자동적으로 연계를 차단하는 장치를 설치하여야 한다. 과전압계전기(OVR : 59) 저전압계전기(UVR : 27) 과주파수계전기(OFR : 81O) (역조류가 있는 경우에 한함) 저주파수계전기(UFR : 81U) 역전력계전기(RPR : 32P) (역조류가 없는 경우에 한함) ② ①의 차단장치는 계통이 정지 중에는 투입할 수 없도록 시설하여야 한다. 또 복구 후에도 일정기간은 투입할 수 없도록 시설하여야 한다.. ③ 역조류가 존재하는 경우에는 단독운전검출기능에 의해 자동적으로 연계를 차단하는 장치를 설치하여야 하며, 동시에 옥외에서 조작 가능한 안전 개폐기를 거래용 계량기의 분산전원설비 측에 설치하여야 한다. ④ 역조류가 없는 경우에는 역충전 검출기능에 의해 자동적으로 연계를 차단하는 장치를 설치하여야 한다. ⑤ 역변환장치에서 직류가 교류계통으로 유출하는 경우를 방지하기 위하여 원칙적으로 직류유입 방지용 변압기 또는 동등이상의 효과가 있는 보호장치를 설치하여야 한다.

2) 보호계전기 설치 상수

보호계전기 설치 상수는 표 12.8과 같다. 또한, 설치 상수가 2 이상의 경우에는 그 중에 어느 것이 검출하여도 회로를 차단시킨다. 단독운전 검출 기능에 대해서는 개별적으로 검토하기로 한다.

표 12.8 보호계전기 설치상수

<table>
<tr><th rowspan="2" colspan="2">보호계전기 종별</th><th colspan="3">검출상수 (설치상수)</th><th rowspan="2">비고</th></tr>
<tr><th>단상2선</th><th>단상3선</th><th>3상3선</th></tr>
<tr><td colspan="2">과전압계전기(OVR : 59)</td><td>1</td><td>2</td><td>2</td><td>단상 3선에서는 중성선과 양 전압선간의 전압</td></tr>
<tr><td colspan="2">저전압계전기(UVR : 27)</td><td>1</td><td>2</td><td>3</td><td>단상 3선에서는 중성선과 양 전압선간의 전압</td></tr>
<tr><td colspan="2">과주파수계전기
(OFR : 81O)</td><td>1</td><td>1</td><td>1</td><td></td></tr>
<tr><td colspan="2">저주파수계전기
(UFR : 81U)</td><td>1</td><td>1</td><td>1</td><td></td></tr>
<tr><td colspan="2">역전력계전기
(RPR : 32P)</td><td>1</td><td>1</td><td>1</td><td></td></tr>
<tr><td rowspan="2">역충전
검출</td><td>저전력계전기
(UPR : 37)</td><td>1</td><td>2</td><td>3</td><td>단상 3선에서는 양측전력
3상 3선에서는 3선의 전력이며, 단상부하가 없으면 3상 전력의 합계로 해도 무방</td></tr>
<tr><td>저전압계전기
(UVR : 27)</td><td>1</td><td>2</td><td>2</td><td>단상 3선에서는 중성선과 양 전압선간의 전압</td></tr>
<tr><td colspan="2">단독운전검출</td><td colspan="3">개별 검토</td><td></td></tr>
</table>

주) 1. 과전압(OVR: 59) : 역변환 장치본체가 단상2선 구조이며 변압기 출력측 권수에서 단상 3선으로 변환하는 경우는 1상(양전압 선간)검출이어도 무방함.

2. 저전압(UVR: 27) : 3상 3선에서는 2선 단락시의 확실한 검출을 도모하기 위해 3상에 모두 설치하여 검출 함, 역충전검출 기능을 구현하는 UVR: 27은 2상 검출이어도 무방함.

3. 저전력(UPR: 37) : 게이트 블록용 신호로서 역변환 장치의 출력제어에 사용하는 경우에도 이에 준함

3) 보호계전기 동작치와 동작시한

보호계전기 검출감도 및 검출 시한 등의 일반적인 수준은 표 12.9에 나타난 바와 같다. 단 이 표를 따르기 어려운 경우에는 쌍방 간의 협의에 의해 결정한다. 따라서 보호계전기 규격결정시에는 정정범위가 표준 정정치의 전후 일정 범위 내에서 연속적 또는 단계적으로 정정 변경 가능한 것으로 구입 설치하는 것이 바람직하다. 또한 단독운전 방지보호대책에 대해서는 개별적으로 검토하여야 하며 단독 운전 방지 대책에 참고사례를 참고한다.

표 12.9 보호계전기의 검출감도 검출 시한

<table>
<tr><th colspan="2" rowspan="2">보호계전기 종별</th><th colspan="2">검출감도</th><th colspan="2">검출시한</th></tr>
<tr><th>표준정정치</th><th>정정범위</th><th>표준정정치</th><th>정정범위</th></tr>
<tr><td colspan="2">1. 과전압계전기(OVR : 59)</td><td>115 %</td><td>110~130 %</td><td>1 초</td><td>0.5~2 초</td></tr>
<tr><td colspan="2">2. 저전압계전기(UVR : 27)</td><td>80 %</td><td>70~95 %</td><td>1 초</td><td>0.5~2 초</td></tr>
<tr><td colspan="2">3. 주파수상승 계전기
(OFR : 81O)</td><td>102 %
(61.5 Hz)</td><td>101~103 %
(60.6~62.0 Hz)</td><td>1 초</td><td>0.5~2 초</td></tr>
<tr><td colspan="2">4. 주파수강하계전기
(UFR : 81U)</td><td>97 %
(58.2 Hz)</td><td>96~99 %
(58.0~59.4 Hz)</td><td>1 초</td><td>0.5~2 초</td></tr>
<tr><td colspan="2">5. 역전력 계전기
(RPR : 32P)</td><td>인버터 또는 분산전원설비의 5% 정도</td><td>3~10 %</td><td>1 초</td><td>15~2 초</td></tr>
<tr><td rowspan="2">6. 역충전
검출기능</td><td>저전력계전기
(UPR : 37)</td><td>최대수전전력의 3% 정도</td><td>2~5 %</td><td colspan="2">-게이트블럭용 0.2초
-차단출력용 0.6~0.8초</td></tr>
<tr><td>저전압계전기
(UVR : 27)</td><td>80 %</td><td>70~95 %</td><td colspan="2">0.6~0.8 초</td></tr>
<tr><td colspan="2">7. 단독 운전 검출기능</td><td colspan="4">개별검토(표12.3 및 표12.4참조)</td></tr>
</table>

4) PT, CT에 관한 고려 사항

연계선로 보호계전기용 입력신호 변환기 또는 PT, CT(이하 PT, CT 라 함)는 각 보호계전기에 대하여 겸용할 수 있게 하는 한편 PT, CT 및 각각의 2차 회로 고장이 발생한 경우에 보호계전기가 동작불능 상태로 방치되지 않도록 다음과 같이 하여야 한다.

① PT 2차 회로의 최종 단에 저전압계전기(UVR: 27)을 설치하여 PT사고를 저전압계전기(UVR : 27)에 의해 확실하게 검출하여 차단 장치를 분리할 수 있도록 한다.

② 역조류가 없는 경우에는 그림 12.19에 나타난 바와 같이 저전압계전기(UVR : 27), 저전력계전기(UPR : 37)을 PT, CT 2차회로의 최종단에 설치하여, 이러한 상태를 저전압계전기(UVR : 27), 저전력계전기(UPR : 37)가 확실하게 검출하여 차단 장치를 분리할 수 있도록 한다.

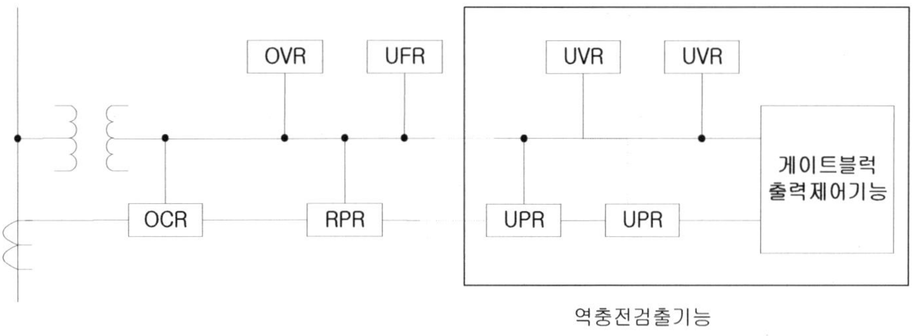

그림 12.19 PT, CT의 겸용 및 계전기 연결

5) 제어전원

여기서 제어전원이란 연계계통보호제어에 사용되는 장치에 공급되는 전원을 말한다.

① 축전지를 사용하는 경우에는 전용 직류회로에 공급되도록(직류회로로부터 MCCB 등에 전용 분배하는 회로) 하는 등 그 신뢰성을 확보해야 한다.

② 상용 전원을 사용하는 경우는 다음의 조건을 만족하여야 한다.

ⓐ 계전기 동작에 전원을 필요로 하는 경우는 정전 후 계전기의 동작 책무가 확실하게 행해지도록 정전 보상 장치가 구비될 것.

ⓑ 계전기와 차단장치의 중간에 시퀀스 계전기를 사용하는 경우는 차단 장치가 개방될 때까지 계전기들의 상태를 유지 할 수 있는 정전 보상 장치가 구비되어 있을 것. 단, 차단장치로의 최종 출력이 b접점 출력인 경우는 자체의 동작이 완료할 때까지로 한다.

ⓒ 차단장치의 개방에 조작전원을 필요로 하는 경우에는 상용전원 정전 후에도 보호계전기의 시한동작에 의한 차단장치가 확실하게 개방될 수 있도록 정전 보상장치가 구비되어 있을 것.

ⓓ 상용전원 정전시에 자동적으로 개방되는 개폐기를 분리용 차단 장치로 사용하는 경우에는 정전 후 1~2초 정도는 투입 상태를 유지할 수 있게 하여 보호계전기의 동작 출력에 의해 확실하게 차단되도록 하는 것이 바람직하다.

③ 태양전지, 연료전지 등의 직류발전설비의 직류출력전력을 사용하는 경우는 상기 "나" 항의 조건을 만족하는 동시에 역변환 장치의 제어전원과 협조가(예로서 역변환 장치를 기동하기 전에 보호계전기의 제어전원을 동작상태로 하는 등) 이루어지도록 한다.

12.4.2 특고압 연계계통 보호방식

1) 특고압 연계계통 보호방식

분산전원을 일반 고압배전선에 연계운전하는데 필요한 보호방식을 요약하면 다음 표 12.10과 같다.

표 12.10 특고압연계계통 보호방식표

① 다음의 보호계전기 또는 이와 동등이상의 기능을 갖는 장치에 의하여, 원칙적으로 분리점에서 자동적으로 연계를 차단하는 장치를 설치하여야 한다.

- 연계계통보호
  - 지락과전압계전기(OVGR : 64)
  - 단락방향계전기(DOCR : 67S)
    (동기발전기 또는 역변환장치를 사용하는 경우에 한함)
  - 지락방향계전기(DOCGR : 67N)
    (연계용변압기의 중성점이 접지되어있는 경우에 한함 : 중성점이 비접지되어 있으면 OVGR를 사용함)
  - 표시선급 보호계전기(PWR : 87P)
    (루프계통의 경우에 한하며 통신선 고장, 정지시는 상기 타 계전기들은 후비보호로 사용됨. 또한 표시선을 이용하여 전송차단으로 단독운전방지보호 기능을 부가시키는 것이 효과적임)
- 단독운전방지 보호
  - 과전압계전기(OVR : 59)
  - 저전압계전기(UVR : 27)
  - 과주파수계전기(OFR : 81O)
    (역전력계전기(RPR : 32P)로 고속 검출·보호할 수 있는 경우에는 생략가능)
  - 저주파수계전기(UFR : 81U)
    (역전력계전기(RPR : 32P)로 고속 검출·보호할 수 있는 경우에는 생략가능)
  - 역전력계전기(RPR : 32P) :(상시 역조류가 없는 경우에 한함)

② 분산전원설비의 탈락시 등에 인입 배전선이 과부하로 될 우려가 있는 경우에는 분산전원설비를 설치하는 수용가에서 자동적으로 구내부하 등을 제한하는 대책을 하여야 한다.

③ 역조류가 있는 경우에 단독운전을 신속, 정확히 검출 차단할 필요가 있을 때는 전송차단장치(TTD : 85T)을 설치하는 것으로 한다.

2) 보호방식의 내용

① 분산전원설비의 고장보호

ⓐ 과전압계전기(OVR : 59), 저전압계전기(UVR : 27) : 분산전원설비의 전압제어계의 고장으로 인한 전압의 상승과 저하를 검출하여 차단

ⓑ 자동부하제어 : 분산전원설비의 탈락시에 배전용변전소의 과전류계전기를 동작하게 하는 경우에는 수용가의 부하 또는 일반 수용가의 부하를 자동으로 차단하는 장치 설치)

② 연계선로계통 고장보호

ⓐ 단락사고
- 부족전압계전기(UVR : 27) : 분리지점에 전압저하를 검출하여 차단, 분산전원 보호용인 UVR과는 동시 사용 불가
- 단락방향계전기(DOCR : 67S) : 동기발전기 또는 역변환장치 사용시 설치

ⓑ 지락사고
- 지락과전압계전기(OVGR : 64) : 연계변압기의 특고압측 중성점을 비접지 하는 경우에 적용
- 지락과전류계전기(OCGR : 51N)연계변압기 특고압측 중성점이 접지된 경우에 적용
- 방향지락과전류계전기(DOCGR : 67N): 평상시 OCGR이 오동작될 우려가 있거나 선택 보호가 어려운 경우에 적용

ⓒ 표시선급 보호계전기(PWR : 87P) : 루프계통의 특고압배전계통에 연계하는 경우에 설치
- 여기서 "표시선급 보호계전기"라 하면 보호구간의 양단 또는 다단자간의 전류 또는 전압신호를 통신수단을 이용하여 상호교류하여 구간 내의 사고를 판별하는 보호방식을 말함. 예로서 표시선보호계전기(PWR : 87P), 전류차동계전기(CDR : 87C), 위상비교계전기 등이 있다.

③ 단독운전 방지보호 대책

ⓐ 역조류가 없는 경우
- 역전력계전기(RPR : 32P) : 분산전원으로부터 계통측으로 유입되는 전력을 검출하여 차단
- 저주파수계전기(UFR : 81U) : 분산전원의 출력보다 부하가 커져 분리개소의 주파수 저하를 검출하여 차단

ⓑ 역조류가 있는 경우

- 저전압계전기(UVR : 27), 저주파수계전기(UFR : 81U) : 부하의 유효전력이 발전출력보다 큰 경우에 전압과 주파수의 저하를 검출하여 차단
- 과전압계전기(OVR : 59), 과주파수계전기(OFR : 81O) : 부하의 유효전력이 발전출력보다 작은 경우에 전압과 주파수의 상승을 검출하여 차단
- 보완적 단독운전 방지보호기능의 설치(수동적방식, 능동적방식) : 부하의 유효전력이 발전출력과 비슷한 경우에 새로운 검출기법을 이용하여 검출
- 신속하고 정확한 보호가 필요시에는 전송차단장치(TTD : 85T)를 사용하는 것이 원칙

3) 특고압 배전선 연계보호를 위한 보호장치 설치 기준

특고압배전선에 분산형 신에너지 전원을 연계운전하기 위하여 기본적으로 설치해야 하는 보호계전장치를 보면 표 12.11과 같으며 대표적인 특고압 연계계통보호 단선도를 보면 그림 12.20과 같다.

표 12.11 특고압 연계계통보호용 보호계전기

<table>
<tr><th rowspan="2">사고발생 위치</th><th rowspan="2">사 고 유 형</th><th colspan="3">보 호 계 전 기</th></tr>
<tr><th>선로형태</th><th>역조류 없을 때</th><th>역조류 있을 때</th></tr>
<tr><td rowspan="2">분 산 전 원설비</td><td colspan="2">분산전원설비의 전압제어계통의 이상에 의한 전압상승</td><td colspan="2">과전압계전기(OVR : 59)</td></tr>
<tr><td colspan="2">분산전원설비의 전압제어계통의 이상에 의한 전압강하</td><td colspan="2">저전압계전기(UVR : 27)</td></tr>
<tr><td rowspan="6">연 계 계 통</td><td rowspan="2">연계계통 단락</td><td>일반선로</td><td colspan="2">· 방향과전류계전기(DOCR : 67S)
(동기발전기의 경우)
· 저전압계전기(UVR : 27)
(유도발전기, 역변환장치의 경우)</td></tr>
<tr><td>(주)1
전용선로</td><td colspan="2">· 주보호 : 파이롯 와이어 계전기(PWR : 87P) 또는 전류차동 계전기(CDR : 87C)
· 후비보호 : 상기 일반선로 보호계전기와 같음</td></tr>
<tr><td rowspan="2">연계계통 지락</td><td>일반선로</td><td colspan="2">· 지락과전압계전기(OVGR : 64)
· 지락방향과전류계전기(DOCGR : 67N)
(연계용변압기의 중성점이 접지되어 있는 경우에 한하며 경우에 따라서는 지락 과전류계전기(OCGR : 51 N)도 가능함)</td></tr>
<tr><td>(주)1
전용선로</td><td colspan="2">· 주보호: 표시선급 보호계전기(PWR : 87P 또는 CDR : 87C)
· 후비보호: 상기 일반선로 보호계전기와 같음</td></tr>
<tr><td rowspan="2">단독운전 방지보호</td><td>일반선로</td><td>· 역전력계전기
(RPR : 32P)
· 저주파수계전기
(UFR : 81U)</td><td>· 전송차단장치
· 과전압계전기(OVR : 59)
· 저전압계전기(UVR : 27)
· 과주파수계전기
(OFR : 81O)
· 저주파수계전기
(UFR : 81U)</td></tr>
<tr><td>(주)1
전용선로</td><td colspan="2">· 주보호: 전송차단장치
· 단락, 지락보호용 표시선급 보호계전기(PWR : 87P 또는 CDR : 87C)에 전송차단기능을 부가적용 가능
· 후비보호 : 상기 일반선로 보호계전기와 같음</td></tr>
</table>

(주)1 : 다른 수용가가 없는(2단자) 전용선로, 소수의 수용가만 연결된 선로 또는 루프계통을 이루는 선로로서 중요도가 높은 경우에 적용이 바람직하다.

각 단자간의 전송로는 전용통신회선으로 전화선, 광케이블, 마이크로파회선 등이 필요하다. 전송로 고장 또는 정지 시에는 후비보호 계전기가 역할을 담당한다.

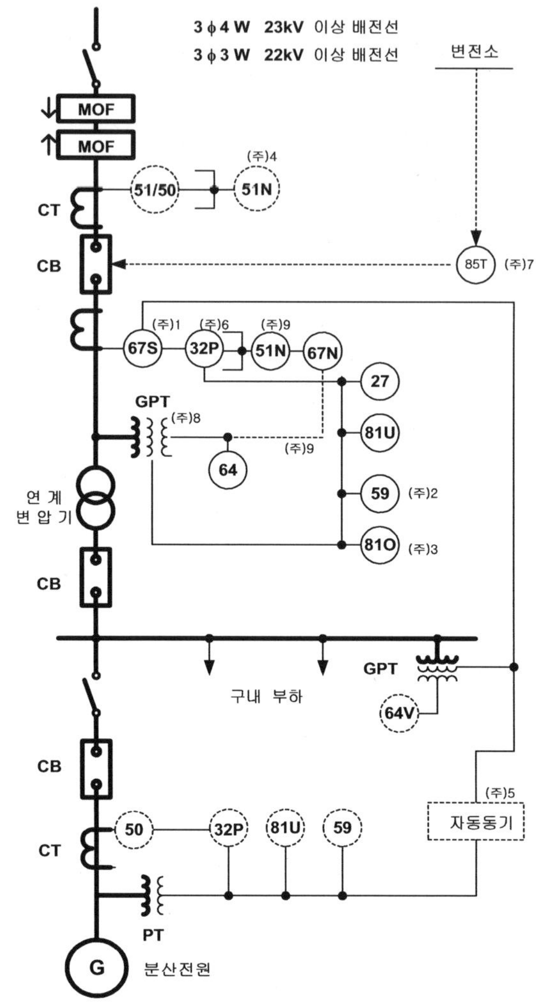

◯ : 계통연계를 위한 보호계전기를 표시함 (동일계전기반에 설치함)

◌ : 기기보호계전기 및 구내사고대책용 보호 계전기를 표시함

그림 12.20 특별고압 연계계통 보호 단선도

약 호	계전기 검출보호 내용	설치상수 등
50/51: OCR	구내단락, 과전류	2상
51N : OCGR	구내지락	1상(영상회로)(주)4
64 : OVGR	연계선 지락	1상(영상회로)
59 : OVR	과전압	1상
27 : UVR	연계선 단락, 단독운전	3상
67S : DOCR	연계선 단락	3상
81U : UFR	주파수 저하, 단독운전	1상
32P : RPR	역전력, 단독운전(역조류 없을때)	1상
81O : OFR	주파수상승, 단독운전(역조류 있을때)	1상
85T : TTD	전송차단, 단독운전	1조

약 호	기구명칭
DS	단로기
CB	차단기
CT	변류기
PT	계기용변압기
GPT	접지용 계기용변압기
MOF	거래용 계기변성기
SG	동기발전기

(주) 1. 분산전원에 동기발전기를 사용하는 경우에 적용한다.
또한, 루프계통이면 이 위치에 표시선급 계전기(PWR : 87P 등)를 설치한다.

2. 발전기자체의 보호장치(OVR)에 의해서 검출·보호할 수 있는 경우에는 생략할 수 있다.
3. 단독운전방지보호용 역전력계전기(RPR)로서 단독운전이 고속으로 검출·보호될 수 있는 경우에는 생략할 수 있다(역조류가 없는 경우로서 RPR이 동작되는 상태면 주파수는 저주파수로 될것이므로 OFR은 불필요)
4. 돌입전류의 불평형, 구내설비의 충전전류가 커서 오동작 우려가 있으면 DOCGR(지락방향계전기)로 한다.
5. 자동동기검정장치는 동기발전기를 사용하는 경우에 적용한다.
6. 수전점의 역전력계전기(RPR : 32P)는 역조류가 없는 경우에 적용한다.
7. TTR은 역조류가 있는 경우에 단독운전방지보호 신뢰성을 높이기 위하여 적용한다.
8. 연계변압기의 특고압측 중성점을 비접지한 경우 연계선로 지락사고 보호를 위한 지락과전압계전기(OVGR : 64)를 적용하기 위하여 사용되며, 변압기 중성점이 직접접지 또는 저항접지시에는 지락과전류계전기(OCGR : 51 N) 또는 방향지락계전기(DOCGR : 67N)를 적용한다.
9. 지락과전류계전기(OCGR : 51 N)로 보호가 되지 않는 경우에는 방향지락계전기(DOCGR : 67 N)를 적용한다.

12.4.2 고압 Spot Network연계계통 보호방식

1) 기본적인 고려사항

Spot Network방식은 2대 이상의 변압기(Network 변압기)로 구성되며 각각의 변압기 2차 측을 병렬 접속하여 수전하는 방식이다. 따라서 한 회선에 설치된 변압기가 고장 나도 남아있는 건전 회선으로 Network 부하에 전력공급이 가능하여 무정전 수전이 가능하여 신뢰도가 향상된다. 이 Spot Network방식은 시스템을 구성하는 Network 변압기에 역전력 차단특성을 가지고 있고, 배전선 및 Network 변압기의 사고나 정지시에도 역조류를 검출하여 사고(정지)회선을 선별 차단함으로 다른 배전계통과는 보호제어 면에서 특이한 점이 있다. 다음 그림 11.21은 고압 Spot Network의 대표적인 일례이다.

2) 연계계통 보호방식의 고려사항

신에너지 전원설비의 고장 또는 전력계통사고 시 사고제거, 사고범위의 확대방지 등을 수행하기 위해 다음과 같은 것들을 기초로 적절한 보호장치를 설치해야 한다.

① 신에너지 전원설비의 고장에 대하여 확실한 검출이 이루어지고, 연계계통에 사고가 파급되지 않도록 신속히 신에너지 전원설비를 전력계통에서 분리 할 것

② 연계된 전력계통의 사고 및 보호차단기까지의 사고에 대해서는 사고회선의 보호차단기를 개방하고 건전 회선과의 연계는 원칙적으로 유지하며 신에너지 전원설비는 분리되지 않을 것

③ 상위 송전계통 사고 등으로 해당계통의 전회선의 전원이 상실된 경우 신에너지 전원설비는 전력계통에서 분리될 것

④ 연계된 계통이외의 사고 등으로 인한 전력계통의 순시 전압강하 등이 발생한 경우 신에너지 전원설비는 계통과 분리되지 않을 것

각 보호계전기의 설정치는 전력계통측과 협조를 하며 전력회사와 분산전원운영자가 협의하여 결정한다. 또, 발전장치 보호용 계전기와의 겸용은 정정 범위가 달라(설치장소가 다른 경우에는 사고상황을 정확히 검출하기 위해 정정치를 다르게 할 수 있다) 보호가 안 되는 경우가 있어 검토가 필요하다.

그리고 수용가 구내의 단락, 지락사고로 계통에서 유입하는 사고전류는 신에너지 전원설비의 유·무에 관계없이 발생하는 것이기 때문에 이것을 검출하는 보호계전기는 제외된다. 그러나 이런 분산전원측 구내사고에 대해 구내에서 확실히 검출, 제거하여 계통에 파급되지 않도록 하는 것이 필요하며 수전점에서는 이것을 검출, 제거하는 보호장치를 설치할 필요가 있다.

그림 12.21은 대표적인 고압 Spot Network연계계통보호 단선도의 일례이고 표 12.12는 보호장치에 대한 일람표이다.

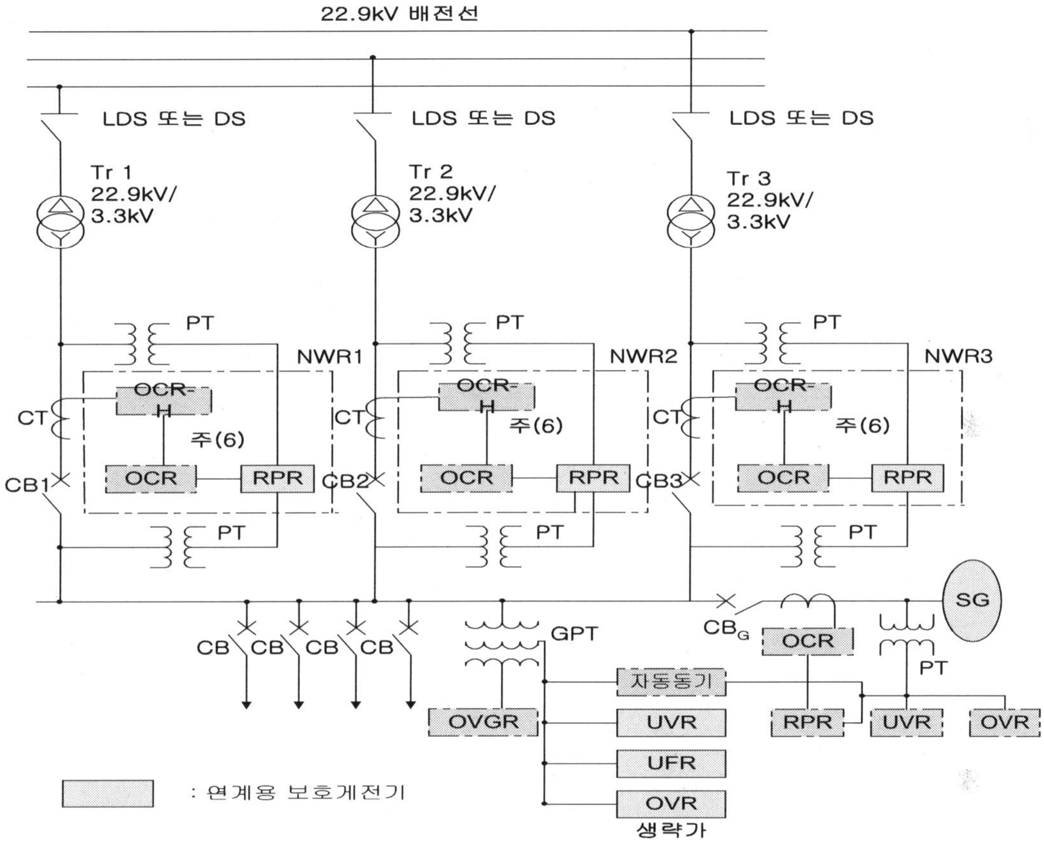

그림 12.21 고압 Spot Network 연계계통 보호장치 구성 예

표 12.12 고압 Spot Network연계 보호장치

약기호	계전기 보호내용	설치상수 등	비 고	약기호	기구명칭
OCR−H(50)	과전류	3상		DS	단로기
OVGR	지락과전압	1상(영상회로)		CB	차단기
OVR(59)	과전압	1상		CT	전류기
UVR(27)	저전압	1상 (주)3	NWR에 DSR 기능이 있음	PT	계기용변압기
UFR(81)	저주파수	1상		SG	동기발전기
RPR(67)	역전력	3상 (주)4	NWR에는 3상이 있음	GPT	접지형계기용 변압기

DSR : 단락방향계전기(Directional Short−circuit Relay)

NWR : Net Work Relay(Net Work protector 내에 있는 계전기)

(주) 1. OVR(59)은 발전기 자체의 보호장치에 의해 검출, 보호 가능한 경우는 생략가능
2. 자동동기검정장치는 동기발전기 또는 자려식의 역변환장치를 이용시 적용
3. UVR(27)은 전압검출로 이용하기 때문에 1상이 좋다.
4. NWR(Net Work Relay) 중에는 RPR(67)이 3상이 설치되어 있기 때문에 3상으로 한다.
5. UVR(27), UFR(81)이 동작했을 때에는 발전기를 분리한다.
6. 계통측의 단락사고전류를 판별하기 위해 RPR(67) 과 OCR(과전류 검출기능)을 조합하는 등으로 과전류를 수반하는 역조류를 검출한다.

● 복잡한 장치들에 매뉴얼이 있듯이 인간에게는 성경이 있다.

제 13 장 저압회로의 지락보호
(Low Voltage Circuit Ground Protection)

13.1 지락보호의 목적

지압회로의 지락보호 목적은 감전방지, 화재방지, 폭발방지 및 전기회로·기기의 손상방지에 있다. 이때 지락전류의 크기는 회로의 영상 임피던스(Zero－sequence Impedance)가 회로의 접지방식에 따라 다르며, 사고점의 고장 임피던스 크기에 좌우되어 수 mA로부터 수 kA까지 넓게 분포된다.

여기서 보호목록에 따라 통상적인 보호 목표값으로 하는 보호대상 지락전류를 보면 표 13.1과 같다.

표 13.1 보호대상 지락전류

보 호 목 적	보호대상 지락전류
감 전 방 지	수 mA 이상
화 제 방 지	100 mA 이상
아크에 의한 전기설비의 손상방지	수 A 이상

13.1.1 감전방지

1) 고장전압과 접촉전압

감전방지를 고려할 때에는 인체에 위험을 미치는 접촉전압에 관하여 고려할 필요가 있다. 그림 13.1에서 기기의 회로가 지락된 경우에 외함과 기준대지 간에 걸리는 전압을 고장전압(Ep)이라 하고, 그 외함에 인체가 접촉되었을 때 인체에 인가된 전압을 접촉전압(Ea)이라 한다.

접촉전압은 고장전압의 일부이며 인체가 서있는 위치에 따라, 기기의 외함과 동전위로 될 수도 있고 만약 기준대지에 서있게 되면 고장전압과 같게(Ef＝Eb)될 수도 있다.

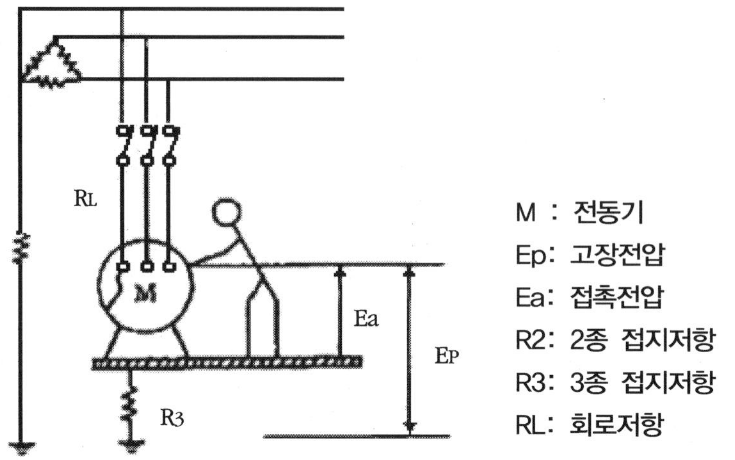

그림 13.1 고장전압과 접촉전압

일반적으로 인체의 위험도를 취급하는 접촉전압을 논할 때는 최악의 조건을 고려해야 하므로, 접촉전압은 고장전압과 같은 것으로 한다, 즉 그림 13.1에서 전원측 변압기의 제 2종 접지저항 R_2 및 회로저항 RL이 기기 외함의 3종 접지저항 R_3에 비하여 현저히 적기 때문에 지락 사고시 고장전압은 회로전압이 되고, 접촉전압은 최악의 경우 회로전압과 같다.

2) 허용 접촉전압

인체가 전기회로에 접촉되었을 때 인체에 대한 위험도는 인체에 흐르는 전류값에 의하여 결정되며 전류가 흐를 때 인체에 일어나는 반응을 보면 다음과 같다.

- 감지(感知)전류: 인체에 흐르는 전류가 수 mA를 초과하면 자극을 일으키며 개인에 따라서 1 mA 이하에서도 감각을 일으키는 경우도 있다.
- 이탈 한계전류: 도체를 꽉 쥐고 있는 상태에서 전류를 증가시켜 5 mA～20 mA 영역에 이르면 근육에 경련이 일어나 잡고 있던 도체를 놓을 수 없게 되는데 이러한 정도의 전류를 이탈한계전류라 한다.
- 심실세동(心室細動)전류: 인체 통과전류가 10 mA를 넘으면 활발히 움직여야 되는 심장의 근육이 경련을 일으켜 혈액 공급 작용이 정지되어 육체 각부에 신선한 피를 공급 할 수 없어 생명이 위태하게 된다.

감전방지를 목적으로 하는 경우 이탈한계전류를 대상으로 보호하는 것이 최선이지만 전류 중에는 인체로 흐르는 전류 이외에도 선로의 누설전류 및 잔류전류가 포함되므로 크기가 적은 이탈한계전류를 구별하기 곤란하다. 따라서 일반적으로 특수한 악조건을 제외하고는 심실세동전류를 검출대상 전류로 하여 보호한다.

심실세동전류에 관한 연구는 미국의 Dalziel씨와 독일의 Koeppen씨에 의한 전류의 통과시간 허용한계가 있으며 그림 13.2는 이들을 나타낸 것이다. 직선 A는 Dalziel이 연구한 결과로 체중 50 kg의 남자를 본보기로 한 것이며, 심실세동전류는 통과시간 T의 제곱근에 반비례하여 $I=\dfrac{116}{\sqrt{T}}(mA)$로 제한되어야 한다는 것이다. 그리고 직선 B는 허용 심실세동전류의 전류•시간곱이 50 mA•S로 일정하여 $I=\dfrac{50}{T}(mA)$로 된다는 Koeppen 씨의 연구 결과이다.

양자를 비교할 때 Koeppen의 허용값이 보다 안전하다고 할 수 있으며 실용상으로는 Koeppen의 허용값인 50 mA•S에 대하여 안전율 1.67을 적용한 직선 C의 30 mA•S를 허용값으로 적용한다. 허용전류 한계값이 결정되면 인체 저항으로부터 접촉전압이 정해진다. 그림 13.3은 인체 저항과 접촉전압의 관계를 나타낸 것이며 접촉전압의 허용값을 구할 수 있다. 그러나 인체 저항에는 개인차가 있으며 피부의 건습상태나 접촉상태의 크기에 따라서도 변화되어 항상 일정한 값으로 볼 수는 없게 된다.

그림 13.3의 하한곡선에 따르면 인체 통과전류 30mA•S에 상당하는 전압은 50 V로 된다. 이러한 것은 신체조건이 통상의 조건에서 허용 접촉저압을 고려한 것이지만, 손발이 도전성의 용액으로 적셔져 있는 경우에는 피부 표면의 각질층 저항이 현저히 저하되어 인체저항이 500 Ω로 될 우려가 있는 경우에는 25 V로 하는 것이 일반적이며, 허용 접촉전압 이상이 걸리는 경우에는 인체에 미치는 영향이 크므로 허용 통과시간을 제한하여 짧게 하여야 한다.

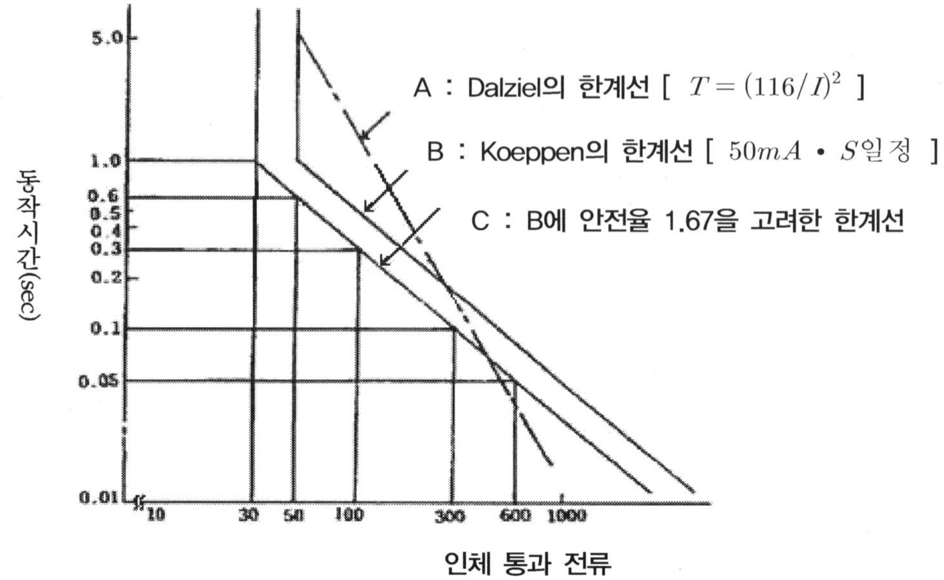

그림 13.2 심실세동전류(상용주파, 실효치) 통과시간 한계

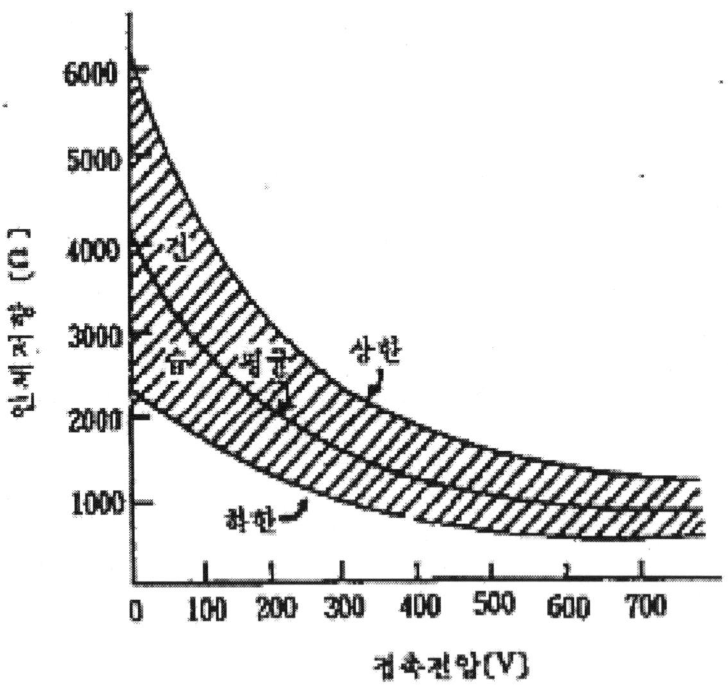

그림 13.3 접촉전압과 인체저항의 관계

그림 13.4는 30 mA • S 및 50 mA • S 일정으로 하는 접촉전압과 허용 통전시간의 관계를 표시한 것으로서, 접촉전압이 300 V라면 허용 통전시간이 0.1 sec가 됨을 알 수 있다. 전기안전을 위하여 규정에서 분류하고 있는 접촉상태를 보면 표 13.2와 같다.

13.1.2 화재방지

전기가 원인이 된 화재에는 누전에 의한 화재와 아크 발생에 의한 화재가 있다. 전로가 절연 파괴되면 수 A의 누설전류가 구조물 내의 도전물체를 통하여 흐르는 것이 일반이며 이때 발생되는 Joule열에 의하여 발화하게 된다. 이에 대하여 지락보호의 목표값이 100 mA 이상으로 일반의 화재방지 보호로는 충분히 감지할 수 있으나 발열점에 있는 물질의 종류나 그것의 건조상태에 따라 수 mA 이하에서도 발화될 수 있어 화재방지에 어려움이 있다.

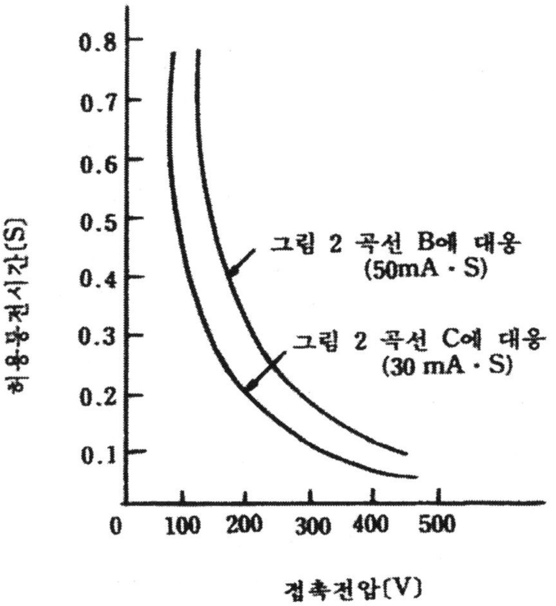

그림 13.4 접촉전압과 허용통전시간 관계

표 13.2 허용 접촉전압

종류	접촉상태	허용접촉전압
제1종	인체의 대부분이 물속에 잠겨 있는 상태	2.5V이하
제2종	인체가 현저히 젖어 있는 상태 또는 금속제 전기기계 장치나 구조물에 인체의 일부가 상시 접촉되어 있는 상태	2.5V이하
제3종	제1종 및 제2종 이외의 경우로서, 통상의 인체 상태에 있어서 접촉전압이 가해지면 위험성이 높은 경우	50V이하
제4종	제1종 및 제2종 이외의 경우로서, 통상의 인체 상태에서 접촉전압이 가해져도 위험성이 낮은 상태 또는 접촉전압이 인가되지 않은 경우	제한 없음

아크 지락은 400 V급의 회로에 많은 것으로 알려지고 있으며, 지락시 어떤 원인으로 아크가 발생되면 주변에 다량의 열에너지가 발생되고 이 열에 의한 도체, 구조물 등이 용융 기화하여 이온화되어 급속히 확산되며. 이때 아크 발생점도 이동하여 전로, 전기기기 및 구조물에 큰 피해를 일으키는 경우가 많다.

통상 아크 단락사고로 발전되지만 아크 저항에 의하여 전류가 그다지 크지 않아 과전류 보호장치에 의한 단시간 검출이 곤란하여 피해가 확대될 수 있다. 그러나 지락사고 단계에서 아크 전류를 감지하여 고속도(6～9 cycles) 차단을 실시하면 아크단락으로 확대되기 전에 막을 수 있는 것으로 알려져 있다.

그밖에도 지락에 의한 손상에는 직접 접지계에서 과대한 지락전류에 의한 전자력으로 인한 것이 있을 수 있으나, 그의 크기가 통상 3상 단락전류(완전단락전류) 보다는 적으므로 최대 단락전류에 대한 내력을 검토하는 것으로 대신할 수 있다.

13.2 지락보호 방식

저압회로의 지락보호방식에는 다음의 종류가 있다.

① 보호접지방식
② 과전류 차단방식
③ 누전차단방식
④ 누전경보방식
⑤ 절연변압기방식

이러한 방식 중에서 어떤 방식을 적용할 것인가는 회로방식이나, 보호목적에 따라 결정되며 공장의 저압회로 보호는 주로 과전류 차단방식 또는 누전차단방식이 사용된다.

13.2.1 보호접지방식

이 방식은 감지방지를 주목적으로 하는 것으로, 기계기구의 외함이나 배전용 금속관, 금속 Duct등을 저저항 값으로 접지하여 회로에 지락이 발생되어도 인체에 걸리는 접촉전압이 허용값 이하가 되도록 억제하는 것이다.

보호접지의 저항값은 그림 13.5에 나타낸 바와 같이 계산해 낼 수 있으며, 그 값은 접촉전압의 종류에 따라 표 13.4에 기재한 바와 같이 결정할 수 있다.

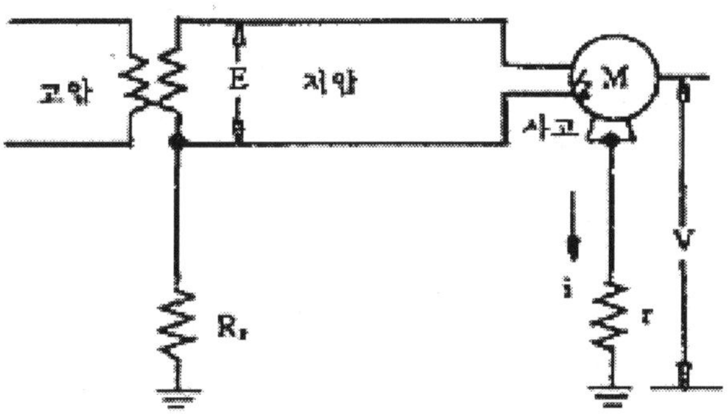

E : 저압회로의 사용전압(V)
R_2 : 제2종 접지 저항(Ω)
V : 지락점의 대지 전압(V)
i : 지락전류(A)
r : 보호접지저항(Ω)

$$E = i \cdot (R_2 + r)$$

그림에서 $V = i \cdot r$

$$r = \frac{V \cdot R_2}{E - V}$$

그림 13.5 지락사고의 회로 구성

표 13.3 보호접지의 종류와 저항 값

종류	허용접촉전압(V)	접지저항(Ω)
제 1급 보호접지	25	$r \le \frac{25}{E-25} \cdot R_2$
제 2급 보호접지	50	$r \le \frac{50}{E-50} \cdot R_2$
제 3급 보호접지	제한없음	$r \le 100$

r : 보호접지 저항의 최대값[Ω]

E : 저압회로의 사용전압

R_2 : 제2종 접지 또는 중성점 접지저항[Ω]

13.2.2 과전류계전방식

과전류차단방식은 회로의 손상방지를 주목적으로 하며 단락 및 과전류보호장치에 의하여 지락보호를 하는 것으로 저압간선 및 발전소, 공장 등의 소내 저압회로에 많이 채용된다.

이 방식을 이루기 위해서는 보호장치가 고속으로 동작할 수 있도록 충분한 지락전류가 흘러야할 필요가 있으므로 회로와 병행하는 접지 전용선을 설치하거나 금속관 또는 금속 Duct를 완전히 전기적으로 접속하여 접지선의 역할을 할 수 있도록 한다.

13.2.3 누전차단방식

이 방식은 회로에 지락이 발생되었을 때 나타나는 영상전압 또는 영상전류를 검출하여 차단하는 방식으로서 보통 감전방지를 목표로 하는 것이 많다. 실제 사용되는 종류들로는 검출대상에 따라 전류동작형, 전압동작형 및 전압 전류동작형이 있다.

1) 전류 동작형

이 방식은 영상변류기(ZCT)에 소세력 지락과전류계전기 또는 지락전류 감지회로를 연결하여 지락을 검출하는 방식이며 누전차단방식 가운데서는 가장 많이 사용된다. 근래에는 주로 영상변류기 및 과전류 요소검출부와 차단기 역할을 하는 차단부를 조합하여 일체식으로 제작한 누전차단기를 사용한다. 누전차단기의 동작원리는 그림 13.6에 표시된 바와 같이 영상변류기에서 검출된 미소 영상전류를 증폭시킨 후 조정부에서 일정 레벨(Level)을 초과하는지 여부에 따라 보조계전기를 동작시켜 차단신호를 내게 된다.

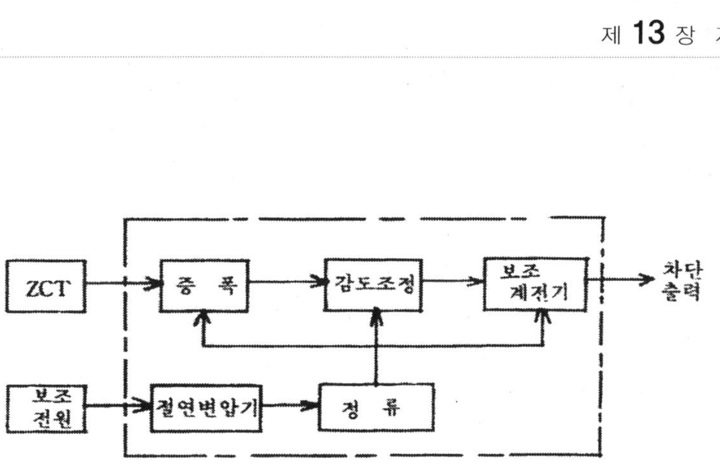

그림 13.6 전류 동작형 누전차단기 동작 개요

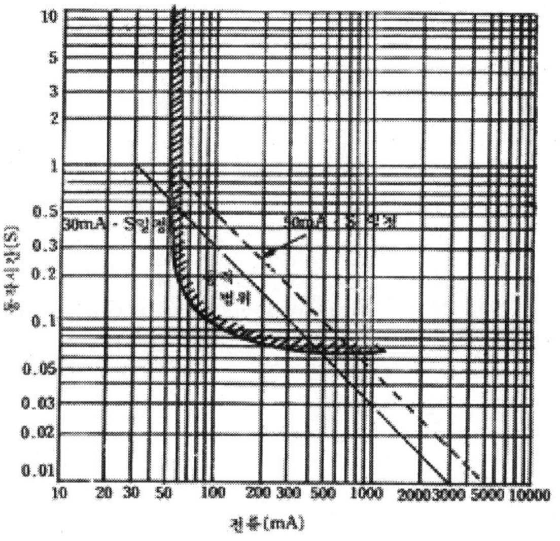

그림 13.7 전류 동작형 누전차단기 동작특성

일반적으로 누전차단기의 감도는 영상변류기 1차측 환산값으로 15～200 mA • S정도로서 여러 단계로 조정하여 사용 가능하다. 그림 13.7은 전류동작형 누전차단기 동작특성의 일례를 보인 것이며 이 경우 통상상태에서 감전사고방지에 충분한 감도를 가진다.

■ 전류동작형 적용시 유의사항

(가) 적용계통의 전원측～변압기의 결선이 Y결선이면 중성점을 접지하므로 문제없지만, △결선이면 1단자를 접지하므로 상시에도 비접지상을 통하여 대지로 흐르는 충전전류 Ic가 영상전류로 나타나 오동작의 원인이 되므로 회로전압, 도체규격, 매설상태 등을 고려하여 상시 충전전류를 파악하여 대처해야 한다. 보통 200 V 회로에서 충

전전류는 100m당 3~5mA 정도이며, 만일 상시 충전전류가 커서 원하는 동작감도를 얻기 곤란하면 다른 방식을 채용하거나 회로의 길이를 제한하여야 한다.

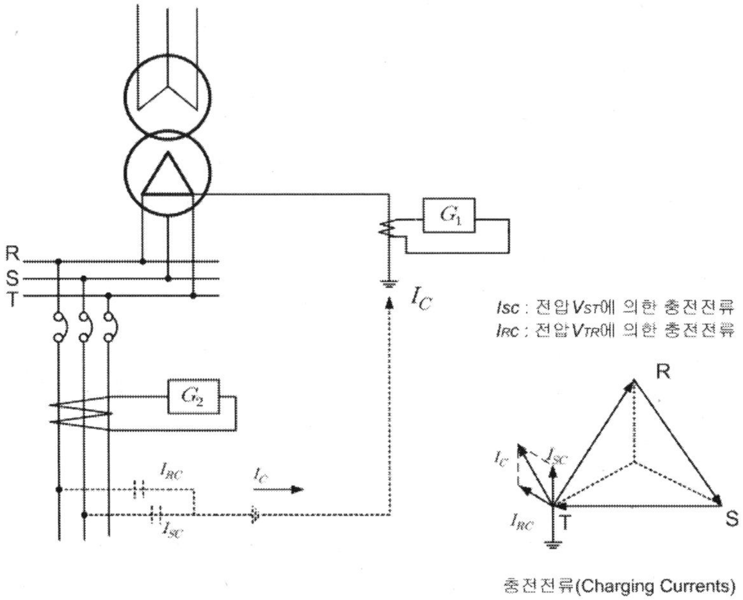

그림 13.8 △결선회로의 충전전류와 지락보호

(나) 영상변류기에 접지선이 관통되지 않도록 시공 : 그림 13.9와 같이 접지선이 영상변류기를 관통하면 지락사고 시 선로의 영상전류 Ig에 의한 자속이 접지선에 흐르는 영상전류 Ig'에 의한 자속으로 상쇄되어 사고가 발생되어도 보호장치가 동작하지 않게 된다.

(다) 영상변류기에 금속제 전선관을 관통시키지 말 것 : 영상변류기에 금속제 전선관이 관통하면 변류기 철심 이외에도 전선관을 통하여 자속의 분로가 이루어져 지락사고 시에도 부동작하게 되며, 또 그림 13.10과 같이 전선관의 양단을 접지하면 지락사고 시 회로에 흐르는 영상전류 Ig와 전선관을 통하여 흐르는 전류 Ig가 서로 상쇄되어 지락보호장치가 동작할 수 없을 뿐만 아니라, 평상시에는 회로 배치의 불평형이나 부하의 불평형으로 인하여 전선관에 의하여 오동작할 우려가 있게 되므로 한쪽만을 접지하여야 하며 부득이 한 경우는 점선과 같이 접지선으로 영상변류기를 다시 관통시켜 주어야한다.

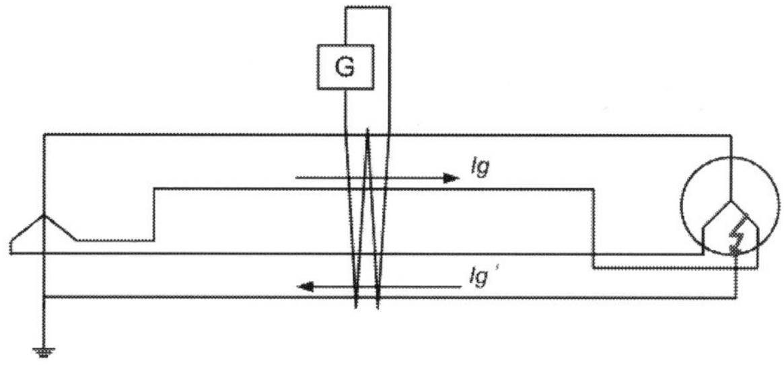

(a)

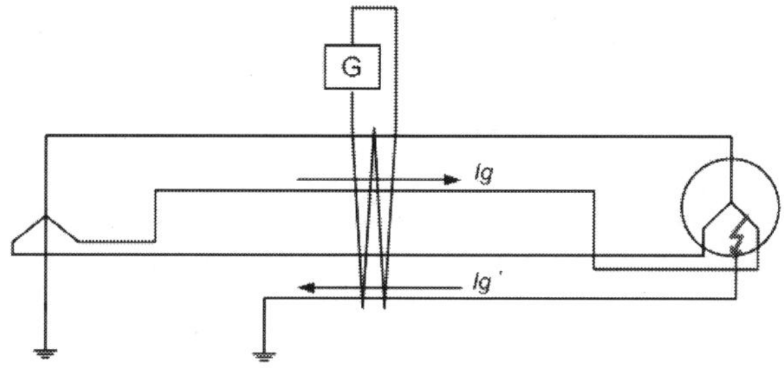

(b)

그림 13.9 영상변류기와 접지선의 관계

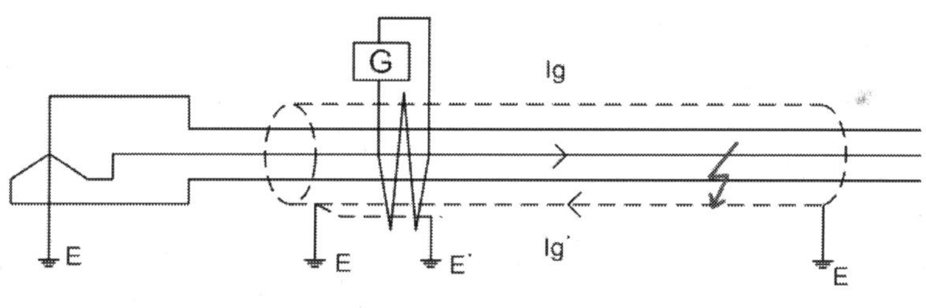

그림 13.10 영상변류기와 전선관의 관계

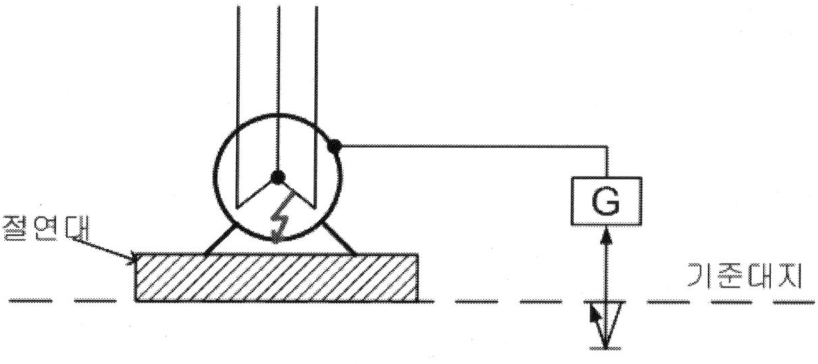

그림 13.11 전압동작형의 원리

2) 전압동작형

전압동작형은 지락사고시 기기의 외함 등과 같이 전기회로에는 속하지 않으나 도전성을 갖는 금속체와 기준대지 간에 발생하는 고장전압을 검출하는 방식이다. 그림 13.11과 같이 기기의 외함을 대지로부터 절연하고, 이 외함과 기준대지에 해당하는 접지극 간에 계전기를 연결하여 사고시 나타나는 전압에 동작한다. 기기를 보호접지하지 않는 대신 기기 외함을 절연하는 것과 기준대지에 해당하도록 접지극을 시설해야 하는 어려움이 있어 요즈음에는 잘 사용하지 않는다.

3) 전압 전류동작형

400V급 배전방식과 같은 대규모 저압 배전계통에는 다수의 회로 중에 고장회선을 선택해야 하므로 그림 13.12와 같이 전압요소와 전류요소를 조합시킨 지락방향계전기 67F를 사용한다. 이 방식의 개요는 고압배전선의 지락방향계전기와 같으나, 중성점 직접 접지방식의 400 V급 계통에서는 지락 시 영상전압이 비접지계의 1/3밖에 나타나지 않아 방향판정 기준전압으로서 앞선 상의 선간전압을 사용하거나 영상전압을 증폭시키는 등의 조치가 필요하다.

13.2.4 누전경보방식

누전경보방식은 비상등회로와 같이 접지사고시 회로를 즉시 차단하는 것이 부적당한 회로의 보호 및 소방법에 의한 화재경보장치에 주로 사용된다. 이 방식의 종류에는 검출방식에 따라 전압동작형과 전류동작형으로 나누어지고 각 방식에 대한 원리는 누전차단방식에서와 같으나 단지 차단부를 Bell 또는 Buzzer 등의 경보장치로 대치시킨 것에 불과하다.

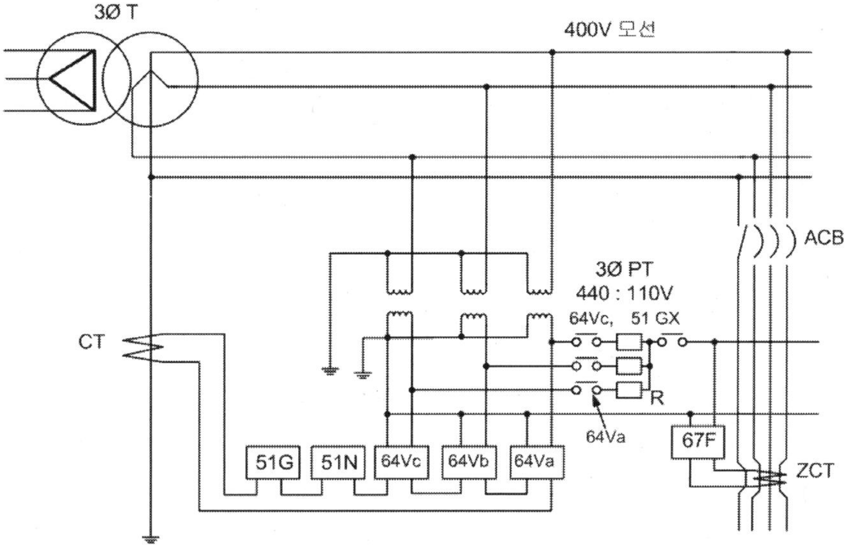

그림 13.12 저압 선택접지 계전방식

13.2.5 절연변압기방식

이 방식은 절연변압기를 이용하여 보호대상 회로를 비접지식 또는 단독 중성점 접지식 전로로 하여 접촉전압을 억제하는 방식이다.

비접지식은 그림13.13에 보인 바와 같이 절연변압기 2차 측을 접지하지 않은 것으로 전기기기의 지락사고 기 인체가 외함에 접촉되어도 지락전류의 귀로가 성립되지 않아 감전을 방지할 수 있다.

비접지방식에서 주의해야 할 사항은 비접지라 할지라도 실제적으로는 회로의 절연이 불충분하다든지, 선로의 대지에 대한 정전용량이 큰 경우에는 접촉 시에 누설전류나 충전전류가 흘러 위험해 진다는 점이다.

중섬점 접지식은 그림13.14에 표시된 바와 같이 절연변압기의 2차 측 중성점을 접지하므로 고장전압을 허용 접촉전압 이하로 하는 방식이며, 2차 측 전압은 통상 100 V 이하로 한다.

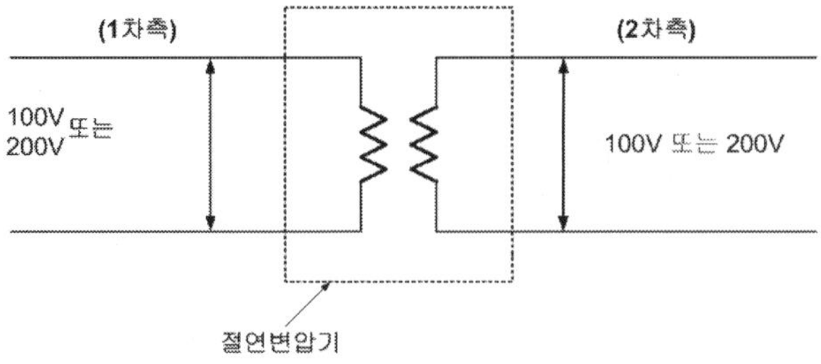

a)

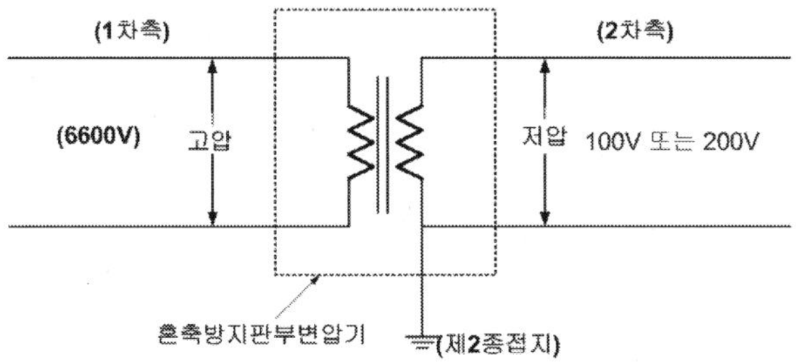

b)

그림 13.13 비접지식

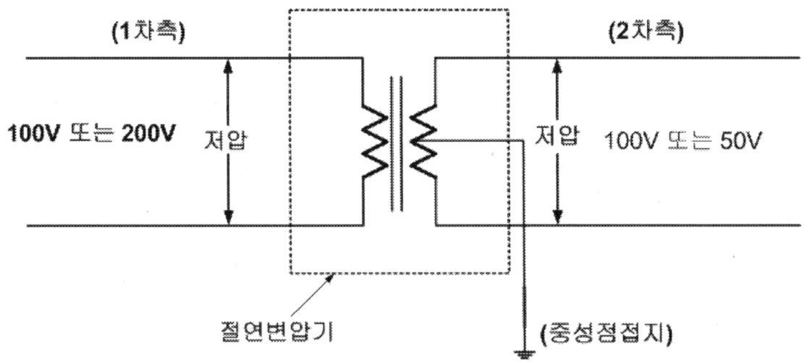

그림 13.14 중성점 접지식

● 태초에 하나님이 천지를 창조하시니라.

제 14 장 전동기 보호 (Motor Protection)

14.1 개요

전동기는 일반적인 동력원으로서 각종 산업기계, 기구, 장치들의 구동용으로 널리 사용된다. 이러한 전동기에 사고가 발생되면 구동되고 있던 기계, 장치들이 정지되며 때에 따라서는 산업공정이 모두 정지되는 사태로 발전하기도 한다. 전동기는 전력계통의 최말단에 위치하므로 보통 전동기 사고가 계통에 미치는 영향이 국부적이라 인식하기 쉽지만 사고처리가 잘못되면 전원 쪽으로 파급되어 넓은 범위에 걸쳐 정전을 초래하기도 하고, 사고 초기 순간이나 과도 시에는 전동기가 아닌 발전기로서도 작용하여 규모가 큰 전동기의 경우는 자세한 배려가 필요하다.

전동기의 보호는 원인과 목적에 따라

- 전동기와 부하 자신의 사고를 검출하여 그 영향을 최소화하기 위한 보호
- 전원 측의 이상으로부터 전동기와 부하를 보호하기 위한 것

과 같은 2가지 유형이 있으며, 구체적인 전동기 보호방식을 결정하기 위하여 고려해야 할 사항으로는 다음과 같은 여러 가지 조건들이 있다.

㉠ 사용전압(고, 저압)
㉡ 정격용량
㉢ 시간정격(단시간, 장시간)
㉣ 과부하 내량
㉤ 부하 변동형태(연속, 간헐, 첨두)
㉥ 기동부하
㉦ 기동방식(직입, Y－Δ, 기동 보상기, 저항)
㉧ 회전속도

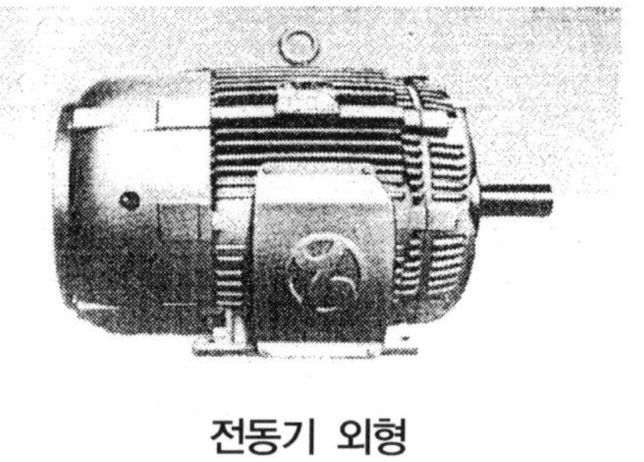

전동기 외형

ⓙ 중요도(주기, 보조기별)
ⓚ 운전방식(자동, 수동, 원방감시)
ⓛ 공정, 기계장치에 관한 특수조건
ⓜ 설치장소의 환경(폭발성 gas, 습기, 분진 등)

전동기 사고는 권선의 절연 파괴사고가 전체의 50%로 가장 많고, 베어링(Bearing) 사고가 25%, 기타 원인에 의한 것이 25% 정도의 분포를 갖는다. 따라서 보호대상에서도 권선의 과부하에 관한 것이 주로 많고 중형기 이상에서는 베어링 보호를 추가 하는 것이 일반적인 경향이다. 여기서는 산업체에서 주로 많이 사용되는 유도 전동기에 대한 보호 방식을 설명하고자 한다.

● 전동기의 종류

- 전동기
  - 직류전동기
  - 교류전동기
    - 유도전동기
      - 농 형 (구조간단) : 범용전동기에 많이 사용
      - 권선형(기동특성 양호)
    - 동기전동기
      - 돌극형
        - 농형 시동권선부
        - Sleet Hall형
        - 초동기전동기(고정자 회전시동형)
        - 권선형 시동권선부
      - 비돌극형
        - 터보형
        - 유도 동기전동기
    - 교류 정류자 전동기
    - 특수 교류전동기

14.1.1 차단장치의 적용

차단장치는 전력계통 상의 설치장소에 따라 결정되는 사고용량을 차단할 수 있고 예상되는 최대부하전류를 연속적으로 흘릴 수 있는 능력을 갖는 것을 선택 사용하여야 하며 선택할 시기에 존재하는 것 중에서 성능이 우수하고 경제적인 것을 선정하게 된다. 유도전동기는 부하기기로서 사용전압이나 용량면에서 그 범위가 넓으며 적용되는 차단장치의 종류도 다양하다. 표 14.1은 일반적으로 사용되는 차단장치의 종류를 전압별로 소개한 것이다.

표 14.1 전동기 회로 차단 장치의 종류

정 격 전 압	차 단 장 치	비 고
600 V 또는 그 이하	전자접촉기(MC), Fuse(NFB), 배전용차단기(MCCB)등, 저압 공기차단기(ACB)등	종류와 특성이 다양함
600 V 이상~4,800 V	전자접촉기(MC), 차단기(ACB, MCB)	
2,400 V ~ 13,800 V	차단기(MBB, VCB 등)	

14.2 사고현상과 보호

14.2.1 사고현상과 보호방식

유도전동기에 일어날 수 있는 사고의 종류와 이때 나타나는 일반적인 현상과 영향을 살펴보고 이에 대비하여 보호에 유효하게 사용될 수 있는 보호계전 장치들을 정리해 보면 표 14.2와 같다.

표 14.2 유도전동기의 사고와 보호계전장치 총괄표

보호대상항목		사고원인	현상	영향	보호계전장치	비고
전동기 자체의 이상에 대한 보호	과부하보호 (Overload Protection)	·정격부하 이상에서 운전	·과전류(입력전류>정격전류) ·온도상승 ·기동시에는 기동시간 지연	·절연인화-수명단축 ·권선 소손	·반한시성 과전류 계전기(51) 또는 열동계전기(Thermal relay:49) ·Fuse ·NFB(No Fuse Breaker)	열동계전기는 입력 전류에 의한 권선온도 상승을 간접적으로 검출하는 방법과 서미스터 또는 바이메탈 등의 온도 센서를 권선에 직접삽입 하여 검출하는 방법이 있음. ·저압전동기에는 보통 하나의 계전기로서 2가지 항목을 모두 보호하며 주로 열동형계전기(49)를 사용한다.
	회전자 구속 보호 (Locked Rotor Protection)	·어떤 원인(회전자 걸림, 과대한 부하, 기동불량 등)에 의하여 회전자가 정지 또는 구속	·기동전류와 같은 대전류 (정격전류의 4-10배)	·권선 및 회전자 온도 급상승(회전자 통풍효과 없어 상승 가중) ·절연열화 - 수명 단축 ·심한 경우 권선 소손	·열동계전기(49) ·순시형 과전류계전기(50)와 기동시 구분보조 장치 조합 ·회전수변화율계전기(기동후 회전수 감소가 큰 경우 동작)	
	단락보호 (Short-circuit Protection)	·권선과 권선간의 절연 파괴 ·리드선 또는 연결단자 이탈 ·공급 Cable회로단락	·과대한 전류 (정격전류의 7~십 수배) ·영상전류급증 ·영상전압증가(중성점비접지 또는 고저항접지 배전계통에 연결된 경우에 한 함)	·권선소손 ·회로소손 ·절연파괴 확산	·순시형 과전류 계전기(50): 중·대형 ·비율차등계전기: 고압 대형	
	지락보호 (Ground-fault Protection)	·권선과 외함(case)간의 절연파괴 ·리드선 또는 연결단자 지락 ·공급전력 회로 지락	·과대한 전류(중성점 직접접지 배전계통에 연결된 경우) ·영상전류급증 ·영상전압증가(중성점비접지 또는 고저항접지 배전계통에 연결된 경우에 한함.)	·권선소손 ·절연파괴 확산 ·이상 과전압 발생원인(중성점 비접지, 고저항 접지 배전계통의 경우)	·순서 및 한시 과전류계전기(50N/51N): 직접접지계통, 중·대용량 ·선택접지 계전기 또는 방향 지락계전기 (67N 또는 32N): 비접지, 저항접지계통	

표 14.2 유도전동기의 사고와 보호계전장치 총괄표 (계속)

보호대상항목		사고원인	현상	영향	보호계전장치	비고
전동기자체의 이상에 대한보호	축수보호 (Bearing Protection)	·윤활유 열화 ·윤활유 부족	·베어링 부분 과열 ·마찰음 발생	·베어링 열화-소손	·경보 접점부 온도계 ·Search Coil ·Thermo-couper ·유압.유량계전기 -급유상태 확인 ·압력.유량계전기 -냉각매체 확인	·축수부에 감온장치, 열센서 등을 삽입하여 보호하며 중·대용량기에 적용: 정상운전시 온도보다3~5˚C높게 Setting하여 사용 ·강제급유방식사용 대용량기로서 축수과열보호 이외에 급유상태 확인용 계전기 사용 ·윤활유 냉각기 사용시, 냉각매체 상태확인용 계전기 사용
전원측 이상에 대한 전동기측 보호	결상보호 (Single-Phase Operation Protection)	·전력Fuse1상분 용단 ·개폐기류 접촉불량으로 인한 1상분 결상 ·전동기 내부권선 단선 ·기타 원인에 의한 1상 회로 개방	·과전류 -전부하 운전시는 정격의 200~250% -기동중 결상되면 구속전류의 약 $\sqrt{3}/2$배 ·역상전압·전류발생 ·회전자 전류파형 일그러짐	·회전자 및 고정자 과열-소손	·과전류 계전기(51) ·역상과전류 계전기(46) ·역상과전압 계전기(47) ·결상보호부 열동계전기	·역상과전압계전기는 주로 모선에 설치하여 전원측 결상 또는 역상시 전동기기동방지 및 전동기 전체를 보호하기 위하여 사용됨
	역상보호 (Phase Rotation Protection)	·전원의 상회전이 반대로 됨 (전원회로 오접속:Cable 교체 및 접속부의 점검시 상순서 착오 등) ·전원 전압의 상 불평형 (전원측 전압조정기 불량, 과대한 불평형 부하 운전으로 인한 전원측 전압 불평형)	·전동기 회전방향이 반대로 됨 ·역상분 전압·전류 발생 ·입력전류 증가(동일부하에서) ·회전자 전류파형 일그러짐	·전동기 자체에는 영향이 없으나 연결된 기계장치가 역회전하면 큰 위험을 초래하는 경우가 있음. ·회전자 과열 ·전동기 전체의 온도상승	·역상과전류 계전기(46) ·역상과전압 계전기(47) ·역회전 방지장치(역회전방지장치 사용시에는 회전자가 구속으로 구속보호 장치에 의하여 보호됨)	

표 14.2 유도전동기의 사고와 보호계전장치 총괄표 (계속)

보호대상항목		사고원인	현상	영향	보호계전장치	비고
전원측 이상에 대한 전동기측 보호	저전압보호 (Undervoltage Protection)	·전원측 전압강하과다 (저역율부하,전원계통 이상) ·전원측 정전 ·전압조정장치 이상	·입력전류 증가 (부하를 회전시키기 위한 에너지 공급은 일정해야 하므로 전압저하 대신 전류가 증가됨) ·전동기 속도저하 심한 경우 전동기 정지	·전동기 과열(장기간 운전시 소손) ·부하측 공정상 혼란초래 ·전원전압 회복시 동일계통에 있는 전동기가 일시에 모두 기동되어 전압강하로 인한 기동지연 -저전압 운전시간 연장되어 과열초래 및 전원측 과전류 계전기 동작으로 재정전을 유발할 수 있음 ·정전 회복시 자동 재시동으로 인한 운전원 및 기계장치 위험 우려	·저전압 계전기(27) ·소용량전동기에 많이 쓰이는 상시 교류조작식 개폐기(전자접촉기[MC]등)는 전원측의 저전압 또는 정전에 대한 보호역할을 자연히 담당하게 된다. 그러나 순간 전압강하 또는 순간정전시에도 개폐기가 개방되어 매우 불리할 경우가 있어 알맞은 한시동작 특성을 찾거나 전압회복시 자동 재기동 될수 있는 것을 사용한다.	·중·소용량전동기에서 저전압 검출 정도가 그다지 높은 것을 요구하지 않는 경우에는 일반용도의 보조계전기를 저전압계전기로 사용하기도 함
	과전압보호 (Overvoltage Protection)	·전압조정장치 이상 ·전압조정 불량	·과전류(무효분 증가)	·절연파괴	·과전압계전기(59)	·일반적으로 모선에 설치하여 과전압이 발생되면 전동기를 정지시키거나 경보를 발생시킴. 동작치는 보통 정격전압의 110%~130%정도로 함.

14.3 보호계전기의 적용과 실제

1) 열동계전기(49: Over-load/Short Circuit Protection)

전동기 보호용 과전류 계전장치로서 요구되는 대표적인 규격을 보면

㉠ 전 부하전류의 500% 전류가 흐를 때 45초 이내에 동작할 것

㉡ 전 부하전류가 흘러 전동기 온도가 상승된 후 전류를 정격의 200%로 하였을 때 4분 이내에 동작할 것.

㉢ 정격전류의 110% 전류에 동작하지 않아야 하고 온도가 일정치로 상승 안정된 후 전류를 증가시켰을 때 125% 전류에서 동작할 것.

등이 있다.

이러한 조건들은 모두 범용 전동기의 열특성을 고려한 것으로서 ㉠은 구속보호를 대상으로, ㉡는 과부하보호를 대상으로, ㉢은 전원전압의 저하를 대상으로 각각 고려한 것이다. 열동 계전기는 통전전류에 의한 발열을 바이메탈의 변형으로 감지하여 동작하는 것이며, 3상 전동기의 과부하와 구속 보호에는 임의의 2상에 설치한다.

대표적인 열동계전기의 특성과 전동기의 열특성을 보면 그림 14.1(a)와 같으며 적용된 회로의 일례는 그림14.1(b)와 같다. 일반적으로 열동계전기의 동작전류치 조정범위는 정격치의 80%~120% 정도이고 동작시한은 조정되지 않는 것이 일반이다. 즉 동작 시간을 변경시키기 위해서는 발열소자와 바이메탈 간의 간격을 조절시켜야 하는데 정확을 기할 수 없어 필요시에는 계전기를 교환하는 편이 좋다. 열동계전기 적용시에는 전동기의 열특성과 부하의 기동특성을 알아야 하며, 계전기의 특성곡선이 전동기의 열특성 곡선보다는 아래쪽에, 그리고 전동기의 기동 전류특성 곡선보다는 위쪽에 위치되어야 하며 어느 것과도 교차되어서는 안 된다.

전동기의 허용 과부하량과 시간의 관계는 전동기의 열시정수에 따라 정해지고 전동기의 기동전류는 전동기 종류와 기동방식에 따라 다르며 표준형 농형 전동기의 직입기동시에는 일반적으로 정격의 4~7배가 된다(표 3참조). 또한 기동시간은 연결된 부하와 전동기 자체를 포함한 GD^2에 따라서 정해지지만 일반적으로는 다음 식에 의한다.

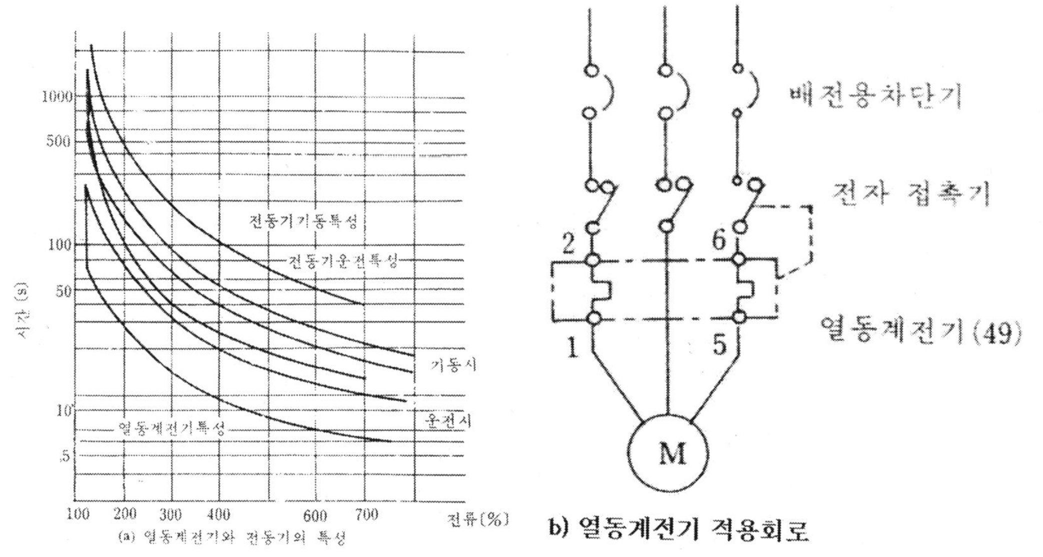

그림 14.1 열동계전기에 의한 전동기 보호적용

$$t_s = \frac{GD^2 \times N}{375 \times T}(\text{sec})$$

여기서 GD^2 : 전동기 축에 있는 부하와 전동기 자체의 Fly-Wheel 효과(kg·m)
N : 정격회전수(r.p.m)
T : 평균 가속 토크(kg·m)

이상의 방법에 따라서 선정된 열동계전기를 정정(Setting)할 때 별도로 주의를 해야 할 몇 가지 사항은 다음과 같다.

① 기동시간이 특별히 긴 전동기(대형 팬(fan), 원심분리기 등을 부하로 하는 전동기)에서 문제되는 경우

그림 14.2에 나타난 바와 같이 일반특성의 열동계전기로서 원활한 보호를 할 수 없게 된다. 대책으로서는 가포화 변류기를 사용하여 열동계전기의 특성을 변형시키는 방법과, 다른 보호장치와 조합 사용함으로써 보호특성이 개선되도록 하는 방법이 있다.

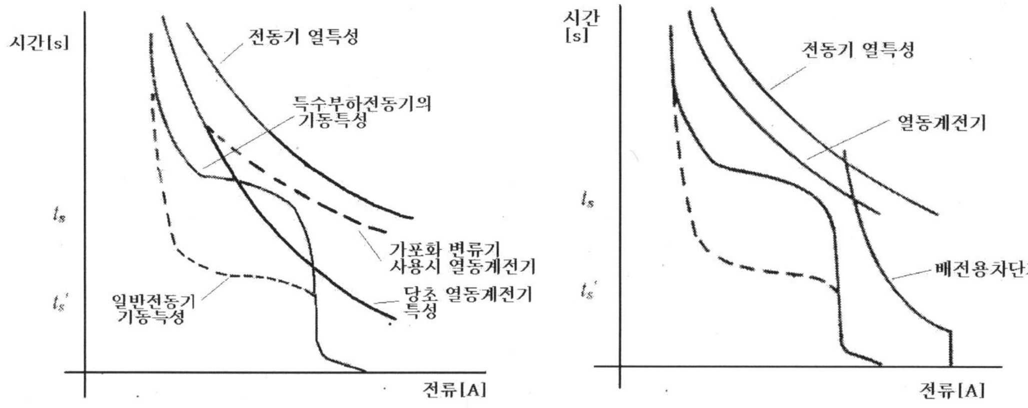

a) 가포화 변류기에 의한 특성변경

b) 보호장치의 조합사용

그림 14.2 열동계전기의 보완사용 및 조합사용

② 냉각 매체 속에 잠겨서 운전되는 전동기의 경우

냉동기용 전동기, 수중 전동기 등과 같이 전동기의 회전에 따라서 흐르는 냉각매체에 의하여 냉각되는 전동기는 과부하 운전에 대하여는 온도 상승에 여유가 있으나, 구속 시에는 냉매의 흐름이 감소되거나 정지되어 급격한 온도 상승의 원인이 된다. 따라서 이러한 전동기의 구속 보호에는 속도가 빠른 열동계전기가 필요하다.

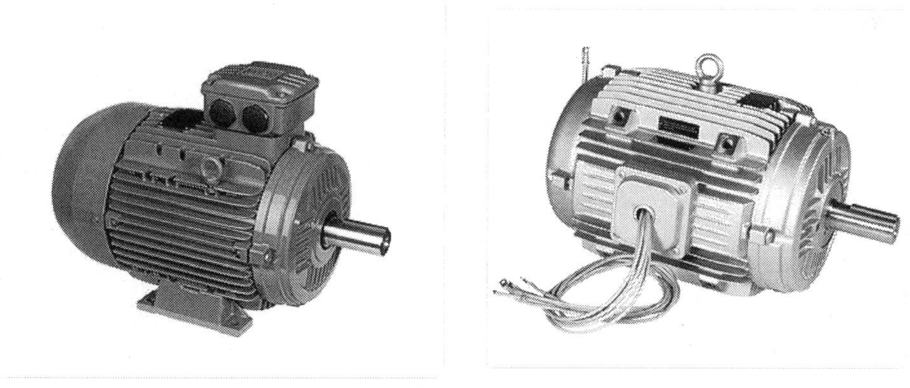

그림 14.3 3상 전동기 외형

③ 간헐적으로 사용되는 전동기의 경우

크레인용 전동기와 같이 기동—정지가 빈번한 전동기는 가감속중에도 손실은 발생되지만 회전수가 느려서 냉각이 충분하지 못하게 된다. 더욱이 가감속 중에는 회전자 전류의 주파수가 높아 표피효과에 의한 회전자 등가저항이 커져 동일 전류에 대한 회전자의 발열이 증가된다. 이러한 전동기는 사용조건에 따른 온도 상승을 산정하여 이에 맞는 계전기 동작치를 정해 주어야 하며 경우에 따라서는 열동형계전기 이외에 다른 계전기를 채용해야 한다.

2) 전력 퓨즈(Fuse)

전력 퓨즈는 사고 검출과 차단능력을 모두 갖춘 보호기기이나 사용상의 불편으로 적용 선호도가 감소되고 있다. 퓨즈로 전동기를 보호하고자 할 때에는 퓨즈의 시간－전류(T－C)특성과 한류특성이 중요하므로 충분한 이해와 검토가 필요하다. 전력 퓨즈의 시간－전류특성은 단시간 허용전류특성과 최대용단 전류특성으로 표시되며, 허용전류는 퓨즈의 요소들이 변질·열화 되지 않고 흘릴 수 있는 최대전류를 말하며 최소용융 시간(Minimum Melting Time)특성이라고도 한다.

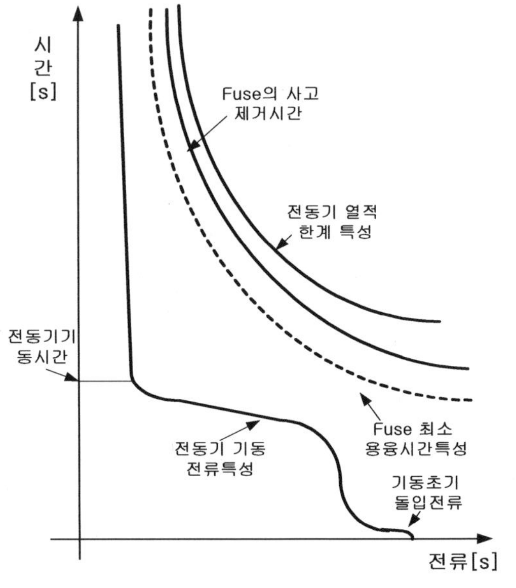

그림 14.4 전동기 보호용 퓨즈의 선택

그리고 최대용단 전류특성은 Fuse가 완전히 용단되어 사고를 제거한 전류 중 최대값과 시간의 관계를 나타내며 사고 전류에 대한 최대사고 제거시간(Maximum fault Clearing Time)을 알 수 있다. 따라서 전동기보호용 Fuse를 선정할 때에는, 전동기 기동전류특성 곡선보다 Fuse의 최소용융 시간특성 곡선이 위에 있고, Fuse의 최대사고 제거 시간특성 곡선은 전동기의 열특성 곡선보다 아래에 위치할 수 있는 것을 선택하여야 한다(그림 14.4 참조)

그 밖의 유의사항으로는 다음과 같은 것들이 있다.

① 결상운전 가능성이 있다.
   결상보호계전기 또는 동작 접점부 퓨즈를 채용하고 별도의 3상 개폐기(단, 사고차단능력이 없는 개폐기도 가능함)를 직열로 설치하여야 한다.

② 사용 중 동작 특성의 조정이 불가능하므로 규격선정 시에는 충분한 기술검토가 필요하다.

③ 동작시 과전압 발생

퓨즈가 차단될 때 양단에 회로전압의 2배 전후의 과전압이 발생되므로 퓨즈의 정격전압이 회로전압의 약 3배 이상인 것을 선택하여야 한다.

④ 불량판정이 곤란하다.

운전 중에 퓨즈 소자의 변질 또는 열화의 여부를 점검할 방법이 없으므로 유지·보수상의 계획과 부하의 중요도를 고려하여 채용하는 것이 좋다.

⑤ 차단속도

사고 차단속도가 고속도 이므로 사고전류 산정 시에는 계통으로부터 유입되는 사고전류 이외에도 동일 회로에 연결되어 있는 타 전동기들로부터 발생되는 급감쇄 성분(Xd"치 고려)의 유입 전류도 종합·고려하여 퓨즈의 차단용량을 정하여야 한다(그림 14.5 참조)

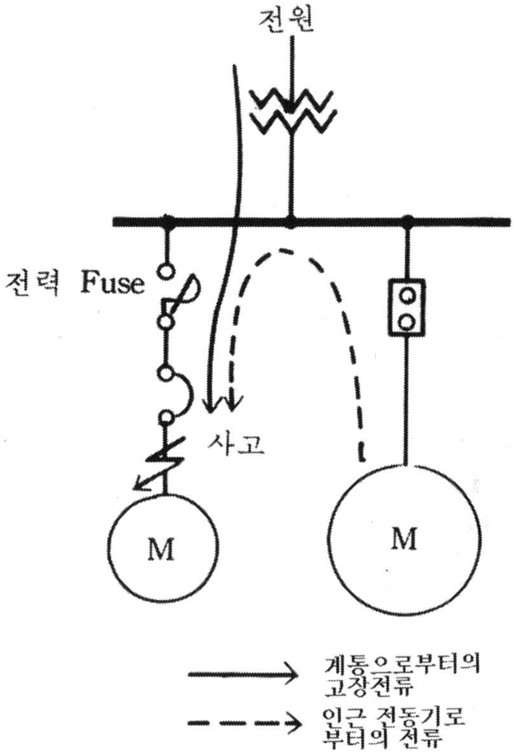

그림 14.5 인근 전동기로부터 유입전류

3) 과전류 계전기(50/51: Over-load/Short Circuit Protection)

고압·중급 용량 이상의 전동기는 정격전압 및 정격전류 관계 상 주회로의 개폐기로서 차단기를 사용한다. 이때 과부하 보호와 단락사고 보호는 순시요소부 반한시 특성의 과전류계전기를 사용하게 되며, 일반적으로 반한시 특성요소의 동작값은 전동기 정격전류의 110%~120%에 조정하고 한시조정은 정한시 부분의 동작시간이 기동시간을 상회하도록 조정하여 운전한다. 기동전류와 기동에 필요한 토크의 일반적인 크기를 보면 표 14.3~5와 같으며 전동기 명판에 기동전류크기가 별도로 명시되지 않은 경우에는 이 표에 있는 값들을 적용할 수 있다.

표 14.3 3상 농형 유도 전동기의 기동토크와 기동전류

용도	기동토크(%)	기동전류(%)
일반용	100~150	450~650
특별히 큰 기둥토크를 필요로 하는 경우	150~200	500~700

표 14.4 기동방식에 따른 기동토크와 기동전류

기동방식	토크(%)	기동전류(%)	
$Y-\Delta$기동	33.3	33.3	
리액터 기동 (80% 전압의 경우)	$64(=V^2)$	$64(=V^2)$	
기동보상기		(전원측)	(전동기측)
50%탭	25	25	50
65%탭	42.2	42.2	65
80%탭	64	64	80

표 14.5 부하 종류에 따른 전동기의 토크 소요

부하종류	토크(%)		부하종류	토크(%)	
	기동	최대시		기동시	최대시
석 탄 분 쇄(Ball Mill)	150	150	크 러 셔(분쇄기)	100	250
광 석 분 쇄(Ball Mill)	175	175	제 지 용 Feeder	125	150
원 심 식 송 풍 기	40	150	전 공 펌 프	60	200
원 심 식 압 축 기	40	150	롤 밀 (Roll Mill)	40	300
왕 복 동 식 압 축 기	30	150	믹 서 기	125	250
원 심 식 펌 프	40	150	전 동 발 전 기	40	200
왕 복 동 식 펌 프					
(By pass 기동)	40	150			
(부하 기동)	150	150			

또한 전동기 기동초기에는 잔유자기의 크기와 기동 투입 순간의 전원측 전압의 위상에 따라 발생되는 직류성분의 돌입 전류가 흐르며, 보통 기동전류의 130~150% 정도에 이르고 지속시간은 2~3(사이클) 이내가 된다. 순시요소는 전동기의 구속 전류값 보다는 커야 하고 단락전류보다는 낮은 전류로 정정하여, 기동시 오동작 되지 않고 연결회로 단락 시에는 신속한 보호가 이루어지도록 한다.

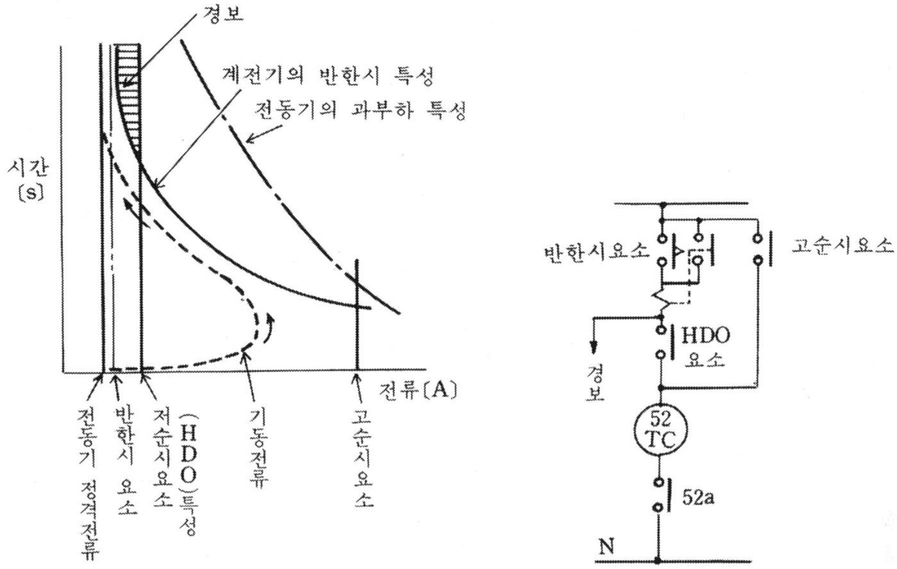

(a) 보호협조 구성 (b) 차단기 제어회로

그림 14.6 2가지 순시요소를 갖는 과전류계전기에 대한 보호

♣적용사례 : 전동기 부하가 광석분쇄용 Ball Mill이고, 직입 기동인 경우 과전류 계전기 Setting 보기

○ 필요한 기동 토크 : 175%(표 5에서)
○ 기동전류(범위) : 500~700%(표 3에서)
－－－－－〉 기동전류(선택) : 700%(안전율 고려함)
○ 기동돌입전류(범위) : 기동전류의 130~150%(일반현상)
－－－－－〉 기동돌입전류(선택) : 기동전류의 700%×140/100=980%

➔ 고순시 요소 동작값 $\geq \dfrac{IN}{C} \times \dfrac{980}{100}$

➔ 저순시요소 동작값 $\geq 300\% \times \dfrac{IN}{C}$

➔ 반한시요소 동작값 $= 115\% \times \dfrac{IN}{C}$

여기서 IN : 정격전류, C : 변류비

특별히 공장에서 중요한 역할을 담당하는 전동기가 약간의 과부하 운전으로 인하여 차단되어 전체공장을 정지시키는 것보다 약간의 과부하를 허용하여 운전하는 것이 유리한 경우가 있다. 이러한 전동기를 보호하기 위해서는 저순시 요소를 갖는 계전기를 사용하여 정격전류의 200%~300%에 동작하도록 하고 그림 14.6과 같이 반한시 요소 동작 시에는 과부하 경보로만 사용하고 전동기가 소손될 정도의 전류인 200~300%에서는 저순시 요소에 의하여 차단되도록 한다. 이 저순시 요소는 기동전류에도 동작되므로 기동전류가 정상상태로 되었을 때에는 신속하게 복귀할 필요가 있게 된다. 따라서 동작값에 대한 복귀값이 높은 고복귀(High Drop Out) 특성을 가진 계전기를 사용하야 한다.

❖ 대형전동기의 단락보호

전원용량에 비하여 전동기의 용량이 커서 단락전류와 전동기 기동전류 간의 차이가 적은 경우에는 과전류계전기로서 구별할 수 없게 되어 보호가 곤란하다. 이러한 경우에는 계통조건에는 영향을 받지 않는 비율차동계전기를 사용하여 단락사고를 검출한다. 적용조건과 적용의 본보기는 그림 14.7과 같다.

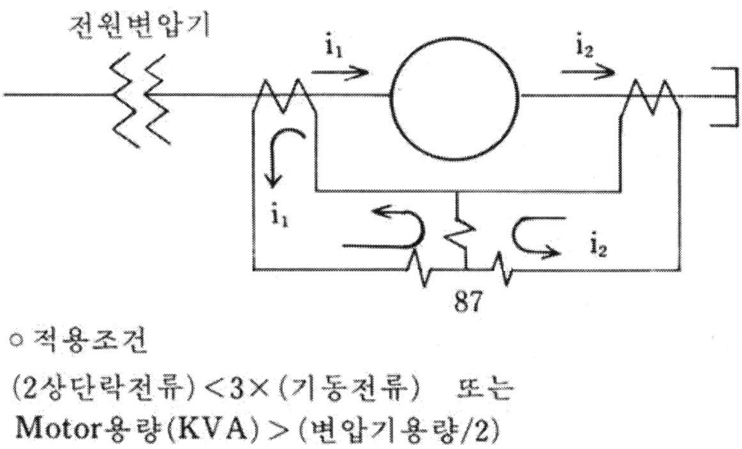

그림 14.7 전류 비율차동계전기에 의한 내부사고 보호

4) 지락보호계전기(Ground Fault Protection)

전동기 회로에는 전기자 권선회로와 회전자 권선회로가 있다. 전기자 권선회로는 전원계통과 연결되어 있으므로 배전계통의 중성점 접지방식에 따라 보호계전방식이 달라진다. 즉, 지락사고 시 사고전류의 크기 및 역률이 접지방식에 따라 다르기 때문이며, 단락사고와는 달리 지락사고 시에는 사고 전동기 이외의 다른 전동기 회로에도 사고전류가 흐를 수 있어 방향성 계전기를 사용하여 사고 회로를 선택차단하여야 한다. 표 14.6은 중·소용량 전동기의 전기자 권선 지락보호에 사용되는 방식을 간략하게 나타낸 것이다. 대용량 또는 중요도가 높은 전동기의 지락사고 보호는 지락보호전용 비율차동계전기(87 N)를 사용하며, 그림 14.8의 점선으로 표시된 바와 같다. 한편, 전동기의 회전자 전선의 지락보호는 권선형 전동기에 한하여 적용되나 주로 대용량기나 또는 중요 전동기의 경우에 사용되며 그림14.9와 같이 GPT와 과전압계전기(59 N)로서 회전자 권선의 지락을 검출 보호한다.

표 14.6 중·소용량 유도전동기 지락보호 방식

<table>
<tr><th colspan="2">중성점접지방식</th><th>보호계전기적용</th><th>변성기적용</th><th>비 고</th></tr>
<tr><td colspan="2">직 접 접 지</td><td>순시요소부 과전류 계전기(50 N/51 N)</td><td></td><td>그림 14.8(a)참조</td></tr>
<tr><td rowspan="2">저항접지</td><td>저저항접지</td><td>순시요소부 과전류계전기(50 N/51 N) 또는 방향지락 과전류계전기(67 N)</td><td>CT×3의 잔류회로 또는 ZCT와 ZPT</td><td>그림 14.8(a)참조</td></tr>
<tr><td>고저항접지</td><td>방향지락 과전류계전기(67 N) 및 지락과전압계전기(59 N)</td><td></td><td>(59N)은 후비보호용
그림 14.8(b)참조</td></tr>
<tr><td colspan="2">비 접 지</td><td>(67 N)의 최대강도 위상각은 전류가 60° 정도 앞서는 것 사용</td><td>ZCT와 ZPT</td><td>(59N)은 후비보호용
그림 14.8(b)참조</td></tr>
</table>

5) 결상시 현상 및 보호 방식

3상 전동기가 운전 중에 입력회로의 어느 하나가 개방되거나 결선 접속이 불완전하여 결상 상태로 되면, 전동기는 정지되지 않지만 나머지 2상에는 그 당시의 부하율에 따라 그림 14.10과 같은 큰 전류가 흐르게 된다. 그러나 만일 결상 상태에서 전동기를 기동시킨다면 전류는 구속전류의 약 $\sqrt{3}/2$배가 흐르고 기동되지 않게 된다. 한편 전원변압기의 1차측에서 결상이 발생되는 경우에는 변압기의 결선방식에 따라 전류의 흐름이 다르게 나타나며 표 14.7과 같다.

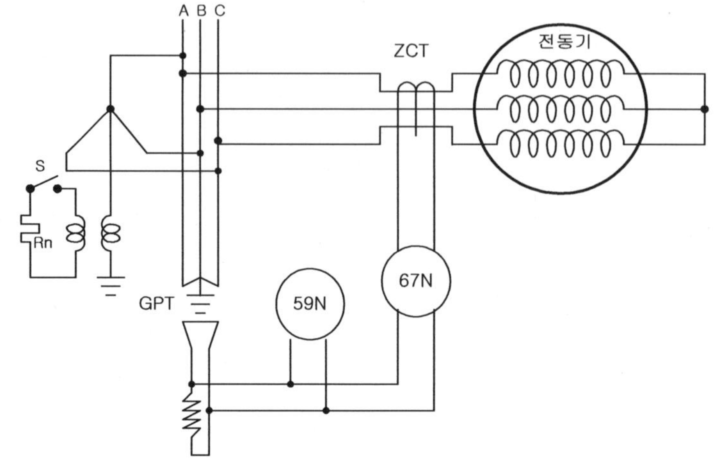

b)고저항 접지(S:ON)또는 비접지시(S:OFF)
방향지락계전기 및 과전압계전기에 의한 보호

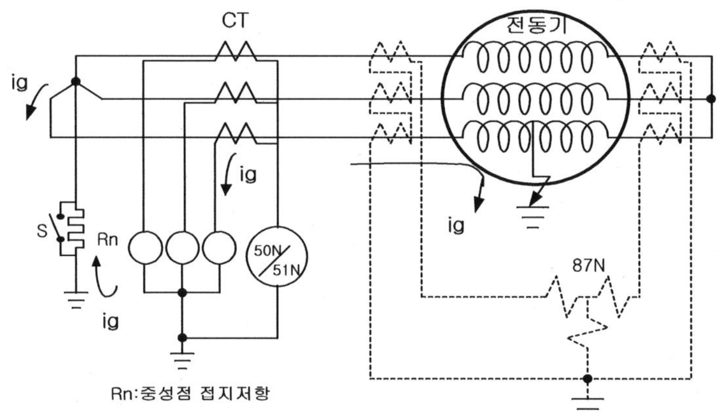

a)직접접지(S:ON)또는 저저항 접지시(S:OFF)
과전류계전기에 의한 보호

그림 14.8 전동기 지락사고 보호방식

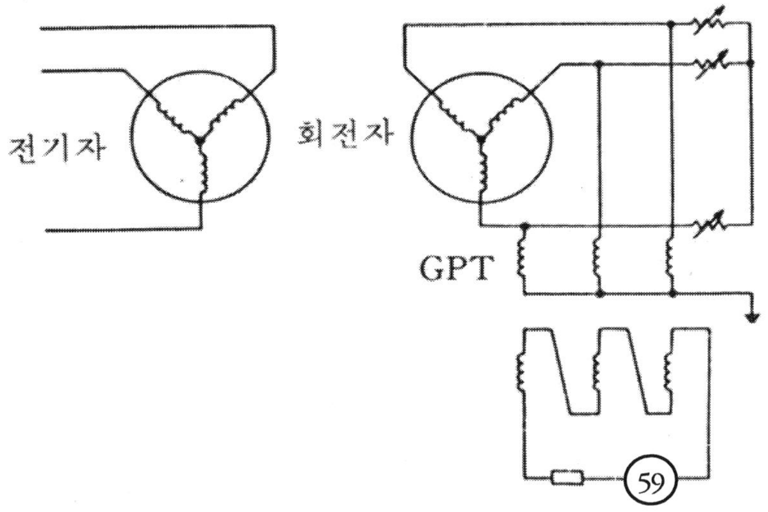

그림 14.9 회전자권선 지락보호

표 14.7 변압기 1차측 결상시 전동기 전류(In : 정격전류)

결선방식 전류	건전 상전류	개방된 상전류	비고
$Y-Y, \Delta-\Delta$	그림 14.10과 같음	0	중부하시에는 과부하 보호용 계전기로 보호 가능함
$Y-\Delta$	(1.15~1.2)X In	(2.2~2.4) × In	
$\Delta-Y$	(1.17~1.18)X In	(2.37~23.8) × In	

(주) 1. 전류는 변압기 2차측(전동기측)의 상전류임.
2. 전류치는 정격부하에서의 값이며 In은 정격전류임.

이상과 같이 정격부하로 운전시의 결상은 과부하보호용 계전기로서 보호될 수 있으나 경부하로 운전 시에는 2상의 전류가 정격전류 이하로 되어 그 밖의 1상의 전류가 정격전류를 넘는다 하여도 과부하보호계전기를 2상에만 설치하는 경우에는 보호할 수 없다. 이에 대한 대책으로서 과부하보호용 계전기를 3상 모두에 설치하는 방법을 고려할 수 있다. 그러나 전동기가 △결선된 경우에는 정격 선전류를 In이라 할 때, 결상시 전동기의 상전류는 선전류의 (2/3)•In로 되어 정상시 $\frac{1}{\sqrt{3}}I_n$의 1.15배로 되므로 In으로 동작하는 열동형 과부하계전기로는 보호할 수 없게 된다. 따라서 전동기 전원회로에 결상이 발생할 우려가 있는 전동기회로에는 결상보호부 열동계전기를 사용하는 것이 좋다.

결상 보호부 열동계전기는 각 상에 바이메탈을 설치하고 서로 연결하여 과부하시는 3개가 동시에 변형되므로 접점이 동작되고, 결상시에는 1개 바이메탈의 변형은 적으나 2개 바이메탈은 변형이 비교적 크므로 그 변형차가 기구적으로 증폭되어 과부하 시보다 적은 변형으로 접점이 동작하도록 되어 있다.

전동기 용량이 크거나 정격전압이 높은 경우에는 차단기를 사용하므로 결상 시 나타나는 역상분 전류로 동작하는 역상 과전류전기(46)를 사용하며, 전동기들이 연결된 모선에는 역상 과전압계전기(47)를 설치하여 전원측의 결상이나 역상상태에 대비하고 동작 시에는 경보를 발하거나 전동기회로를 차단시키며 기동을 방지시킨다.

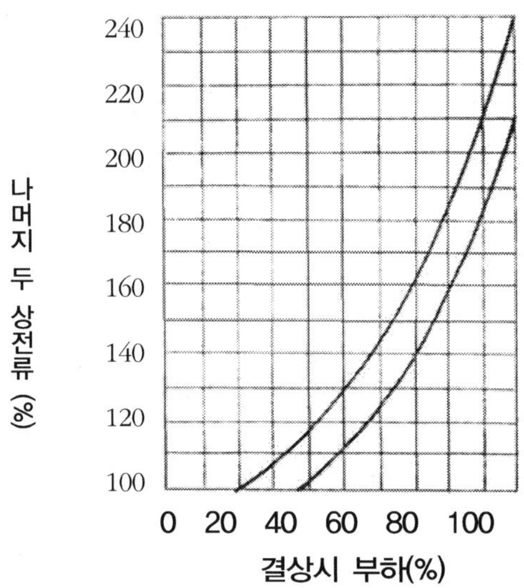

그림 14.10 결상시 전동기 전류의 크기

6) 저전압 보호계전기(27)

전원전압이 낮거나 정전되었을 때에 전동기에 대한 보호의 목적은 주로 부하측의 기계 손상방지 및 조작 상의 안전 확보에 있다. 전동기 전원회로의 전압을 사용하는 전자 접촉기를 회로개폐기로 사용하는 경우에는 일반적으로 저전압시에 자동적으로 회로가 개방되며 전압회복 시에는 스스로 재기동이 되지 않아 쉽사리 안전을 확보할 수 있게 된다. 그러나 여기서 문제가 되는 것은 사실상 전동기 운전이나 부하측의 공정상 지장이 없을 만큼 짧은 순간(1~2초 이내)의 정전이나 순간전압 저하 시에도 전자 접촉기가 개방되어 전동기가 정지되므로 인한 공정 또는 운용상의 불합리한 영향이 발생하게 되는 점이다. 이에 대한 대책으로는 다음과 같은 방법이 있다.

① 접촉기를 직류로 제어하고 별도의 축전지가 있는 직류제어 전원을 갖춘다.
② 순간 전압저하시에 접촉기가 동작되지 않도록 짧은 시간 지연동작 시킨다.
③ 재투입 회로를 구성하여 순간 정전인 경우에는 자동 재투입되도록 한다.

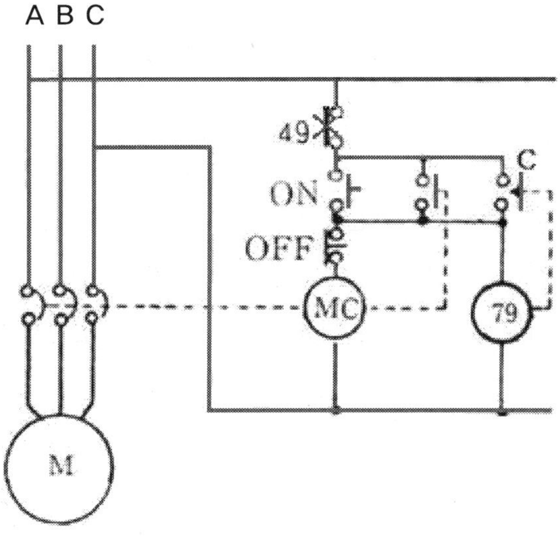

그림 14.11 순간정전후 자동 재기동 회로

그림 14.11은 ③의 일례를 나타낸 것으로서 정전시는 일단 접촉기(MC)가 개방되지만 재투입계전기 ⑲의 동작 지연시간(내장 콘덴서의 방전시간)내에 전압이 회복되면 접점 C를 통하여 접촉기가 재투입 된다. 저전압 또는 정전시에 대비하여 고려해야 할 또 하나의 사항으로는 전압회복 시에 여러대의 전동기가 일제히 재기동함으로 말미암아 막대한 기동전류가 흘러 심한 전원전압 강하가 발생하고, 따라서 기동이 지연되고 과전류가 지속되어 이로서 전원 측 과전류 보호계전기가 동작되어 재정전을 초래할 수 있게 된다. 이러한 경우에 대비하여 전동기의 기동순서를 정하여 차례로 또는 그룹별로 기동되도록 순서계전기를 사용하는 등 별도의 검토가 필요하다. 저전압 현상을 검출하는 계전기는 보통전동기가 연결된 모선에 설치하며 동작값은 정격전압의 75%~85% 정도를 사용하고 동작되면 전동기를 모두 정지시키거나 기동회로를 차단하며, 때에 따라서는 전원측 모선 절체를 위한 조작회로를 기동시켜 주기도 한다.

7) 복합기능 계전기에 의한 보호

전자회로 및 디지털 부품의 다양한 적용기술의 발달에 따라서 1대의 계전기가 다수의 보호기능을 갖도록 하는 복합기능의 계전기들이 개발되어 사용되고 있다. 전동기 보호용

복합기능 계전기에는 다음 것들이 있다. (그림 14.12 및 표 14.8 참조)

- 2Element : 과부하보호, 결상보호 복합기능
- 3Element : 과부하보호, 결상보호, 역상보호 복합기능
- 4Element : 3E+지락보호(누전) 복합기능
- 종합다기능 : 전동기 보호, 감시, 제어 기능 다수 집적

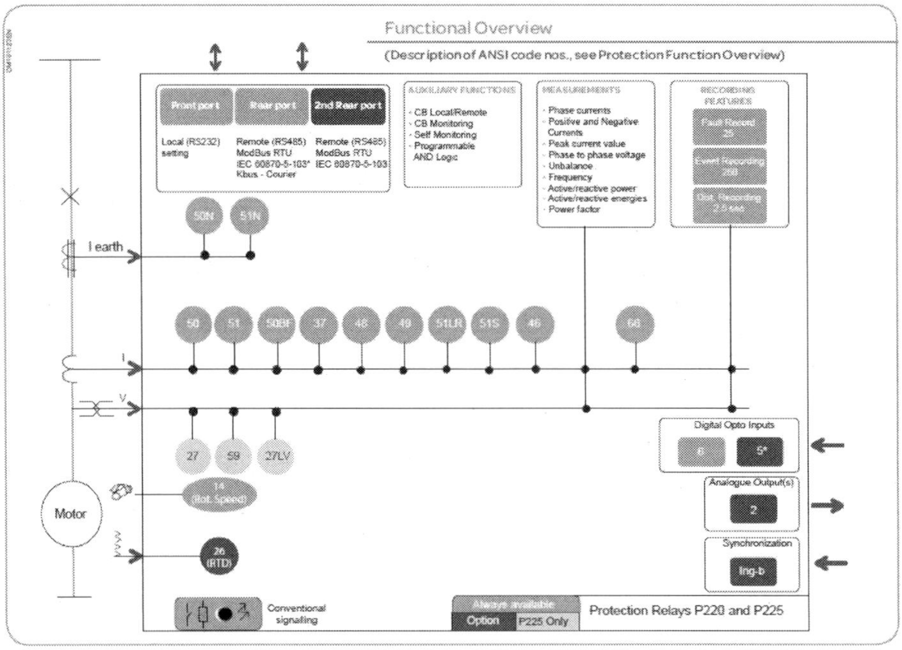

그림 14.12 대표적인 종합 다기능 디지털 계전기 구성

표 14.8 대표적인 전동기 종합보호,감시,제어용 장치의 기능

종합 된 기능	내용 설명
50/51	- 3상 과전류보호(Three−Phase Overcurrent)
50N/51N	- 지락보호(Earth Fault)
50BF	- 차단실패보호(Breaker Failure)
66	- 기동회수제한 보호(Number of Starts Limitation)
37	- 부하상실 및 저전력 감사(Loss of load/Underpower)
46	- 역상과전류 보호(Negative Sequence Overcurrent)
49	- 과열보호(Thermal Overload)
27/27LV/59	- 저/과전압보호(Undervoltage / Overvoltage)
86	- 록아웃 계전기(Latching of Output Relay)
48/ 51LR	- 기동/회전자 걸림 보호/재가속 (Start/Stalled Protection/ otor Re−Acceleration)
51S	- 기동시 회전자 걸림 보호 (Locked Rotor during Start−up)
14	- 속도제한 보호(Speed Switch Input)
26	- 권선온도 검출(RTD / Thermistor Inputs)
Undervoltage Auto−Restart / Load Restoration Sequence	- 저전압/재기동 및 부하회복 자동제어기능

● 속도보다 방향이 중요하다.

참고문헌

○ CIGRE Report "Protection Against Voltage Collapse" Working Group 34.06, 1996

○ "전력계통 안정도를 고려한 계통보호대책 연구" 보고서, 한국전력거래소, 2003.12

○ "Applied Protective Relaying" Westinghouse Electric Corporation, Relay-Instruments Division, 1979

○ "Power System Stability and Control" by P. Kundur

○ IEEE Std. 242-2001, IEEE Recommended Practice for Protection and Coordination of Industrial and Commercial Power System(Buff Book)

○ "765kV 전력계통 보호방식 연구" 최종보고서, 한국전력공사, 1993. 12

○ "전력계통기술계산 응용" 新田目 倖造 원저, 김재철 역, 도서출판 의제, 1998. 5

○ "신에너지 전원의 계통연계 보호협조 방안 및 관련 규정안 수립에 관한 연구" 최종 보고서, 기초전력공학연구소, 2000. 4

○ "월간전기" 1987. 3 ~ 1988. 4월호 중 "현장기술자를 위한 보호계전기술"(연재내용)

부록 표 1 계전기 및 자동제어 국제 기구번호 (International Device Numbers)

기구번호	명 칭	기 능
①	· 주 제어개폐기, 마스터스위치 또는 계전기	· 기기의 기동정지 개시
②	· 시간지연 계전기(Timer)	· 시간을 지연시켜 동작
③	· 확인 또는 인터록 계전기, 조작개폐기	· 다른 장치들의 운전조건이나 운전위치 등을 확인 또는 인터록
④	· 주접촉기, 마스터콘텍터 (Master Contactor)	· 1에 의하여 제어되며 실제 회로를 개폐하는 접촉기 또는 구동자(Actuator)
⑤	· 정지 개폐기 또는 계전기 (Stopping Device)	· 설비를 운전상태에서 정지상태로 만들어 주기 위한 제어장치, 비정상시 정치장치와는 다름
⑥	· 기동개폐기, 기동장치	· 설비를 기동절차에 들어가도록 전기회로를 기동회로에 연결해 주는 장치
⑦	· 양극회로 차단기 · 조정개폐기(일본)	· 전력 반도체 회로의 양극회로 차단기 기기를 조정하는것(일본)
⑧	· 제어전원 개폐기	· 제어 전원을 공급 또는 차단하기 위한 개폐기 나이프 스위치, NFB, MCCB 등.
⑨	· 전환개폐기 또는 계전기	· 계자 전류의 방향을 반대로 바꾸거나 그 밖의 기능을 전환해 주는 것
⑩	· 순서개폐기 또는 Program 조정기 또는 Sequence Switch	· 기기의 기동, 정지,전환 등의 순서를 만들어 주는 것.
⑪	· 예비번호 · 시험용스위치 또는 계전기(일본)	· 기기의 동작을 시험하는 스위치
⑫	· 과속도 계전기 또는 장치 (Over-Speed device)	· 과속도에 동작(기계에 직접 연결되어 속도를 감지)
⑬	· 동기속도 계전기	· 동기속도 혹은 동기속도 부근에서 동작 원심력계전기, Slip주파수계전기 등이 있음

⑭	· 저속도 계전기	· 일정속도보다 낮은 속도에서 동작 12와 대응됨
⑮	· 속도 조정 장치	· 한 시스템 또는 기계의 속도를 다른 것의 속도에 맞도록 조정하기 위한 장치
⑯	· 표시선 감기 계전기 축전지 충전장치(미국)	· 표시선(Pilot Wire)자체의 고장상태를 검출
⑰	· 분로회로 스위치 · 표시선 계전기	· 기기의 Shunt회로를 개폐하는 스위치 · 파이롯 와이어(Pilot Wire)계전 방식에 사용되며 송전선로의 사고를 검출
⑱	· 속도가감장치 또는 계전기	· 속도를 높이거나 개폐하는 스위치
⑲	· 기동-운전절환장치 또는 계전기	· 기기를 기동절차에서 운전단계로 절환
⑳	· 전동발브 · 보조기 발브(일본)	· 전동기로 구동하는 발브 · 보조기기의 발브
㉑	· 거리계전기,임피던스계전기 · 주기기 발브(일본)	· 임피던스에 비례하는 송전선 거리측정 · 주된 기기의 발브
㉒	· 균등화 장치	· 균등화 회로를 제어
㉓	· 온도조정 계전기	· 온도를 일정치료 유지시킴
㉔	· 예비번호, 예비번호 스위치(영국) · 탭 절환 기구(일본)	· 모선 연결용 스위치 기구 · 전기기기의 탭을 절환 하는것
㉕	· 동기검출장치 또는 계전기	· 2개 전기회로의 동기상태를 검출, 동기상태이면 병렬 연결 함.
㉖	· 보조회로 온도 계전기	· 기계의 여자회로, 제동권선 등과 같은 보조회로와 정류기의 온도가 예정치 이상 또는 이하일 때 동작
㉗	· 저전압 계전기, 부족전압 계전기	· 전압이 일정치 이하일 때 동작
㉘	· 불꽃 검출기 · 경보장치(일본)	· 가스터빈, 화력발전소 보일러 등의 불꽃유무 확인 · 경보발생을 위하여 보조적으로 사용
㉙	· 격리스위치 · 소화장치(일본)	· 비상운전, 보수 또는 점검을 위해 회로를 다른 상태로 격리시키는 스위치
㉚	· 경보표시 계전기	· 기기의 고장 또는 보호계전기가 동작되었음을 시각적으로 인지하도록 표시해 주는 계전기
㉛	· 계자변경 접촉기 또는 계전기	· 계자회로를 절환하거나 계자의 크기를 변경시키기 위한 것

㉜	· 전력방향 계전기 (Directional Power Relay) · 직류역류 계전기(日,英) (DC Reverse Power Relay)	· 일정한 방향으로 어떤 값 이상의 전력이 흐를 때 동작 · 직류가 역방향으로 흐를 때 동작
㉝	· 위치검출장치(Position Switch)	· 어떤 장치들의 기계적인 위치에 따라 ON/OFF 되는 것.
㉞	· 동작순서제어기 (Master Sequence Device)	· 기동, 정지 및 기타 과정의 순서 동작중 주요 장치의 동작순서를 정하는 것
㉟	· 브러쉬 또는 스립링 조작장치 (Brush or Slip-ring Operating Device)	· 브러쉬를 상하로 움직이거나 이동시키는 것, 또는 스립링을 단락시키는 것
㊱	· 극성 계전기(Polarity Device or Relay)	· 극성이 맞을 때 동작하는 것으로 어떤 회로의 극성을 확인한다.
㊲	· 부족전류계전기 (Undercurrent Relay) 또는 부족전력계전기 (Underpower Relay)	· 일정전류 이하 또는 일정전력 이하에서 동작
㊳	· 베어링 온도보호 계전기(Bearing Protective Device)	· 베어링의 온도가 높아지거나 그 밖의 기계적인 이상조건에서 동작
㊴	· 기계적인 이상 모니터 (Mechanical Condition Monitor)	· 기계적 이상 상태를 감지하며 과다한 진동, 편심, 휨, 팽창 또는 누설 등을 감지한다.
㊵	· 계자상실 보호계전기 (Field Protective Relay)	· 계자회로의 이상시에 동작하는 것 계자전류의 유무에 의해 동작 계자회로를 차단 또는 투입
㊶	· 계자회로 차단기 (Field Circuit Breaker)	· 전기기계의 계자회로를 차단 또는 투입
㊷	운전차단기 (Running Circuit Breaker)	· 전기기계의 운전회로를 차단 또는 투입
㊸	· 제어회로절환 스위치 (Transfer Switching Device)	· 제어 모드를 절환하는 스위치, 자동/수동, 평시/시험시 등의 절환 모드가 있다.
㊹	· 유니트 순서기동 계전기 (Unit Sequence Starting Relay) · 거리계전기(Distance Relay)(일본)	· 다수의 유니트로 구성된 장치에서 고장 또는 이상 발생시 유니트 가동순서를 정해준다. · 사고점까지의 거리에 의해 동작

㊺	· 대기상태 모니터 (Atmospheric Condition Monitor)	· 주변의 대기 상태(연기, 불, 폭발성 혼합물 등)를 감시
	· 직류과전압계전기(日,英) (DC Over-Voltage Relay)	· 직류과전압에 동작
㊻	· 역상 또는 상불평형 전류 계전기 (Reverse-Phase, or Phase-balance Relay)	· 역상 전류 또는 상불평형 전류에 동작
㊼	· 결상 또는 역상 전압계전기 (Open or Reverse-phase Voltage Relay)	· 결상 또는 역상전압일 때 동작
㊽	· 시퀀스 미완료 검출계전기 (Incomplete Sequence Relay)	· 소정의 시퀀스가 일정시간 이내에 행하여지지 않았을 때 동작
㊾	· 온도계전기(Thermal Relay)	· 부하전류가 흐르는 부위(권선 또는 요소)의 온도에 동작
㊿	· 순시 과전류계전기 (Instantaneous Over-current Relay) 또는 전류변화율계전기 (Rate-of-rise Relay)	· 전류가 일정치 이상이 되면 순시로 동작
51	· 과전류계전기(Overcurrent Relay)	· 교류의 과전류로 동작하며 일정한 시간지연 특성이 있음
52	· 교류차단기(AC Circuit Breaker)	· 교류전력회로를 연결하거나 이상시 차단함
53	· 여자기 또는 직류발전기 계전기 (Exciter or DC Generator Relay)	· 기동시 여자를 구성해주며 기계의 전압이 주어진 값에 달하면 동작
54	· 예비번호(미국) · 고속직류차단기 (High-Speed DC Circuit Breaker)	· 직류전력회로를 고속으로 차단 함
55	· 역률 계전기 (Power Factor Relay)	· 주어진 역율에서 동작 · 역율을 일정한 범위로 조정해주는 것도 있음
56	· 여자적용 계전기 (Field Application Relay) · 동기탈조검출계전기 (Out-of-step Detector)	· 주어진 점에서 여자회로가 어떤 역할을 하도록 자동으로 조정해준다. · 전력계통에서 탈조현상 발생시 동작
57	· 단락 또는 접지장치 (Short-Ciruiting or Geounding Device)	· 전력회로를 단락 또는 접지시켜 주는 스위치 장치

⑸8	· 정류실패 계전기 (Rectification Failure Relay)	· 정류기의 기능이 규정된 대로 이루어지지 않을 때 동작
59	· 과전압 계전기 (Overvoltage Relay)	· 주어진 전압 이상에서 동작
60	· 전압 또는 전류평형 계전기 (Voltage or Current Balance Relay)	· 두 회로의 전압 또는 전류차가 주어진 값 이상이면 동작
61	· 예비번호 · 전류평형계전기(영,일본)	
62	· 정지 또는 개로시 시간지연 계전기(Time-delay Stopping or Opening Relay)	· 자동적인 절차에 의하여 기계를 정지시키거나 어떤 회로를 개로시킬 때 일정한 시간지연을 발생시킴
63	· 압력 계전기(Pressure Relay)	· 압력의 절대값 또는 압력의 변화율이 주어진 값 이상일 때 동작
64	· 지락보호 계전기 (Ground Protective Relay)	· 절연되었던 권선이나 회로가 대지로 접지되었을 때 동작
65	· 조속장치(Governor)	· 원동기의 속도를 조정하기 위하여 입력을 조절하는 장치
66	· 단속계전기 (Notching or Repeat-action)	· 어떤 장치 또는 기계가 주어진 시간 내에 일정 회수만 동작되게 하거나 일정한 주기로 반복 동작되도록 단속하여 줌
67	· 방향계전기 (Directional Overcurrent or Power Relay)	· 전류나 전력의 흐르는 방향이 주어진 방향과 일치하면서 크기가 일정한 값 이상이 되었을 때 동작
68	· 저지 계전기(Bloking Relay)	· 송전선 보호에서 외부사고, 전력동요, 동기탈조 및 기타 현상 발생시 회로 차단을 저지하기 위하여 동작
	· 혼입검출기(일본)	· 유체 중에 다른 물질이 혼입되었을 때 동작
69	· 제어허용장치 (Permissive Control Device) · 흐름계전기(Flow Relay)(일본)	· 통상 2가지 위치를 가지며 한 위치에서는 기계 또는 장치의 동작을 허용하나 다른 위치에서는 동작하지 못하도록 인터록(Interlock)함 · 유체의 흐름에 의하여 동작
70	· 가감저항기(Rheostart)	· 수동 또는 전동으로 동작되는 가감저항기 (예 : 계자조정기)

⑦1	· 레벨스위치(Level Switch)	· 레벨이 주어진 값 이상이 되었을 때 동작
	· 정류소자고장검출장치(일본)	· 정류소자의 고장시 동작
⑦2	· 직류차단기 (DC Circuit Breaker)	· 직류회로를 개폐하는 것
⑦3	· 부하저항 접촉기 (Load-Resister Contactor)	· 부하저항을 단락 또는 추가시켜 주는 접촉기
⑦4	· 경보계전기(Alarm Relay)	· 기구번호30에 의한 시각적인 경보 이외의 경보를 위한 것
	· 조정 변(일본)	· 수차의 안내 변 또는 Needle변과 같은 것
⑦5	· 위치변경기구 (Position Changing Mechanism)	· 기기의 운전 위치를 변경시켜 주는 기구
⑦6	· 직류과전류 계전기 (DC Overcurrent Relay)	· 직류회로의 과전류에서 동작
⑦7	· 펄스 전송기 (Pulse Transmitter)	· 펄스를 발생하여 통신회로를 통하여 전송함
	· 부하조정장치(일본)	
⑦8	· 위상각 측정 계정기 (Phase Angle Measuring)	· 두 전압 또는 전류간의 위상차가 주어진 값 이내 이면 동작
⑦9	· 교류재폐로 계전기 (AC Reclosing Relay)	· 교류회로 또는 설비를 재투입하여 전력공급을 재개함
⑧0	· 흐름 스위치(Flow Switch)	· 유량이 주어진 값 이상일 때 또는 유량변화가 주어진 값 이상인 경우 동작
⑧1	· 주파수 계전기(Frequency Relay)	· 주파수의 크기나 주파수 변동의 폭이 주어진 값 이상인 경우 동작
⑧2	· 직류재폐로 계전기 (DC Reclosing Relay)	· 직류회로 또는 기기를 재투입 한다.
⑧3	· 자동선택 제어 계전기 (Automatic Selective Relay)	· 운전 Source나 기기의 조건 등을 자동선택하여 준다.
⑧4	· 동작기구 (Operating Mechanism)	· 탭-절환기나 유도전압조정기 등의 구동장치
	· 전압계전기(일본)	
⑧5	· 캐리어/파이록 와이어 수신 계전기(Carrier or Pilot-Wire Receiver Device)	· 발송된 신호가 수신되는 경우 동작

⑻⑹	· 록-아웃 계전기 (Lock-Out Relay)	· 수동조작시 또는 비정상 상태에서 설비가 운전되지 못하도록 폐쇄시킴
⑻⑺	· 차동 계전기(Differential Relay)	· 어떤 2개 이상의 물리량 간에 차이가 있을 때 동작
⑻⑻	· 보조전동기/발전기 (Auxilary Motor or Generator)	· 어떤 주설비의 보조장치를 구동시키는 데 사용됨
⑻⑼	· 라인스위치(Line Switch)또는 단로기(Disconnecting Switch)	· 전력회로를 분리시키는 스위치이며 분리 상태가 육안으로 확인됨
⑼⑽	· 조정장치(Regulating Device)	· 어떤 물리량(전압, 주파수, 압력, 온도 등)을 조절하기 위한 장치
⑼⑴	· 방향전압 계전기 (Voltage Directional Relay)	· 두 점간의 전압차의 방향이 주어진 방향일 때 동작
	· 전력계전기(일본)	· 전력의 흐름이 일정치 이상에 달했을 때 동작
⑼⑵	· 전압 및 전력방향 계전기 (Voltage and Power Diection Relay)	· 두 회로간의 전압차가 주어진 방향에서 일정한 크기 이상 또는 두 회로간의 전력공급이 주어진 방향에서 일정한 크기 이상일 때 동작
	· 출입문/통풍문(일본)	
⑼⑶	· 여자조정 접촉기 (Field Changing Contact)	· 여자의 세기를 단계적으로 가감조정하는 접촉기
⑼⑷	· 차단 우선 계전기 (Trip-Free Relay)	· 개폐기 및 차단기구를 제어할 때 투입(Close) 및 차단(Trip)명령이 동시에 주어진 경우 차단을 우선토록 하여줌
⑼⑸	· 주파수 조정기/계전기(일본)	· 주파수를 어떤 범위 이내로 조정 또는 주어진 주파수에서 동작하는 장치
⑼⑹	· 유도기 내부고장 검출장치(일본)	· 변압기와 같이 정지되어 있는 유도기기의 내부 고장시 동작하는 장치(기계적인 장치)
⑼⑺	· 수차의 회전 날개(일본)	
⑼⑻	· 연결장치(일본)	· 두 개의 장치를 연결해서 동력을 전달하는 것
⑼⑼	· 자동기록장치(일본)	· 자동 Oscillo, 자동동작기록 장치, 고장기록 장치, 고장점표정기와 같은 것

부 록

표 2 계전기 및 자동제어 보조 기호 사용 범례 (Suffix Letters)

보조 기호 (Suffix Letters)	적 용 대 상			
	동작원 또는 매체	주장치	별도 보조장치	부속장치
A	Air, ampere	Alarm, Auxiliary Power		
AN		Anode		
B		Battry, Blower, Bus		
BK		Brake		
BL		Block(Valve)		
BP		By-pass		
BT		Bus-tie		
C	Current	Capactior, Condenser Carrier, Compenastor	Closing Relay Contactor	Coil, Capacitor
CA		Cathode		
CC				Closing Coil
CH		Check(valve)		
CL			Auxiliary Relay (주장치 open시)	
CS			Control Switch	
D	Direct, Discharge	Discharge(valve)		"Down" position-switch relay
E	Electrolyte (전해액)	Exciter		
F	Frequency, Flow, Fault	Feeder, Field Filament, Filter, Fan		

G		Generator, Ground		
H	Explosive(High)	Heater, Housing		
HC				Holding Coil
J	Differential			
L	Level, Liquid(Low)	Line, Logic	Lowering Relay	
M				Operating Motor
MF				Fly-Ball Motor
ML				Load-Limit Motor
Ms				Speed Adjusting/ Synchronizing Motor
N	Neutral	Neutral Network		
O			Opening Relay, Contator	
OP			Auxiliary Relay (주장치 open시)	
P	Power, Pressure	Phase Comparison, Pump		
PB			Push Button	
PF	Power Factor			
Q	Oil, Reactive Power			
R	Reactor, Rectifier, Room	Raising Relay		
S	Speed, Suction Smoke	Secondary, Synchronizing, Short-Circuit Strainer, Suction(Valye)		Solenoid
SI				Seal-in

T	Temperature	Transformer, Thyraron Tertiary		
TC				Trip Coil
TM		Telemetering		
U		Unit	"Up" position-switch relay	
V		Voltage, Vacuum		Valve
VAR		Reactive Power		
VB		Vibration		
W		Watts, Water		
X			Auxiliary Relay	
Y			Auxiliary Relay	
Z			Auxiliary Relay	

저 자 약 력

백 영 기

■ 약력 한양대학교 전기공학학사
전기기술사(발•송•배전)

■ 경력 한국전력공사 송변전사업단장(전무)
한국전력거래소 이사장
와이피피(주) 교육연수원장-(현)

김 일 동

■ 약력 서울대학교 공학박사
전기기술사(발•송•배전)

■ 경력 한국전력공사 책임연구원
두원공과대학교 교수(현재)

■ 저서 전력시스템 기술(상, 하), 전기공학개론(미디어 콘텐츠)
시퀀스 제어, 신재생에너지 발전

이 재 규

■ 약력 한양대학교 공학박사

■ 경력 LS산전 중앙연구소 선임연구원

■ 저서 DSP 하드웨어 설계, 만들면서 쉽게 배우는 8051
AVR 하드웨어 설계

전력계통 보호 · 제어

2판 2쇄 2017년 9월 5일

저 자	백영기 / 김일동 / 이재규
발행인	송광헌
발행처	복두출판사
주 소	서울특별시 영등포구 경인로82길 3-4 센터플러스 807호 (우) 07371
전 화	02-2164-2580
FAX	02-2164-2584
등 록	1993. 11. 22. 제 10-902 호

정가 : **24,000** 원

ISBN : 978-89-8000-329-7 93560

한국과학기술출판협회 회원사